U0260293

亚热带海域
投礁型海洋牧场构建与示范

——以防城港白龙珍珠湾海洋牧场为例

贾晓平　陈丕茂　唐振朝　陈海刚　秦传新　杜飞雁　等　著

中国农业出版社

北　京

著 者 名 单

贾晓平　陈丕茂　唐振朝　陈海刚
秦传新　杜飞雁　戴　明　廖秀丽
蔡文贵　林昭进　舒黎明　袁华荣
马胜伟　周艳波　陈国宝　王跃中
曾　雷　王亮根

前 言
FOREWORD

海洋牧场，是基于海洋生态系统原理，在特定海域，通过人工鱼礁、海藻（草）床、增殖放流等措施，构建或修复海洋生物繁殖、生长、索饵或避敌所需的场所，增殖和养护渔业生物资源，改善海域生态环境，实现渔业资源可持续利用的渔业模式。近年来，我国近海"一带三区"海洋牧场建设进入了快速发展阶段，创建了一批具有不同功能、各具特色、示范和辐射带动作用突出的海洋牧场示范区。2009—2017年，中国水产科学研究院南海水产研究所在中央级公益性科研院所基本科研业务费专项资金项目和"防城港钢铁项目渔业生态保护修复工程——人工鱼礁建设工程"的支持下，在广西北部湾白龙珍珠湾海域进行了投礁型海洋牧场关键技术的研究和构建实践，针对该海域高海况（台风等影响）、复杂底质（淤积深厚）、渔业生物特殊性、海洋牧场效应评估和海洋牧场管护等具体问题，研究和提出了相应的技术方案，成功地构建了白龙珍珠湾投礁型海洋牧场，为我国亚热带海域海洋牧场的建设和发展提供了科技支撑和技术示范。

本书是白龙珍珠湾投礁型海洋牧场构建理论和技术成果的总结，由四篇组成。其中，第一篇概论由贾晓平、陈丕茂、陈海刚、唐振朝等撰写；第二篇白龙珍珠湾海洋牧场的构建由贾晓平、唐振朝、陈海刚、陈丕茂、杜飞雁、秦传新、戴明、廖秀丽、蔡文贵、林昭进、舒黎明、袁华荣、马胜伟、周艳波等撰写；第三篇白龙珍珠湾海洋牧场海域人工增殖放流由陈丕茂、贾晓平、陈海刚、唐振朝、秦传新等撰写；第四篇白龙珍珠湾海洋牧场生态效益综合评估由陈海刚、贾晓平、秦传新、陈国宝、杜飞雁、蔡文贵、戴明、王跃中、廖秀丽、林昭进、舒黎明、曾雷、袁华荣、王亮根等撰写。

我们希望，本书有助于我国海洋牧场的建设和发展，在全国沿海创建一批区域代表性强、公益性功能突出的国家级海洋牧场示范区，充分发挥典型示范

前　言

和辐射带动作用，不断提升海洋牧场建设和管理水平，积极养护海洋渔业资源，修复水域生态环境，带动增养殖业、休闲渔业及其他产业发展，促进渔业提质、增效、调结构，实现渔业可持续发展和渔民增收。

贾晓平

2019 年 10 月 28 日

目 录
CONTENTS

目　录

第一篇

概　　论

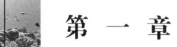

第 一 章

海洋牧场发展概况

一、海洋牧场建设的意义

海洋牧场是一种基于生态系统水平管理，以实现海洋生物资源持续产出为目的的渔业方式，在世界渔业发达国家的发展已有 130 余年历史，已成为当今世界恢复近海渔业资源、修复海域生态环境和实现近海渔业可持续发展的普遍而有效的措施。

海洋牧场，是指基于海洋生态系统原理，在特定海域，通过人工鱼礁、海藻（草）床、增殖放流等措施，构建或修复海洋生物繁殖、生长、索饵或避敌所需的场所，增殖和养护渔业生物资源，改善海域生态环境，实现渔业资源可持续利用的渔业模式。海洋牧场建设目的，一是恢复并提高海域生物多样性水平和渔业生物资源量，以确保渔业生物资源持续稳定增长；二是在持续高效利用海洋资源的同时保护海洋生态系统，实现海洋渔业持续健康发展。

《国务院关于印发中国水生生物资源养护行动纲要的通知》提出，"积极推进以海洋牧场建设为主要形式的区域性综合开发，建立海洋牧场示范区，以人工鱼礁为载体，底播增殖为手段，增殖放流为补充，积极发展增养殖业，并带动休闲渔业及其他产业发展，增加渔民就业机会，提高渔民收入，繁荣渔区经济。"《农业部关于贯彻落实〈国务院关于促进海洋渔业持续健康发展的若干意见〉的实施意见》提出，"以人工鱼礁为载体，底播增殖为手段，加强海洋牧场建设"。我国是海洋大国，海洋渔业是现代农业和海洋经济的重要组成部分。改革开放以来，我国海洋渔业发展取得了举世瞩目的成就，但当前同样面临着全球普遍存在的海洋渔业资源衰退和环境恶化问题，海洋渔业发展面临诸多挑战，加强海洋牧场建设，重要而紧迫。

建设海洋牧场的重要意义主要有以下三方面：一是养护近海资源环境，推进海洋农业现代化。海洋牧场兼具恢复渔业资源、保护海洋生态环境、拓展渔业空间、提高要素利用率等多重功能。推进海洋牧场建设，是大力发展海洋低碳经济、建设海洋蓝色粮仓、维护近海生态安全、解决近海渔业可持续发展、促进海洋农业现代化的主要途径，也是我国海洋渔业发展的重要方向。二是转变渔业生产方式，促进渔业一二三产业融合发展。建设海洋牧场，可有效增加海洋渔业资源，在带动海洋渔业第一产业发展的同时，还能带动海洋服务业的发展。海洋牧场建成后，近海生态环境得到修复，渔业资源得到增加，可以充分利用这些条件，开展海上观光旅游、垂钓、海底潜水采捕等休闲渔业为代表的海洋第三产业。海洋牧场的建设，契合了休闲渔业发展的需要，加快了渔业结构转型。按照"生态、优质、高效、品牌"的现代渔业发展要求，依靠海洋牧场高新技术推进渔业从规模数量型向质量效益型转变，从无序利用资源、牺牲环境向合理利用资源、保护和修复环境转变，以科技渔业、品牌渔业、生态休闲渔业助推渔业产业结构调整，推动渔业跨越式发展。三是保障海洋食物供给，推动海洋经济增长。推进海洋牧场建设，保障海上蓝色粮仓是海洋牧场重要建设意义，也是转变渔业发展方式的重大实践，是促进海洋经济发展和海洋生态文明的重大措施。目前，海洋牧场已经成为我国海上粮仓建设的主战场和重要保障。海洋牧场建设是发展低碳经济的大产业革命，大力发展海洋低碳经济，科学利用海洋资源，是科学发展观在海洋领域的重要实践，也是发展蓝色经济的一场重大革命。我国工业化和城镇化进程的推进，导致陆地耕地资源和水资源短缺等问题日益突出，要确保国家粮食安全，保障国家食物供给，仅靠耕地难以实现。海产品是优质的食物，是我国食物供应重要组成部分，在当前耕地减少、粮食供求紧平衡常态化和世界粮食价格高位运行的形势下，发展海洋牧场、开发海洋生产力，为人类社会的发展提供丰盛的海产品，不仅对我国的经济建设有重大的战略意义，而且事关保障人类的生存和进步。大力建设我国海洋牧场渔业产业体系，保障海洋食物供给，推动海洋经济增长，具有重要意义。

二、国外海洋牧场发展概况

一般认为，国外海洋牧场发展经历了三个阶段。第一个阶段是海洋牧场的萌芽与初创期（1884 年至 20 世纪 60 年代中期），以海水鱼类的增殖放流为主要特征。第二个阶段是海洋牧场的发展期（20 世纪 70 年代至 90 年代末期），海洋牧场在这一发展时期的显著特征是海洋牧场的概念正式提出，理论和技术体系逐渐形成，海洋牧场建设逐渐开展，经营实践不断取得成效。第三阶段是现代海洋牧场的构建期（20 世纪 90 年代末期以来），这一发展期的显著特征是海洋牧场的概念和内涵进一步完善，先进技术不断集成配套，基于生态系统的管理制度逐步形成。

海洋牧场起源于 19 世纪末西方国家的"海鱼孵化运动"（sea ranching）。1844 年起，为了应对大规模工业化捕鱼导致的海洋鱼类资源衰退，挪威、美国、英国、丹麦、芬兰等国纷纷开展沿海鳕、鲽等鱼类资源增殖活动。20 世纪 60 年代末，由于 200 n mile 专属经济区管辖的实施，迫使远洋渔业强国回归和经营本国沿岸海域，日本率先在沿岸海域大规模实施栽培渔业。1971 年，日本海洋开发审议会正式提出"海洋牧场"（marine ranching）概念。20 世纪 70 年代以来，日本、韩国、美国、挪威、俄罗斯、西班牙、法国、英国、德国、瑞典等世界海洋发达国家把发展海洋牧场作为振兴海洋渔业经济的战略对策。1995 年，国际水生生物资源管理中心公报指出，海洋牧场是最可能极大增加鱼类和贝类产量的渔业方式。据 FAO 统计，目前已有 64 个沿海国家发展了海洋牧场，渔业生物资源增殖品种 180 多个，取得了显著成效。发展海洋牧场的主要国家，亚洲有中国、日本、朝鲜、韩国、马来西亚、新加坡、泰国、菲律宾、印度尼西亚、印度等；美洲有美国、加拿大等；大洋洲有澳大利亚；欧洲有英国、法国、德国、意大利、西班牙、葡萄牙、荷兰、芬兰、罗马尼亚、波兰、俄罗斯、土耳其、希腊等。在全球范围内，海洋牧场建设有三方面的特点：一是基本上形成了从政府到民间广泛而深入的多层次参与；二是大多从国家层面上对海洋牧场做了宏观上的长远规划；三是高度重视海洋牧场技术研究和应用。目前，海洋牧场核心技术体系有三种主要代表类型：一是日本研发和应用现代生物工程技术、电子学技术等先进技术，实现鱼群在海洋牧场中随时处于可管理状态；二是韩国开发和应用人工鱼礁、鱼类选种繁殖、生境改善修复、海洋牧场管理经营四个方面的技术，突出了海洋牧场生态系统管理；三是美国研究海洋牧场综合建设技术，通过投放鱼礁、藻礁和藻场修复，实现生境改造、资源增殖和休闲渔业产业化。

三、国内海洋牧场发展概况

国内海洋牧场的发展，大致经历了四个阶段。第一个阶段是海洋牧场的倡导和萌芽阶段（20世纪40年代中期至80年代）。这一阶段的基本特点，是我国海洋牧场发展思路的提出和理论倡导。1947年5月，朱树屏研究员首次提出"种鱼与开发水上牧场"即"水产农牧化"创想，明确提出中国应当注意发展此等牧场。1961年，朱树屏研究员在《渤海诸河口渔业综合调查报告》中，进一步论述了海洋人工增殖和农牧化。1963年3月，朱树屏研究员在《大力发展海洋农牧化》中提出，水产在本质上就是水里的农业，实际上海洋、湖泊就是鱼虾等水生动物生活的牧场，要根据畜牧的道理来注意渔业资源的繁殖，使其永盛不衰。1978年，曾呈奎研究员提出发展中国海洋水产生产，必须要走"农牧化"的道路。1983年12月，冯顺楼高级工程师在《开创我国海洋渔业新局面的建议》提出，要以人工鱼礁为基础，结合人工藻场、人工鱼苗放流，建设富饶美丽的海洋牧场。

第二个阶段是海洋牧场的初试阶段（20世纪80年代末期至21世纪初期）。其主要发展特点是开展了现代海洋牧场的多学科综合研究和建设工程实践。1983年12月，胡耀邦同志对中国水产科学研究院南海水产研究所冯顺楼教授级高级工程师提出的《开创我国海洋渔业新局面的建议》做了3次重要批示，开启了我国现代海洋牧场发展和建设的新阶段。从20世纪70年代末至21世纪初，我国开展了基于人工鱼礁和海洋生物增殖为基础的海洋牧场建设探索。1979年，在广西防城港海域开始了我国现代人工鱼礁工程实验研究和建设实践，设计、制造和投放了26个称为树状人工鱼礁的浮沉结合型人工鱼礁。在此之后，广东、辽宁、山东、浙江、福建、广西等六省（自治区）开展了一系列人工鱼礁试验研究。1984年，国家经委正式启动人工鱼礁开发项目。1984年4月24—27日农牧渔业部水产局在广州召开了"全国人工鱼礁推广试验工作座谈会"，成立了以中国水产科学研究院南海水产研究所为组长单位的全国人工鱼礁技术协作组，在全国建立了23个人工鱼礁试验点。至1990年，共投放各种类型的人工鱼礁28 000多个、约10万空立方米（以下简称"空方"）。例外，还投放了49艘废旧船作鱼礁，在浅海区投石99 137 m³。其间，人工鱼礁技术协作组在沿海各省（自治区）对人工鱼礁的礁区选点、礁体研制、礁体投放、水下观察、礁区渔场试捕等做了大量的科学研究工作，积累的宝贵经验。人工鱼礁技术协作组撰写了多篇专题论文和研究报告，召开了4次全国性人工鱼礁会议，编印了《沿海各省（区）人工鱼礁工作报告汇编》和《人工鱼礁论文报告集》。中国水产科学研究院南海水产研究所作为协作组技术负责单位，开展了多项研究课题，包括多种礁体模型的水槽实验，建礁海域水文要素与生物资源状况调查，礁区生态环境变化效果评估、礁区集鱼效果监测与评估等。南海水产研究所还编印了 24 期《人工鱼礁动态》，协助拍摄了我国首部人工鱼礁的海底电影《鱼礁》。这些工作和试验研究成果，为我国海洋牧场的发展和建设提供了宝贵的经验和借鉴。

第三个阶段是海洋牧场的起步阶段（21 世纪初期至 2015 年）。在这一发展阶段，我国对现代海洋牧场的综合性利用逐步开展和不断深入，沿海各省份相继制定了海洋发展规划和海洋牧场建设规划，掀起了我国大规模建设海洋牧场的热潮。进入 21 世纪，随着对海洋渔业资源开发利用与养护的日益重视，我国海洋牧场的建设和研究正在不断深入。农业农村部在我国沿海实施了旨在推动推动海洋渔业资源养护及生态环境修复的一系列措施，掀起了我国大规模建设海洋牧场的热潮。截至 2015 年底，全国投入海洋牧场建设资金 49.8 亿元，开展海洋牧场和人工鱼礁建设，建成海洋牧场 233 个，面积 852.6 km^2，建成人工鱼礁区 619.8 km^2，投放人工鱼礁 6 094 万空方。海洋牧场已形成一定规模，生态效益、经济效益和社会效益日益显著。

第四个阶段是海洋牧场的快速发展阶段（2015 年以来）。在这一发展阶段，海洋牧场建设上升为海洋生态安全、粮食安全和富裕渔民的国家战略的重要组成部分。2013 年，《国务院关于促进海洋渔业持续健康发展的若干意见》明确要求"发展海洋牧场，加强人工鱼礁投放"。"十三五"及之后一段时期，是贯彻落实国家生态文明建设、蓝色粮仓建设和脱贫攻坚有关要求，全面实现国家确定的海洋牧场建设目标的关键时期，是我国海洋牧场由小变大、由大变强的关键时期。我国海洋牧场建设、管理和开发利用工作，面临新的要求、新的挑战、新的压力和新的机遇。我国将坚持把保护和修复渔业资源，促进渔业转型升级作为海洋牧场建设的根本任务和最终目标；把推进以海洋牧场建设为主要形式的增殖渔业，作为今后渔业转方式调结构的重要方向，充分发挥海洋牧场建设在带动休闲垂钓和旅游观光等相关产业发展方面的作用，实现海洋牧场功能多样化、效益综合化，使我国沿海渔民普遍受益。根据《中国海洋牧场发展战略研究》的规划，2016—2025 年将重点推进我国近海"一带三区"海洋牧场建设，以内湾、海湾、岛群、近岸、外海岛礁海域为依托，以养护型海洋牧场建设为重点，高起点推进海洋牧场组织化、标准化、绿色化、产业化、信息化建设。建设一批兼具生态保护、休闲垂钓、观光旅游功能的海域特色明显的养护型海洋牧场；创建一批具有温带、亚热带和热带不同特色，示范和辐射带动作用突出的海洋牧场示范区。建立起较为完善的海洋牧场法律法规体系、管理制度体系和科技支撑体系，不断提升海洋牧场建设、管理和休闲渔业开发水平。确保渔业资源和生态环境保护能力进一步强化，渔业水域环境恶化趋势基本得到遏制，部分严重受损的重要传统渔场逐步得到恢复和重建，近海渔业生产方式得到转型升级，渔民通过开发休闲渔业得到就业机会，实现转产增收。基本形成运行高效、资源节约、绿色发展的海洋牧场发展新格局。为进一步加强海洋牧场建设，农业部于 2015 年 4 月 20 日发布《农业部关于创建国家级海洋牧场示范区的通知》（农渔发〔2015〕18 号），组织开展了国家级海洋牧场示范区创建活动，要求按照"科学布局、突出特色、明确定位、理顺机制"的总体思路，从 2015 年开始，通过 5 年左右时间，在全国沿海创建一批区域代表性强、公益性功能突出的国家级海洋牧场示范区，充分发挥典型示范和辐射带动作用，不断提升海洋牧场建设和管理水平，积极养护海洋渔业资源，修复水域生态环境，带动增养殖业、休闲渔业及其他产业发展，促进渔业提质、增效、调结构，实现渔业可持续发展和渔民增收。2015年底，农业部2321号公告公布了我国第一批20个国家级海洋牧场示范区，至2018年底共公布了4批86个国家级海洋牧场示范区。2017年10月，农业部印发了《国家级海洋牧场示范区建设规划（2017—2025）》（农渔发〔2017〕39号），2015年的建设目标是在全国创建区域代表性强、生态功能突出、具有典型示范和辐射带动作用的国家级海洋牧场示范区178个，建设人工鱼礁超过5 000万空方，海藻场、海草床面积330 km²，形成近海"一带三区"（一带指沿海一带；三区指黄渤海区、东海区、南海区）的海洋牧场新格局；建立起较为完善的海洋牧场建设管理制度和科技支撑体系，形成资源节约、环境友好、运行高效、产出持续的海洋牧场发展新局面。

四、广西北部湾近海海洋牧场发展概况

（一）发展历程

广西防城水产局渔业指导站设计、制造和投放了26个浮沉结合型人工鱼礁（称作树状人工鱼礁），鱼礁的沉底部分为钢筋混凝土长方体礁体，浮体部分由浮球、直径16 mm的聚乙烯绳和旧聚乙烯网片构成，投放于珍珠港外白苏岩海域水深20 m处，开启了全国现代大型人工鱼礁设计、制作和投放的先行试验。

1980—1983年，广西在北部湾近海投放了各种人工鱼礁单体共1 628个，总体积28 287 m³，分别投放于北海市白虎头、北海市南部（涠洲岛至北海港之间）、涠洲岛、钦州的西牛脚和茅尾海、防城的企沙港、合浦的营盘和沙田等处，总面积308×10⁴ m²，形成4个小型围网、刺网、钓捕和绞缯网渔场。

1984—1985年7月广西在北部湾近海投放了781座人工鱼礁，其中大型鱼礁30座，小型鱼礁751座，总体积8 502.07 m³。大型鱼礁分别投放于北海市与涠洲岛之间海域、合浦的营盘和沙田海域、防城的企沙港南部海域，与以前投放的鱼礁组成人工鱼礁带或人工鱼礁群。小型鱼礁主要投放于钦州的茅尾内海和西牛脚近海，扩大了原有人工鱼礁群。

总体而言，1979—1987年广西北部湾近海人工鱼礁投放地点从防城海域逐步扩展到北海、合浦、钦州等地海域，共投鱼礁2 703个，总体积31 744空方，投礁类型包括石块礁、旧船礁、小型钢筋混凝土沉鱼礁、大型浮沉结合型鱼礁、大型沉鱼礁等。其中，大型混凝土鱼礁规格为7 m×6 m×5 m，体积达210 m³，重量约30 t。

"十二五"期间，广西壮族自治区投资6 000万元，在北海、防城港、钦州海域开展增养殖礁、生态礁、资源保护礁和游钓休闲礁等多种类型人工鱼礁海洋牧场的构建，面积达8.0 km²，建立了涠洲岛、白龙和三娘湾等3个海洋牧场示范区。增殖放流水生生物和珍稀濒危物种苗种约20亿尾。

2009—2017年，中国科学院南海水产研究所在防城港白龙珍珠湾海域以"防城港钢铁项目渔业生态保护修复工程——人工鱼礁建设工程"为依托，开展北部湾亚热带海域海洋牧场构建技术研究和示范，总投资2 000万元，建造人工鱼礁底沉式人工鱼礁和浮式人工鱼礁775个，4.23万空方，放流鱼虾贝2.694亿尾（粒），海龟550只，中国鲎10万

只。2012—2015 年，在防城港海域实施了农业部"防城港市白龙珍珠湾海洋牧场示范区建设项目"，总投资 2 250 万元，建造人工鱼礁 1 417 件、8.15 万空方。2009—2015 年，在防城港海域实施农业部"渔业资源保护项目"，累计增殖放流鱼虾蟹贝类 7.239 亿尾。

（二）今后发展趋势

广西壮族自治区对发展海洋牧场建设高度重视，《广西壮族自治区人民政府关于促进现代渔业跨越发展的意见》（桂政发〔2014〕39 号）提出，"扩大人工鱼礁建设规模，加快推进海洋牧场建设""建成北海、防城港、钦州 3 个近海人工鱼礁群，年增殖放流规模达 10 亿尾以上"。《广西海洋渔业发展"十三五"规划（2016—2020）》针对防城港市海洋牧场建设目标提出"实施海洋强市战略，加快推进产业转型升级，重点推进防城港市海洋牧场示范区的建设，力争国家级海洋牧场示范区 1 个以上"。2015 年 5 月，防城港市政府第五十四次常务会议通过了《防城港市白龙珍珠湾海洋牧场示范区规划》，示范区规划面积 40 850 hm²，规划目标到 2025 年建设人工鱼礁 25.68 万空方，增殖海藻 66.67 hm²，建设生态养殖区 2 100 hm²。形成珍珠湾养殖生态恢复区、金滩繁育保护区、浅海底播增养殖区、浅海综合生态养殖区等。

第 二 章

海洋牧场的基本结构与构建技术

一、海洋牧场的分类

(一) 海洋牧场按主要功能和目的分类

养护型海洋牧场：以保护和修复生态环境、养护渔业生物资源或珍稀濒危物水生种为主要目的的海洋牧场。我国的养护型海洋牧场，主要是以渔业主管部门为主导，引导和鼓励企业等社会资金投入，在人工鱼礁、海藻场和海草床建设基础上，结合增殖放流实现特定海域渔业资源的增殖，修复渔业资源，保护海洋生态环境和安排转产转业渔民就业，带动休闲渔业发展等公益性质为目标。养护型海洋牧场按所在海域区域，可分类为河口养护型海洋牧场、海湾养护型海洋牧场、岛礁养护型海洋牧场、近海养护型海洋牧场等几类。

增殖型海洋牧场：以增殖渔业资源和产出渔获物为主要目的的海洋牧场。我国的增殖型海洋牧场，是企业或渔民在渔业海域，开展适合海珍品或其他特定品种增殖的人工鱼礁和藻礁建设以及底质改造，实施增殖放流，形成对应于增殖放流品种的增殖渔业。我国的增殖型海洋牧场主要分为鱼类增殖型海洋牧场、甲壳类增殖型海洋牧场、贝类增殖型海洋牧场、海藻增殖型海洋牧场、海珍品增殖型海洋牧场、其他物种增殖型海洋牧场等 6 类。

休闲型海洋牧场：以休闲垂钓和渔业观光等为主要目的的海洋牧场。我国的休闲型海洋牧场随着近海渔业转型、休闲渔业的兴起而出现，是从养护型海洋牧场和增殖型海洋牧场中衍生，以发展休闲渔业为重点而形成。休闲型海洋牧场按开发利用方式，可分为休闲垂钓型海洋牧场和渔业观光型海洋牧场两类。

(二) 海洋牧场按对象生物分类

游泳生物海洋牧场：主要用于增殖、养护和产出浅海游泳性经济鱼类、虾类、蟹类和头足类等渔业资源种类的海洋牧场。

海珍品海洋牧场：主要用于增殖和产出海参、鲍鱼、海胆等定居性海珍品种类的海洋牧场。

海藻海洋牧场：主要用于修复藻场、保护海藻资源和产出经济海藻种类的海洋牧场。

贝类海洋牧场：主要用于增殖、养护和产出底栖性或附着性经济贝类的海洋牧场。

鲑鳟鱼海洋牧场：主要用于增殖、养护和产出在生殖季节溯河产卵的降海型鲑科经济鱼类的海洋牧场。

大洋鱼类海洋牧场：主要用于诱集、增殖、养护和产出金枪鱼等大洋游泳性经济鱼类的海洋牧场。

（三）海洋牧场按海域分类

沿岸海洋牧场：一般在低潮线以下水深 40 m 以内水域建设的海洋牧场。

近海海洋牧场：一般在水深 40～100 m 近海水域建设的海洋牧场。

岛礁海洋牧场：在近海、外海或大洋的海岛、珊瑚礁水域建设的海洋牧场。

大洋海洋牧场：在大洋深水海域建设浮式人工鱼礁、诱集和产出大洋性鱼类的海洋牧场。

二、海洋牧场的主要功能

海洋牧场的主要功能：一是海洋生物资源与生态修复功能；二是海洋生物栖息避敌场功能；三是海洋生物繁殖育幼场功能；四是海洋生物索饵场功能；五是海域生物多样性维系功能；六是海域生态系统食物网功能；七是海洋生态系统服务功能；八是休闲渔业功能；九是增殖渔业功能；十是渔文化服务与传承功能。

三、海洋牧场的生态效应

总体而言，各种不同的渔业生物种类，对其栖息环境条件具有不同的趋性，主要包括趋流性（运动感觉）、趋触性（皮肤感觉）、趋避性（安全感觉）、趋音性（听觉）、趋光性（视觉）、趋化性（嗅觉）、趋饵性（食觉）和趋地性（平衡感觉）等。因内外因素引起的天生性行动叫作本能。对刺激作出的反应行动称为反射。渔业生物的这些趋性，使其能够利用适宜的生态环境条件进行繁殖、生长、索饵、规避、越冬、迁移、洄游等生命过程。海洋牧场的构建，就是基于海洋生态系统原理和渔业生物的趋性特点，营造、改善、优化和修复海域生态环境，增殖和养护渔业生物资源，实现渔业资源可持续利用。构建和营造投礁性海洋牧场，一般会形成多种生态效应。

（一）流场效应

趋流性是鱼类的一种天性，鱼类的感觉器官在水流的刺激下能够引起相应的反应和活动方式。海洋牧场的生境建设，一般多以人工鱼礁、海藻场和海草床等生态工程建设为主要手段，调控和改造生境条件，为海洋生物资源营造良好的生态环境。人工鱼礁投放后，能使局部流场流态发生变化，而流场流态的变化又会使局部生态要素发生变化。总体而言，在礁体的迎流面会产生滞流和上升流，在礁体的上方产生高紊流，而在背面产生背涡流和流影。人工流场的增殖作用主要有三方面：一是上升流和高紊流能把海底的丰富的营养盐带到阳光充足的水体中上层，有利于浮游植物的大量繁殖，从而提高了海洋初级生产力；二是背涡流在鱼礁的背面会产生负压区，有些涡流延伸很长，形成涡街，大量海底沉积物、底栖生物和浮游生物将在此区域停滞，从而起到诱集和增殖渔业生物资源的作用；

三是为不同流态习性的鱼类提供了栖息场所，有些鱼类喜欢急流区，有些鱼喜欢缓流区，鱼礁区的多种流态满足了不同习性鱼类的需求。四是人工鱼礁产生的不同流态会造成不同区域水温的差异，鱼类的生长繁殖有不同的适温范围，多数鱼类能对 0.03～0.05 ℃的温度变化做出反应。

（二）附着效应

人工鱼礁是海洋生物附着的良好基质，鱼礁投放后，将在局部海域增加大量的附着面积，大大增加局部海域附着生物的种类和附着生物量。海藻场和海草床的营造也为许多生物提供了附着场所。附着效应的作用主要有三方面：一是大量附着的生物种类提高了局部海域的生物多样性，优化了生态结构；二是在大量的附着生物中，附着的藻类能消耗大量的氮、磷等营养物质，同时光合作用吸收二氧化碳，释放氧气。而附着的贝类等通过滤食消耗掉大量浮游植物，净化了水质，减少了赤潮的发生的概率；三是提高了渔业生物的饵料生物基础。

（三）避害效应

人工鱼礁为渔业生物提供了良好的栖息场所和避害场所。第一，人工鱼礁的为鱼类提供了良好的居所，许多鱼类选择礁体及其附近作为暂时停留或长久栖息的地点。第二，人工鱼礁结构在一定程度下可以阻滞和减缓极端海况下流态的剧烈变化，为渔业生物躲避大风大浪提供庇护场所。第三，人工鱼礁的营造的间隔、空隙、洞穴和阴暗面等为渔业生物提供躲避敌害的隐藏场所。第四，鱼礁区为许多渔业生物提供了产卵、繁殖和幼体生长发育的保护场所，大大减小了被捕食的概率，提高了幼体的存活率。第五，防止底拖网作业和滥捕行为，减少人类活动过度的干扰和破坏。

（四）饵料效应

良好的海洋牧场生态系统有助于提升海域的食物网功能，营造重要的饵料效应。海洋牧场的饵料效应主要取决于浮游生物、附着生物、底栖生物、海藻和海草的数量及丰度。鱼礁区的上升流能把海底的丰富的营养盐带到水体中上层，从而有利于浮游植物的光合作用和大量繁殖，鱼礁区浮游动物的种类数量和总生物量也明显高于周边海域。国内外的有关研究结果表明，人工鱼礁投礁后短期内礁体表面的附着生物覆盖率可达 100%，半年内附着种类达 150 多种，生物量可达 28 kg/m²，其中 70%左右的生物可供鱼类食用。研究表明投礁后，鱼礁周围海域的浮游生物和底栖生物的种类、数量均明显增加。海藻场和海草床的营造也为渔业生物提供了丰富的饵料。这些影响效应，优化了局部海域的食物网结构，丰富和增加了渔业生物的饵料的种类和供给量，从而营造了良好的饵料场。

（五）音响效应

许多渔业生物具有趋音性（听觉），鱼类的趋音性是其内耳和侧线对不同声音刺激产生的行为反应，鱼类的趋音性包括正趋音性和负趋音性。一般而言，渔业生物对同类游泳声、摄食声和求偶声等的反应为正趋音性，而对同类的逃避声、外敌捕食声、外源噪声等异常声响等反应为负趋音性。水体中声音的变化均会对渔业生物的行为产生刺激作用。首先，人工鱼礁在改变海水流态（即流场）的同时，也改变了海水的声学效应，即改变了声场。鱼礁区的涡流、紊流以及礁体的内部空间和礁体之间的空隙在水流的冲击时会产生低频音响，而低频振荡会刺激鱼类产生定位行动，从而产生集鱼效果。其次，人工鱼礁礁体材料对声波的反射效果比海域天然底质的反射效果要好。例如，天然海域底泥的反射系数在30%左右，沙底的反射系数在40%左右，岩石底的反射系数在60%左右，而钢铁或混凝土材料鱼礁的反射系数要效果要远好于天然海域介质，鱼礁提高了对声波的反射效率，使声波在水体中可以传到更远的地方，扩大了趋礁鱼类声场效应范围。第三，礁区生物构成的变化也会改变海水中的声学效应。例如，不同海洋生物捕食和摄饵的声音，底栖生物和附着生物发出的声音等，均会对渔业生物产生诱导作用。

（六）光学效应

鱼类的趋光性是指鱼类对光刺激产生定向运动的行为，许多渔业生物具有趋光性，大多数上层鱼类具有正趋光性，一些底层鱼类具有负趋光性。某些鱼类在幼鱼期是正趋光性，而在成鱼期为不趋光或具有负趋光性。有些鱼类喜欢栖息在阴影里，有些鱼类昼沉夜浮，有些鱼类趋光群集。海洋牧场通过建设人工鱼礁、海藻场和海草床，为许多渔业生物提供理想的栖息场所。例如，人工鱼礁的礁体、单位礁和礁群在水中会形成光线对比度较大的不同区域，产生不同的阴影效应，吸引不同生活习性的鱼类聚集栖息。研究结果显示，鱼礁暗区、海藻丛中、红树林丛中、漂浮物下、船底下阴影效果明显，具有明显的集鱼效果。一般而言，在浅海中阳光能透射入海水的一定深度，其造成的鱼礁暗区大小与鱼礁的大小成正比，大型鱼礁和设有顶盖的鱼礁阴影效果相对较好，阴影效应是设计鱼礁的时须考虑的重要因素。

（七）嗅觉和味觉效应

化学作用和某些天然物质会对渔业生物产生强烈的生理刺激，对鱼类索饵行为产生影响。海洋牧场附近生态环境的优化与渔业生物的趋化性（嗅觉和味觉）有密切的关系，投放人工鱼礁和营造海藻场等会改变局部的味觉环境。首先，制作鱼礁的材质多种多样，不同材质的鱼礁在投放后会在水体中溶出不同的水溶性物质，向周围扩散。其次，礁体上的附着生物和周围栖息生物所产生的分泌物、排泄物的扩散，也直接影响周围水体的气味环境，尤其是明显影响下流方向的味觉环境，有助于嗅觉敏锐鱼类的趋往礁体。再次，对海洋牧场目标生物的行为驯化，也往往使用人工诱引物提高诱鱼和集鱼效果。

（八）趋礁效应

许多渔业生物对海域中天然礁体和人工鱼礁有明显的趋向性行为，有些渔业生物一生都在礁体中度过，有些渔业生物在礁体周围度过，有些渔业生物只是在礁体水域短时或偶尔停留。不但许多游泳生物（例如鱼类等）有趋礁性，许多底栖生物（例如刺参等）也有趋礁性。天然礁石或人工鱼礁可以许多为渔业生物提供良好的栖息场所、庇护场所、索饵场所和产卵场所，因此，渔业生物的趋礁效应往往是流场效应、饵料效应、附着效应、避害效应、音响效应、光学效应、味觉效应的综合反映。

四、海洋牧场构建的主要技术内容

总体而言，海洋牧场建设主要包括八个方面内容。

1. **海洋牧场建设可行性评估技术**。建立综合评估模式和指标体系，对拟建海洋牧场的自然条件、生态环境、社会条件、科技支撑、管理能力、建设目标、预期效益等方面进行综合评估，评估建设的可行性和优化建设方案。

2. **海洋牧场的生境营造技术**。海洋牧场生境构建是海洋牧场建设的首要环节，是生物赖以生存栖息的基础。主要通过基于生态系统理论的生境优化、人工鱼礁、海藻场、海草床、红树林和珊瑚礁建造、上升流营造等生态工程，对局部海域的生态环境进行调控、改造和修复，优化渔业生态环境，建立适宜海洋渔业生物增殖的良好生态环境。

3. **海洋牧场的饵料供给技术**。通过优化海域物理、化学和生物要素，改善渔业生物的食物网结构，提高和丰富渔业生物饵料的供给。

4. **海洋牧场的渔业生物增殖技术**。海洋牧场增殖放流，是改善渔业水域生态环境、恢复渔业资源、保护生物多样性和促进渔业可持续发展的重要途径。通过优选目标生物，建立目标生物的繁育体系，实施目标生物的人工放流，加强天然水域中渔业生物的聚集和养护，实现渔业生物的增殖和渔业增效。

5. **海洋牧场目标种的行为驯化与采捕技术**。海洋牧场目标物种的驯化控制技术，目的是控制生物在海洋牧场内进行繁殖、生长、索饵、避敌和可持续产出。通过对目标生物的摄食行为控制、音响驯化、光学驯化等技术手段，对目标生物行为进行驯化、控制和牧场化管理，减少目标生物的逸散，提高目标生物的聚集度，提高饵料的利用率，提高选择性采捕、科学采捕和精准采捕效率。

6. **海洋牧场的环境监控能力建设**。建立海洋牧场环境水质和海流实时在线监测技术，渔业声学评估监测技术、海洋牧场卫星遥感评估监测技术，以及对海洋牧场生态环境质量、渔业生物资源、渔业生物病害、渔业生物安全等监测、预警和处置能力和技术手段。

7. **海洋牧场效果评估技术**。建立海洋牧场效果综合评估模式，对海洋牧场的承载力、开发潜力、渔业产出能力、生态系统服务价值的提升进行定量评价。建立海洋牧场生态系统水平管理的指标体系和海洋牧场地理信息管理决策系统。

8. **海洋牧场的系统管理技术**。建立基于海洋牧场生态系统水平管理的政策法规、生态安全保障、生物资源养护保障、产品质量安全保障、生产运营效益保障等技术。建立海洋牧场生态系统水平管理的指标体系和海洋牧场地理信息管理决策系统。

第 二 篇

白龙珍珠湾
海洋牧场的构建

第 三 章

白龙珍珠湾海洋牧场的适宜性评估

一、白龙珍珠湾海洋牧场的选址

（一）白龙珍珠湾海洋牧场海域位置

海洋牧场选址在海洋牧场建设中具有举足轻重的地位，是决定海洋牧场建设成败的关键因素之一。根据《广西沿海人工鱼礁建设规划》（广西壮族自治区水产畜牧兽医局，2003），白龙珍珠湾海洋牧场选址位于广西防城港市白龙尾半岛以南约 18 km 海域，海域范围为 108°14′48.20″E、21°20′6.00″N，108°16′16.00″E、21°20′6.00″N，108°16′16.00″E、21°19′21.00″N，108°14′48.20″E、21°19′21.00″N，海域面积约 350 hm² （图 3-1）。白龙珍珠湾海洋牧场定位为投礁型和资源养护型海洋牧场，设计投放鱼礁单体共计 775 个，形成礁体 42 288 空方，礁群实体表面积 64 130 m²。

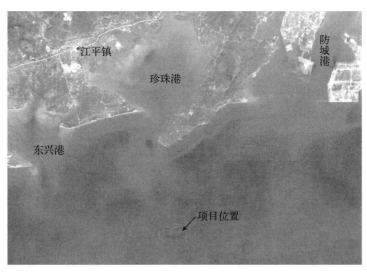

图 3-1　白龙珍珠湾海洋牧场人工鱼礁区的位置

（二）白龙珍珠湾海洋牧场选址的原则与条件

在白龙珍珠湾海洋牧场选址过程中，严格遵循以下原则，对拟建海洋牧场的自然条件、社会条件、经济条件以及工程条件进行了全面科学的论证，目前选址能够满足海洋牧场建设的要求。

（1）白龙珍珠湾海洋牧场所在海域符合《广西壮族自治区海洋功能区划（2011—2020年）》（图3-2）和《广西沿海人工鱼礁建设规划》的海域使用功能的规定（图3-3）。根据《广西渔业发展"十二五"规划》，广西沿海要重点发展高效渔业、特色渔业、生态渔业、"蓝色"渔业、品牌渔业、增值渔业、休闲渔业、安全渔业等"八大渔业"，在沿海重点建设6个大型的生态保护型鱼礁区，4个游钓鱼礁区和2个牡蛎增殖鱼礁区，本项目为规划中的重点项目之一。

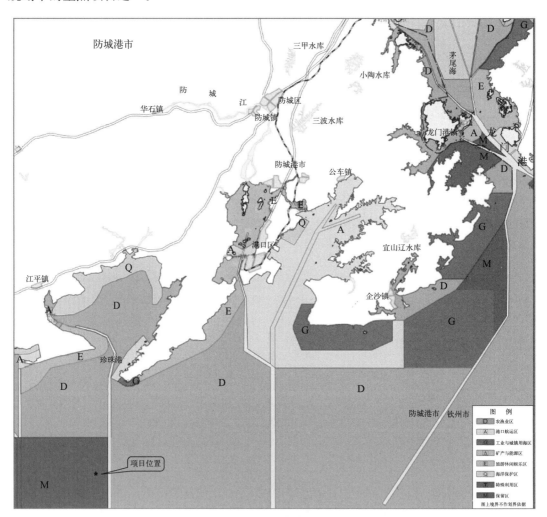

图3-2 广西防城港海域的海洋功能区划图

（2）白龙珍珠湾附近海域历来是重要的渔业水域，对渔业生态环境和渔业资源养护具有重要作用，对增殖渔业生物资源和提高渔业生产率具有重要作用，对提高当地渔业产业的经济效益、社会效益和生态效益具有重要作用。

（3）白龙珍珠湾海洋牧场选址符合国家和地方涉海法律法规的规定，符合国家和地方海洋功能区划、海洋环境保护规划、渔业发展规划和海洋牧场建设规划，符合国家和地方

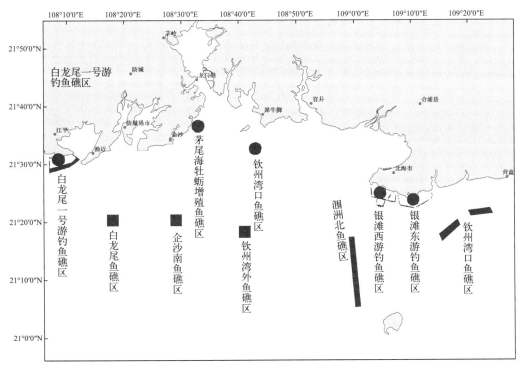

图3-3　广西沿海人工鱼礁规划图

海洋生态保护红线、海洋各类保护区管理的相关规定。

（4）白龙珍珠湾海洋牧场选址须符合生态优先、绿色发展和生态文明建设的要求，与国防用海不相冲突，与水利、海上开采、航道、港区、锚地、通航密集区、倾废区、海底管线以及其他海洋工程设施不相冲突。

（5）白龙珍珠湾海洋牧场选址海域具备适宜的气象、地质、水文、生物资源等自然条件。总体而言，该海域海底地形坡度比较平缓和平坦，海底地质稳定，海底表面承载力能满足人工鱼礁投放的要求；水深范围15～20 m，水体透明度较好，水流速度不超过15 kn（约77 cm/s）；海水水质符合二类以上海水水质标准（无机氮、磷酸盐除外），海底沉积物符合一类海洋沉积物质量标准；受台风、风暴潮、暴雨以及其他极端气象条件的影响较小；生物多样性较高，饵料生物丰富，渔业生物资源本底条件优良。

（6）白龙珍珠湾海洋牧场建设环境影响评价结果表明，海洋牧场的建设不会对海域生态环境造成负面影响，有利于营造、优化和修复渔业生态环境，养护和增殖渔业生物资源，提高海域的生态服务价值。有利于开发游钓渔业和海上观光旅游；能有效地配合广西部分捕捞渔船作业方式的调整。

二、白龙珍珠湾海域自然概况

（一）气象

广西沿海位于南海北部的北回归线以南，为热带与亚热带气候相互影响的过渡区域，虽有春、夏、秋、冬的季节性气候变化，但四季特征不明显。根据防城港市气象部门1994—2011年资料统计分析，气候特征如下。

1. 气温。 白龙珍珠湾附近海域年平均气温为22.3℃，平均气温的年变化受太阳辐射和海洋影响呈单峰型。峰值出现于太阳辐射量最多的7月，累年平均气温为29.4℃；谷值出现于东北季风强盛的1月，累年平均气温为14.7℃；春季是回暖期，4—5月增温速率最大（4.5℃/月）；夏季最热，最高旬平均气温出现于7月上旬（28.7℃）；秋季是降温期，10—11月降温速率最大（4.5℃/月）。防城站历年极端最高气温为37.7℃，出现时间为1998年7月24日；极端最低气温为1.2℃，出现时间为1994年12月29日。

2. 降水。 白龙珍珠湾附近海域受海洋暖湿气流影响，具有相对充足的水汽来源和水汽输送条件，年平均降水量为2 102.2 mm，大部分集中在6—8月，约占全年平均降水量的54.0%，1—8月降水量逐月增加，其中8月是高峰期，月降水量达416.0 mm，9—12月逐月递减，其中12月降水量最少，仅24.1 mm。防城站24 h最大降水量为365.3 mm，出现在2001年7月23日。从累年各月24 h最大降水量来看，最小值出现在12月，为17.4 mm，其次为2月40.5 mm。

3. 风况。 白龙珍珠湾附近海域年平均风速3.3 m/s，月平均风速以11月至翌年3月较大，3.7～5.0 m/s，其中11月最大，为5.0 m/s；4—10月月平均风速较小，为2.3～3.9 m/s，以6月最小，仅2.3 m/s。累年最大风速为190 m/s。全年各向风频率的分布受季风影响，最多风向为北东北（NEN），年频率为26.8%；其次是北（N），年频率为18.5%。全年各向平均风速的分布表明：北东北（NEN）方向的平均风速最大；其次是北（N）方向，分别为4.6 m/s和4.7 m/s；最小平均风速出现于西南西（WSW），仅有1.6 m/s。最大风速出现在北北东（NNE）方向，为19.0 m/s；N方向次之，为17.9 m/s。

4. 湿度。 白龙珍珠附近海域相对湿度较大，多年平均值为81%。4月相对湿度最大，多年月平均为88%，3月次之，多年月平均为87%；秋、冬季相对湿度多年月平均在81%以下，11月相对湿度最小，多年月平均为69%，其次是10月和12月，多年月平均为74%。

5. 雾况。 白龙珍珠湾附近海域多雾，累年年平均雾日为23 d，以12月至翌年4月比较多见，各月平均雾日2.3～6.1 d。2月、3月是多雾月，一般每月有6 d雾，最多可达10～12 d。雾多属平流雾性质，以锋前雾居多，占49%。锋前雾一般较浓，维持时间长，锋面过境时也随之消散。

（二）主要自然灾害

1. 热带风暴（台风） 在1949—2012年的64年间，造成增水值≥50 cm的台风共70多次，其路径大致有以下3类，即中心进入22°N以北，105°—110°E（湛江以东登陆后进入桂东南），占20.5%；中心进入21°—22°N，105°—110°E（正面袭击防城港），占33.3%；中心进入19.5°—20.9°N，105°—110°E（越南北部），46.2%。防城港海域易受热带气旋影响，年均有2～3个热带风暴（台风）影响本地区。对防城港海域造成严重影响的台风有2007年15号台风"利奇马"、2008年9号台风"北冕"、2012年13号台风"启德"和2014年第9号台风"威马逊"等。

2. **风暴潮。** 防城港海域风暴潮分布趋势为沿岸增水比离岸海区大，受北部湾东部沿岸反射回波的影响，增水多呈现波动拢动型态。据观测资料统计，台风暴潮在 10 年中大于 30 cm 的台风暴潮过程共计 22 次，其中 7 月的出现频率最高，占 27.13%，灾害较为严重的台风暴潮有 6508 号、8217 号及 8609 号三场台风暴潮。如 8609 号台风暴潮，台风影响期间为天文潮大潮期，最大增水与天文潮高潮相叠，导致广西沿岸出现高水位（比历史最高水位高 0.4 m），受这场台风暴潮的袭击，广西沿海 1 000 km 多的海堤 80% 被高潮巨浪冲垮。

3. **灾害性波浪。** 白龙珍珠湾海域波浪以风浪为主，常风向和强风向均为 N，相应地，常浪向和强浪向也为 N，平均波高约为 0.35 m。海域在每年的 4—8 月以西南（SW）—东南（SE）浪为主，主要受到夏季西南季风和热带气旋等热带系统风场控制。只有当热带气旋影响本海域时，才会发生灾害性海浪，其最大波高可达 5 m，波向为 SE，对应周期为 8.3 s。

4. **地震。** 白龙珍珠湾海域位于那丽复背斜西南、江平盆地外缘东部。江平断陷盆地向斜盆地轴向为北东 30°～60°，长约 50 km，宽约 18 km，盆地内轻微褶皱，南段被海水掩盖。白龙珍珠湾附近海域地震稀少且震级低，有记载以来面波震级 Ms≥2 级地震有 9 次，最大 3.6 级，无破坏性影响记录。根据《中国地震动参数区划图》（GB 18306—2001），抗震设防烈度为 Ⅵ度，设计地震分组为第一组，地震动峰值加速度为 0.05 g，地震动反应谱特征周期 0.35 s。

5. **其他自然灾害。** 白龙珍珠湾海域其他自然灾害包括暴雨、强冷空气等。每年出现暴雨日数约为 13 d，以 5—9 月出现天数最多，占全年天数的 89%。1986 年 7 月曾出现日降水量 355.4 mm 的记录。偏北强风盛发期一般为 9 月至翌年 5 月，尤其以 2 月最为频繁，其间平均每个月出现 8 d 以上强风天气。

（三）海洋水文

1. **潮汐。** 白龙珍珠湾附近海域潮性系数为 5.20，为不正规全日潮型。其特征是当全日分潮显著时，潮差大，涨潮历时大于落潮历时，憩流时间短；当半日分潮显著时，潮差小，涨、落潮历时大致相等，憩流时间较长。潮汐特征值为：平均高潮位为 3.56 m，最高高潮位为 5.54 m，平均低潮位为 1.13 m，最低低潮位为 −0.29 m，平均潮位为 2.27 m。

2. **潮流。** 白龙珍珠湾附近海域潮流具有回转流性质，主流线与潮波传播方向一致，流速较小。潮流自 SW 向东北（NE）流动，涨潮最大流速为 0.6 m/s，涨潮流速呈自南向北呈递增状态，落潮流速自北向南呈递减状态。

3. **余流。** 白龙珍珠湾附近海域的余流主要受风场、径流和沿岸水的支配，以季风的影响为主。在夏半年，受偏南—西南季风的影响，流向与风向基本一致，自 SW 向 NE 流动，流速在 10～15 cm/s。在冬半年，受偏北季风影响，流向多呈偏南向，流速最大可达 15 cm/s。

4. **波浪。** 白龙珍珠湾附近海域波浪平均波高 0.56 m，平均周期 3.2 s。常浪向为北北东（NNE），频率 20.41%，其次为东南（SE）、S、NE 向，频率分别为 15.87%、

14.66%和12.18%。台风时强浪向南南东（SSE），最大波高 $H=7.0$ m；次强浪向为 SE 向，最大波高 $H=6.0$ m。

（四）海底地质条件

2014 年 10 月，海洋牧场建设项目承担单位中国水产科学研究院南海水产研究所委托广西城乡勘察设计有限公司对白龙珍珠湾及其周边海域海底地质状况进行了两场勘测调查，根据所提供的《广西防城港白龙珍珠湾人工鱼礁工程岩土工程勘察报告》，将白龙珍珠湾海域地质地貌情况简述如下。

1. **地形地貌。**拟建海洋牧场于位于防城港市白龙半岛以南海域，距白龙半岛 5～8 n mile。海底地势总体起伏平缓，呈南低北高的趋势，现地面标高为－19.70～－11.20 m。平均海面 2.30 m，水深约 20 m。地形向南缓倾斜。

2. **地质条件。**根据底质钻探结果，各土层的岩性特征自上而下为淤泥、粉质黏土和强风化泥质粉砂岩。①淤泥（Q4 m）：灰黑色，浅灰色，饱和，流塑～软塑，主要为淤泥，不均匀含有 5%～20% 的细砂及少量贝壳、有机质，略具有腥臭味，属海相沉积。该层土具高压缩性。该层全场均有分布，层厚 3.70～5.70 m。现场标准贯入试验值为 $N=1$ 击/30 cm。②粉质黏土（Q4el）：黄褐色，主要为可塑状，局部为硬塑状，饱和，主要成分为黏土矿物，含少量细粉砂颗粒，土体干强度及韧性中等，摇振反应一般，系底部基岩风化残积而成。该层全场均有分布，层厚 1.60～2.50 m。现场标准贯入试验值为 $N=11～16$ 击/30 cm，平均值为 $N=13.6$ 击/30 cm。③强风化泥质粉砂岩（J）：浅黄色、黄褐色，主要矿物成分为石英质细颗粒，泥质胶结，粉砂质结构，薄层状，裂隙很发育，岩芯破碎，呈碎块状、粉末状，易折断，干钻钻进慢，底部岩芯较上部完整、坚硬。根据岩石试验报告，岩石单轴天然抗压强度值为 7.82～14.60 MPa，经修正后标准值为 9.21 MPa，属极软岩类，属破碎岩，岩体基本质量等级为 Ⅴ 级。该层全场均有分布，层厚 3.90～5.90 m。现场标准贯入试验值为 $N=41～48$ 击/30 cm，平均值为 $N=43.6$ 击/30 cm。

3. **各岩土层物理力学参数。**为合理确定场地岩土层的物理力学性质指标，本次勘察采用取岩土样做土工实验、现场原位测试等方法。现将各种测试方法获得的各岩土层物理力学参数指标进行数理统计，结合当地建筑经验等综合数据，给出岩土层主要参数建议值（表 3-1）。

表 3-1　白龙珍珠湾海底各土层主要物理力学参数值

土　层	天然重度 γ（kN/m³）	黏聚力标准值 C_k（kPa）	内摩擦角标准值 Φ_k（°）	承载力容许值 f_{ao}（kPa）	压缩模量 E_s（MPa）	渗透系数 k（m/d）	基底摩擦系数 μ
淤泥	17.5	5.4	2.0	30	2.5	10	0.25
粉质黏土	19.6	14.1	5.7	160	5.60	0.01	0.25
强风化泥质粉砂岩	21.5	—	—	350	—	—	0.40

（五）红树林资源现状

防城港海域红树林资源丰富，主要分布于北仑河口、珍珠湾、防城港湾等。防城港湾红树林主要分布于渔洲坪沿岸、长榄西北面滩涂、浮渔岭滩涂，面积约 1 100 hm²，主要种类有桐花树、白骨壤、秋茄、木榄、银叶树和海漆等 13 种，其中 9 种真红树，4 种半红树植物。北仑河口红树林国家级自然保护区以红树林生态系为保护对象，保护区内有红树植物 15 种（其中真红树 10 种、半红树 5 种），主要红树植物种类有白骨壤、桐花树、秋茄、木榄、红海榄、海漆、老鼠勒、榄李、银叶树、阔包菊、卤蕨、水黄皮、黄槿、杨叶肖槿、海杧果等，保护区内的红树林有林面积 1 260 hm²，主要的红树植物群落类型有白骨壤群落、桐花树群落、秋茄群落、木榄群落和老鼠勒群落等 12 种，其中老鼠勒群落分布面积较大为国内少见。

三、海域渔业生态环境状况

（一）本底调查项目与内容

2015 年，中国水产科学研究院南海水产研究所在拟建海洋牧场海域进行了渔业生态环境现状调查。调查共设置 16 个调查站位（图 3-4），进行了春季、夏季、秋季和冬季 4 次本底调查。调查项目包括水质理化环境 9 项（水深、透明度、pH、水温、盐度、硝酸

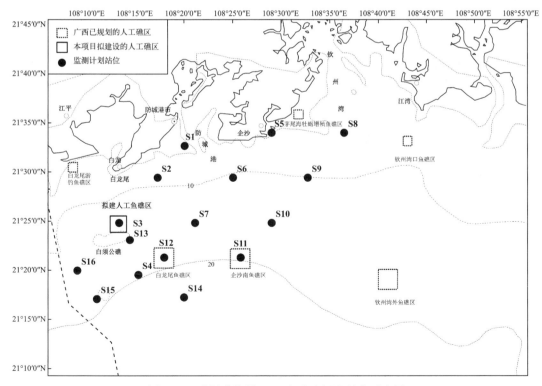

图 3-4 防城港海域 2015 年本底调查站位示意图

盐、亚硝酸盐、氨氮和活性磷酸盐）、生物环境5项（叶绿素a、初级生产力、浮游植物、浮游动物和底栖生物）。

海域表层沉积物质量现状采用国家海洋局北海海洋环境监测中心站2014年9月的调查资料。

（二）海水水质状况

1. **透明度。** 4个季节海水透明度范围为1.2～11.0 m，平均值为4.23 m。透明度平面分布均呈现由沿岸向外海逐渐加深的趋势。透明度平均值变化趋势为秋季＞夏季＞春季＞冬季。

2. **pH。** 4个季节海水pH变化范围为7.73～8.60，平均值为8.39。pH平均值变化趋势为冬季＝秋季＞春季＞夏季。

3. **水温。** 4个季节海水水温范围为15.0～30.3 ℃，平均值为23.3 ℃。各站位间四季的水温差异较大，水温平均值变化趋势为夏季＞春季＞秋季＞冬季。

4. **盐度。** 4个季节海水盐度范围为29.01～32.65，平均值为31.08。盐度的平面分布呈沿岸向外海逐渐升高的趋势，平均值变化趋势为夏季＞冬季＞秋季＞春季。

5. **溶解氧。** 4个季节海水溶解氧浓度范围为4.19～9.14 mg/L，平均值为6.43 mg/L。平均值变化趋势为春季＞秋季≥冬季＞夏季。

6. **活性磷酸盐。** 4个季节海水活性磷酸盐浓度变化范围为3.5～48.0 $\mu g/L$，平均值为14.8 $\mu g/L$。平均值变化趋势为秋季＞夏季≥春季＞冬季。

7. **无机氮。** 4个季节海水无机氮浓度变化范围为40.6～293.0 $\mu g/L$，平均值为134.3 $\mu g/L$。各站位间无机氮浓度差异较大，平均值变化趋势为春季＞冬季＞秋季＞夏季。

8. **水质评价。** 按照《海水水质标准》（GB 17378—2007）中的第二类标准进行评价。总体而言，海水水质基本符合二类水质标准，无机氮均未发现超标现象，pH、溶解氧（DO）和活性磷酸盐的平均超标率分别为8.87％、14.52％和4.83％，超标程度较轻。

（三）表层沉积物质量状况

根据国家海洋局北海海洋环境监测中心站2014年9月的沉积物质量现状调查资料，白龙珍珠湾及附近海域表层沉积物中污染物含量范围和平均值分别为：汞0.011～0.078 mg/kg（0.027 mg/kg），镉nd～0.34 mg/kg（0.12 mg/kg），铅nd～34.5 mg/kg（12.4 mg/kg），砷1.97～15.07 mg/kg（7.44 mg/kg），铜5.32～19.70 mg/kg（10.21 mg/kg），锌23.3～58.3 mg/kg（32.8 mg/kg），油类64.1～373.8 mg/kg（188.2 mg/kg），有机质0.08～0.94 mg/kg（0.46 mg/kg）。

采用海洋沉积物一级标准对表层沉积物质量进行评价，结果表明，表层沉积物中汞、镉、铅、砷、铜、锌、油类、有机质的标准评价指数均小于1，沉积物质量全部优于我国海洋沉积物一级标准。

（四）叶绿素a

4个季节表层叶绿素a含量范围为0.11～2.61 mg/m³，平均值为0.54 mg/m³。底层叶绿素 a 变化范围为 0.08～3.62 mg/m³，均值为 0.70 mg/m³。总体而言，各站表、底层叶绿素 a 含量差异较小。叶绿素 a 含量的平均值变化趋势为秋季＞夏季＞冬季＞春季。叶绿素 a 含量的平面分布上呈现由沿岸向外海逐渐降低的趋势。

（五）初级生产力

4 个季节初级生产力水平范围为 15.51～318.13 mg C/(m²·d)，平均值为 92.17 mg C/(m²·d)。总体而言，调查海域初级生产力水平较低，各站位间的初级生产力水平差异较大。初级生产力水平的平均值变化趋势为秋季＞夏季＞冬季＞春季，平面分布上呈由沿岸向外海逐渐降低的趋势。

（六）浮游植物

4 个季节调查共鉴定浮游植物 4 门 53 属 164 种（含 7 个变种和 3 个变型），以硅藻门种类最多，占总种类数的 72.6%，甲藻门种类占 23.8%，蓝藻门和金藻门种类较少。春、夏、秋、冬四季的优势种分别为 3 种、6 种、1 种和 9 种，秋季和春季有优势度极高的突出优势种，而夏冬季则有较多优势种联合占据优势地位。

浮游植物丰度年变幅范围在 10.42×10⁴～28 925.16×10⁴ cell/m³，年平均丰度为 2 049.02×10⁴ cell/m³。浮游植物丰度季节分布趋势为冬季＞秋季＞春季＞夏季。

浮游植物种类数季节变化范围在 75～115 种，多样性指数范围为 0.28～3.57，均匀度范围为 0.06～0.89；多样性阈值 0.62～1.83，平均值为 1.42。

（七）浮游动物

4 个季节共鉴定出浮游动物 201 种（类）、分属 9 门 18 个类群。其中，以桡足类出现种类数最多，其次是浮游幼虫，其他类群出现种类数较少。

春季优势种有夜光虫、蔓足类无节幼体等 4 种；夏季优势种为夜光虫、鸟喙尖头溞等 4 种；秋季有肥胖三角溞、鸟喙尖头溞等 13 种，第一优势种为肥胖三角溞；冬季优势种有肥胖箭虫、长尾类幼体等 11 种，第一优势种为肥胖箭虫。

4 个季节浮游动物总平均栖息密度为 1 580 ind/m³，变化范围为 75～32 899 ind/m³。总平均生物量为 572.64 mg/m³，变化范围为 57.0～3 835.7 mg/m³。浮游动物栖息密度以夏季最高，生物量则以春季最高，各季浮游动物生物量均达到 6 级，属超高水平。

4 个季节浮游动物丰度 1.08～5.66，平均丰度为 3.16；多样性指数范围为 0.23～4.61，平均值 2.86，多样性阈值 1.71。

（八）底栖生物

4 个季节共鉴定出底栖生物 9 门 46 科 72 种，分别为环节动物、软体动物、节肢动物、纽形动物、星虫动物、螠虫动物、棘皮动物、半索动物和脊索动物。其中较多的有环节动物和软体动物，各 14 科 25 种，各分别占总种类数的 34.72%。

春季优势种有小亮樱蛤、中华内卷齿蚕 2 种；夏季优势种有粗帝汶蛤 1 种；秋季优势种有中华内卷齿蚕、膜质伪才女虫、粗帝汶蛤和弦毛内卷齿蚕 4 种；冬季优势种度有膜质伪才女虫、中华内卷齿蚕、背蚓虫3种。

4个季节底栖生物平均生物量范围为 $25.48 \sim 125.34\ \mathrm{g/m^2}$，总平均值为 $55.74\ \mathrm{g/m^2}$。调查区海域内各站位底栖生物的生物量和栖息密度分布差异较大。底栖生物生物量季节分布顺序为夏季＞春季＞冬季＞秋季。栖息密度季节分布顺序为夏季＞冬季＞春季＞秋季。

4个季节底栖生物多样性指数范围为 $0.333 \sim 3.122$，平均值为 1.74；均匀度的范围为 $0.129 \sim 1.00$，平均值为 0.91。底栖生物多样性指数分布顺序为冬季＞春季＞夏季＞秋季。本海域底栖生物多样性属于较低水平，均匀度则属于高水平。

四、渔业生物资源状况

（一）北部湾渔业生物资源概况

根据历史资料，北部湾海区有鱼类 500 多种，虾类 200 多种，头足类近 50 种，蟹类 20 多种，软体动物 100 多种。可供养殖开发的主要经济海洋动物有红笛鲷、黑鲷、黄鳍鲷、真鲷、鲈鱼、银鲳、石斑鱼等十几种鱼类，以及斑节对虾、长毛对虾、墨吉对虾、近缘新对虾、日本对虾、刀额新对虾、锯缘青蟹、梭子蟹、中国鲎等甲壳类，还有文蛤、泥蚶、近江牡蛎、马氏珠母贝、华贵栉孔扇贝、日月贝等经济贝类，以及腔肠动物的海蜇、裸虫动物的光裸星虫等。防城港海域位于北部湾湾顶的东北部，其渔业生态环境和渔业生物资源具有明显的区域特点。

第一，防城港海域渔业资源具有北部湾半封闭海湾生态系的特点。由于海南岛和雷州半岛的屏障作用，北部湾水文学因素的相对独立，北部湾许多主要经济鱼类尽管生殖期、产卵场、索饵场和育肥场各异，但一生都在湾内度过。北部湾几百种鱼类构成多级捕食阶层，形成了湾内相对独立的渔业生态系统。由于北部湾的渔业生物种群以地方性种群为主，因此海洋牧场的建设能取得区域性的良好生态和经济效益。

第二，防城港海域渔业资源具有较低纬度海区渔业资源的特点。低纬度和较低纬度海区渔业资源具有种类多、生长周期和繁殖周期短、群体小、个体小、优势种不明显的基本特点，防城港海域的渔业资源具有这种特点，因此其渔业生产属于多鱼种多渔法的渔业模式。

第三，渔业作业类型多和渔获种类组成复杂。防城港附近海域的渔业是渔具多样复杂的渔业，这是在历史悠久的生产实践中自然形成的，其中以拖围刺钓渔具及其渔法占主导地位。但无论哪一种作业方式，其渔获组成都是比较复杂的。

第四，生殖洄游路径主要在北部湾内移动。产卵洄游路径不明显是南海北部大陆架区域绝大多数鱼类的特点，但是北部湾稍有不同，如二长棘鲷、蓝圆鲹、长尾大眼鲷、短尾大眼鲷等，生殖洄游路径主要在湾内移动，这种现象与北部湾的地理形态和海洋学因素等外部环境条件有很大关系。

第五，幼鱼主要分布在沿岸浅水区。由于受沿岸水的影响，防城港附近海域被沿岸水所占据。沿岸水的来源主要是防城河和钦江入海的淡水，以夏秋势力为强，冬春季相对较弱，沿岸水区域是幼鱼成长育肥的场所。因此经济鱼类的幼鱼主要分布在沿岸浅水区，成鱼多分布在湾中和中部偏西水域。

为保护北部湾渔业资源，防城港市部分海域划为南海区机动渔船底拖网禁渔区，主要是下列基点连线以浅海域：20°00′N、109°00′E，20°50′N、108°50′E，21°00′N、108°30′E，21°31′N、108°04′E，全面禁止机动渔船在每年 6 月 1 日至 8 月 1 日期间进行任何方式的海洋捕捞活动。涠洲岛北端即 21°05′N 线以北并连接涠洲岛至广东省雷州市流沙港以西20 m 等深线以内海域划为二长棘鲷幼鱼和幼虾保护区，禁止底拖网渔船以及其他有损于幼鱼、幼虾的作业方式在该区作业，农业农村部南海区渔政局规定，每年 12 月 5 日至翌年 5 月 20 日为禁渔期，12 月 16 日至翌年 8 月 9 日为禁虾期。2008 年 12 月 22 日，建立了"北部湾二长棘鲷长毛对虾国家级种质资源保护区"（农业部公告 1130 号），保护区各边界点坐标为：21°31′N、109°10′E，21°31′N、108°04′E，21°00′N、108°30′E，20°30′N、109°00′E，20°30′N、109°30′E，21°29′N、109°30′E，21°15′N、108°15′E，21°15′N、109°30′E，进一步规范北部湾渔业资源环境保护工作。

（二）渔业资源现状

2015 年，中国水产科学研究院南海水产研究所在拟建海洋牧场海域进行了渔业资源现状调查。调查共设置 16 个调查站位（图 3 - 4），进行了春季、夏季、秋季和冬季 4 次本底调查。调查项目包括鱼卵仔鱼、鱼类、虾类、蟹类、虾蛄类、头足类、贝类等 7 项。

1. **鱼卵仔鱼。** 4 个季节调查共鉴定出 26 个鱼卵仔鱼种类，隶属于 26 属 25 科。春季鱼卵优势种类是鲷科和斑鰶，仔鱼数量最多的是斑鰶和鲷科；夏季鱼卵优势种类是鳀科和小公鱼，仔鱼是小公鱼和眶棘双边鱼；秋季鱼卵优势种类是鳀科和多鳞鱚，仔鱼是眶棘双边鱼、小公鱼和石首鱼科；冬季鱼卵优势种类是鳀科和多鳞鱚，仔鱼是小公鱼、多鳞鱚和舌鳎科。

春季调查平均密度鱼卵为每 1 000 m³ 923 粒，仔鱼为每 1 000 m³ 28.6 尾。夏季平均密度鱼卵为 1 000 m³ 4 856 粒，仔鱼为每 1 000 m³ 61.1 尾。秋季平均密度鱼卵为每 1 000 m³ 3 034 粒，仔鱼为每 1 000 m³ 34.1 尾。冬季平均密度鱼卵为每 1 000 m³ 755 粒，仔鱼为每 1 000 m³ 6.3 尾。

北部湾鱼类产卵以 5 月为高峰期，8 月是产卵高峰期的末期，而 11 月是产卵低谷期。在 2015 年 4 个季节调查中，鱼卵仔鱼数量以 5 月最高，8 月和 1 月次之，11 月最低。在出现较多的种类中，属于优质种类主要有鲷科、多鳞鱚、鲾和鲬等，属于经济种类的有鳀科、小公鱼等。

2. **渔业资源**（拖网调查）。渔业资源种类组成。4 个季节共捕获渔业资源生物种类213 种，其中鱼类 56～122 种，虾类 12～16 种，蟹类 10～17 种，虾蛄类～13 种，头足类5～9 种，贝类 2 种。

（1）**渔业资源优势种。** 春季鱼类的优势种为花斑蛇鲻、多齿蛇鲻、鹿斑鲾等；虾类为宽突赤虾、鹰爪虾等；蟹类为强壮菱蟹、矛形梭子蟹等；虾蛄类为猛虾蛄、口虾蛄等；头足类为杜氏枪乌贼、短蛸等。夏季鱼类的优势种为多齿蛇鲻、二长棘鲷、竹筴鱼等；虾类为须赤虾、贪食鼓虾等；蟹类为隆线强蟹、锈斑蟳等；虾蛄类为猛虾蛄、长叉口虾蛄等；头足类为中国枪乌贼、莱氏拟乌贼等。秋季鱼类的优势种为丽叶鰺、棕斑腹刺鲀、中华海鲇等；虾类为刀额新对虾；蟹类为锐齿蟳、日本蟳等；虾蛄类为口虾蛄、断脊口虾蛄等；

头足类为中国枪乌贼、莱氏拟乌贼等。冬季鱼类的优势种为棕斑腹刺鲀、丽叶鲹、海鳗等；虾类为刀额新对虾等；蟹类为锈斑蟳、红星梭子蟹等；虾蛄类为日本猛虾蛄、印度猛虾蛄等；头足类为中国枪乌贼、火枪乌贼等。

（2）渔获率与资源密度。 春、夏、秋、冬 4 个季节的渔获率分别为 5.602 kg/h、19.800 kg/h、3.676 kg/h、3.042 kg/h，渔获率大小顺序为夏季＞春季＞秋季＞冬季。4 个季节资源密度分别为 328.767 kg/km²、1 226.957 kg/km²、215.635 kg/km²、178.461 kg/km²，资源密度大小顺序为夏季＞春季＞秋季＞冬季。尾数渔获率分别为 1 844.3 ind/h、2 018.1 ind/h、373.8 ind/h、315.6 ind/h，尾数渔获率大小顺序为夏季＜春季＜秋季＜冬季。资源尾数密度分别为 108 240.9 ind/km²、124 876.5 ind/km²、21 939.7 ind/km²、18 521.0 ind/km²。尾数密度大小顺序为夏季＞春季＞秋季＞冬季。

3. 渔业资源（刺网调查）。 春季刺网调查共捕获渔业生物种类 52 种，其中鱼类 38 种、甲壳类 14 种。夏季共捕获生物种类 38 种，鱼类 20 种，甲壳类 15 种，头足类 1 种，鲎类 2 种。秋季共捕获生物种类 29 种，鱼类 19 种，甲壳类 8 种，鲎类 2 种。冬季共捕获生物种类 16 种，鱼类 12 种，甲壳类 3 种，鲎类 1 种。

春季鱼类和甲壳类在各调查站位均有捕获，平均每站渔获分别为 16 种和 5 种。夏季鱼类和甲壳类在各站位均有捕获，平均每站渔获分别为 9 种和 8 种；其他种类出现较少。秋季鱼类和甲壳类在各站位均有捕获，平均每站渔获分别为 12 种和 6 种；其他种类出现较少。冬季调查，鱼类、甲壳类、鲎类分别捕获 12 种、3 种和 1 种。

刺网调查的渔获率和资源渔获率大小依次为春季＞夏季＞秋季＞冬季，渔获率分别为 1.254 kg/h、0.850 kg/h、0.798 kg/h、0.430 kg/h，资源渔获率分别为 5.048 kg/(hm²·h)、3.421 kg/(hm²·h)、3.212 kg/(hm²·h)、1.721 kg/(hm²·h)。渔业资源尾数渔获率和资源尾数密度大小依次为春季＞夏季＞秋季＞冬季，尾数渔获率分别为 38.1 ind/h、28.9 ind/h、8.1 ind/h、5.4 ind/h，资源尾数渔获率分别为 153.2 ind/(hm²·h)、116.1 ind/(hm²·h)、32.2 ind/(hm²·h)、21.6 ind/(hm²·h)。

五、社会状况

本部分引用 2013 年防城港市的资料，为当时实施投放人工鱼礁项目的可行性提供论证支撑。

（一）概况

防城港市位于广西壮族自治区南部，1993 年建市，是我国大陆沿海最西端的对外开放港口城市。2013 年时辖港口区、防城区、上思县和东兴市（县级），全市总面积 6 300 km²，占全广西总面积的 2.61%，总人口约 100 万人。

根据防城港 2014 年防城港市政府工作报告，2013 年防城港市地区生产总值达 525 亿元，较上年增长 12.4%；工业总产值突破 1 000 亿元大关，增长 23.3%；财政收入 59.3 亿元，增长 13.1%；全社会固定资产投资 475 亿元，增长 14.5%；港口货物吞吐量 1.06 亿 t，增长 5%；地区生产总值、规模以上工业总产值、外贸进出口总额等 11 项重要指标

总量或增幅位居全区前列。居民收入水平继续快速提升，城镇居民人均可支配收入增长
10%；农民人均纯收入增长 13.5%。

（二）重大项目

钢铁冷轧项目开工建设、核电项目全面进入设备安装阶段、金川 4.0×10^5 t 铜冶炼项
目投产。一批百亿元项目建设加快，金源一期、盛隆技改一期顺利竣工，信润石化、海森
特海工装备、科元新材料、澳加粮油等项目开工建设。南防高铁开通运营；防东高速建成
通车，实现高速公路县县通，全市形成一小时经济圈。

（三）工业企业

超 100 亿元企业达 3 家；超 10 亿元企业达 12 家；超亿元企业达 106 家；全市规模上
工业企业达 162 家。

（四）第三产业

全年社会消费品零售总额 81.4 亿元，较上年增长 14.2%。实现外贸进出口总额 43
亿美元。边境贸易进出口总额 241.5 亿元，增长 19.6%。旅游业接待游客 965 万人次，
增长 19.6%。江山半岛旅游度假区黄金周日接待游客超过 10 万人，被评为"中国十佳海
洋旅游目的地"。房地产完成投资 100 亿元，销售面积 1.46×10^4 m^2。

（五）港口物流

401～407 号泊位、云约江南作业区 1 号泊位工程竣工，20～22 号煤炭专业码头改造
工程完成。企沙东岛、企沙南港区前期工作稳步推进。物流业加快发展。铁路货场扩建工
程、北部湾大货车物流服务中心竣工运营，东湾仓储物流基地、北部湾现代物流中心等重
点项目加快推进。全市物流企业达 350 多家。

（六）农业

农林牧渔业总产值 111.6 亿元，增长 5.6%。糖料蔗种植 4.2 万 hm^2，水产养殖 1.87
万 hm^2，发展林下种养 8.07 万 hm^2。2013 年水产品产量 4.548×10^5 t，增长 4.6%，其
中，海水产品产量 4.1×10^5 t，增长 4.4%；淡水产品产量 4.48×10^4 t，增长 6.0%。在
水产品产量中，养殖水产品产量 2.88×10^5 t，增长 7.4%；捕捞水产品产量 1.22×10^5 t，
下降 2.1%。优势水产品养殖品种主要有对虾、青蟹、牡蛎、文蛤、海水经济鱼类等。

（七）旅游

2013 年共接待国内外游客 979.78 万人次，增长 19.6%。其中，国内游客 965.11 万
人次，增长 19.7%；海外游客 14.67 万人次，增长 15.1%。全年旅游总收入达 64.51 亿
元，增长 22.6%。其中，国内旅游总收入 61.79 亿元，增长 22.7%；国际旅游外汇收入
4 383 万美元，增长 22.5%。

六、白龙珍珠湾海洋牧场人工鱼礁工程环境影响评价

海洋牧场建设项目承担单位中国水产科学研究院南海水产研究所委托具有环评质的单位对白龙珍珠湾海洋牧场人工鱼礁工程进行了环境影响评价，根据国家海洋局南海海洋工程勘察与环境研究院和广西壮族自治区海洋监测预报中心 2014 年 12 月提交的《广西防城港市白龙珍珠港湾海洋牧场示范区项目海洋环境影响报告书》，对白龙珍珠港湾海洋牧场建设项目环境影响评价结论如下：

（1）该项目投放人工鱼礁对海域水动力的影响较小，仅对礁群 36 m 内的海域产生较强的紊流作用，对礁群 300 m 外海域几乎没有影响。该项目造成的局部流态变化有利于调节渔业生态环境和聚集渔业生物。

（2）单位礁的冲淤影响范围约 100 m，单个鱼礁群的影响范围约在 150 m 内，海底形态在迎流面被冲刷，在背流面堆积，冲刷和淤积量较少，对礁区地形地貌的影响很小，对礁区以外的地形地貌基本没有影响。

（3）项目海上投礁产生的悬浮物影响局限在鱼礁区的局部区域，并且随着施工的结束而结束，影响是短暂和暂时的，对其余区域的海水水质产生的影响较小。施工船舶对海水水质环境的影响很小。礁体在陆域建设过程中产生的污水污物不会对周围海水水质产生影响。

（4）项目礁体占用少量海洋沉积物区域，对区域海洋沉积环境影响很小。

（5）项目投放礁石将暂时导致少量底栖生物损失。由于该项目是一项海洋生态环境的修复工程，项目建成后可以起到保护和增殖渔业资源的作用。

（6）本项目位于北部湾二长棘鲷长毛对虾国家级种质资源保护区的实验区范围内，该项目施工期对保护区渔业资源的影响较小，营运期有利于保护该区域渔业资源；项目区水深大于 12 m，西边约 1 km 为白龙港规划的进港航道，项目设置浮标警示装置，项目实施对航道及周边海域通航基本没有影响。

（7）本项目在施工期全过程的各环节上，考虑了采用能减轻环境污染、能减少对海洋生态造成影响的施工方式。该项目建设能够满足清洁生产的要求。项目实施不涉及环境风险事故。

（8）工程的建设符合《广西海洋功能区划》和《广西海洋环境保护规划》等相关规划的要求，所在海域环境质量较好。项目建设具有较好的社会效益和经济效益，公众支持程度高，项目施工和营运对海洋环境的影响较小。在严格执行海洋环境保护法律法规、加强施工管理和认真落实本报告书提出的各项环保措施的前提下，从海洋环境保护角度分析，该工程建设是可行的。

第 四 章

人工鱼礁设计的理论计算与核验

一、人工鱼礁设计的理论计算

（一）底沉式鱼礁的理论计算

1. **沉放时的设计计算。** 在海上投放人工鱼礁鱼礁时，必须充分考虑到鱼礁在水体中沉降时的下落速度和下沉着底时的冲击力。

（1）鱼礁在海中的落下速度。 鱼礁从海面自由下落时所受到的作用力有重力、浮力和水动力。水中的落体运动方程式为：

$$\sigma V \frac{du}{dt} = (\sigma - \rho) \, gV - C_D A \frac{\rho u^2}{2} - C_{MA} \rho V \frac{du}{dt} \qquad (4-1)$$

式中，σ 为落体密度；V 为落体体积；u 为落体运动速度；t 为运动时间；g 为重力加速度；ρ 为海水密度；C_D 为落体阻力系数；A 为落体阻挡水流的投影面积；C_{MA} 为落体的附加质量系数。不同落体的阻力系数（C_D）、质量系数（C_M）和附加质量系数（C_{MA}）如表 4-1 所示。

表 4-1 阻力系数（C_D）、质量系数（C_M）和附加质量系数（C_{MA}）

系数	正长方体	圆柱体	长方体
C_D	2.0	1.0	2.0
C_M	2.0	2.0	1.0
C_{MA}	1.0	1.0	1.0

鱼礁投放水中时，由于初始重力的作用使速度增大，从而水阻力也增大。当鱼礁在水中的重量与水阻力相等时，鱼礁变为匀速运动，成为恒定的落下速度，这个速度叫作终端速度 u_c。

设 $du/dt = 0$，公式（4-1）则变为：

$$(\sigma - \rho) \, gV = C_D A \frac{\rho u_c^2}{2}$$

从而可求得落体的终端速度　　$u_c = \sqrt{\dfrac{2gV}{C_D A}\left(\dfrac{\sigma}{\rho} - 1\right)}$ 　　　　　$(4-2)$

（2）鱼礁在水中落下着底时的着底冲击力。 着底冲击力取决于鱼礁的重量、冲击时的速度、着底地基的反力系数和冲突面的形状。设冲突面的地基反力为 R，着底时的附加质

量系数为 C_{MA}，着底时的运动方程式为：

$$\sigma V \frac{du}{dt} = (\sigma - \rho)\ gV - \frac{1}{2}C_D A \rho u^2 - C_{MA} \rho V \frac{du}{dt} - R \qquad (4-3)$$

设地基反力系数为 K_R，着底地基的变位为 ε，则有：

$$R = K_R \cdot \varepsilon^n \qquad (4-4)$$

由于 $u = \dfrac{d\varepsilon}{dt}$，$\dfrac{d\varepsilon}{dt} = \dfrac{d\varepsilon^2}{dt^2}$，整理公式（4-4）后，得

$$\left(\frac{\sigma}{\rho} + C_{MA}\right)\frac{d\varepsilon^2}{dt^2} + \frac{C_D A}{2V}\left(\frac{d\varepsilon}{dt}\right)^2 + \frac{K_R}{\rho V}\varepsilon^n = g\left(\frac{\sigma}{\rho} - 1\right) \qquad (4-5)$$

由于公式（4-5）是一个非线性微分方程，对变量 t 的积分求解比较困难，实际运用时，可采用牛顿渐近解法，求其近似解。公式（4-5）经整理，得：

$$\frac{gK_R\varepsilon_0^{n+1}}{(n+1)\ \omega_0 V} - \left[g\left(\frac{\sigma_G}{\omega_0} - 1\right) - \frac{C_D A}{4V}u_0^2\right]\varepsilon_0 - \left(\frac{\sigma_G}{\omega_0} + C_{MA}\right)\frac{u_0^2}{2} = 0 \qquad (4-6)$$

式中，ε_0 为总变位值；ω_0 为海水单位体积重量（$\omega_0 = \rho g$）；σ_G 为落体材料的单位体积重量（$G_G = \sigma_g$）；u_0 为落体开始着底时的速度。

$$
\begin{aligned}
&\quad\quad F = \frac{gK_R}{(n+1)\ \omega_0 V} \\
设：\quad &M = g\left(\frac{\sigma_0}{\omega_0} - 1\right) - \frac{C_D A}{4V}u_0^2 \qquad (4-7)\\
&N = \left(\frac{\sigma_0}{\omega_0} + C_{MA}\right)\frac{u_0^2}{2}
\end{aligned}
$$

把公式（4-7）代入公式（4-6），得：

$$L\varepsilon_0^{n+1} - M\varepsilon_0 - N = 0$$

设 ε_r 为 ε_0 的第 r 次近似解，取 $n = 2$，则：

$$
\begin{aligned}
&\varepsilon_r = \left(\frac{N}{L}\right)^{\frac{1}{3}} \\
&\varepsilon_{r+1} = \varepsilon_r - \frac{L\varepsilon_r^3 - M\varepsilon_r - N}{3L\varepsilon_r^2 - M}
\end{aligned} \qquad (4-8)
$$

根据公式（4-9），计算地基变位的收敛值 ε_0：

$$
\begin{aligned}
&R_0 = K_R\varepsilon_0^2 = \hat{\sigma}_G V \\
&\hat{\sigma}_G = \frac{K_R\varepsilon_0^2}{V}
\end{aligned} \qquad (4-9)
$$

式中，R_0 为地基反力（即着底冲击力）；σ_G 为落体的静换算重量。

根据鱼礁的空中落下试验，当 $n = 2$ 时，K_R 可取下值：砂砾底质，$K_R = 160 \sim 500\ \text{kg/cm}^2$；坚硬密实的黏土底质，$K_R = 210 \sim 630\ \text{kg/cm}^2$。

(3) 鱼礁的应力计算。 根据公式（4-1）至公式（4-9）计算鱼礁着底冲击力 R_0，并将 R_0 换算成静换算重量 σ_G，以 σ_G 作为自重来进行鱼礁强度设计。

2. **沉放后的稳定性计算。** 鱼礁在投放后的预期寿命期间（30 年）内，要维持预期的鱼礁机能，不使鱼礁损坏、移动和埋没。因此，在设计时必须预先考虑到鱼礁投放后可能出现滑移、倾覆、冲刷等问题。

（1）作用于鱼礁的流体力 F。

$$F = \frac{C_D A \omega_0}{2g} u^2 + \frac{C_m V \omega_0}{g} \frac{\partial u}{\partial t} \qquad (4-10)$$

据微振幅波理论，水质点的运动速度 μ_1：

$$u_1 = u_m \sin\theta$$

$$u_m = \frac{\pi H}{T} \cdot \frac{\cosh 2\pi \dfrac{D}{L}}{\sinh 2\pi \dfrac{h}{L}} = \frac{\pi k H}{T} \qquad (4-11)$$

$$\theta = kx - \sigma t = \frac{2\pi}{L} x - \frac{2\pi}{L} t$$

$$\frac{\partial u_1}{\partial t} = -\frac{2\pi}{T} u_m \cos\theta$$

式中，H 为波高；L 为波长；T 为周期；h 为水深；D 为鱼礁的高度；x 为位移；C_D 为拖曳力系数；C_m 为惯性力系数；k 值查取。

设潮流等流速为 u_0，则

$$u = u_0 + u_1 = u_m \sin\theta + u_0, \quad \frac{\partial u}{\partial t} = \frac{\partial u_1}{\partial t}$$

代入公式（4-10）得

$$F = \frac{C_D A \varepsilon_0}{2g} (u_m \sin\theta + u_0)^2 + \frac{2\pi C_M V \omega_0 u_m}{gT} \cos\theta \qquad (4-12)$$

设：

$$F_D = \frac{C_D A \omega_0 u_m^2}{2g}, \quad \alpha = \frac{u_0}{u_m}$$

$$F_M = \frac{2\pi C_M V \omega_0 u_m}{gT} \qquad (4-13)$$

公式（4-12）可写成

$$F = F_D (\sin\theta + \alpha)^2 - F_M \cos\theta \qquad (4-14)$$

设 $\beta = \dfrac{F_M}{2F_0}$，$S = \sin\theta$，$C = \cos\theta$，代入式（4-14），经微分简化得

$$\frac{dF}{d\theta} = 2F_D [C(S+\alpha) + \beta S] = 0$$

$$\frac{d^2 F}{d\theta^2} = 2F_D (1 - 2S^2 - \alpha S + \beta C) < 0 \qquad (4-15)$$

$$S^4 + 2\alpha S^3 + (\alpha^2 + \beta^2 - 1)S^2 - 2\alpha S - \alpha^2 \qquad (4-16)$$

用牛顿渐近解法求解方程式（4-16），可得 F 为最大值的 S 值。再由公式（4-14）求得最大流体力 F。

（2）鱼礁滑移倾覆的稳定性计算和校验。鱼礁不滑移的条件是：鱼礁与海底的摩擦阻力（鱼礁水中重量乘以摩擦系数的值）应大于流体的作用力，即

$$S_F = \frac{W\mu\left(1-\dfrac{\omega_0}{\sigma_G}\right)}{F}$$

式中，S_F 为安全系数，应取 1.2 以上；μ 为鱼礁与海床的摩擦系数（$\mu=0.6$）；W 为鱼礁的空中质量；F 为作用于鱼礁上的流体力。

鱼礁不倾覆的条件是，阻力矩应大于倾覆力矩，或者鱼礁在水中的自重和流体力的合力作用线应在鱼礁底面中央 1/3 以内。

$$S_F = \frac{W\left(1-\dfrac{\omega_0}{\sigma_G}\right)l_w}{Fh_0} \geqslant 1.2$$

式中，h_0 为 F 的作用高度；l_w 为从倾覆中心到重心的水平距离；安全系数 S_F 取 1.2 以上。

关于鱼礁滑移和倾覆稳性的校验，可采用我国港工技术规范中关于重力式水工建筑物整体稳定的校核方法，安全系数 $S_F \geqslant 1.2$，鱼礁与海床的摩擦系数 $\mu=0.5\sim0.6$。

（3）鱼礁周围泥沙的淤积和冲刷。 设置在砂质海底的人工鱼礁要特别注意泥沙的淤积和冲刷问题。对于海底的滑移和鱼礁的结构，在漂砂、流砂滑移强烈的场所，最好用点（三脚、四脚等）构件或细长有棱的构件来支撑，如果用平面构件支撑，可能会由于鱼礁局部被冲刷而产生倾覆。在软泥海底上设置鱼礁时，由于流水较稳静而不必担心被冲刷，但会被压实而下沉，所以用能减少接地压力的平面来支撑为宜。

关于漂砂的研究，目前尚无定量的表示方法。可参照日本掘川教授发表的砂床形成分类图，确定发生砂浪的极限条件。横轴 d 表示砂粒直径，纵轴中摩擦速度 $\mu=Fu_b$，u_b 为底层流速；f 为摩擦系数（$f=0.0027\sim0.03$）。

为了校验鱼礁周围底质被冲刷面引起的鱼礁失稳问题，日本佐藤教授根据水槽试验得出如下公式：

$$u_c = K_1\sqrt{gL\left(\frac{\sigma_G}{\omega_0}-1\right)} \tag{4-17}$$

式中，u_c 为鱼礁开始失稳的流速；ω_0 为海水容量；σ_G 为鱼礁材料的单位体积重；g 为重力加速度；L 为鱼礁鱼礁构件的计算长度；K_1 为系数，见表 4-2。

表 4-2　K_1 值

鱼礁类型	K_1
角型 I	0.42
角型 II	0.48
圆筒型	0.48
三角型	0.32
车轮型	0.51

（二）浮式鱼礁设计的理论计算

1. **浮式鱼礁的力学分析及计算。**浮式鱼礁一般由上浮部件、系结绳、碇（锚）等连结部件构成。所以，在设计浮式鱼礁时必须对其各个构件的受力情况进行力学分析及计算

（1）浮式鱼礁的自由振动。浮体（浮式鱼礁）自由振动的基本方程式：

$$\sigma V \frac{dU}{dt} = C_{MA} \rho V \frac{dU}{dt} - C_D A \frac{\rho}{2} |U| U - F\sin\theta \qquad (4-18)$$

式中，V 为浮体的体积；A 为与运动方向垂直的浮体投影面积；σ 为浮体密度；ρ 为海水密度；U 为浮体切线方向运动速度；F 为浮体的剩余浮力。

设 $\sin\theta = \theta$，x 为浮体距中心位置的水平位置，则

$$U = \frac{dx}{dt}, \quad \frac{dU}{dt} = \frac{d^2x}{dt^2}, \quad X = L\theta \qquad (4-19)$$

由于 $F_U = (\rho - \sigma) V g$，式（4-18）又可写成

$$(\sigma + C_{MA}\rho) V \frac{d^2x}{dt^2} + \frac{C_D A \rho}{2} \left|\frac{dx}{dt}\right| \frac{dx}{dt} + \frac{(\rho - \sigma) V g}{L} x = 0 \qquad (4-20)$$

整理上式，得

$$\frac{d^2x}{dt^2} + \alpha_0 \left|\frac{dx}{dt}\right| \frac{dx}{dt} + \omega_0^2 x = 0$$

$$\alpha_0 = \frac{C_D A}{2V\left(C_{MA} + \dfrac{\sigma}{\rho}\right)} \qquad (4-21)$$

$$\omega_0^2 = \frac{g\left(1 - \dfrac{\sigma}{\rho}\right)}{L\left(C_{MA} + \dfrac{\sigma}{\rho}\right)}$$

或用剩余浮力表示

$$\sigma = \rho - \frac{F_U}{gV}, \quad \frac{\sigma}{\rho} = 1 - \frac{F_U}{\omega_0 V} \qquad (4-22)$$

通过对非线性微分方程式（4-21）的讨论和近似计算，可知当系留索长度 L 在 30 m 以上，浮体为圆筒形时，$\omega < \omega_0 \approx 0.029 \sim 0.092$。

$\omega = 2\pi/T$，浮体周期 $T > 69 \sim 217$ s，所以，水中作自由振动的浮体通常不会与波浪发生共振。

（2）系留索的张力。系留索的倾斜角为 φ：

$$\varphi = \tan^{-1}\left(\frac{F_0}{F_U}\right)$$

$$F_U = (\omega_0 - \sigma_G) V \qquad (4-23)$$

$$F_0 = C_D A \frac{\omega_0 u_0^2}{2g}$$

式中，F_U 为浮体的剩余浮力；ω_0、σ_G 分别为海水、浮体的单位体积重；F_0 为水平方向的水流力；u_0 为潮流等流速。与公式（4-10）同理，

$$F_\varphi = \frac{C_D A \omega_0}{2g} u^2 + \frac{C_M V \omega_0}{g} \frac{\partial u}{\partial t} \tag{4-24}$$

$$u = u_m \sin\theta$$

$$\theta = kx - \sigma t = \frac{2\pi}{L} x - \frac{2\pi}{T} t \tag{4-25}$$

式中，F_φ 为波浪在 φ 方向上产生的流速。据深水推进波理论，水质点运动速度为

$$u_m = \frac{H\sigma}{2} e^{\kappa z} \tag{4-26}$$

对式（4-25）求微分

$$\frac{\partial u}{\partial t} = -\sigma u_m \cos\theta = \frac{2\pi u_m}{T} \cos\theta \tag{4-27}$$

带入公式（4-24），得

$$F_\varphi = \frac{C_D A \omega_0}{2g} (u_m \sin\theta)^2 - \frac{2\pi C_M V \omega_0 u_m}{gT} \cos\theta$$

设

$$F_D = \frac{C_D A \omega_0 u_m^2}{2g}$$

$$F_M = \frac{2\pi C_M V \omega_0 u_m}{gT} \tag{4-28}$$

则

$$F_\varphi = F_D \sin^2\theta - F_M \cos\theta \tag{4-29}$$

与公式（4-14）同理，由波力产生的流体力最大值 $F_{\varphi M}$ 和最小值 $F_{\varphi m}$ 为

$$\beta > 1, \quad \left. \begin{array}{c} F_{\varphi M} \\ F_{\varphi m} \end{array} \right\} = \pm F_M$$

$$\beta < 1, \quad \left. \begin{array}{c} F_{\varphi M} \\ F_{\varphi m} \end{array} \right\} = \pm [F_D(1-\beta^2) + F_M \beta] \tag{4-30}$$

与波力相平衡的系留索最大张力

$$T_M = \frac{F_U}{\cos\varphi} + F_{\varphi M} \tag{4-31}$$

（3）浮式鱼礁的剩余浮力 F_U。 据公式（4-23），得

$$F_U \geqslant \frac{F_0}{\tan\varphi} \tag{4-32}$$

在下降流作用时，为使系留索不产生松弛，张力应为正值。与公式（4-31）同理，

$$T = \frac{F_U}{\cos\varphi} + F_\varphi > 0 \tag{4-33}$$

$$F_U \geqslant -F_{\varphi M} \cos\varphi$$

（4）锚块。 锚块的受力分析，锚块的最小质量 W：

$$\left[W\left(1 - \frac{\omega_0}{\sigma_A}\right) - T_M \cos\varphi \right] \mu > T_M \sin\varphi$$

设安全系数为 S_F，得

$$S_F = \frac{\left[W\left(1 - \frac{\omega_0}{\sigma_A}\right) - T_M\cos\varphi \right]\mu}{T_M\sin\varphi} \qquad (4-34)$$

$$W = \frac{T_M(S_F\sin\varphi + u\cos\varphi)}{\mu\left(1 - \frac{\omega_0}{\sigma_A}\right)} \qquad (4-35)$$

式中，W、σ_A 分别为锚块的重量及单位体积重；μ 为锚块与海床的摩擦系数，一般取 $0.5\sim0.6$；S_F 为安全系数，$\geqslant 2.0$。

当锚块埋入海床后，在诸力平衡关系式里，要考虑作用于锚块的被动土压力。如果埋深很小，被动土压力也可以忽略不计，这样对浮体来说较为安全。

2. 浮式鱼礁的流体工程学。浮式鱼礁在设计时须考虑的问题主要有礁体受波浪力、水流及生物附着量的影响；礁体材料受各种外力时力的推算；礁体部件超负荷所产生的疲劳度及海水腐蚀量的定量标准；礁体所产生的海水流态和水团的变化等。

（1）作用于礁体都件的流体作用力。

1）静水压力和浮力。在不计波浪力和流水力的情况下，礁体在水深 $20\sim30$ m 处有 $0.2\sim0.3$ MPa 的静水压力，而浮力是作用于部件上的静水压力的合力。

$$\left.\begin{array}{l} P = W_0 Z \\ F_B = W_0 V \end{array}\right\} \qquad (4-36)$$

式中，W_0 为海水的单位体积重量；Z 为从海面到礁体的距离；V 为礁体体积；P 为在礁体表面沿垂直方向所产生的静水压力；F_B 为浮力，作用于垂直方向上的力。

2）水流阻力。作用在礁体上的水流阻力：

$$F_f = \frac{W_0}{2g} C_D A u^2 \qquad (4-37)$$

式中，g 为重力加速度；C_D 为由礁体形状决定的阻力系数；A 为垂直于水流方向礁体投影面积；u 为流速；F_f 为水流阻力，作用于礁体上的水流力。

① 作用于球体的水流阻力：

$$F_f = \frac{\pi\omega_0}{8g} C_D A D^2 u^2 \qquad (4-38)$$

式中，C_D 为球体的阻力系数，一般为 0.5；D 为球体直径。

② 作用于圆柱体的水流阻力：

$$F_{f\theta} = \frac{W_0}{2g} C_D D L u^2 \cos\theta \qquad (4-39)$$

式中，C_D 为圆柱体的阻力系数，一般为 1.0；D 为圆柱体直径；L 为圆柱体长度；θ 为圆柱中心轴的法线与水流交角。

3）波浪作用力。作用于礁体的波浪作用力，用质量力和阻力表示如下：

$$F_W = F_M + F_D$$

$$F_M = \frac{W_0}{g} C_M V \frac{\partial u}{\partial t} \qquad (4-40)$$

$$F_D = \frac{W_0}{2g} C_D A u \,|\,u\,|$$

式中，C_M 为由物体形状确定的质量系数；u 为由波浪产生的水质点速度；$\dfrac{\partial u}{\partial t}$ 为由波浪产生的水质点加速度；F_M 为质量力；F_D 为阻力；F_W 为波浪作用力。

波浪作用力最大值（F_W）$_{max}$、质量力最大值（F_M）$_{max}$、阻力最大值（F_D）$_{max}$ 的计算方法如下：

$$当\ K>1\ 时，(F_W)_{max}=(F_M)_{max}$$

$$当\ K\leqslant1\ 时，(F_W)_{max}=(F_D)_{max}+\left[\frac{(F_M)_{max}}{2(F_D)_{max}}\right]^2 \tag{4-41}$$

其中，

$$K=\frac{(F_M)_{max}}{2(F_D)_{max}} \tag{4-42}$$

若浮式鱼礁设在水深 100 m 以下深海域，对周期少于几秒的波浪可视为深海波，公式可写成：

$$K=2\frac{C_M V}{C_D AH}e^{2\pi(h-z_0)/L} \tag{4-43}$$

式中，H 为波高；L 为波长；Z_0 为从海底到礁体的高度；h 为水深；K 为系数。

① 对于球体，深海波产生的波浪作用力的水平分力和垂直分力是相等的，其最大值由公式（4-41）给出，但（F_M）$_{max}$、（F_D）$_{max}$ 和 K 值在 $C_M=1.5$、$C_D=0.5$ 时由公式（4-44）给出。

$$(F_M)_{max}=\frac{\pi^2}{2}W_0 D^3\,\frac{H}{L}e^{-2\pi(h-z_0)/L}$$

$$(F_D)_{max}=\frac{\pi^2}{16}W_0 D^2\,\frac{H^2}{L}e^{-4\pi(h-z_0)/L} \tag{4-44}$$

$$K=4\frac{D}{H}e^{2\pi(h-z_0)/L}$$

② 作用于圆柱体的波浪力，当圆柱体为水平放置时，其水平力与垂直分力是相等的，各自的最大值由公式（4-41）给出。

$$(F_M)_{max}=\frac{\pi^2}{2}W_0 D^2 l\,\frac{H}{L}e^{-2\pi(h-z_0)/L}$$

$$(F_D)_{max}=\frac{\pi}{4}W_0 D^2 l\,\frac{H^2}{L}e^{-4\pi(h-z_0)/L} \tag{4-45}$$

$$K=\frac{D}{H}e^{2\pi(h-z_0)/L}$$

当圆柱体垂直放置时，只有水平分力，其最大值由公式（4-41）给出。

$$\left.\begin{array}{l}(F_M)_{max}=2(K_{M1}-K_{M2})W_0 D^2 H\\(F_D)_{max}=(K_{D1}-K_{D2})W_0 DH^2\end{array}\right\} \tag{4-46}$$

式中，根据海底到圆柱体上端和下端的间距，l_1 和 l_2，从对应的 K_M、K_D 参数表中分别找到 K_{M1}、K_{M2}、K_{D1}、K_{D2} 的值。

（2）拉索张力。 作用于拉住浮式鱼礁上绳索的外力算式如下：

1）在流场中鱼礁体拉索某一点的张力。

① 球体鱼礁的拉索张力 T，其水平分力为 T_H，垂直分力为 T_V。

$$T_H = F_f$$
$$T_V = N$$
$$T = \sqrt{T_H^2 + T_V^2}$$

(4 - 47)

式中，N 为浮力（除去浮子后空气中重量）。

拉索与垂直方向的交角

$$\alpha = \tan^{-1}\left(\frac{F_f}{N}\right)$$

(4 - 48)

② 圆柱体鱼礁拉索与水流流向的交角

$$\theta = \tan^{-1}\frac{F_{f\theta} - l_f}{F_\theta l_f - W l_w}$$

(4 - 49)

式中，$F_{f\theta}$ 见公式（4 - 39），当 $\theta = 0$ 时的值；W 为圆柱体在空气中的重量；l_f、l_B、l_w 为从拉索着力点 O 到 $F_{f\theta}$、l_B、l_w 作用点的距离。

拉索张力的水平分力和垂直分力为：

$$T_H = F_{f\theta}\cos^2\theta$$
$$T_V = W - F_{f\theta}\sin\theta\cos\theta$$

(4 - 50)

2）波场中鱼礁体拉索某一点的张力。

① 浮力 N 与作用于球体鱼礁上的波浪力的垂直分力最大值与公式（4 - 41）相比较大的情况下，拉索张力的水平分力和垂直分力的最大值 $(T_H)_{\max}$ 和 $(T_V)_{\max}$ 为：

$$(T_H)_{\max} = \frac{1}{2n_2\lambda^2}\left\{\left[(1 - \lambda^2)^4 + 4n_2^2\lambda^4\right]^{\frac{1}{2}} - (1 - \lambda^2)^2\right\}\frac{1}{2}(F_W)_{\max}$$

(4 - 51)

$$(T_V)_{\max} = N$$

$\lambda = \dfrac{T_0}{T}$，T_0 由公式（4 - 41）给出：

$$T_0 = 2\pi\left(\frac{\delta + C_e}{1 - \delta}\right)\frac{1}{g}$$

(4 - 52)

式中：T 为波浪周期；δ 为浮体在空气中的重量/浮体的浮力；C_e 为质量系数；C_M 为 1，球体取 0.5；l 为拉索长度；g 为重力加速度；$n_2 = \dfrac{2}{\pi} \cdot \dfrac{C_D}{\delta + C_e} \cdot \dfrac{l(F_W)_{\max}}{2}$；$C_D$ 为球体阻力系数，取 0.5；$(F_W)_{\max}$：球体水平浮力最大值，由公式（4 - 41）给出。

② 圆柱体的拉索张力、圆柱体的长度为直径的数倍，其剩余浮力为：

$$N = W_0 V \frac{H}{L}e^{2\pi(h - z_0)/L}$$

(4 - 53)

式中，z_0 为圆柱体重心到海底的高度。当 $C_2 = 1.0$，$D = \dfrac{6}{\pi}V$ 时，$(F_W)_{\max}$ 用公式（4 - 46）求出。

当圆柱体长度很长时，作用于圆柱体上部的波浪力 F_{W2} 和作用于下部的波浪力 F_{W2} 是有差别的。圆柱体除了拉索张力外，波浪力 F_{W2} 还会使其产生旋转运动。

(3) 施工时的作用力。 浮式鱼礁礁体大小不一，重量和长度各异，在运输和投放时所受的作用力往往大于礁体在放置后所受的力，在设计时必须考虑运输和投放时的作用力，按各种运输和投放方式具体计算。

二、礁体最大静摩擦系数的物理模型试验与分析

(一) 材料与方法

目前,在我国投礁型海洋牧场工程建设中,人工鱼礁的建设通常采用钢筋混凝土制作礁体,并选择在近海区域适宜的底质条件下进行投放。由于白龙珍珠湾海洋牧场海域易受台风等极端海况影响,同时海域地质的淤积层较深,因此鱼礁投放后的稳定性是关键问题之一。礁体底面与底质间的最大静摩擦系数是评价人工鱼礁稳定性以保证鱼礁工程顺利实施的关键的参数,由于目前可供参考的人工鱼礁最大静摩擦系数还不够完善,因此通过物理模型试验,对人工鱼礁模型与不同底质间的最大静摩擦系数进行测量,掌握最大静摩擦系数与其影响因素之间的关系,为白龙珍珠湾海洋牧场人工鱼礁工程提供依据。

1. **礁体模型。** 由于人工鱼礁与海底间的摩擦作用出现在礁体底面与海底泥沙表面间,因此本试验将模型礁体的形状简化为人工鱼礁底面形状。根据我国南海区常用人工鱼礁的结构,试验人工鱼礁的底面设计为正方形。试验中所采用的 6 个礁体模型见图 4-1,模型的几何尺寸和参数见表 4-3。

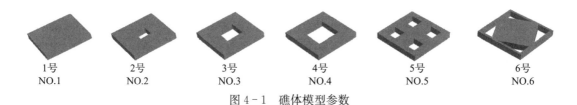

| 1号 | 2号 | 3号 | 4号 | 5号 | 6号 |
| NO.1 | NO.2 | NO.3 | NO.4 | NO.5 | NO.6 |

图 4-1 礁体模型参数

表 4-3 礁体类型与规格

礁体模型	规格 (cm×cm×cm)	材质	孔边长 (cm)	质量 (kg)	底面积 (m²)	开口面积 (m²)	开口比	开口位置
1号			0	21.86		0	0	无
2号	40×40×5	钢筋混凝土 RC	10	21.30	0.16	0.010 0	0.06	中心
3号			15	19.67		0.022 5	0.14	中心
4号			20	17.50		0.040 0	0.25	中心
5号	40×40×5	钢筋混凝土 RC	10	17.50	0.16	0.040 0	0.25	1/4 中心
6号			20×10	17.50		0.040 0	0.25	角部

2. **实验装置。** 本试验采用平面拉动法测量最大静摩擦系数,试验装置包括一个平面承载台,承载台上放置的为防漏水有机玻璃盒 (图 4-2 和图 4-3)。盒内是泥沙和水的混合物,泥沙面高为 18.5 cm,水面高为 19 cm。礁体模型放置在泥沙层上,平面承载台的一端设有支架,支架上装有滑轮,负载桶和礁体模型之间通过嵌在滑轮轮轴上的钢丝线连接,试验过程中向负载桶内缓慢地加入细砂,至礁体模型有滑动倾向时测量负载桶的质量。

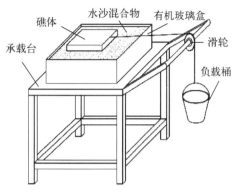

图 4-2 试验装置   图 4-3 有机玻璃盒实物

3. 试验方案。本试验共设计了 6 种礁型，在 5 种底质和 5 种配重的条件下，开展了 150 组试验。试验前首先采用 63 μm、200 μm、500 μm 和 2 000 μm 孔径的分隔网筛分选试验底质泥沙，筛选出 5 种不同粒径的颗粒：砾石（中值粒径 $d>2$ mm）、粗砂（0.5 mm$<d$ $\leqslant2$ mm）、中砂（0.2 mm$<d\leqslant0.5$ mm）、细砂（0.063 mm$<d\leqslant0.2$ mm）、粉砂黏土（$d\leqslant0.063$ mm），并向有机玻璃盒中注入淡水至水面高出泥沙面 0.5 cm，使泥沙空隙间充满水。

每组试验均采用以下的步骤测量礁体与底质间的最大静摩擦系数：①测量礁体模型浸水后的质量 G。②将礁体模型轻放在保持水平状态的泥沙层表面，并待其达到静平衡状态。③用钢丝线水平连接负载桶和礁体模型。④通过滴漏装置向负载桶内均匀缓慢地加入细砂，使拉动礁体的力均匀缓慢地增加，待观测到礁体有滑动倾向时，立即停止加载和测量负载桶的质量 F。⑤重复测量 5 次 F，取其平均值。⑥在礁体模型上加载 2 kg、4 kg、6 kg 和 8 kg 的配重，重复步骤 1～5。⑦测量试验中所选用的钢丝线和滑轮组的机械效率 η。完成所有试验步骤后，根据最大静摩擦系数的计算公式 $\mu=\overline{F}\cdot\eta/G$，即可求得该礁体与各组不同粒径底质间的最大静摩擦系数 μ。由于本实验中实心礁体的浮力为 7.84 N，仅为礁体自重的 3%，因此在结果分析中未考虑浮力的作用。

在第一组试验结果的基础上，为进一步研究含水率对粉砂黏土底质上礁体最大静摩擦系数的影响，配制了 7 种不同含水率的粉砂黏土土样。配制过程中首先称取 8 kg 烘干后的粉砂黏土土样，加入 1.6 kg 的淡水充分搅拌混合，配制成含水率为 20% 的粉砂黏土土样用于试验，在每次试验的基础上分别加入 0.4 kg 的淡水，依次配制成 25%、30%、35%、40%、45%、50% 含水率的粉砂黏土土样（图 4-4）用于试验。

| 20% | 25% | 30% | 35% | 40% | 45% | 50% |

图 4-4 不同含水率的土样

由于含水率较大时土样为流塑状态，压缩性大，承载力小，礁体放置于其表面极易沉陷，所以选用质量为 0.4 kg 的圆形实心礁体（图 4-5）按照上述的步骤进行试验。

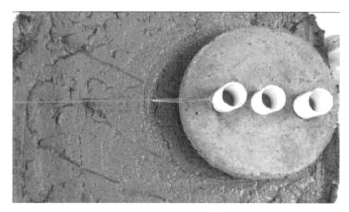

图 4-5　圆形实心礁体模型

4. **数据处理**。根据试验数据，采用 Origin 9.1 软件做出曲线图并分析各因素之间的关系，采用专业统计软件 SPSS 对最大静摩擦系数与泥沙粒径、加载质量、开口比及开口位置进行相关性分析，其中 $P < 0.01$ 为极显著性水平，$P < 0.05$ 为显著性水平，$P > 0.05$ 为无显著性水平。

（二）结果与分析

1. **底质泥沙粒径与最大静摩擦系数的关系**。本组试验中的礁体加载质量均为 0，各底质均处于饱和含水率的状态，每种模型进行多次试验后，取平均值为最大静摩擦系数。当底质分别为粉砂黏土、细砂、中砂、粗砂和砾石时，各礁体相对应的最大静摩擦系数为 0.10、0.61、0.60、0.58 和 0.53（图 4-6）。底质粒径大于 0.063 mm 时，最大静摩擦系数随底质粒径增大而减小。

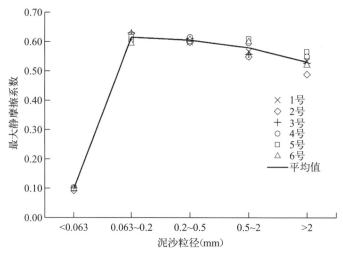

图 4-6　礁体最大静摩擦系数与泥沙粒径的关系曲线

　　进一步对细砂、中砂、粗砂和砾石共 4 种底质条件下最大静摩擦系数与泥沙粒径的相关性进行分析，得到相关系数为 $R=-0.858$，表明在 0.01 水平检验下（双侧）最大静摩擦系数与泥沙粒径显著负相关。该试验结果与已有的研究一致，这主要是因为最大静摩擦系数与实际接触面积成正比，随着泥沙粒径的减小，泥沙的密实度增大，进而增加了泥沙与礁体的实际接触面积，最大静摩擦系数也随之增大。但当底质为粉砂黏土时，最大静摩擦系数大大减小，与刘健等测量的数值存在差异，其主要原因是粉砂黏土中细粒含量和细粒含水率对最大静摩擦系数的影响很大，当细粒含量大并且含水较多时，细粒处于流塑状态，在挤压过程中起到润滑作用，从而降低最大静摩擦系数。因此在人工鱼礁区选址时，应尽量选择海床表层为细砂或粗砂的海域，避免选择海床表层为厚粉砂黏土层的海域，以确保人工鱼礁达到理想的养护增殖效果。

　　2. 含水率与粉砂黏土底质上礁体的最大静摩擦系数的关系。由于第一组试验的结果表明，含水率对粉砂黏土底质条件下的人工鱼礁最大静摩擦系数有明显影响，为进一步研究含水率的影响规律，该组试验在 7 种不同含水率的粉砂黏土底质上测量得出最大静摩擦系数与含水率的关系，如图 4 - 7 所示。

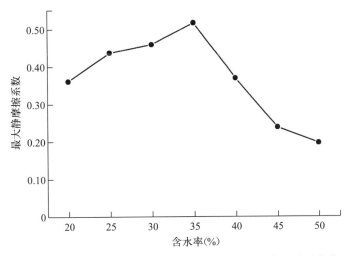

图 4 - 7　粉砂黏土底质上最大静摩擦系数与含水率的关系曲线

　　试验结果显示，礁体与粉砂黏土底质间的最大静摩擦系数随含水率的增加而增加，当含水率增至 35％时最大静摩擦系数达到最大值，此后，随着含水率的继续增大，最大静摩擦系数又迅速减小（图 4 - 7）。出现这种变化特征的主要原因是因为在含水率由小变大的过程中，黏土中越来越多的弱结合水逐渐吸附在强结合水外围，增加了土粒外围结合水的分子数量，加大了土粒间的黏聚力，增加了礁体与泥沙间的外摩擦系数。但当含水率超过一定值时，黏土中的弱结合水形成较厚的结合水膜，增大了土粒间的距离，导致黏聚力减弱。同时，过量的水还起到润滑作用，使外摩擦系数减小。该组试验表明，当建礁海域底质表层为粉砂黏土时，底质含水率是影响人工鱼礁最大静摩擦系数的重要因素，因此在开展人工鱼礁区选址调查时，不仅应对底质粒径进行采样分析，还需分析底质含水率，并结合含水率对人工鱼礁的稳定性进行校核。

3. 加载质量与最大静摩擦系数的关系。该组试验设计了 5 组加载质量条件，对各底质条件下礁体受到不同载荷时的最大静摩擦系数进行了测量。当底质为砂质、砾石和粉砂黏土时，摩擦系数均随垂直载荷的增加而逐渐减小（图 4-8）。其中 1～3 号礁体在各底质上的最大静摩擦系数随加载质量增加而下降的趋势较明显，变化幅度为 4%～7%；4～6 号礁体在细砂和粉砂黏土底质上随加载质量变化时，最大静摩擦系数变化趋势平缓，变化幅度小于 3%；5 号和 6 号礁体在粗砂底质上最大静摩擦系数随加载质量增加而下降的幅度达到 8%。

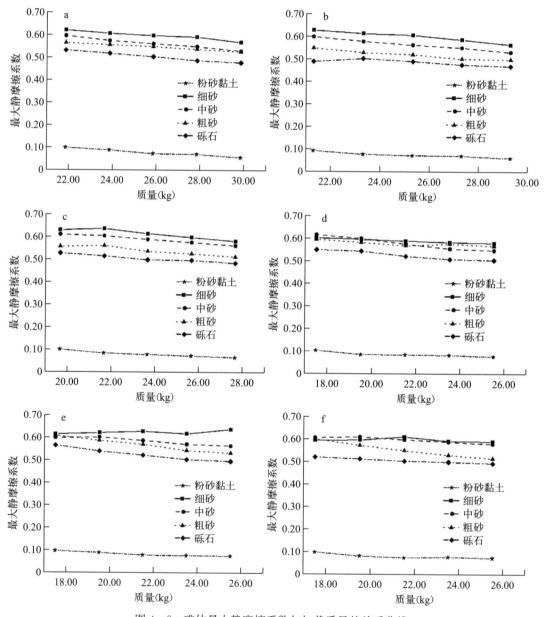

图 4-8 礁体最大静摩擦系数与加载质量的关系曲线
a. 1 号礁体　b. 2 号礁体　c. 3 号礁体　d. 4 号礁体　e. 5 号礁体　f. 6 号礁体

　　试验发现最大静摩擦系数随着法向载荷质量的增加而逐渐减小，主要原因是当载荷增加时，泥沙密实度增大进而导致真实接触面积增大，但真实接触面积的增幅小于载荷的增幅，且润滑条件得到改善，多种因素最终导致摩擦系数减小。此外，较大的压力也会限制前文所提到的黏聚力，减小了摩擦力。尽管研究表明最大静摩擦系数与加载质量呈负相关关系，且自重过大容易造成礁体沉降，但设计中根据投放礁体的海域底质特点，可通过力学分析确定礁体的最优设计质量，既避免严重沉降，又增加礁体与底质间的最大静摩擦力，使礁体投放在海底后更加稳定。

　　4. 礁体开口比与最大静摩擦系数的关系。礁体开口比是礁体底面开口面积与底面积之比，是一个礁体底面与海床接触面积的表征参数。通常来说，开口比越大的礁体越容易下陷，礁体所受的摩擦阻力就越大。该组试验测量比较了开口比分别为 0（1 号礁）、0.06（2 号礁）、0.14（3 号礁）、0.25（4 号礁）的 4 种礁型在 5 种粒径底质上的最大静摩擦系数（图 4 - 9），以加载质量为 0 kg 和 2 kg 为例，当底质为中砂、粗砂、砾石底质时，随着开口比的增大，最大静摩擦系数有相对明显的增加趋势；而当底质为细砂和粉砂黏土时，最大静摩擦系数的变化趋势不明显。

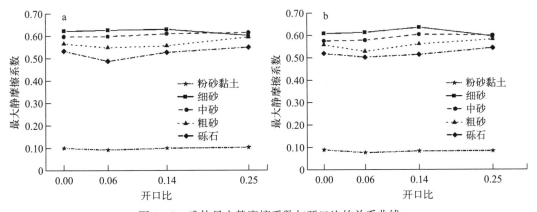

图 4 - 9　礁体最大静摩擦系数与开口比的关系曲线

a. 加载 0 kg　b. 加载 2 kg

　　不同开口比的礁体其质量也不同，因此试验所得最大静摩擦系数的变化趋势是受到加载质量和开口比两种因素的影响。为进一步分析开口比的变化对最大静摩擦系数的影响，需控制加载质量，对开口比进行偏相关性分析（表 4 - 4）。最大静摩擦系数与加载质量是显著负相关关系，与开口比是显著正相关关系，且加载质量对最大静摩擦系数的影响程度比开口比要大，其主要原因是当礁体质量一定时，开口比越大，礁体底部单位面积上的受力越大，底部泥沙密实度随之增大最后导致摩擦系数增大。目前对人工鱼礁底面开口比的设计通常以防止礁体沉降为主，该试验结果揭示了开口比的优化可提升人工鱼礁的防滑移能力，因此在控制礁体沉降之外适当增加人工鱼礁的底部开口比，既能增强人工鱼礁的稳定性，又能减少其制作成本。

表 4 - 4　偏相关分析系数

	粉砂黏土	细砂	中砂	粗砂	砾石
加载质量	$R=-0.919$ $P=0$	$R=-0.858$ $P=0$	$R=-0.937$ $P=0$	$R=-0.664$ $P=0.002$	$R=-0.798$ $P=0$
开口比	$R=0.573$ $P=0.01$	$R=-0.204$ $P=0.402$	$R=0.653$ $P=0.002$	$R=0.651$ $P=0.003$	$R=0.656$ $P=0.002$

注：R 表示相关系数，P 表示不相关概率。

5. **礁体开口位置与最大静摩擦系数的关系。** 由于礁体底面的设计各有不同，因此有必要对开口面积相同，但开口位置不同的礁体进行不同底质条件下的静摩擦试验。以 2 kg 加载质量为例，当开口面积一定时，最大静摩擦系数几乎不随开口位置的变化而变化（图 4 - 10）。通过控制底质泥沙粒径，对开口位置进行单因素方差分析，得到结果为 $P=0.996>0.05$，说明人工鱼礁底面的开口位置对最大静摩擦系数的变化无显著性影响。因此，在开口比的设计上应遵循以下原则：①开口比例适中，既具有一定的防沉降能力，又可适当增大最大静摩擦力；②采用相对简单的制作工艺，利于施工又可降低人工鱼礁建设成本。

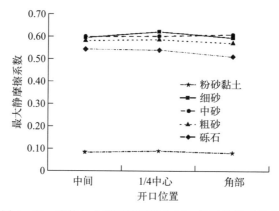

图 4 - 10　礁体最大静摩擦系数与开口位置的关系曲线

6. **小结。** 通过物理模型试验，研究了底质粒径、底质含水率、加载质量、人工鱼礁底面开口比特征等因素对人工鱼礁静摩擦系数的影响，得出以下结论：

（1）海床表层底质主成分为砂质的海域总体上会更利于人工鱼礁投放后的稳定性，而从海床表层为粉砂黏土时的试验结果看，粉砂黏土底质含水率对人工鱼礁静摩擦系数有很大影响，其厚度及含水率垂直方向上的变化特征应作为人工鱼礁设计中考虑的重要因素，在进行人工鱼礁区选址时，不仅应调查底质特征，还应掌握底质含水率随深度的变化，进而根据投礁区底质的承载力和礁体的自重算出礁体的下陷深度，结合该深度对应的含水率，通过模型试验确定最大静摩擦系数，在此基础上再对人工鱼礁进行安全校核，以保证人工鱼礁建设效果。

（2）礁体自重和底面开口比均对最大静摩擦系数产生了影响，开口位置造成的影响可忽略不计，因此在工程实践中应结合相关试验结果对礁体结构进行优化，在确保工程质量的前提下有效降低建设成本。

（3）影响人工鱼礁稳定性的主要参数——最大静摩擦系数受到底质泥沙粒径、底质含水率、礁体重量、礁体底面开口比和开口位置等五种因素的影响。在礁型设计时，应结合试验中礁型自重，底面开口比对最大静摩擦系数的影响进行礁型结构优化，其中开口位置的显著性影响很小，可以忽略不计；在礁型投放前的稳定性校核分析中，应结合以上五种影响因素选取适当的最大静摩擦系数；同时，投放区域的选择也应该参考试验中底质泥沙粒径和含水率对礁型稳定性的影响。

三、礁体迎流面优化设计的 CFD 数值模拟分析

人工鱼礁水动力学特性的数值模拟方法是通过计算机数值计算研究人工鱼礁的水动力学特性，较模型试验方法来说该方法更加灵活方便。在此，采用计算流体力学（CFD）方法为基础，建立人工鱼礁的水动力数值模型，对车叶型人工鱼礁进行数值模拟分析，并将数值计算结果和模型试验数据进行对比，验证 CFD 方法和模型试验方法之间的吻合性。

（一）计算流体力学（CFD）

计算流体力学（computational fluid dynamics，CFD）是近代流体力学、数值数学和计算机科学结合的产物，它以电子计算机为工具，应用各种离散化的数学方法，对流体力学的各类问题进行数值实验、计算机模拟和分析研究，以解决各种实际问题。CFD 求解力学问题的过程可以简述为以下步骤：①建立控制方程；②确定边界条件和初始条件；③划分计算网格；④建立离散方程；⑤离散初始条件和边界条件；⑥给定求解控制参数；⑦求解离散方程；⑧显示计算结果。

CFD 的数值解法有很多种，大体上可以分为有限差分法（FDM）、有限元法（FEM）和有限体积法（FVM）。有限体积法是目前求解流动和传热问题的数值计算中最成功的方法。CFD 常用算法主要有 SMPILE 算法、SIMPLEC 算法和 PISO 算法。计算域网格是控制方程数值离散的基础，网格生成的实质就是物理求解域与计算求解域的转换。目前，网格大致可以分为结构化网格、非结构化网格和混合网格三大类（表 4 - 5）。在具体的数值模拟中，应当根据实际的要求和模拟对象选择合适的网格划分方法。

表 4 - 5 不同网格结构比较

类型	性质	优点	缺点
结构化网格	网格区域内所有的内部点都具有相同的毗邻单元，网格中节点排列有序、邻点间关系明确	易于边界拟合，网格生成速度快、质量好，数据结构较为简单	使用范围较差，只适用于规则结构，且不能实现复杂边界区域的离散

（续）

类型	性质	优点	缺点
非结构化网格	网格节点的空间分布完全是随意的，没有任何结构特性，内部点也不具有相同的毗邻单元	适用于复杂结构模型，网格大小和节点密度易于控制	网格生成过程比较复杂，网格生成时间较长
混合网格	分区划分网格，其中既包含结构化网格又包含非结构化网格	综合了结构化网格和非结构化网格的优点，提高了计算效率	交界面处网格质量差，需要对其进行改善

在本次 CFD 分析时，采用有限体积法对海水运动的控制方程进行离散，采用混合网格进行划分，采用 FLUENT 完成 CFD 计算。

（二）CFD 方法的吻合性验证

1. **模型试验和数值计算的条件。** 通过模型试验测得车叶型鱼礁所受水流阻力，同时建立礁体数值模型进行数值计算，通过比较模型试验与数值计算结果证明数值模拟的吻合性和可靠性。进行模型试验的水池试验段长 90 m，水深 3 m，宽 6 m（图 4 - 11 和图 4 - 12）。根据流体相似性原理，采用雷诺相似法则进行试验参数设计。礁体模型放置在水池中部，由水池拖车以不同的速度牵引，鱼礁顶部距离水面 1.2 m，采用动态数据采集系统测得不同流速下礁体模型所受阻力。模拟试验的实体模型与 CFD 数值计算的模型与尺寸相同，均为 0.4 m×0.4 m×0.4 m，板的厚度为 0.02 m，开孔直径为 0.1 m（图 4 - 13 和 4 - 14），数值计算条件与试验条件一致。

图 4 - 11　试验水池及拖车　　　　图 4 - 12　鱼礁试验安装架顶视图

2. **结果分析。** 试验结果与数值模拟结果进行对比时，采用公式 $F_D = C_D \rho A u_0 |u_0| / 2$ 计算水流阻力，模拟试验和数值模拟计算数据列于表 4 - 6。数据比较结果显示，在 4 种不同水流速度条件下，模拟试验和数值模拟计算的误差值范围是 4.0%～6.9%，平均误差值是 5.35%，说明模拟试验和数值模拟计算结果是相吻合的，在人工鱼礁设计种采用 CFD 方法辅助或替代成本较高的模拟试验是可靠和可行的。

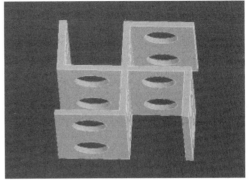

图 4-13 车叶型鱼礁实体模型　　　　　图 4-14 车叶型鱼礁数值模型

表 4-6　车叶型鱼礁模型试验与数值模拟结果

试验编号	水流速度 （m/s）	阻力系数 （试验）C_{Dt}	阻力系数 （计算）C_{Dn}	误差值 （%）
1	0.4	1.45	1.55	6.9
2	0.8	1.53	1.62	5.9
3	1.0	1.51	1.58	4.6
4	1.2	1.51	1.57	4.0
平均值		1.50	1.58	5.35

（三）礁体迎流面优化设计的 CFD 数值分析

人工鱼礁的水动力学特性主要包括鱼礁稳定性和流场效应，通过建立三维数值模型计算分析了 3 种不同迎流面的"回"字中空型人工鱼礁的流场效应，同时，比较了礁型在多组水流条件和波浪条件下的抗滑移与抗倾覆系数，从礁型稳定性与流场效应两方面进行了水动力学性能研究及分析，确定了迎流面对"回"字中空型人工鱼礁稳定性与流场效应的影响，为人工鱼礁的工程设计与结构优化提供参考依据。

1. 材料与方法。

（1）试验鱼礁与水文条件。 3 种不同迎流面的"回"字中空型礁型尺寸为 2 m×2 m×2 m，迎流面积分别为 3.00 m²（1 号礁）、2.43 m²（2 号礁）和 1.75 m²（3 号礁），示于图 4-15。计算水深为 12 m，水流速度分别为 0.5 m/s、0.8 m/s、1.0 m/s、1.2 m/s 和 1.5 m/s，来流方向与礁型迎流面（YOZ 面）垂直，波浪条件为最大波高 9.9 m。

计算前做出如下假设：①海水为不可压缩、定常、黏性流体；②不考虑流场中的温度变化；③流体为具有自由水面的牛顿流体。

数值计算遵循质量守恒和动量守恒定律，研究设定海水为不可压缩流体，其控制方程为连续性方程和 Navier - Stokes 方程：

$$\frac{\partial u}{\partial x}+\frac{\partial v}{\partial y}+\frac{\partial w}{\partial z}=0 \qquad\qquad (4-54)$$

1号礁   2号礁   3号礁

图 4-15   不同迎流面礁体模型

$$\begin{cases} \dfrac{\rho \, \partial u}{\partial t} + div\rho u\vec{u} = div\ (\mu gradu)\ -\dfrac{\partial p}{\partial x} + S_u \\[2ex] \dfrac{\rho \, \partial v}{\partial t} + div\rho v\vec{v} = div\ (\mu gradv)\ -\dfrac{\partial p}{\partial y} + S_v \\[2ex] \dfrac{\rho \, \partial w}{\partial t} + div\rho w\vec{w} = div\ (\mu gradw)\ -\dfrac{\partial p}{\partial z} + S_w \end{cases}$$

式中，u、v 和 w 分别为 x、y 和 z 方向的速度分量；t 为时间；$\vec{u}$、$\vec{v}$ 和 $\vec{w}$ 为速度矢量；μ 为动力黏性系数；div 为散度；$grad$ 为梯度；p 为压力；S_u、S_v 和 S_w 为源项。

(2) 稳定性计算。 礁体的稳定性分析主要包括抗滑移与抗倾覆计算。抗滑移要求礁体投放后不会被水流冲至移动，即礁体与海床接触面的静摩擦力要大于礁体所受流体作用力；抗倾覆则要求礁体在波流作用下不出现翻滚。人工鱼礁投放后所受作用力包括重力 W_{reef}、浮力 F_B、升力 F_L、波浪力 F_W 和海床摩擦力 F_F 等，如图 4-16 所示，各作用力表达式如下：

$$\begin{aligned} F_W &= F_D + F_I \\ F_B &= \rho g Q \\ F_F &= (W_{reef} - F_B - F_L)\ \mu \\ F_L &= (C_L \rho u^2 A)/2 \end{aligned} \tag{4-55}$$

由力学分析可知，鱼礁不发生滑移的条件为：$F_W \leqslant F_F$，即 $F_W \leqslant (W_{reef} - F_B - F_L)\ \mu$，鱼礁不发生翻滚的条件为重力与浮力的合力矩大于波流最大作用力力矩：$M_1 \geqslant M_2$。

波浪力是人工鱼礁所受各力中影响鱼礁稳定性的重要因素，在计算时采用莫里森方程，将水平波浪力分为两个分量：一是波浪水质点的水平速度对柱体的作用力即水平拖曳力；而是水质点的水平加速度对柱体的作用力即水平惯性力。作用在高度上的水平波浪力的计算由下列方程给出：

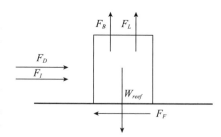

图 4-16   人工鱼礁受力示意图

$$F_D = \frac{C_D \rho A u_x |u_x|}{2} \tag{4-56}$$

$$F_I = C_M \rho V \frac{\partial u_x}{\partial t}$$

$$dF = dF_D + dF_I = d\left(\frac{C_D \rho A u_x |u_x|}{2} + C_M \rho V \frac{\partial u_x}{\partial t}\right)$$

式中，C_D 为拖曳力系数，C_M 为惯性力系数，A 为礁体在来流方向上的投影面积，V 为礁体的排水体积，ρ 为流体密度，u_x 为水质点的水平速度。

从波浪力的计算公式可以看出，波浪力计算中需要确定拖曳力系数 C_D 和惯性力系数 C_M 等系数。其中，C_D 值与礁体形状、相对海流的方向、表面粗糙度及雷诺数等均有密切关系，可通过模型试验或数值试验确定。本计算中按照 1:1 比例对 3 种礁型建立了数值模型并计算拖曳力系数，所得系数分别为 0.86、0.80 和 0.67（表 4-7），惯性力系数 C_M 的值则参考规范取为 2.0。

表 4-7　"回"字中空型人工鱼礁拖曳力系数

礁型	外边长 （m）	内边长 （m）	迎流面积 （m²）	拖曳力系数 C_D
1 号	2.00	1.00	3.00	0.86
2 号	2.00	1.25	2.43	0.80
3 号	2.00	1.50	1.75	0.67

上升流与背涡流的范围越广表示人工鱼礁对流场效应的影响越大。上升流最大流速和上升流区域可用于量化上升流强度，其中上升流区域定义为流速大于 10% 入流速度的区域；背涡流的涡心高度及涡流长度则可用于评估背涡流强度。为评价迎流面对流场效应的影响，更好地描述流场造成功能与人工鱼礁本身结构特征的关系以及更准确地比较人工鱼礁的流场造成功能，采用 4 个评价指标，分别为上升流相对速度 P_1、上升流相对高度 P_2、背涡流相对高度 P_3 和背涡流相对长度 P_4，各指标具体表达如下：

$$P_1 = U_{z\max}/U_{in}, \quad P_2 = H_{up}/H, \quad P_3 = H_{vox}/H, \quad P_4 = L_{vox}/L \qquad (4-57)$$

为直接评估人工鱼礁造成上升流与背涡流的功能，提出人工鱼礁上升流造成系数 F_{up} 与人工鱼礁背涡流造成系数 F_{vox} 两个参数，计算公式如下：

$$F_{up} = \ln(V_{up}/V), \quad F_{vox} = \ln(L_{vox}/L)(H_{vox}/H) \qquad (4-58)$$

其中，$U_{z\max}$ 为最大上升流速，U_{in} 为入口流速，H_{up} 为上升流高度，H_{vox} 为背涡流高度，L_{vox} 为背涡流长度，H 为礁高，L 为礁长，V_{up} 为上升流体积，V 为人工鱼礁体积。人工鱼礁上升流造成系数与背涡流造成系数将人工鱼礁对流场的影响效应和礁型本身几何特征相结合，可用于对礁型流场造成功能进行更客观的评价。

2. 计算结果分析。

（1）稳定性分析。 水深 12 m 时，三种礁体在 5 组流速条件和假定波浪条件下的受力变化特点分别见图 4-17 和图 4-18。12 m 水深处，在同一流速下，1 号礁受力最大，3 号礁受力最小，当流速为 1.5 m/s 时差异最为明显，超过 50%。结果表明，2 号和 3 号礁的受力随流速的变化幅度较小，其中 3 号礁的受力平均增加幅度为 2% 左右；1 号礁的受力则随流速变快而迅速增加，平均增加幅度超过 10%。

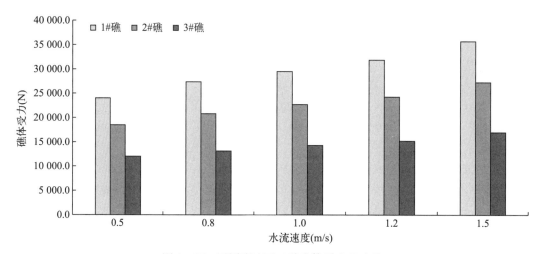

图 4-17 不同流速下三种礁体受力的比较

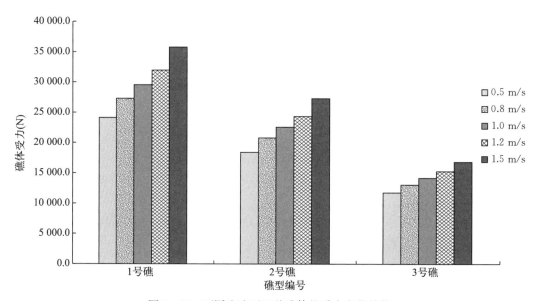

图 4-18 不同流速下三种礁体的受力变化趋势

根据 3 种礁型的受力情况，分别计算得到了三个礁体在设定水流和波浪条件下的抗滑移与抗倾覆系数，结果示于图 4-19 和图 4-20。结果显示，3 号礁型相对其他两种礁型稳定性最好，1 号礁型稳定性系数最小，随着流速增加，3 种礁型的抗滑移和抗翻滚系数均出现明显下降的趋势。当水流速度小于 1.2 m/s 时，所有鱼礁的抗滑移和抗翻滚系数均大于 1.0，当水流速度达到 1.2 m/s 后，1 号礁开始趋向失稳。综合来看，3 种礁型中 3 号礁型的稳定性最好。

（2）流场分析。 当礁体投放后，在水流作用下将产生上升流和背涡流，以下选择了数值模拟流场特征较为明显的截面图进行流场分析。图 4-21 至图 4-26 分别给出了 1～

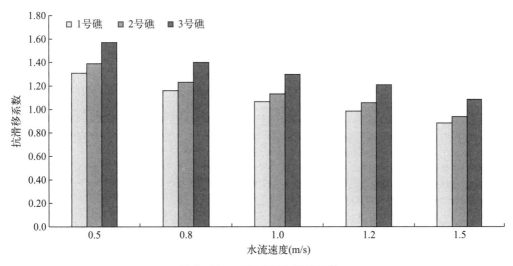

图 4 - 19　三种礁型抗滑移系数

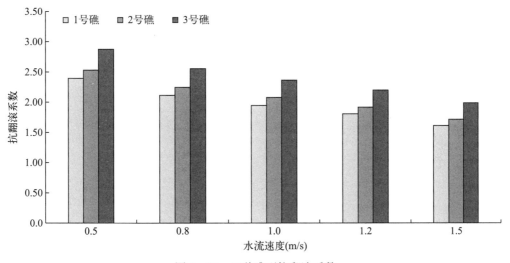

图 4 - 20　三种礁型抗翻滚系数

3 号礁在水流速度为 0.5 m/s 和 1.5 m/s 下同一截面的流场侧视图和俯视图。流场侧视图清晰显示 1 号礁在两种来流下均形成了背涡流，其中流速为 0.5 m/s 时背涡流强度明显大于 1.5 m/s 流速时的背涡流强度。2 号礁的背涡流特征与 1 号礁类似，但范围稍小，而迎流面最小的 3 号礁背涡流相对其他两种礁型较为不明显。根据流场俯视图，进一步比较同一流速条件下的 3 种礁型流场造成特点。如图所示，1 号礁与 2 号礁的背部均出现了清晰的双背涡流形态，3 号礁由于通透率较高，背涡流强度较弱。其中，背涡流的结构由流向涡和展向涡组成。上升流的特征与背涡流相似，1 号礁最为明显，2 号礁其次，3 号礁所形成的上升流相对不明显。

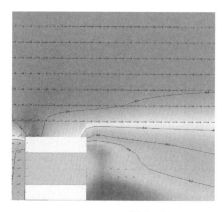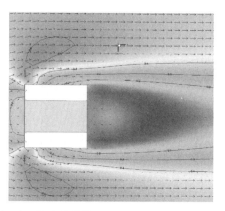

图 4 - 21　$u=0.5\,\mathrm{m/s}$ 时 1 号礁的流场

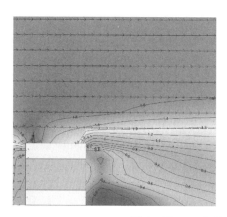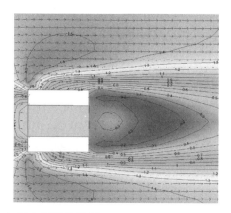

图 4 - 22　$u=1.5\,\mathrm{m/s}$ 时 1 号礁的流场

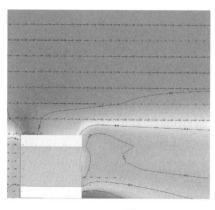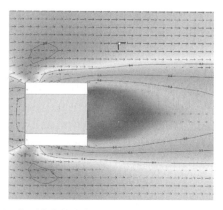

图 4 - 23　$u=0.5\,\mathrm{m/s}$ 时 2 号礁的流场

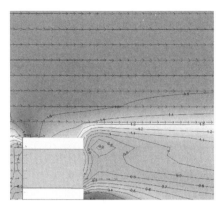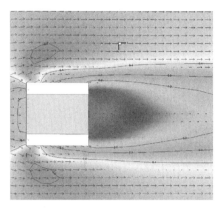

图 4 - 24　u＝1.5 m/s 时 2 号礁的流场

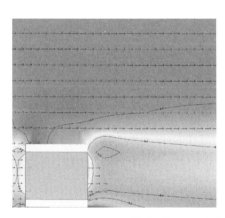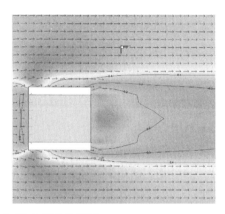

图 4 - 25　u＝0.5 m/s 时 3 号礁的流场

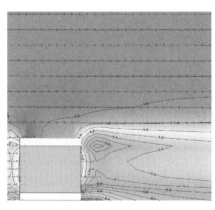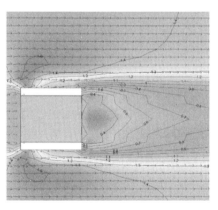

图 4 - 26　u＝1.5 m/s 时 3 号礁的流场

　　本次模拟计算设定垂直流速大于 0.1 倍入流流速的区域为上升流区域，通过采用 FLU-ENT 自定义函数 UDF，计算得到了 3 种礁型在不同流速下产生的上升流体积（表 4 - 8）。计算结果显示，相同流速条件下，上升流体积与迎流面大小成正相关，3 种礁型产生的上升流体积存在明显差异，1号礁型产生的上升流体积为3号礁型所产生上升流体积的2.46倍，但同一礁型在不同来流下产生的上升流体积随流速增加而变化的幅度很小。

表4-8 不同水流速度下3种"回"字中空型礁的上升流体积

流速 (m/s)	礁型编号	上升流判别准则	上升流体积 (m³)
0.5	1号		9.25
	2号	$U_z \geqslant 0.05$	6.13
	3号		3.75
0.8	1号		9.28
	2号	$U_z \geqslant 0.08$	6.13
	3号		3.75
1.0	1号		9.31
	2号	$U_z \geqslant 0.10$	6.16
	3号		3.75
1.2	1号		9.31
	2号	$U_z \geqslant 0.12$	6.16
	3号		3.75
1.5	1号		9.34
	2号	$U_z \geqslant 0.15$	6.18
	3号		3.78

表4-9中给出了3种礁型在0.5 m/s和1.5 m/s的两组流速条件下的上升流相对速度、上升流相对高度、背涡流相对高度及背涡流相对长度等流场评价指标，结果显示流速造成的指标差异较小，迎流面是礁型影响人工鱼礁流场造成功能评价指标的主要几何因子之一，其中各指标均与礁体迎流面的面积呈正相关关系，即迎流面越大，流场造成功能越强。

表4-9 不同水流速度下3种"回"字中空型礁的流场效应评价指标

流速 (m/s)	内边长 (m)	上升流相对速度 $P1$	上升流相对高度 $P2$	背涡流相对高度 $P3$	背涡流相对长度 $P4$
0.5	1.00	0.360	1.708	0.900	1.725
	1.25	0.290	1.563	0.190	1.120
	1.50	0.200	1.379	0.015	0.550
1.5	1.00	0.363	1.711	0.925	1.720
	1.25	0.291	1.564	0.195	0.925
	1.50	0.207	1.378	0.040	0.550

图4-27和图4-28显示了3种礁型在两组流速条件下的上升流造成系数与背涡流造成系数。由图可见，流速对同一礁型的上升流与背涡流造成系数影响不大，迎流面大小仍然是礁体形成上升流和背涡流的主要影响因素。因此，2号和3号礁型迎流面小和中空面积大的特点导致其上升流造成系数明显小于1号礁型，背涡流造成系数更出现了负值。

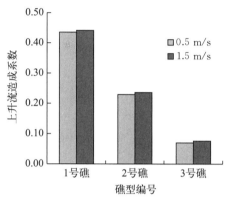

图4-27 三种礁型的上升流造成系数　　图4-28 三种礁型的背涡流造成系数

（3）小结。采用计算流体力学（CFD），对3种不同迎流面大小的方形"回"字中空型礁体进行了稳定性和流场造成功能的水动力学性能分析。迎流面大的礁体稳定性较差，但其流场造成功能强，能产生较大规模的上升流和背涡流。迎流面大小是礁体形成上升流和背涡流的主要影响因素，上升流和背涡流的体积均随迎流面积的减小而减小；当迎流面积逐渐减小时，礁体所受到的水平拖曳力系数逐渐减小，鱼礁的抗滑移系数和抗倾覆系数增大，稳定性增强。

流速对同一礁型的上升流和背涡流的造成系数影响不大；当流速增大时，礁体所受水平拖曳力增大，鱼礁的抗滑移系数和抗倾覆系数减小，当流速达到一定值时，鱼礁趋向失稳。

波浪力与礁型稳定性有直接关系，因此设计中应该规范计算出波浪力系数再对礁型进行安全性校核，同时还需根据底质情况、海床坡度等条件设计礁型的重量，以防止礁型过重导致沉陷。

礁型排列和礁区布局对礁型的稳定性也存在影响，如礁型与海流的角度，投礁后彼此的间隔距离等，通常认为布置在礁区外围的礁型受力较大，实际施工中可在礁区外围投放较重的礁型。

四、礁体混合排列的受力状况与流场效应的数值模拟分析

（一）礁体模型

目前，白龙珍珠湾海洋牧场人工鱼礁工程拟选择三种礁型，以往在礁体的组合中多数采用同类型的礁体进行组合，围绕礁体组合的研究工作也主要考虑了同类礁体的组合问

题。本次模拟试验选择了两种不同结构特点的礁体进行组合,采用数值模拟的方法,分析比较了不同礁体组合模式在单倍礁宽间距和两倍礁宽间距条件下的流场效应和稳定性,为人工鱼礁建设中的礁体布局提供参考。

模拟试验选择的 A 型礁的规格为 3 m×3 m×3 m,B 型礁的规格为 3 m×3 m×4 m,均为钢筋混凝土制成的镂空礁(图 4-29)。A 型礁的迎流面位于礁体中部,面积为 4.25 m²,开口比为 47.23%,质量为 10.894 t,上表面有盖板;B 型礁的迎流面位于礁体上部,面积为 7.38 m²,开口比为 61.54%,质量为 11.674 t,无上盖板。

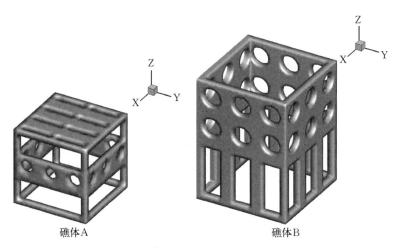

礁体A   礁体B

图 4-29　礁体模型 A 和礁体模型 B 示意图

(二) 数值模拟

模拟试验的流场计算和分析基于 CFD 商用软件 FLUENT,首先通过 Gambit 对两个礁体分别建立数值模型并导出 sat 文件,再对两个模型文件进行合并。由于礁体本身结构较为复杂,为获得较好的网格质量,计算域采用了混合网格的划分方法,即礁体内部及附近为四面体网格,而在其他区域使用规则的六面体网格,计算域及礁体附近网格划分如图 4-30 和图 4-31 所示。

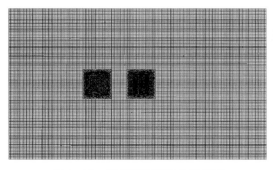

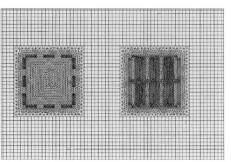

图 4-30　计算域网格划分示意图　　　　图 4-31　礁体模型附近网格划分示意图

模拟试验假设来流为均匀定常流，4 组流速条件分别为 0.5 m/s、1.0 m/s、1.5 m/s 和 2.0 m/s。湍流模型选用了标准 k-ε 双方程模型，计算设定海水为不可压缩流体，数值模型遵循质量守恒和动量守恒定律，其控制方程为连续性方程和 Navier - Stokes 方程，见公式 4 - 54。

（三）结果分析

计算共设计了 A - B、B - A、A - A 和 B - B 共四种组合方式，每种组合方式均考虑了礁体间距为单倍礁宽 L 和两倍礁宽 $2L$ 的工况，图 4 - 32 和图 4 - 33 给出了 A - B 和 B - A 组合中礁体间距为单倍礁宽 L 的示意图。

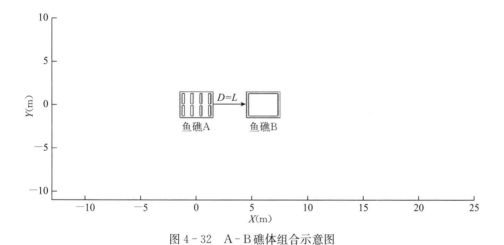

图 4 - 32　A - B 礁体组合示意图

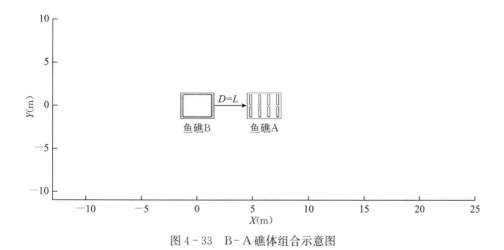

图 4 - 33　B - A 礁体组合示意图

1. **礁体受力分析。**人工鱼礁投放后，所受作用力包括重力 W_{reef}、浮力 F_B、水流作用力 F、波浪力 F_w 和海床摩擦力 F_F 等。由于本次的模型构建中未引入波浪条件，因此在计算过程中不考虑波浪力。根据礁体的受力分析，其不发生滑移的条件为礁体与海床间的摩擦力大于水流作用在礁体上的力；不发生翻滚的条件为礁体重力与浮力的合力矩大于水流最大作用力矩。礁体抗滑移系数表达式为：

$$S_1 = \frac{(\rho_1 \, gV - \rho_2 \, gV)\mu}{F_{max}} \qquad (4-59)$$

礁体抗翻滚系数表达式为：

$$S_2 = \frac{M_1}{M_2} = \frac{(\rho_1 \, gV - \rho_2 \, gV)L_1}{F_{max}L_2} \qquad (4-60)$$

式中，ρ_1 为海水密度，ρ_2 为礁体材料密度，V 为礁体体积，μ 为礁体与海床间的最大静摩擦系数，F_{max} 为水流最大作用力，L_1 为合力的力臂，L_2 为水流作用力的力臂。

以 A-B 和 B-A 两种礁体组合模式为例，当流速为 0.5 m/s 时 $Z=2$ m 截面上的压力云分布如图 4-34 所示。A-A 和 B-B 礁体组合的压力云分布特征与图 4-34 相似。图 4-34 截面结果显示，当 A 礁为前礁时，压力的相对高值区集中在 A 礁和 B 礁前方的小范围区域，当 B 礁为前礁时，压力高值区的范围增大；当两礁间距由单倍礁宽 L 变为 $2L$ 时，压力高值区范围有明显增大。

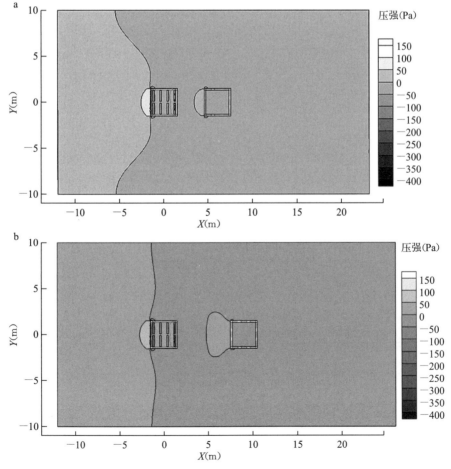

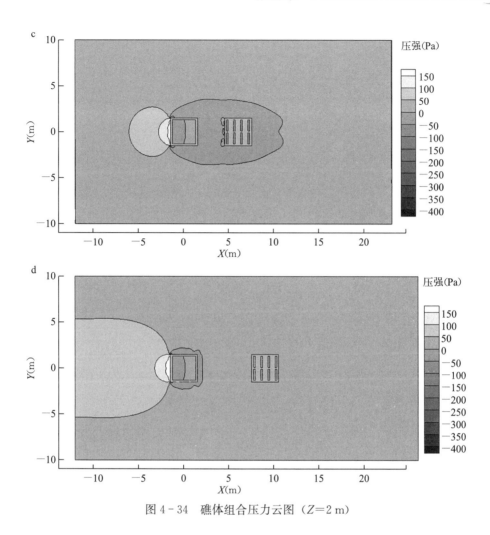

图 4-34　礁体组合压力云图（$Z=2\,\text{m}$）

不同流速下前后礁体的受力的数据列于表 4-10。数据显示，礁体组合方式的变化对前后礁受力的影响体现在两个方面。一是前礁迎流面大小的影响，如在 B-A 的组合方式中，由于前礁迎流面积大，阻流效果明显，后礁的受力相对于 A-B 组合显著下降。二是礁体组合的间距对前后礁的受力影响不大。A 礁在前，当礁体间距由 L 变为 $2L$ 时，前后礁的受力均略微增加，而 B 礁在前，当间距变大时，前礁受力减小，后礁受力增加。

表 4-10　不同礁体组合方式礁体的受力数据

礁体组合方式	流速（m/s）	前礁受压力（N）	后礁受压力（N）
A-B-1	0.5	855.45	1 052.83
	1.0	3 419.85	4 203.14
	1.5	7 694.51	9 396.89
	2.0	13 674.67	16 778.45

（续）

礁体组合方式	流速（m/s）	前礁受压力（N）	后礁受压力（N）
A-B-2	0.5	878.67	1 095.85
	1.0	3 513.14	4 375.26
	1.5	7 903.61	9 834.44
	2.0	14 050.63	17 471.36
B-A-1	0.5	1 968.62	106.78
	1.0	7 863.12	427.95
	1.5	17 677.65	964.91
	2.0	31 409.95	1 717.45
B-A-2	0.5	1 829.05	129.51
	1.0	7 304.00	517.21
	1.5	16 419.72	1 162.62
	2.0	29 157.25	2 077.35
A-A-1	0.5	1 095.36	302.78
	1.0	4 356.16	1 213.00
	1.5	9 797.13	2 730.35
	2.0	17 412.27	4 855.36
A-A-2	0.5	1 115.33	337.99
	1.0	4 434.95	1 357.11
	1.5	9 974.07	3 056.45
	2.0	17 726.38	5 436.92
B-B-1	0.5	1 940.11	170.34
	1.0	7 753.54	681.60
	1.5	17 442.26	1 558.84
	2.0	30 993.18	2 773.97
B-B-2	0.5	1 948.26	203.17
	1.0	7 785.80	811.00
	1.5	17 508.95	1 822.22
	2.0	31 111.53	3 238.72

　　根据各礁体受力进一步计算对应的礁体抗滑移和抗翻滚系数。南海区的人工鱼礁一般投放于 10 m 以深的海域，本次模拟计算设定 2.0 m/s 代表大部分高海况条件下的海底流速极值，在 2 m/s 流速条件下所得的安全系数可作为南海区人工鱼礁工程实践中的参考值。

　　如表 4-11 中数据所示，2.0 m/s 流速下所有 8 种礁体组合中各礁体的抗滑移和抗翻滚系数均大于 1.0，即礁体不会发生滑移和翻滚。采用混合组合方式时，B-A 组合中前后礁的抗滑移系数大于 A - B 组合的抗滑移系数；在抗翻滚方面，A - B 组合中的前礁更好，而 B - A 组合中的后礁则表现更好，主要的原因是礁体 B 受力面积大且礁体更高，导致力矩更大。采用同一类礁型进行组合时，前礁的抗滑移系数相比与混合组合时有明显下降，特别是在 B - B 组合中，前礁的抗滑移系数已经接近临界值。此外，当间距由单倍礁宽 L 变为两倍礁宽 $2L$ 时，前后礁安全系数的变化均不明显，表明礁体间距不是影响礁体稳定性的主要因素。

表 4 - 11 不同礁体组合方式礁体的安全系数

礁体组合方式	前礁抗滑移系数	后礁抗滑移系数	前礁抗翻滚系数	后礁抗翻滚系数
A - B - 1	2.73	6.30	4.97	3.15
A - B - 2	2.66	6.05	4.84	3.03
B - A - 1	3.37	21.77	1.68	39.58
B - A - 2	3.63	18.00	1.81	32.72
A - A - 1	2.13	20.73	3.87	13.82
A - A - 2	2.09	18.44	3.80	12.30
B - B - 1	1.24	37.47	1.70	24.98
B - B - 2	1.24	32.09	1.69	21.39

1. **流场效应分析。** 流场效应是人工鱼礁对物理场产生影响的主要表现形式之一。礁体投放后，其迎流面和内部结构会在流场中造成上升流、涡流等不同的流态，还会形成一定的缓流区。为了更好地了解各组合模式的流场特征，分别选取 $Z = 2$ m 的垂向截面和 $Y = 0$ 的纵向截面观察流速等值线的分布。

如图 4 - 35 和图 4 - 36 所示，礁体迎流面的大小对缓流区的范围有显著影响。当选取 A - A 组合时，礁体间及礁后的缓流区面积明显小于其他组合的缓流区面积。礁体组合中有迎流面积更大的 B 礁时，其后礁的缓流区最远可延伸至 3 倍礁宽处。该截面的流场等值线分布显示，礁体间距的变化对流场的调控作用和礁体的迎流面有关。

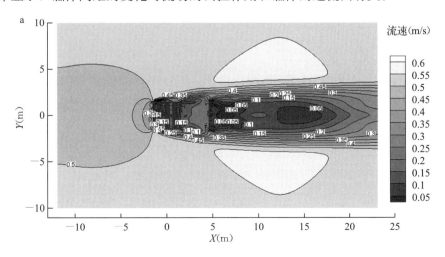

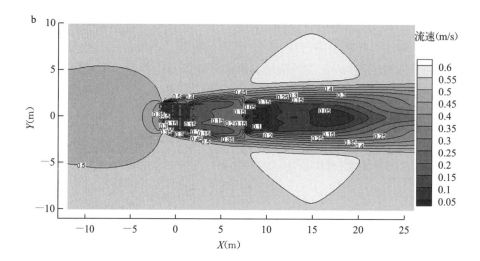

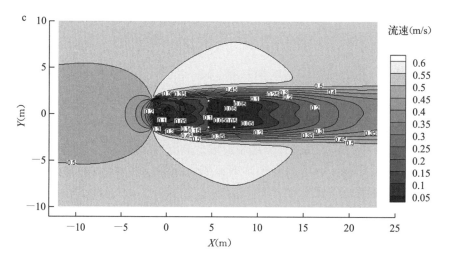

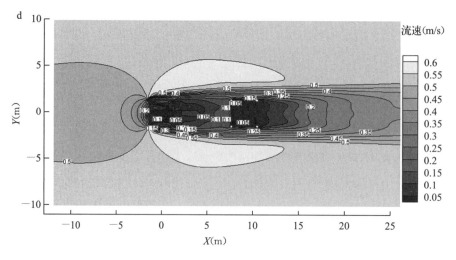

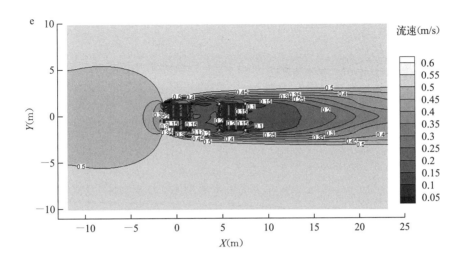

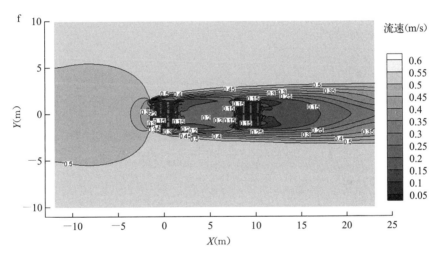

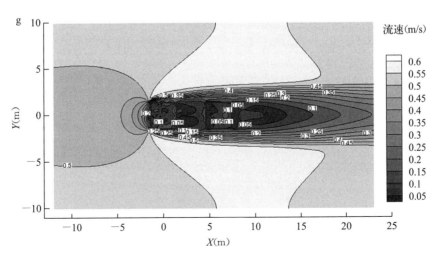

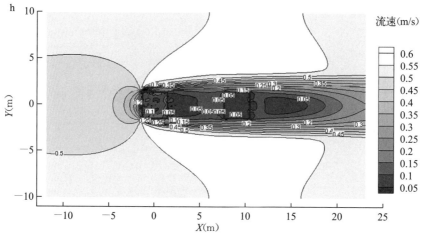

图 4 - 35　礁体组合流场云图（$Z=2$ m）

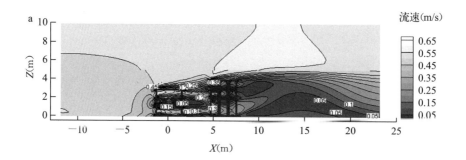

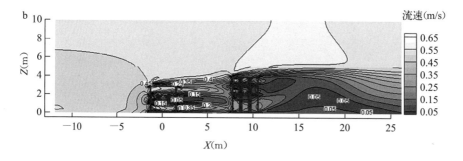

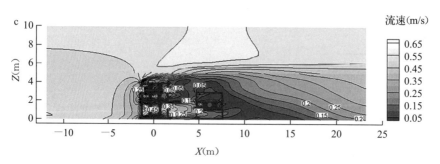

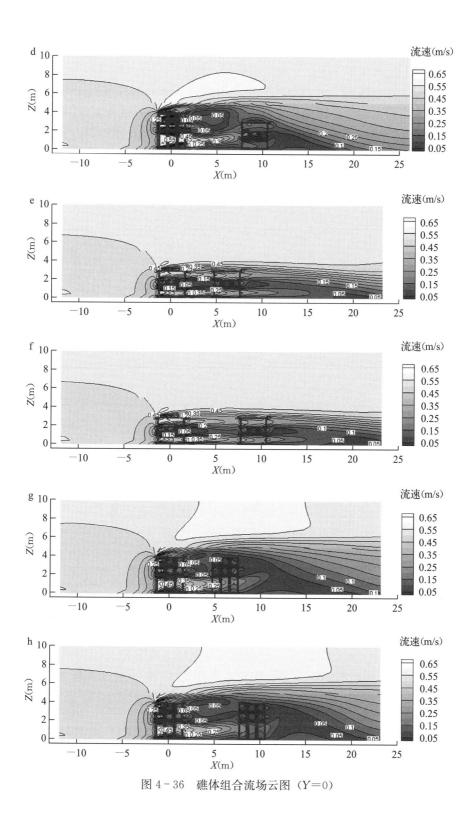

图 4 - 36 礁体组合流场云图（Y＝0）

在流场的特征分析中，选取上升流、背涡流及涡核分布为主要指标，其中以水平流速为来流速度的 0.1 倍以下的空间体积作为背涡流范围指标，以垂向上升流速为水平来流速度的 0.1 倍以上的空间体积作为上升流范围指标。为进一步分析各组合方式在上升流中的贡献，本次模拟计算通过 Fluent 提供的自定义函数（UDF）接口编写了分析程序，对上升流区域在垂直空间上的分布进行了特征提取。考虑到两种礁型高度分别为 3 m 和 4 m，分别计算了位于 0～3 m、3～4 m 和高于 4 m 共 3 个区域的上升流体积，各组合方式的流场指标可详见表 4 - 12。

表 4 - 12 不同礁体组合的流场特征

礁体组合方式	上升流（m³）	上升流（m³）>4 m	上升流（m³）3～4 m	上升流（m³）0～3 m	背涡流（m³）
A - B - 1	37.3	9.8	13.1	14.4	75.92
A - B - 2	30.3	7.8	10.4	12.2	76.02
B - A - 1	66.3	41.4	15.8	9.2	66.97
B - A - 2	57.2	34.8	14.4	8.1	59.99
A - A - 1	23.7	2.6	9.2	12.0	19.59
A - A - 2	22.5	2.3	8.7	11.5	26.14
B - B - 1	67.5	43.2	15.8	8.6	89.62
B - B - 2	61.5	42.0	13.8	5.8	98.27

如表 4 - 10 数据所示，出现上升流空间体积最大的组合方式为 B - A 和 B - B 组合，A - B 次之，A - A 的组合方式所造成的上升流区域最小，在相同的组合方式中，间距为单倍礁宽的组合其上升流造成效果更好。背涡流则与后礁的类型相关性更高，后礁为 B 礁的组合方式造成了较其他组合方式体积更大的背涡流。为进一步分析礁体组合中前后礁迎流面对上升流效应的影响，采用组合迎流指数的概念，指数表达式为：

$$\alpha = \frac{(Area_F + Area_R)}{2 \cdot Area_{max}} \cdot \frac{Area_F}{Area_{max}} \qquad (4 - 61)$$

表达式中，$Area_F$ 为前礁迎流面积，$Area_R$ 为后礁迎流面积，$Area_{max}$ 为组合中的迎流面积最大值。

以上升流造成效果较好的单倍礁宽的 4 种组合为例，计算得出 B - B、B - A、A - B 和 A - A 组合方式的 α 值分别为 1.00、0.79、0.45 和 0.33。为了分析 α 与各组合方式产生总上升流体积和高于 4 m 的上升流体积之间的相关性，采用 Pearson 相关性分析方法对其进行分析，得到 α 与高于 4 m 的上升流的体积在 0.05 水平上显著相关，相关系数为 96.9%，不相关系数为 0.031，α 与总上升流体积的相关性同样很强，相关系数为 96.2%。

涡特征是流场中最为重要的特征之一，为更好地比较各组合模式的流场特征，采用涡量梯度法对计算得到的流场数据进行了涡核提取，结果如图 4 - 37 所示。各组合方式的涡核分布显示，B - B 组合的涡核分布范围最广，A - A 组合的涡核分布范围最小，前礁为 A 礁时，礁间和礁后区域的涡核数量与其他组合方式相比均有明显降低。

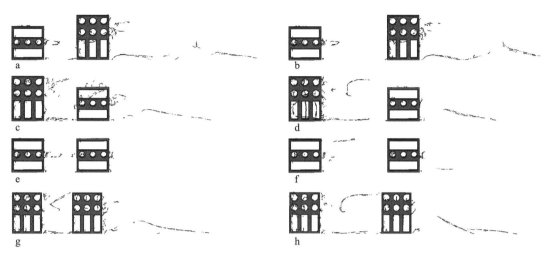

图 4-37　礁体组合涡核分布示意图

（四）小结

混合型礁体组合时，在迎流面大的礁体排列在前的工况下，礁体的上升流和背涡流体积较大，流场效应好；此时，礁体的抗滑移系数也较高，抗翻滚系数则受到迎流面和礁高的影响，迎流面大且礁体高时，抗滑移系数偏小。

混合型礁体组合时，上升流和背涡流体积随着礁体间距的增大而减小，礁体安全系数受间距的影响不大；同种礁体组合时，上升流体积随间距增大而减小，背涡流体积随间距增大而增大，礁体安全系数受到间距的影响也不大，表明间距不是影响礁体稳定性的主要因素。

在流场效应方面，不同类型人工鱼礁组合的数值模拟结果表明，礁体间距对上升流确有一定影响，当间距达到两倍礁宽时，上升流体积减少了 14%～19%；迎流面大的礁体作为前礁时，上升流体积增加了 78% 左右。

五、水流冲刷作用下礁体稳定性的模型试验与数值模拟分析

人工鱼礁礁体投放后，在海流的冲刷作用下沉陷、倾覆或被泥沙掩埋的问题是人工鱼礁建设工程需要重点解决的问题，为确保人工鱼礁投放后发挥良好的生态效应，有必要在选址和设计阶段充分考虑不同底质条件、不同水文条件和不同礁体设计方案对人工鱼礁局部冲刷的影响。本研究通过试验水槽，对不同水流条件下人工鱼礁的局部冲刷进行了模型试验，并引入数值模拟方法对冲刷机制进行分析，以期为礁体优化设计提供参考依据。

（一）材料与方法

1. **试验礁体模型。**试验选用防城港白龙珍珠湾海洋牧场拟投放的 3 种礁体 YJ1、YJ2 和 YJ3，按照试验模型与礁体原型的长度比例 1∶20 和重量比例 1∶20³，制作 3 种礁体试

验模型（图 4-38）。礁体原型和试验模型的几何参数列于表 4-13。

表 4-13 试验礁体的几何参数

	底边长（m）		顶边长（m）		高（m）		重量（t）	
	原型	模型	原型	模型	原型	模型	原型	模型
YJ3	3	0.15	3	0.15	4	0.2	11.39	1.46×10^{-3}
YJ1	3.6	0.18	3	0.18	5.5	0.275	15.55	2×10^{-3}
YJ2	4	0.2	3.6	0.18	6	0.3	21.02	2.56×10^{-3}

图 4-38 三种试验礁体模型（礁体模型由左至右分别为 YJ3、YJ1 和 YJ2）

2. **试验流速。**防城港白龙珍珠湾海域一般海况条件下海流速度为 0.4～0.6 m/s，因此设计本次粉砂黏土底质冲刷试验流速分别为 0.5 m/s、1.0 m/s 和 1.2 m/s，中砂底质冲刷试验流速分别为 0.3 m/s、0.5 m/s 和 1.0 m/s。同时，在部分试验中设计了 1.2 m/s、1.5 m/s 和 1.75 m/s 等三种试验流速，用于了解礁体在高流速下冲刷下失稳倾倒的状况。

3. **试验泥沙的粒径结构。**按照国标 GB/T 12763.8—2007《海洋调查规范 第 8 部分：海洋地质地球物理调查》等比值粒径分类表的规范，并根据防城港白龙珍珠湾海域底质的状况，选择中砂（0.2～0.5 mm）和粉砂黏土（<0.063 mm）等 2 种粒径的泥沙用来作为试验泥沙（图 4-39）。2 种试验泥沙的粒径组成见列于表 4-14。

粉砂黏土　　　　　　　　　　　中砂

图 4-39 试验泥沙实物图

表 4-14 试验泥沙粒度结构

泥沙粒度分析标准		试验泥沙粒径结构（%）	
粒径名称	粒径范围	粉砂黏土	中砂
细黏土	0.000～0.001 mm	0.02	0.02
粗黏土	0.001～0.002 mm	0.23	0.55
粗黏土	0.002～0.004 mm	1.94	1.41
极细粉砂	0.004～0.008 mm	10.50	3.24
细粉砂	0.008～0.016 mm	14.81	6.43
中粉砂	0.016～0.032 mm	12.93	9.42
粗粉砂	0.032～0.063 mm	10.02	10.86
极细砂	0.063～0.125 mm	23.88	10.73
细砂	0.125～0.250 mm	17.08	43.27
中砂	0.250～0.500 mm	7.43	13.32
粗砂	0.500～1.000 mm	0.66	0.73
极粗砂	1.000～2.000 mm	0.50	0.02

4. **试验设备。**本次试验在中国水产科学研究院江苏如东试验基地二维波流实验水槽进行，水槽长 50 m，宽 1.0 m，深 1.5 m，水槽内配有单向不规则造波机系统和造流系统。造流系统由双向造流泵、变频器、造流管路、均流箱和计算机控制接口卡等组成，在试验区可以通过计算机控制进行双向流速模拟。流速测量采用 LGY-Ⅱ智能流速仪，测量范围为 1～300 cm。地形测量用测针仪对冲刷后的地形进行测量，测量精度为±0.5 mm。试验水槽和控制间分别见图 4-40 和图 4-41。

图 4-40 试验水槽实景图片 　　　　　　图 4-41 试验控制间实景图

5. **试验程序。**进行试验时，在水槽内铺设长 4.5 m、宽 1.0 m、高 0.4 m 的泥沙层，将试验礁体放置于距沙槽前端 2 m 左右居中处的泥沙层表面上，试验水深为 0.7 m（图 4-42）。冲刷试验前首先进行流速测量，经过采样修正得到试验模型设计要求的流速，然后放置试验模型，设定流速进行冲刷试验。每组流速冲刷 12～24 h，冲刷时间每 6 h 用测针仪进行数据采集并对冲刷情况拍照。

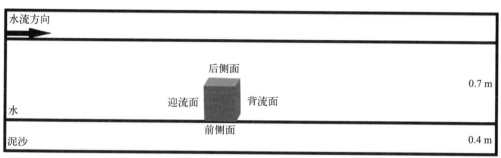

图4-42 水槽冲刷试验示意图

6. 数值模拟计算与分析。 根据水流冲刷测针采集的数据和相关数据，采用计算流体动力学（CFD）方法建立YJ3数值模型，分析不同入流条件下礁体周围的流场、床面剪切力分布和涡量场，其中礁体速度等值线图选取的截面是0.1倍礁高处，流场分布图选取的是$Y=0$的中心截面，床面剪切力选取的是泥沙床表面，涡量场选取的是0.1倍礁高处的截面。

（二）YJ3礁试验结果

1. 粉砂底质上的冲刷试验结果。 水流速度为0.5 m/s的冲刷结果显示，泥沙堆积现象比冲刷现象明显。礁体的迎流面中间两柱体处形成两个弧形堆积，堆积高度最大为6.5 mm。迎流面两个尖角处的冲刷深度仅为1 mm左右。在礁体的两侧面相邻两孔之间分别形成流线型堆积，堆积的高度最大分别为5 mm、7 mm。在礁体的背流面对应三个孔的位置形成三个冲刷坑，冲刷坑内泥沙有粗化现象，坑的深度为0.5 mm。冲刷坑与礁体之间形成弧形堆积，堆积高度最大为6 mm，弧形堆积与礁体底板间的距离与底板的厚度相当。距离礁体1倍礁宽处，在顺流方向泥沙表面上有长尾形沉积现象发生，长度约为4倍礁高（图4-43）。

当水流速度为1.0 m/s和1.2 m/s时，冲刷后在泥沙表面形成均匀分布的沙鳞，且1.2 m/s流速下沙波的体积大于1.0 m/s流速下的沙波体积，高度约为1 cm。随着冲刷的进行，沙波向后移动，

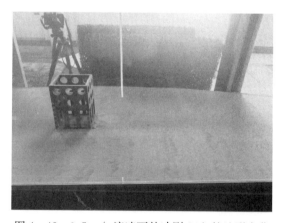

图4-43 0.5 m/s流速下的冲刷24 h的地形变化

在礁体背流面的泥沙表面形成较大的长条形堆积。礁体迎流面前方区域的冲刷程度最小，冲刷小坑出现在对应三个孔的位置，最大深度分别为1.0 mm、1.5 mm。在礁体的两侧面无泥沙堆积，冲刷程度较严重，冲刷坑的宽度分别约为4.0 cm、7.5 cm，最大冲刷深度分别为4.5 mm、4.5 mm。礁体背流面的冲刷最严重，冲刷范围约为底边长的一半，最大冲刷深

度分别为 4.5 mm、6.0 mm。在冲刷坑与礁体之间，距离礁体约 5 mm 处形成长条形堆积，宽度约为礁体底板的厚度，高度分别为 4.5 mm、4.0 mm（图 4 - 44 和图 4 - 45）。

图 4 - 44　1.0 m/s 流速下冲刷 24 h 的地形变化　　　图 4 - 45　1.2 m/s 流速下冲刷 24 h 的地形变化

当试验水流速度为 1.75 m/s 时，礁体在冲刷开始时即失稳向后倾倒。

2. **中砂底质上的冲刷试验。** 在 0.3 m/s 水流条件下冲刷 24 h，礁体周围泥沙冲刷现象不明显，礁体前两角的冲刷坑深度约 1 mm，礁体后两角冲刷坑深度为 0.5 mm。

在 0.5 m/s 水流条件下冲刷 24 h 后，礁体周围泥沙冲刷现象比 0.3 m/s 冲刷明显加剧，礁体两侧下沉，礁体前角和后角处冲刷坑的深度分别为 3.5 mm 和 2.5 mm。

在 1.0 m/s 水流条件下冲刷，最初礁体四角处泥沙被掏空，礁体的侧面和后面泥沙堆积（图 4 - 46）。随冲刷时间推移，冲刷的波浪形堆积沿礁体后两角向外扩大，礁体柱间有明显冲刷坑，柱后有明显堆积，礁体整体下沉（图 4 - 47）。

 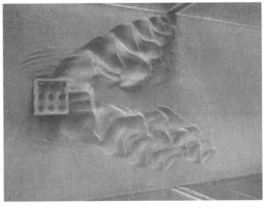

图 4 - 46　1.0 m/s 水流冲刷 3 h 后背流面的　　　　图 4 - 47　1.0 m/s 水流冲刷 24 h 后礁体周边的
　　　　　　地形变化　　　　　　　　　　　　　　　　　　　　地形变化

以 1.2 m/s 流速条件进行冲刷试验，在冲刷 2 h 时礁体失稳向后倾倒。

3. **数值模拟分析。**

（1）速度场。 图 4 - 48 给出了 0.5 m/s、1.0 m/s 和 1.2 m/s 等 3 种流速条件下 0.1 倍

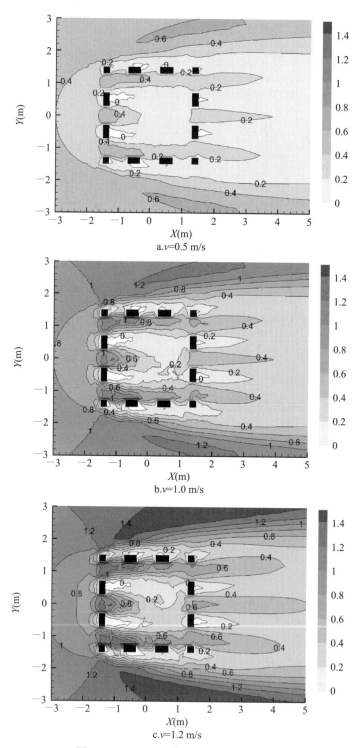

a.v=0.5 m/s

b.v=1.0 m/s

c.v=1.2 m/s

图 4 - 48 Z=0.1 倍礁高处速度等值线

礁高处的速度等值线图，各等值线图中黑色方框均表示礁体模型的框架截面。当水流速度为 0.5 m/s 时，礁体两侧面是流速低值区，泥沙容易沉降淤积。礁体背流面柱体后方位置是速度低值区，孔的位置是速度相对高值区，流场分布特征与冲刷试验中礁体背流面的冲刷淤积地形存在对应关系。礁体背流面开孔处的垂向流场分布（图 4 - 49）则显示，底板

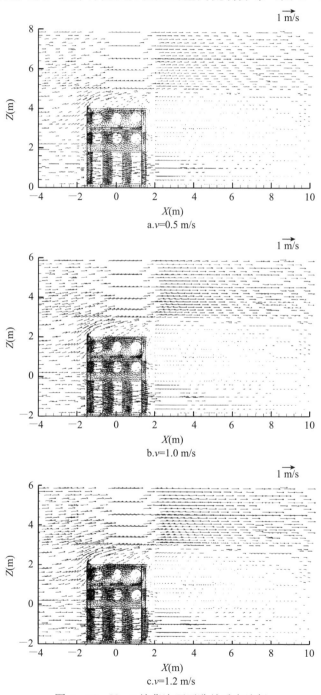

图 4 - 49 $Y=0$ 处背流面开孔处垂向流场

的厚度造成礁体背流面靠近底板的区域流场变弱，粉砂底质上礁体后方因此出现长条形的泥沙淤积，但中砂底质冲刷试验中，水体中几乎为悬浮泥沙，所以礁体背流面没有出现淤积地形。当水流速度为 1.0 m/s 时，礁体内部有高速水流通过侧面孔的位置向外扩散，速度低值区范围减小，礁体侧前方的速度高值区加剧了地形被冲刷的程度。礁体背流面孔的位置流速大小是 0.5 m/s 时的 2 倍，速度相对高值区范围增大，低值区范围减小，致使冲刷程度增加，淤积现象减少。水流速度为 1.2 m/s 时，礁体侧前方的水流速度是底沙起动流速的 2 倍，底沙大量被起动，地形冲刷严重。礁体背流面水流速度高于前两种流速情况，泥沙堆积最少，地形冲刷最严重。

(2) 床面剪切力。床面剪切力是指底部水流对泥沙床表面的剪切拖曳力，是影响泥沙床表面冲淤变化的重要因素之一。当床面剪切力大于床面泥沙临界起动剪切力时，泥沙起动，对于细颗粒泥沙来说，泥沙起动后即可悬扬，泥沙床表面被冲刷。当床面剪切力小于泥沙临界止悬剪切力时，水体中的细颗粒泥沙沉降至泥沙床表面，形成淤积。0.5 m/s、1.0 m/s 和 1.2 m/s 等 3 种试验流速条件下床面剪切力的分布结果显示，礁体迎流面前方小范围区域内床面剪切力相对较小，礁体两侧相对较大，礁体背流面尾流内床面剪切力最小。最大值出现在礁体两侧前方两脚处，剪切力高值区沿流方向延伸，同时剪切力高值区也是冲刷试验中冲刷最严重的区域（图 4 - 50）。这与吴建等研究得到结果一致，即床面

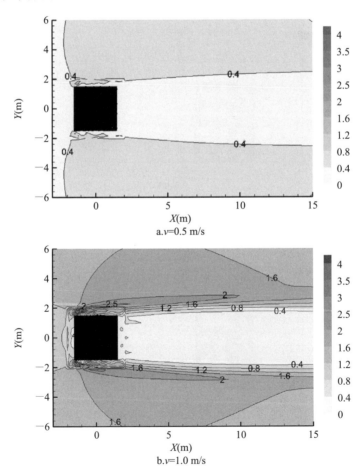

a. v=0.5 m/s

b. v=1.0 m/s

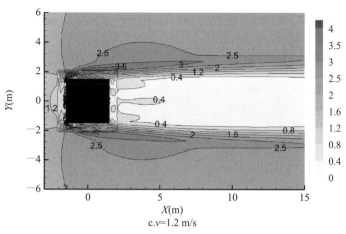

c. v=1.2 m/s

图 4-50 床面剪切力分布

剪切力的分布在礁体迎水面两侧出现峰值区域，该区域为局部冲刷最严重的区域，也是最先开始冲刷的区域。比较 3 种试验流速条件下床面剪切力大小，可以得出流速较大时床面剪切力也比较大。流速比较大时，垂线上流速增加比较快，导致剪切力变形比较大，剪切力增大。床面剪切力不仅反映了泥沙床表面对水流的阻力大小，同时也反映了水流对泥沙床表面冲刷能力的强弱，剪切力越大，水流对泥沙床表面的冲刷能力越强。因此，1.2 m/s 水流作用下，礁体周围的冲刷程度最严重，冲刷坑的发展也比较快。

（3）涡量场。 涡旋是结构物局部冲刷的主要动力因素，由于受到结构物的阻碍，水流在柱体结构的表面以较快速度向下运动，形成二次流，进而形成涡旋。当床面泥沙颗粒的重力或颗粒间黏结力无法抵御涡旋对其施加的作用力时，泥沙就会起动。0.5 m/s、1.0 m/s 和 1.2 m/s 等 3 种试验流速条件下 0.1 倍礁高处垂向涡量场的分布情况显示，涡量较大值主要集中分布在礁体柱状结构的周围，且涡量值随流速的增大而增大（图 4-51）。礁体周围涡量场主要是由柱状结构的阻流作用形成的垂向流速梯度造成的，柱状结构附近的涡量值大于其他区域的涡量值。礁体两侧的涡量值较高，对应物理模型冲刷试验中冲刷最严重的区域。虽

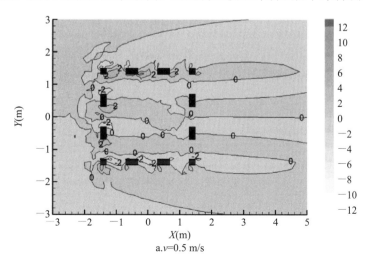

a. v=0.5 m/s

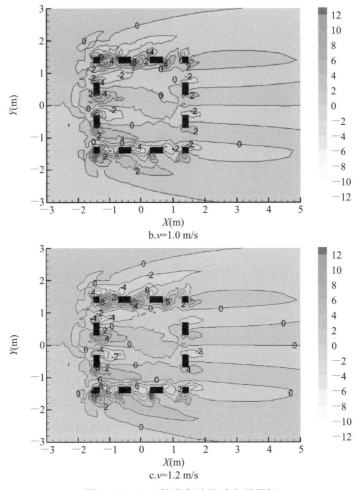

图 4-51　0.1 倍礁高处的垂向涡量场

然礁体内部和迎流面开孔处的涡量值较高，但由于礁体模型底部是实心底板，所以该区域没有造成泥沙冲刷，如礁体底板为开孔设计，则可能在这些位置形成严重冲刷甚至掏空。

4. **小结。**模型 YJ3 在 2 种不同粒径底床上的 3 种不同水流条件下冲刷试验和数值模拟结果表明，模型 YJ3 局部冲刷地形主要分布在礁体四个拐角处，特别在中砂底质上迎流面两脚泥沙被掏空，致使礁体发生倾斜失稳。2 种底床上局部冲刷程度均随流速的增加而增强，但粉砂底床上 YJ3 局部冲刷程度比中砂底床上小，这是由于粉砂颗粒间黏结力对冲刷具有阻碍作用。同时，数值模拟分析表明速度场、床面剪切力和涡量场的高低值区与试验中局部冲刷强弱区域相对应。

（三）YJ1 试验结果

1. **粉砂底质上的冲刷试验结果。**当水流速度为 0.5 m/s 时，礁体周围冲刷地形变化明显，冲刷初期礁体中间底板开孔处出现冲刷坑，侧面有少许浮沙堆积，背流面后出现条形堆积，并在两脚处形成小沙包高约为 4 mm。冲刷 12 h 时背流面和礁体内部堆积继续增高，且礁体内部底面开孔处出现冲刷坑。冲刷 24 h 时背流面和礁体内部堆积高度减小，侧面堆积消失。礁后 20 cm 后出现深黄色尾巴，50～60 cm 长，尾巴周围地形无明显变化（图 4-52）。

当水流速度为 1.0 m/s 时，初期礁体背流面两脚处先出现堆积小包，然后沿着底板边出现长条形堆积，并且背流面两侧出现沙波，礁体中间靠近迎流面的端出现冲刷坑，礁体侧面有些许堆积。18 h 时礁体后面堆积变低，两脚处的冲刷坑变深，礁体及尾巴周围开始出现包络线；中间冲刷范围变大，深度加深；侧面脚处冲刷程度增大。24 h 时礁体后面与尾巴之间包络线较深，尾巴两边开始形成多条向外阔的堆积，礁体中间冲刷严重，侧面拐角处冲刷严重（图 4-53）。

图 4-52　0.5 m/s 水流冲刷 24 h 后礁体周边的　　　图 4-53　1.0 m/s 水流冲刷 24 h 后礁体周边的
　　　　　地形变化　　　　　　　　　　　　　　　　　　　地形变化

当水流速度为 1.2 m/s 时，初期背流面先出现堆积，后堆积减小，并在距离礁体 1 倍较宽处出现尾状沙波堆积；礁体中间出现冲刷坑，冲刷程度逐渐增加；侧面拐角区域被冲刷。12 h 时背流面两脚处冲刷严重，尾状堆积增高，床面分布大量沙鳞状堆积；礁体中间冲刷程度增加；侧面冲刷坑深度增加。24 h 时背流面地形几乎不变，中间继续掏空冲刷；侧面冲刷范围变大（图 4-54 和图 4-55）。

图 4-54　1.2 m/s 水流冲刷 24 h 后礁体中间的　　　图 4-55　1.2 m/s 水流冲刷 24 h 后礁体周边的
　　　　　地形变化　　　　　　　　　　　　　　　　　　　地形变化

当流速为 1.5 m/s 时，礁体周围泥沙堆积消失，长尾处堆积高度减少。当流速为 1.75 m/s 时，礁体失稳向后倾倒。

2. 中砂底质上的冲刷试验结果。 0.3 m/s 水流作用下，泥沙表面无明显变化。在 0.5 m/s 水流作用下，冲刷初期礁体外部周围的地形几乎无变化，礁体内部逐渐形成冲刷坑，位置出现在靠近迎流面的位置。冲刷 6 h 时。礁体中间底部冲刷慢慢变深。冲刷 24 h 时，礁体中间冲刷严重，背流面仅出现轻微的冲刷痕迹（图 4 - 56 和图 4 - 57）。

图 4 - 56　0.5 m/s 水流冲刷 24 h 后礁体中间和侧面的地形变化　　图 4 - 57　0.5 m/s 水流冲刷 24 h 后礁体背流面的地形变化

1.0 m/s 水流作用下，冲刷初期礁体侧面和背流面逐渐被冲刷，冲刷地形几乎对称；中间冲刷坑的范围和深度增加。冲刷 1 h 时，礁体迎流面两脚处被掏空，侧面泥沙冲刷严重；背流面两脚处马蹄涡向侧后方发展延伸。冲刷 12 h 时，礁后背流面两脚处和侧面中间区域被掏空，背流面马蹄形尾迹约 91 cm。冲刷 18 h 时，礁体倾斜，礁前下降 3.5 mm；马蹄形尾迹约 104 cm。冲刷 24 h 时，礁前部下沉 21 mm；马蹄形尾迹约 110 cm（图 4 - 58 和图 4 - 59）。

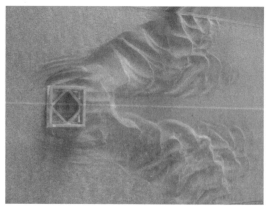 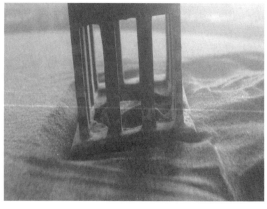

图 4 - 58　1.0 m/s 水流冲刷 24 h 后礁体周边的地形变化　　图 4 - 59　1.0 m/s 水流冲刷 24 h 后礁体周边的地形变化

3. 数值模拟分析。

（1）速度场。 图4－60和图4－61给出了0.5 m/s、1.0 m/s和1.2 m/s等3种流速条

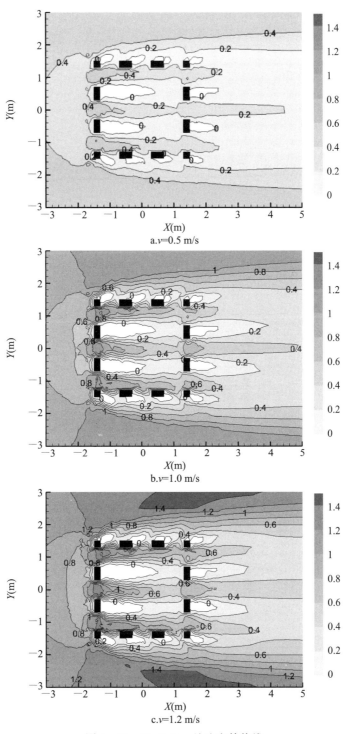

a.v=0.5 m/s

b.v=1.0 m/s

c.v=1.2 m/s

图4－60　Z＝0.3 m处速度等值线

件下 $Z=0.3$ m 处的速度等值线图和 $Y=0$ 处的背流面开孔处垂向流场图。礁体模型 YJ1底部支撑柱的结构与 YJ3 相同,速度等值线分布图上速度高值区和低值区的分布也保持一致,所以 YJ3、YJ1 周围的冲刷地形相似,不同之处在于 YJ1 底板为开孔设计,礁体中间地形受水流变化的影响发生泥沙淤积和冲刷。水流速度为 0.5 m/s 时,在礁体中间对应

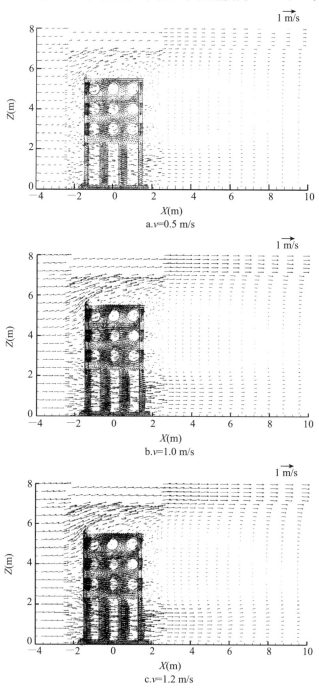

图 4-61 $Y=0$ 处背流面开孔处垂向流场

迎流面支撑柱后方的速度低值区处形成两个小沙包，同时礁体几乎无沉陷，礁体背流面底板的后方有浮沙淤积，在背流面支撑柱后方的速度低值区形成明显堆积小沙包。水流速度为 1.0 m/s 时，礁体迎流面两脚处泥沙被冲刷，这与速度等值线图中迎流面两脚处的速度高值区相对应。礁体迎流面中部孔的位置为速度高值区，而礁体底板在此位置是开孔设计，此处礁体中间的泥沙开始被冲刷。与 0.5 m/s 时的速度等值线图相比较，1.0 m/s 时礁体背流面的速度相对高值区范围增大，速度低值区范围减小，所以背流面后方的堆积逐渐减少，小沙包消失。水流速度为 1.2 m/s 时，礁体迎流面两脚处和礁体中间速度增加，导致冲刷程度加深，同时背流面的堆积逐渐消失，床面泥沙在速度高值区被冲刷出小坑。

　　（2）床面剪切力。礁体模型 YJ1 在 0.5 m/s、1.0 m/s 和 1.2 m/s 等 3 种流速条件下床面剪切力的分布结果显示，随着流速的增加，床面剪切力增大。礁体迎流面两脚处与礁体侧面的床面剪切力高值区与泥沙冲刷严重区域相对应，同时礁体中间和背流面床面剪切力相对高值区的冲刷也较严重（图 4 - 62）。床面剪切力高值区水流对泥沙床表面的冲刷能力强，导致泥沙被掏空，特别是在中砂底质上 1.0 m/s 流速下，迎流面两脚被掏空，礁体发生倾斜，而在粉砂底质上由于泥沙颗粒间存在黏结力的作用，冲刷作用并没有中砂底上剧烈。

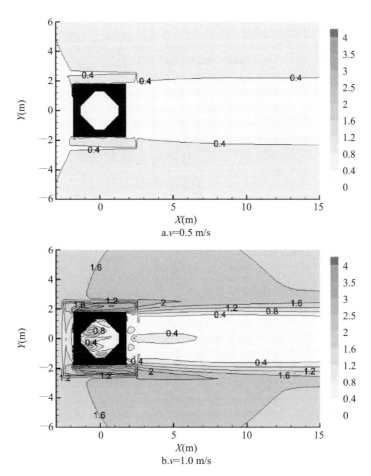

a.v=0.5 m/s

b.v=1.0 m/s

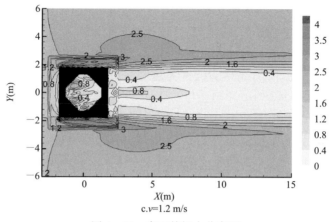

c.v=1.2 m/s

图 4-62　床面剪切力分布图

（3）涡量场。 图 4-63 显示的是 YJ1 在 Y=0.3 m 处的垂向涡量场分布情况，与 YJ3 多柱支撑结构相似，YJ1 涡量高值区同样分布在柱状结构周围，主要是由柱状结构物周围的复杂流态造成的，特别是礁体内部流态复杂，涡量值高，导致礁体底板中间开孔处泥沙被掏空。

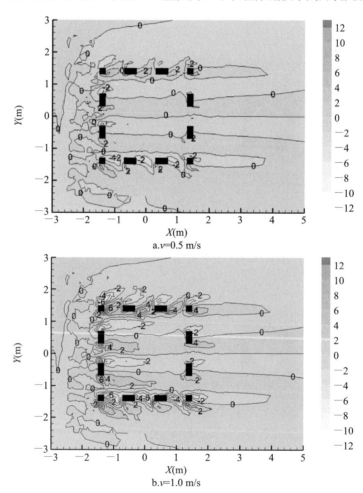

a.v=0.5 m/s

b.v=1.0 m/s

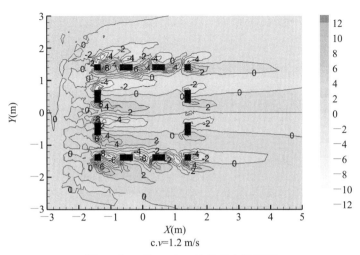

图 4-63 $Z=0.3$ m 处的垂向涡量场

4. 小结。 冲刷试验和数值模拟结果表明，礁体 YJ1 局部冲刷最严重的区域位于礁体底板中间开孔处，其次是迎流面两脚处，但其迎流面两脚处的冲刷程度比 YJ3 的冲刷程度小，背流面冲刷程度次之。礁体 YJ1 在中砂底床上的冲刷地形变化与礁体 YJ3 的变化相似，且背流面两侧马蹄涡沙波呈对称分布，两种礁型相似的支撑柱结构对冲刷地形起到很大作用，但粉砂底床上的两种礁体周围的冲刷地形则不同，主要因为礁体 YJ1 的底板为开孔设计并且底板外缘为台状设计。礁体 YJ1 流场数值模拟结果也与礁体 YJ3 相似，流场、床面剪切力和涡量场的高值区与试验中局部冲刷严重区域相对应。

（四）YJ2 礁试验结果及分析

1. 粉砂底质上的冲刷试验。 当水流速度为 0.5 m/s 时，冲刷初期迎流面出现长条形堆积；背流面堆积成长条形，宽约 1 cm；底面八边形内部垂直于流向的两边附近的堆积增多，随着冲刷时间延长，迎流面两脚处的堆积呈弧形；底面八边形内部垂直于流向的两边处现冲刷坑，但泥沙表面冲刷堆积地形基本不变，礁体在泥沙表面上发生了一定程度的沉陷（图 4-64 和图 4-65）。

当水流速度为 1.0 m/s 时，开始阶段先在迎流面、背流面发生浮沙堆积，堆积逐渐发展，后发生冲刷，并在礁体底板中间靠近背流面底边的附近形成冲刷坑，同时泥沙表面形成沙波。随着冲刷时间延长，迎流面两脚处三角形堆积明显，底面八边形内部垂直于流向的两边处冲刷坑深度增加，背流面尾流冲刷堆积地形向流速方向移动。冲刷 24 h 时，背流面堆积长度减小，高度减小至约 2 mm，背流面尾流冲刷堆积形成平整—沙波—平整的地形特征（图 4-66 和图 4-67）。

当水流速度为 1.2 m/s 时，冲刷初期背流面出现弧形堆积，两脚处条形堆积约为 2 cm；底面八边形内部冲刷坑明显，背流面两侧出现线性沙波，底面八边形内部冲刷坑变窄变深。随着冲刷时间延长，水体浑浊，礁体附近泥沙表面的线性沙波变形为新月形沙波。冲刷 24 h 时，泥沙表面冲刷程度加深，堆积减小（图 4-68 和图 4-69）。

图4-64　0.5 m/s水流冲刷6 h后礁体底面
内部和外部的冲刷堆积

图4-65　0.5 m/s水流冲刷18 h后礁体底面
内部和外部的冲刷堆积

图4-66　1.0 m/s水流冲刷12 h后迎流面
两脚处的冲刷地形

图4-67　1.0 m/s水流冲刷24 h礁体背流面
尾流冲刷的地形

图4-68　1.2 m/s水流冲刷2 h后礁体
周边的新月形沙波

图4-69　1.2 m/s水流冲刷24 h后礁体
背流面的冲刷堆积

总体而言，从 YJ2 各种试验工况的冲刷过程来看，YJ2 周围的泥沙堆积现象不明显，仅在礁体背流面靠近底板有一条形堆积，这主要因为 YJ2 下半部分结构简单，阻流结构少，泥沙随水流运动的过程中速度不会减小，泥沙不会沉降。另外，礁体底板八边形开孔内的冲刷主要是因为底板具有一定的厚度，该处可能存在涡旋，导致泥沙被携带向上运动。水流方向 YJ2 背流面条形堆积的后方也存在冲刷作用，该区域泥沙表面发生粗化现象，冲刷程度较底板开孔内较小。与 YJ3 的冲刷情况比较，YJ2 周围的局部冲刷相对较小，其冲刷程度随流速的增加而增大，同时也随冲刷时间的增加而增大。

2. 中砂底质上的冲刷试验。在 0.3 m/s 水流作用下，礁体模型周围的泥沙表面几乎无变化。

在 0.5 m/s 水流作用下，冲刷初期 YJ2 礁体模型的四个拐角处出现小而浅的冲刷坑。冲刷 24 h 时，礁体模型四个拐角的冲刷坑逐渐增大增深，其他区域的地形无明显变化（图 4 - 70 至图 4 - 72）。

图 4 - 70　0.5 m/s 水流冲刷初期的冲刷坑

图 4 - 71　0.5 m/s 水流冲刷 12 h 后的冲刷坑

在 1.0 m/s 水流作用下，冲刷初期 YJ2 礁体周围地形变化迅速，迎流面两脚处出现弧形冲刷坑；礁体底面开孔处和背流面泥沙均被冲刷，同时背流面两脚处冲刷坑范围增大。冲刷 6 h 时，迎流面两脚处的弧形冲刷坑，通过一长条形冲刷槽相连；礁中底板开孔处冲刷深度不断增大，背流面正后方出现大片冲刷地形。冲刷 12 h 时，迎流面两拐角处泥沙被掏空，背流面的冲刷地形沿两脚处向外发展。冲刷 18 h 时，迎流面两脚处泥沙被掏空后，礁体发生倾斜失去稳定。在中砂底质上，由于 YJ2 是底部中空和

图 4 - 72　0.5 m/s 水流冲刷 24 h 后的冲刷坑

底台直角形结构，因此礁体底部容易被掏空，导致其稳定性较差（图 4 - 73 至图 4 - 75）。

图 4-73　1.0 m/s 水流冲刷冲刷初期的地形变化　　图 4-74　1.0 m/s 水流冲刷冲刷 12 h 后礁体底面周围的地形变化

3. 数值模拟分析。

（1）速度场。 图 4-76 和图 4-77 给出 0.5 m/s、1.0 m/s 和 1.2 m/s 等 3 种流速条件下 YJ2 在 $Z=0.3$ m 处的速度等值线图和 $Y=0$ 背流面开孔处垂向流场图。YJ2 有四个支撑柱分别位于礁体的四个拐角处，相比于 YJ1 和 YJ3 的多柱支撑结构来说，YJ2 支撑柱的阻流作用小，仅在支撑柱后方的小范围内存在速度低值区。水流速度为 0.5 m/s 时，在背流面两支撑柱后方的速度低值区有浮沙淤积形成小沙包，同时由于礁体几乎无沉陷，所以底板厚度具有一定的阻

图 4-75　1.0 m/s 水流冲刷冲刷 18 h 后礁体倾斜失稳

流作用，在礁体底板开孔处和背流面后方底板附近有少量浮沙淤积。水流速度为 1.0 m/s 时，背流面支撑柱后方的速度低值区范围减小，对应冲刷试验中两脚处的小沙包消失。水流速度为 1.2 m/s 时，礁体中间流速相对较高，对应于冲刷试验中底板开孔处泥沙发生冲刷。

（2）床面剪切力。 图 4-78 给出 0.5 m/s、1.0 m/s 和 1.2 m/s 等 3 种流速条件下 YJ2 的床面剪切力，迎流面两脚处为剪切力高值区，冲刷试验中此处泥沙被冲刷，特别是在中砂底质上迎流面两脚处泥沙被掏空。背流面剪切力低值区沿着底板边缘分布，对应于粉砂底质冲刷试验中背流面泥沙的长条形堆积，中砂底质冲刷试验中在剪切力低值区的对应范围内泥沙冲刷较背流面其他区域较小。

（3）涡量场。 图 4-79 给出 0.5 m/s、1.0 m/s 和 1.2 m/s 等 3 种流速条件下 $Z=0.3$ m 处的垂向涡量分布情况。涡量高值区分布在礁体四个拐角处，对应于冲刷试验中的冲刷严重区域，特别是中砂底质上礁体四个拐角处被严重冲刷。

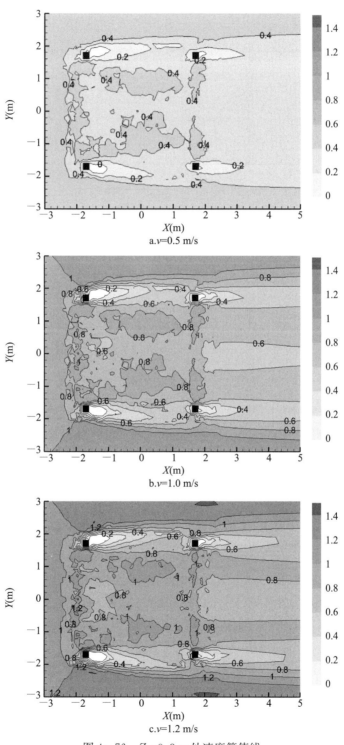

图 4 - 76 $Z = 0.3$ m 处速度等值线

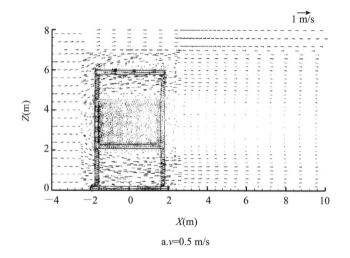

a.v=0.5 m/s

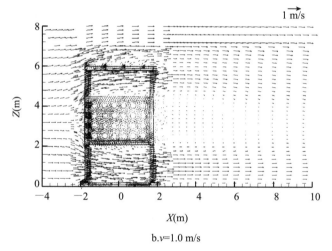

b.v=1.0 m/s

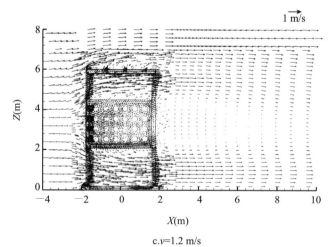

c.v=1.2 m/s

图 4-77 Y=0 背流面开孔处垂向流场

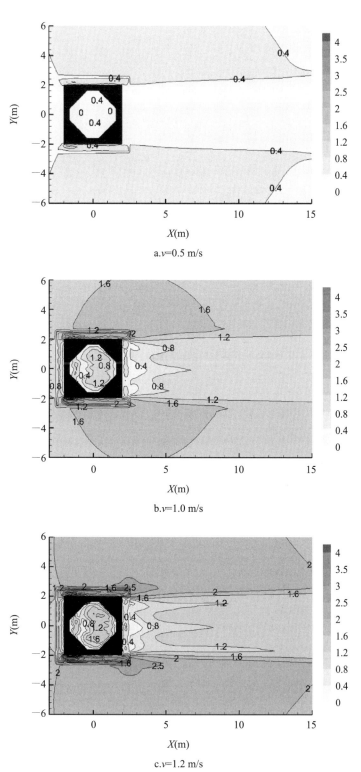

a.$v=0.5$ m/s

b.$v=1.0$ m/s

c.$v=1.2$ m/s

图 4 - 78 床面剪切力分布

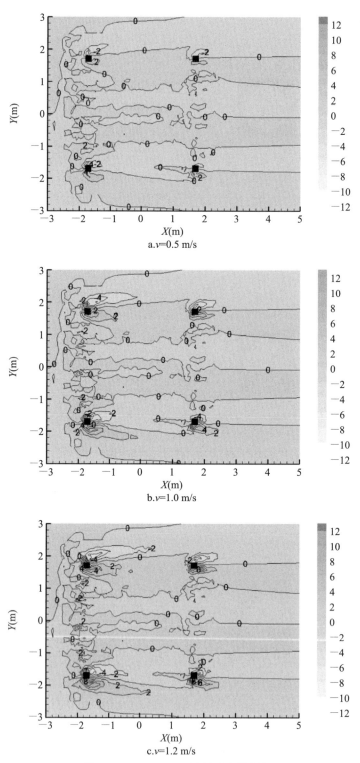

a.v=0.5 m/s

b.v=1.0 m/s

c.v=1.2 m/s

图 4-79　Z=0.3 m 处的垂向涡量场

4. **小结。**水流冲刷试验和数值模拟结果表明，在粉砂底质上不同流速对礁体 YJ2 的局部冲刷相对较轻，礁体稳定。中砂底质上不同流速对礁体 YJ2 的局部冲刷比对 YJ1 和 YJ3 两种礁型的局部冲刷程度小，其原因主要由于礁体 YJ2 为四根支撑柱设计，对礁体周围流态变化的影响比较小。流场数值模拟分析结果也表明，礁体 YJ2 周围没有太多复杂的流态变化，因此对冲刷地形的影响相对较小。

（五）礁体组合试验结果

上述单礁水流冲刷试验结果表明，中砂底质上的礁体在 1.0 m/s 水流作用下的冲刷现象十分明显，且 YJ3 和 YJ2 结构特征差异显著。因此在礁体组合冲刷试验中选定 YJ3、YJ2 进行组合，试验条件设置为中砂底质、1.0 m/s 水流速度、两礁的间距分别布设为 40 cm 和 60 cm。

1. **YJ3 - YJ2 礁体组合。**

（1）两礁 40 cm 间距布设。在中砂底质上，YJ3 - YJ2 组合礁体的布设间距为 40 cm 时，在 1.0 m/s 水流冲刷初期，冲刷现象最先开始于礁体迎流面两脚处，组合礁体中 YJ3 迎流面两脚处的冲刷程度比 YJ2 的冲刷程度大且冲刷坑发展较快，YJ3 背流面的冲刷地形比 YJ2 明显。冲刷 2 h 时，YJ3、YJ2 迎流面两脚泥沙被掏空，YJ3 背流面有马蹄涡形成，YJ2 背流面对应两脚后方形成两个冲刷坑（图 4 - 80 和图 4 - 81）。冲刷 6 h 时，YJ3、YJ2 迎流面两脚处泥沙掏空情况加剧，YJ3 背流面马蹄涡继续发展，YJ2 背流面冲刷坑增大。冲刷 12 h 时，组合礁体周围泥沙冲刷范围扩大（图 4 - 82 和图 4 - 83）。

图 4 - 80　冲刷 2 h 时前置礁体 YJ3 迎流面和背流面的地形变化

总体而言，YJ3 迎流面、侧面冲刷坑在 6 h 前随时间的增加不断加深，6 h 后无明显变化，礁体背流面冲刷坑及堆积随着时间的增加越来越大。YJ2 迎流面、侧面和礁后冲刷坑随时间的增加，深度越来越大，在 6 h 前变化速度较快，而在 6~12 h 时变化速度缓慢。受前置礁体 YJ3 的阻挡和流态变化原因，后置礁体 YJ2 的四脚掏空程度和周边地形的改变远远小于前置礁体 YJ3。

图 4-81　冲刷 2 h 时后置礁体 YJ2 迎流面和背流面的地形变化

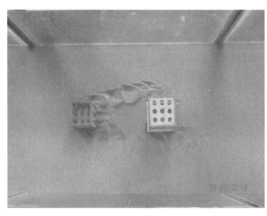

图 4-82　冲刷 6 h 时组合礁体周边的地形变化　　图 4-83　冲刷 12 h 时组合礁体周边的地形变化

（2）两礁 60 cm 间距布设。

在中砂底质上，当 YJ3-YJ2 组合礁体的布设间距为 60 cm 时，1.0 m/s 水流冲刷初期组合礁的冲刷地形变化与 40 cm 间距时的冲刷地形变化相似，YJ3、YJ2 迎流面两脚处首先被冲刷，然后逐渐发展，背流面冲刷区域也逐渐扩大。冲刷 2~12 h，YJ3 迎流面及侧面冲刷坑变深，背流面三角形冲刷坑边缘堆积变高，且不断向礁体靠近。YJ2 迎流面冲刷坑缓慢变深，侧面冲刷加剧，堆积变高且向礁后移动，礁体中间底部、背流面圆弧冲刷坑及两角处冲刷坑变深，地形变化范围增大（图 4-84 和图 4-85）。总体而言，YJ3~YJ2 两礁周边地形在 6 h 前变化迅速，6~12 h 之间变化缓慢，地形变化范围和程度小于 40 mm 间距的地形变化（图 4-86 和图 4-87）。

2. YJ2-YJ3 礁体组合。

（1）两礁 40 cm 间距布设。 中砂底质上，1.0 m/s 水流作用下当 YJ2~YJ3 组合礁体的布设间距为 40 cm 时，初期冲刷 YJ2 迎流面两脚处和底面开孔处泥沙被逐渐冲刷，背流面冲刷开始于两脚的后方，冲刷区域逐渐增大、程度增加；YJ3 冲刷程度比 YJ2 小。冲刷 2 h 时，组合礁周围地形冲刷程度增大，YJ2 周围地形冲刷程度明显大于 YJ3。冲刷 6 h

时，YJ2 背流面冲刷地形向后移动，逐渐靠近 YJ3。冲刷 12 h 时，YJ2 背流面冲刷地形到达 YJ3 迎流面。前置礁体 YJ2 周围的地形变化范围和变化程度明显大于后置礁体 YJ3 周围的变化（图 4 - 88 至图 4 - 90）。

图 4 - 84 冲刷 2 h 时前置礁体 YJ3 迎流面和背流面的地形变化

图 4 - 85 冲刷 2 h 时后置礁体 YJ2 迎流面和背流面的地形变化

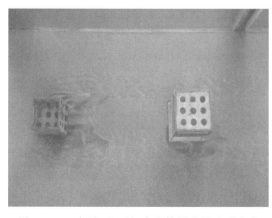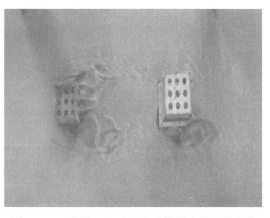

图 4 - 86 冲刷 6 h 时组合礁体周边的地形变化　　图 4 - 87 冲刷 12 h 时组合礁体周边的地形变化

图 4-88 冲刷 2 h 时 YJ2-YJ3 组合礁周围的
地形变化

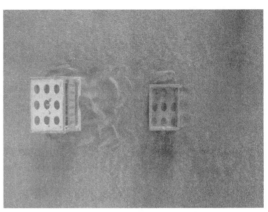

图 4-89 冲刷 6 h 时 YJ2-YJ3 组合礁周围的
地形变化

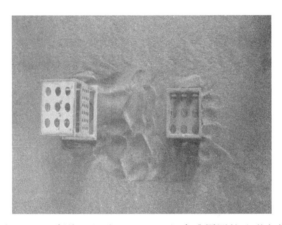

图 4-90 冲刷 12 h 后 YJ2-YJ3 组合礁周围的地形变化

（2）两礁 60 cm 间距布设。在中砂底质上，当 YJ2～YJ3 组合礁体的布设间距为 60 cm 时，冲刷初期 YJ2 和 YJ3 周围的冲刷地形变化与 40 cm 间距时的地形变化现象相似。冲刷 2 h 时，YJ2 背流面底棱上的泥沙堆积呈长方形堆积，且不断向后延伸。冲刷 6 h 时，YJ2 和 YJ3 迎流面两脚泥沙被掏空。冲刷 12 h 时，YJ2 背流面的地形变化没有到达 YJ3 迎流面，且 YJ2 和 YJ3 背流面均出现马蹄涡冲刷。总体而言，YJ2、YJ3 周围冲刷坑深度和堆积高度随时间的增加不断变大，在冲刷 6 h 前变化幅度较大且变化迅速，6 h 基本达到平衡状态。6～12 h 之间变化幅度很小且变化缓慢（图 4-91 至图 4-93）。

图 4-91 冲刷 2 h 时前置礁体 YJ2 背流面的
地形变化

图 4 - 92　冲刷 6 h 后前置礁体 YJ2 和后置礁体 YJ3 周围的地形变化

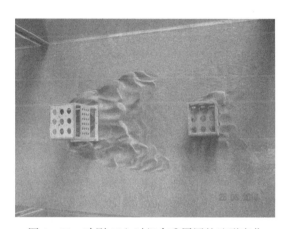

图 4 - 93　冲刷 12 h 时组合礁周围的地形变化

（六）小结

（1）水流对礁体周围底质的冲刷程度与流速成正比，冲刷的范围和深度随流速的增大而增大。当水流速度为 0.3～0.5 m/s 时，对 3 种礁体周围粉砂底质的局部冲刷相对较轻，礁体稳定性良好。但对中砂底质上模型 YJ1 的底部冲刷较严重，礁体中间底部和礁体背流面的最大冲刷坑深度为 1 cm，礁体基本稳定。当流速大于 1.0 m/s 时，对礁体周围底质的冲刷比较严重，特别是在中砂底质上，局部冲刷和地形的变化范围更大，程度更严重。

（2）当水流速度相同时，由于粉砂黏土中含有黏性颗粒，对水流冲刷具有一定阻滞作用，因此粉砂黏土底质比中砂底质的冲刷范围小，冲刷程度也较轻。在粉砂黏土底质上，3 种礁体模型在不同水流速度作用下均未发生倾斜，即使在最大流速 1.5 m/s 时，礁体也没有倾倒。而在中砂底质上，3 种礁体在 1.0 m/s 流速下均发生倾斜，礁体失去稳定。当流速 1.2～1.75 m/s 时，导致礁体模型沿水流方向向后倾倒。

（3）在粉砂黏土底质上 3 种礁体的冲刷试验中，多柱底孔结构的礁体 YJ1 周围底质的冲刷程度最大，多柱框底结构的礁体 YJ3 的冲刷程度次之，而四柱下空结构的礁体 YJ2

的冲刷程度最小。礁体 YJ3 和礁体 YJ1 的多柱结构使水流经过礁体时在礁体内部产生涡旋，引起礁体底部周围形成复杂流态，增大礁体底部泥沙冲刷。同时，由于礁体 YJ1 底部为孔桩结构，其冲刷程度更大。

（4）双礁组合试验表明，前置礁体和后置礁体的迎流面、侧流面和背流面冲刷坑在 6 h 前均随时间的增加不断扩大加深，而在 6～12 h 时变化速度缓慢，变化幅度较小。受前置礁体的阻挡和流态变化原因，后置礁体的四脚掏空程度和周边地形的改变远小于前置礁体。两礁间距 40 mm 的地形变化范围和程度大于 60 mm 间距的地形变化。YJ3－YJ2 组合的前置礁对后置礁地形变化的影响要大于 YJ2－YJ3 组合。

（5）防城港白龙珍珠湾海域的海水流速一般在 0.6～0.7 m/s 范围内，底质泥沙粒径与本试验中粉砂黏土的粒径相似。根据本次试验的结果可以判断，拟采用的 YJ1、YJ2 和 YJ3 等 3 种礁体适合防城港白龙珍珠湾海洋牧场海域的水文条件和底质条件，投放后能够保持稳定状态和发挥相应的生态功能。

（6）本次试验仅完成了水流冲刷对礁体周围底质影响的单因子试验，尚未进行水流、波浪和潮流综合作用影响试验，今后须进一步研究探讨水流、波浪与潮流共同作用下人工鱼礁的稳定性问题。同时，应根据试验结果和投礁后实地动态监测结果，进一步优化礁体设计。

六、极端海况条件下礁体的安全核验

（一）材料与方法

1. **极端海况条件。** 白龙珍珠湾海洋牧场人工鱼礁区地势总体起伏平缓，呈南低北高的趋势，地面标高为 $-19.70～11.20$ m，平均海面 2.30 m，水深 15～20 m，地形向南缓倾斜。平均波高 0.56 m，平均周期 3.2 s。常浪向为 NNE，频率 20.41%；其次为 SE、S、NE 向，频率分别为 15.87%、14.66% 和 12.18%。该海域年平均受台风或热带低压影响 1 次，最多可达 3 次，多发生在 6—9 月。台风时强浪向 SSE，极端海况条件下最大波高 H 可达 7.0 m；次强浪向为 SE 向，最大波高 H 为 6.0 m。现以极端海况下的波浪、水深和坡度条件为参数，计算分析 3 种底沉式礁体的受力及稳定性系数，核验人工鱼礁在极端海况条件下稳定性和安全性。

2. **鱼礁原型特征。** 白龙珍珠湾海洋牧场拟投放 3 种钢筋水泥结构的底沉式鱼礁，其中，YJ1 型礁体的主框架为 3.6 m×3.6 m×5.5 m，表面积为 87.99 m²，空方量为 49.5 m³，重量为 15.55 t；YJ2 型礁体的主框架为 4.0 m×4.0 m×6.0 m，表面积为 85.40 m²，空方量为 77.8 m³，重量为 21.02 t；YJ3 型礁体主框架为 3.0 m×3.0 m×4.0 m，表面积为 82.0 m²，空方量为 36.0 m³，重量为 11.39 t。

3. **波浪要素的转换。** 白龙珍珠湾海域的波浪平均波高 0.56 m，平均周期 3.2 s。常浪向为 NNE，频率 20.41%，其次为 SE、S、NE 向，频率分别为 15.87%、14.66% 和 12.18%。台风时强浪向 SSE，极端海况条件下最大波高 H 可达 7.0 m；次强浪向为 SE 向，最大波高 H 为 6.0 m。该区域在每年的 4—8 月间以 SW～SE 浪为主，主要受到夏季西南季风和热带气旋等热带系统风场控制，当热带气旋影响本海域时会造成灾害性海浪，其最大波高可达 7 m，波向为 SE，对应周期为 8.3 s。

由于白龙珍珠湾海洋牧场人工鱼礁区位于浅海区，而波浪在由深水到浅水的传递过程中存在变形，变形后波高、波长等波浪要素的确定对海岸工程具有重要的试验价值，因此需对波浪要素进行转换，按下列方程进行转换。

$$K_s = \frac{1}{\sqrt{[1+4\pi h/L/\sinh\,(4\pi h/L)]\,\tanh\,(2\pi h/L)}} \tag{4-63}$$

$$L = \frac{gT^2}{2\pi}\tanh\left(\frac{2\pi h}{L}\right) = L_0\tanh\,(kh) \tag{4-64}$$

$$L_0 = \frac{g}{2\pi}T_0^2 \tag{4-65}$$

当 $h/L_0 \geqslant 0.2$ 时，
$$H_h = K_s H_0 \tag{4-66}$$

当 $h/L_0 < 0.2$ 时，
$$H_h = \min\{\beta_0 H_0 + \beta_1 h;\ \beta_{max}H_0;\ K_s H_0\} \tag{4-67}$$

其中，
$$\beta_0 = 0.028(H_0/L_0)^{-0.38}\exp(20\tan^{15}\theta) \tag{4-68}$$

$$\beta_1 = 0.52\exp\,(4.2\tan\theta) \tag{4-69}$$

$$\beta_{max} = \max\{0.92;\ 0.32(H_0/L_0)^{-0.29}\exp\,(2.4\tan\theta)\} \tag{4-70}$$

4. **波浪力计算。** 波浪力是影响鱼礁稳定性的重要因素，研究引入莫里森方程，将水平波浪力分为两个分量：一是波浪水质点的水平速度对柱体的作用力即水平拖曳力 F_D；二是水质点的水平加速度对柱体的作用力即水平惯性力 F_I。作用在高度 dz 上的水平波浪力的计算由下列方程给出：

$$F_D = \frac{C_D\rho A u_x|u_x|}{2} \tag{4-71}$$

$$F_I = C_M\rho V\frac{\partial u_x}{\partial t} \tag{4-72}$$

$$dF = dF_D + dF_I = d\left[\frac{C_D\rho A u_x|u_x|}{2} + C_M\rho V\frac{\partial u_x}{\partial t}\right] \tag{4-73}$$

将公式（4-73）在整个礁体高度上积分可得到作用在整个礁体上的水平波浪力，即：

$$F = F_D + F_I = \int_{z_1}^{z_2}\frac{1}{2}C_D\rho A u_x|u_x|dz + \int_{z_1}^{z_2}C_M\rho V\frac{\partial u_x}{\partial t}dz \tag{4-74}$$

$$F = F_{Dmax}\cos\omega t|\cos\omega t| - F_{Imax}\sin\omega t \tag{4-75}$$

$$F_{Dmax} = C_D\frac{\rho A_x H^2}{2}K_1 \tag{4-76}$$

$$F_{Imax} = C_M\frac{\rho V H}{2}K_2 \tag{4-77}$$

$$K_1 = \frac{2k\,(h+z)+\sinh 2k\,(h+z)}{8\sinh 2kh} \tag{4-78}$$

$$K_2 = \frac{\sinh\,(h+z)}{\cosh kh} \tag{4-79}$$

式中，C_D 为拖曳力系数，C_M 为惯性力系数，A 为礁体在来流方向上的投影面积，V 为礁体的排水体积，ρ 为流体密度，u_x 为水质点的水平速度，k 为波数，h 为水深，z 为鱼礁顶部到海底的高度。

由于 F_D 和 F_I 相位不同，令公式（4-75）。对时间的一阶导数为零，可求得出现最大值的时刻 t，将 t 代入公式（4-75）即可得水平波浪力最大值。

5. 水质点速度。

水质点的水平速度和水平加速度分别由公式（4-80）和公式（4-81）计算：

$$u_x = \left(\frac{\pi H}{T}\right)\frac{\cosh k\ (h+z)}{\cosh kh}\cos\ (kx-\omega t) \tag{4-80}$$

$$a_x = 2\left(\frac{\pi^2 H}{T^2}\right)\frac{\cosh k\ (h+z)}{\cosh kh}\sin\ (kx-\omega t) \tag{4-81}$$

式中，H 为波高，T 为波浪周期。

6. 波浪力系数。波浪力计算中需确定拖曳力系数 C_D 和惯性力系数 C_M 等波浪力系数，本报告中 C_D 值和 C_M 的值分别取为 1.5 和 2.0。此外，礁体投放后表面会出现附着生物，造成糙率和柱体直径的增加，因此礁体所受波浪力应乘以系数 n。根据该人工鱼礁区的跟踪调查结果，投放礁体单位面积附着生物量为 5.6 kg/cm²，附着生物厚度为 2～5 cm，参考规范将系数 n 设为 1.15。

7. 稳定性分析。鱼礁投放后，所受作用力包括重力 W_{reef}、浮力 F_B、升力 F_L、波浪力 F_W 和海床摩擦力 F_F 等（图 4-94）。图 4-94 中夹角 θ 的正切值 $\tan\theta$ 即为坡度。受力关系如下列各式：

$$F_W = F_D + F_I；\ F_B = \rho g Q；\ F_F = (W_{reef} - F_B - F_L)\mu；\ F_L = (C_L \rho u^2 A_x)/2。$$

$$\tag{4-82}$$

由受力分析可知鱼礁不发生滑移的条件为：

$$F_W \leqslant F_F，\ 即\ F_W \leqslant (W_{reef} - F_B - F_L)\mu。 \tag{4-83}$$

进一步计算得到礁体重量 $W_{reef} \geqslant F_B + F_L + F_W/\mu$，本文将礁体不发生滑移的最小重量定义为安全重量。

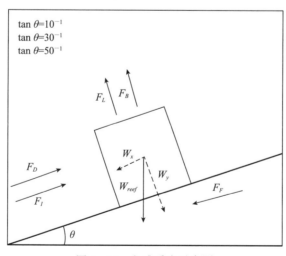

图 4-94　鱼礁受力示意图

（二）结果与分析

1. **投放水深与礁体安全重量。**以白龙珍珠湾海域50^{-1}的坡度、波高5.36 m（五十年一遇台风强度）和波高7.0 m（历史记录极端海况）等为条件，参考有关文献中礁体抗滑移稳定性和安全重量的判断标准，分别对3种鱼礁的安全重量和投放水深进行计算分析，得到了两种波浪条件下3种鱼礁安全重量与水深的关系（图4-95和图4-96）。

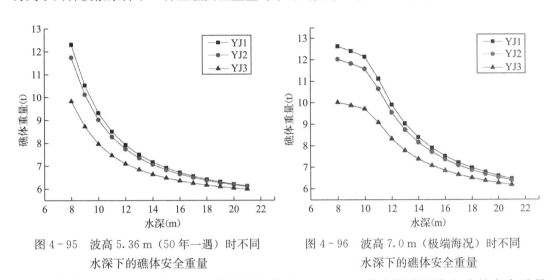

图4-95 波高5.36 m（50年一遇）时不同水深下的礁体安全重量

图4-96 波高7.0 m（极端海况）时不同水深下的礁体安全重量

在波高5.36 m（50年一遇）的波浪条件下，8～12 m的水深范围内鱼礁的安全重量随水深的变化较大，特别是YJ1和YJ2两种礁型，8 m水深时YJ1安全重量约12.5 t，YJ2安全重量约11.9 t，YJ3安全重量约10.0 t；当水深增加到12 m时，3种礁型的安全重量分别下降到8.0 t、7.9 t和7.0 t；在深于12 m的水深范围内礁体安全重量则变化平稳，重量数值变幅较小；当水深达到21 m时，3种礁型的安全重量均在6 t左右。在极端海况条件下（波高最大可达7.0 m），水深8 m时3种礁体的安全重量分别为12.8 t、12.2 t和10.2 t，均比5.36 m波浪条件下礁体安全重量要大，这主要是由于极端海况时，7.0 m波浪在较浅水深的影响比5.36 m波浪更为显著；而在12 m以深时，两种海况条件下礁体的安全重量十分接近，其原因是随着水深增加，波浪的影响降低。在3种鱼礁中，YJ1型鱼礁和YJ2型鱼礁对安全重量的要求要高于YJ3型鱼礁，主要原因是因为YJ3型鱼礁的高度最低，迎流面较其他两种礁型更小，所受波浪力相对更小。由图4-95和图4-96可见，在水深较浅的情况特别是10 m以浅的条件下，安全重量要求最大可达13 t左右，而白龙珍珠湾海洋牧场人工鱼礁投放海域的水深大于16 m，对3种礁体的安全重量要求均小于7 t，均远低于YJ1型鱼礁、YJ2型鱼礁和YJ3型鱼礁的设计重量（分别为15.55 t、21.02 t和11.39 t）。

核验结果表明，在白龙珍珠湾海洋牧场人工鱼礁海域的坡度和15～20 m水深范围内，3种鱼礁的设计重量完全满足极端海况条件下安全要求。

2. **稳定性系数。**在波高7.0 m（极端海况）和波高5.36 m（50年一遇）条件下，8～21 m水深段3种礁体的抗翻滚系数变化趋势示于图4-97和图4-98。在波高7.0 m和波高 5.36 m，8～21 m 水深段 3 种礁体的抗滑移系数变化趋势示于图 4-99 和图 4-100，详细数据列于表 4-15 和表 4-16。

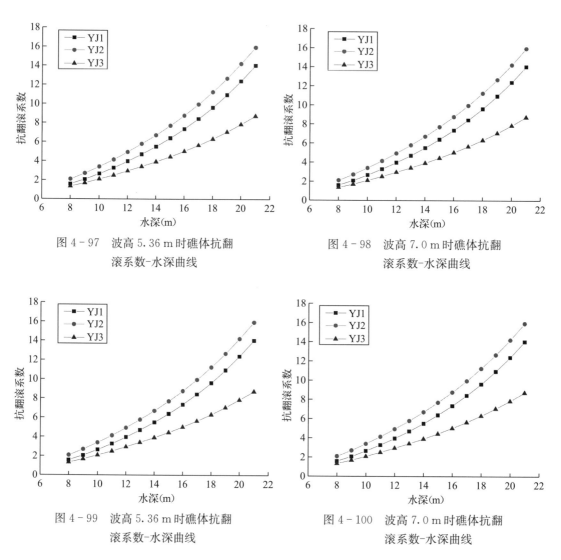

图 4-97 波高 5.36 m 时礁体抗翻滚系数-水深曲线

图 4-98 波高 7.0 m 时礁体抗翻滚系数-水深曲线

图 4-99 波高 5.36 m 时礁体抗翻滚系数-水深曲线

图 4-100 波高 7.0 m 时礁体抗翻滚系数-水深曲线

表 4-15 波高 5.36 m 时各礁型的稳定性系数

水深（m）	YJ1		YJ2		YJ3	
	抗翻滚系数	抗滑移系数	抗翻滚系数	抗滑移系数	抗翻滚系数	抗滑移系数
8	1.57	1.03	2.08	1.39	1.32	0.99
9	2.06	1.35	2.69	1.79	1.68	1.26
10	2.64	1.73	3.38	2.26	2.08	1.56
11	3.26	2.14	4.13	2.75	2.50	1.87
12	3.95	2.58	4.93	3.28	2.94	2.20
13	4.69	3.07	5.78	3.85	3.41	2.56

（续）

水深（m）	YJ1		YJ2		YJ3	
	抗翻滚系数	抗滑移系数	抗翻滚系数	抗滑移系数	抗翻滚系数	抗滑移系数
14	5.50	3.60	6.70	4.47	3.91	2.93
15	6.39	4.18	7.70	5.13	4.44	3.33
16	7.36	4.81	8.78	5.85	5.01	3.76
17	8.43	5.52	9.96	6.64	5.64	4.23
18	9.62	6.30	11.25	7.50	6.31	4.73
19	10.95	7.17	12.68	8.45	7.05	5.29
20	12.41	8.12	14.24	9.49	7.85	5.89
21	14.04	9.19	15.96	10.64	8.74	6.55

表 4-16　波高 7.0 m 时各礁型的稳定性系数

水深（m）	YJ1		YJ2		YJ3	
	抗翻滚系数	抗滑移系数	抗翻滚系数	抗滑移系数	抗翻滚系数	抗滑移系数
8	1.50	0.98	2.00	1.34	1.27	0.96
9	1.54	1.01	2.05	1.37	1.30	0.98
10	1.60	1.04	2.11	1.41	1.34	1.00
11	1.85	1.21	2.43	1.62	1.52	1.14
12	2.30	1.50	2.98	1.99	1.84	1.38
13	2.80	1.83	3.59	2.39	2.19	1.64
14	3.33	2.18	4.23	2.82	2.55	1.91
15	3.93	2.57	4.94	3.29	2.94	2.21
16	4.58	3.00	5.70	3.80	3.36	2.52
17	5.31	3.48	6.55	4.36	3.82	2.86
18	6.12	4.01	7.47	4.98	4.31	3.23
19	7.02	4.60	8.49	5.66	4.86	3.64
20	8.02	5.25	9.61	6.41	5.45	4.09
21	9.14	5.99	10.86	7.24	6.10	4.58

如表 4-15、表 4-16 和图 4-97 至图 4-100 所示，在 10 m 以深的海域，3 种礁型在两种波浪条件下的抗翻滚系数和抗滑移系数均能满足最低要求 ≥1.0，即在极端海况下也不会发生翻滚或滑移。而当水深 10 m 以浅（包括 10 m）时，50 年一遇和极端海况条件下 YJ1 和 YJ3 的滑移系数均在安全值即 1.0 附近。以 8 m 水深为例，YJ1 和 YJ3 的抗滑移系数分别为 1.03、0.98 和 0.99、0.96，存在较大失稳风险。3 种礁型相比，YJ2 礁型由于设计重量最大，其抗翻滚系数和抗滑移系数在 3 种礁型中也最大。在 8～12 m 的水深范围内，各个礁型的稳定性系数随水深变化幅度较为缓慢，而在超过 12 m 的水深范围内，稳定性系数随水深增加而迅速增大。当水深 12 m 时，50 年一遇波浪条件下 3 种礁体的抗翻

滚和滑移系数均超过 2.0，极端海况条件下其对应系数均超过了 1.3，均超过了安全值 1.0。当水深 20 m 时，50 年一遇波浪条件下 3 种礁体的抗翻滚和滑移系数均超过 5.0，极端海况条件下其对应系数均超过了 4.0，均大大超过了安全值 1.0。

核验数据表明，白龙珍珠湾海洋牧场人工鱼礁海域的坡度和水深 15～20 m 范围内，3 种礁型鱼礁的抗翻滚系数和抗滑移系数均能满足极端海况下的安全要求。

（三）小结

在海域 50^{-1} 的坡度、波高 5.36 m（50 年一遇台风强度）和波高 7.0 m（历史记录极端海况）等条件下，3 种礁体的安全重量均随水深的增加而降低，当水深达到 21 m 时，3 种礁型的安全重量均在 6 t 左右。核验结果表明，在白龙珍珠湾海洋牧场人工鱼礁海域的坡度 15～20 m 水深范围内，3 种鱼礁的设计重量完全满足极端海况条件下安全要求。

在海域 50^{-1} 的坡度、波高 5.36 m 和波高 7.0 m 等条件下，3 种礁体的抗翻滚系数和抗滑移系数均随水深的增加而升高，当水深大于 10 m 时，3 种礁型在两种波浪条件下的抗翻滚系数和抗滑移系数均大于 1.0，即在极端海况下也不会发生翻滚或滑移。核验数据表明，在白龙珍珠湾海洋牧场人工鱼礁海域的坡度和水深 15～20 m 范围内，3 种礁型鱼礁的抗翻滚系数和抗滑移系数均能满足极端海况下的安全要求。

第 五 章

白龙珍珠湾海洋牧场人工鱼礁的
设计与构建

一、南海区常用的人工鱼礁礁型

人工鱼礁按材料分类，主要有混凝土礁、钢筋混凝土礁、钢材礁、玻璃钢礁、工程塑料礁、石材礁、木材礁、竹材礁、贝壳礁和旧船（车）改造礁等类型。人工鱼礁按形状分类，主要有矩形礁、梯形礁、柱形礁、船形礁、角形礁、四面体礁、回形礁、球形礁、锥形礁、菱面体礁、多面体礁、不规则礁和组合礁等类型。人工鱼礁按对象生物分类，主要有鱼礁、藻礁、海参礁、鲍鱼礁、牡蛎礁、珊瑚鱼礁、头足类礁等类型。人工鱼礁按功能分类，主要有集鱼礁、养护礁、滞留礁、产卵礁和育幼礁等类型。

20 世纪 70 年代以来，南海区域（广东、海南和广西）设计的人工鱼礁礁有 60 多种，主要使用的礁型有 30 多种，广东省推荐使用的礁型有 20 多种。近 10 多年来，中国水产科学研究院南海水产研究所对南海区多个海洋牧场人工鱼礁建设的跟踪监测研究，掌握了多种类型礁体投放后的沉降、滑移、倾覆等稳定性状况，评估了不同类型人工鱼礁区产生的实际效益，这些科技积累为广西防城港白龙珍珠湾海洋牧场人工鱼礁的设计和建设提供了有益的经验和借鉴。

二、白龙珍珠湾海洋牧场人工鱼礁的选型

（一）选型的基本要求

根据白龙珍珠湾海洋牧场的目标定位和白龙珍珠湾海域的自然环境特点与条件，白龙珍珠湾海洋牧场人工鱼礁设计除了满足一般设计规范要求外，还须满足以下四方面基本要求。

第一，白龙珍珠湾海洋牧场建设定位是渔业生态修复和渔业生物资源养护型海洋牧场，因此，白龙珍珠湾海洋牧场人工鱼礁工程设计要从渔业生境营造与优化、渔业资源养护增殖出发，秉承"高密度、多样性、生态型"的设计理念，着重从流态、饵料、庇护、繁育等功能入手开展设计，鱼礁单体应包括底沉式鱼礁和浮式鱼礁两种类型的多种鱼礁设计。

第二，人工鱼礁设计建造要综合考虑流场效应、附着效应、避害效应、趋礁效应、遮蔽效应、饵料效应等，科学合理地设计礁体结构、形状和体积，尽可能增加礁体结构的复杂性、较大的表面积、较大的空方量和较大的遮挡率。礁体结构要尽可能形成多间隔、多洞穴、多坑槽、多缝隙结构，应充分考虑满足对象生物的生理、生化、行为特点和生态条

件优化的需求。

第三，要充分考虑白龙珍珠湾海底淤泥层较深、易受到台风等极端海况的影响的自然环境特点。因此，在鱼礁设计时，必须重点考虑在极端海况条件下基底承载力、抗滑移稳定性和抗倾覆稳定性等问题，采用适当礁体高度、适宜的礁体重量、增大礁体底接触面积、增大礁体基底摩擦系数、预置礁体沉降高度等设计方案，保证礁体的稳定性、有效性和耐久性。

第四，建造鱼礁的材料应符合环保标准，经久耐用，性价比高。人工鱼礁建造要便于施工、便于运输、便于投放、便于维护。礁体投放后不倾覆、少沉陷，耐腐蚀，少溶出，不解体，礁体的使用寿命一般要达到30年以上。

基于以上基本要求，参考南海区已使用过的60多种人工鱼礁类型，初步设计了6种底沉式鱼礁和4种浮式鱼礁，经专家论证和进一步优化设计，白龙珍珠湾海洋牧场人工鱼礁建设工程最终确定采用YJ1、YJ2、YJ3等3种底沉式鱼礁和FYJ1、FYJ2等2种浮式鱼礁为基本礁型。

（二）YJ1型底沉式鱼礁单体

该礁体属于饵料型鱼礁单体，兼顾庇护作用。人工鱼礁的饵料效应主要基于附着生物、底栖生物和浮游生物的数量及丰度。该礁体的主框架为3.6 m×3.6 m×5.5 m钢筋水泥结构，形成的表面积为87.99 m²，体积为49.5空方，总重155.5 kN，底面积8.20 m²，实体体积6.22 m³，梁、柱混凝土强度等级为C30（图5-1）。礁体底梁向外加宽30 cm，一方面是增加礁体底面积减缓礁体泥沙底质环境的沉降速度，另一方面有利于礁体的抗倾抗滑；同时在底梁的内侧加设混凝土翼板，也能起到同样的作用。投放前在底板铺设并固定两层土工布，可起到增加礁体底面积降低底板应力，减少礁体沉降。依托礁体侧板架设两层共6条双壁波纹PVC-U管，特别是第二层PVC-U管材的中空和内槽，既丰富了礁体的内部空间，形成多变的水流，有效增强了礁体的阴影效果，有利于吸引鱼群聚集，还可以通过其特有的内槽成为许多海洋生物的优选繁育场所。

（三）YJ2型底沉式鱼礁单体

该礁体属于繁育型鱼礁单体，兼顾饵料功能。礁体为框架结构，主框架为4.0 m×4.0 m×6.0 m钢筋水泥结构（图5-2），总重188.00 kN，底面积8.64 m²，实体体积11.19 m³，梁、柱混凝土强度等级为C30。形成的表面积为162.24 m²，体积为77.8空方。礁体底梁向外加宽20 cm，在礁体的底梁内侧增加了角板，角板能有效增加礁体底部面积，减缓礁体的沉降。礁体的四周通过砌筑空心水泥砖（最好是泡沫混凝土空心砖，以减轻礁体的重量），利用空心水泥砖横向的空洞，有利于贝类、藻类繁育，从而成为其他上层生物的饵料，进而吸引其他的鱼类前来觅食和繁育。该礁体在内部横梁放置废弃的陶瓷罐用来吸引软体动物。通过增加礁体的复杂性，使得礁体更加容易吸引鱼类前来栖息和繁育。

（四）YJ3型底沉式鱼礁单体

该型礁体是庇护型鱼礁单体，亦是兼顾繁育型礁体。YJ3型礁体主框架为3.0 m×3.0 m×4.0 m钢筋混凝土结构（图5-3），总重113.7 kN，底面积5.12 m²，实体体积4.563 m³，

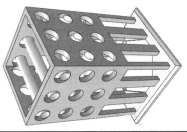

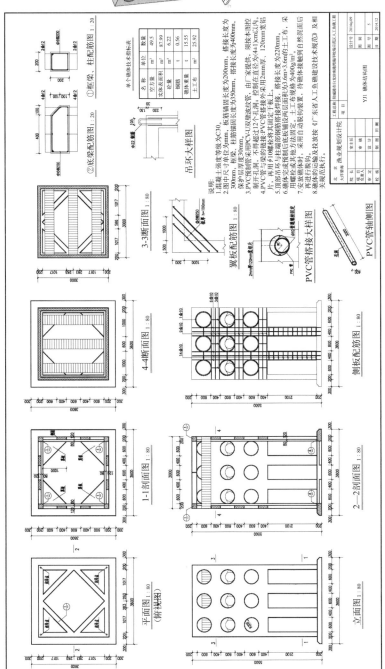

图5-1 YJ1型底沉式鱼礁(3.6 m×3.6 m×5.5 m)

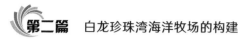

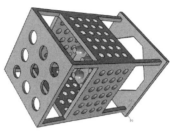

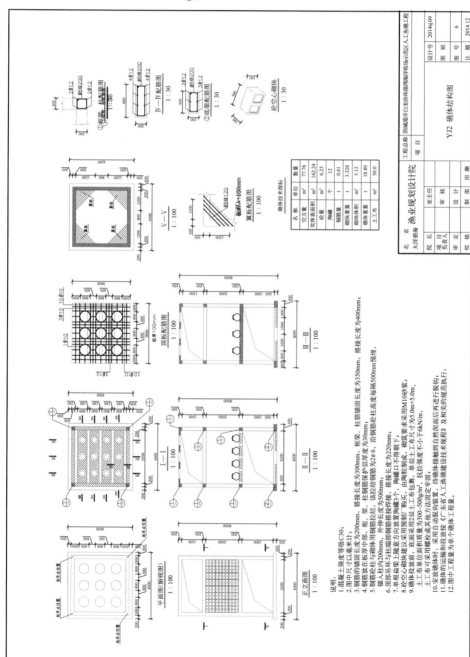

图5-2　YJ2型底沉式鱼礁(4.0 m×4.0 m×6.0 m)

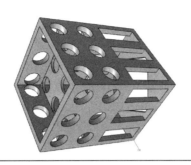

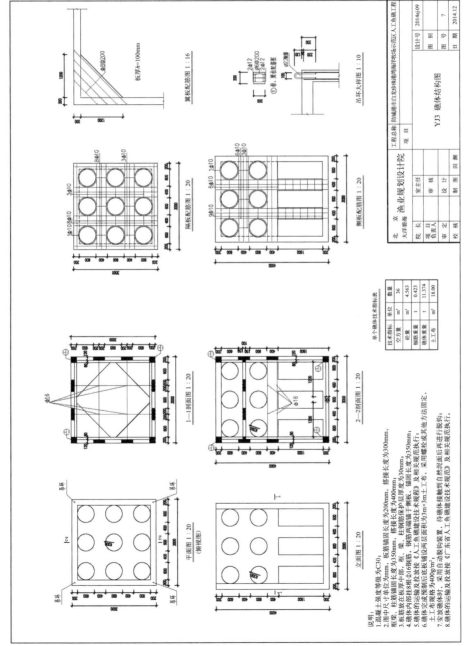

图5-3 YJ3型底沉式鱼礁(3.0 m×3.0 m×4.0 m)

梁、柱混凝土强度等级为 C30。形成的表面积为 108.0 m²，空方量为 36.0 m³。礁体四周及中间均安置大块的钢结构混凝土板面，将大块的板面设置在迎流面，有利于在板面背面形成流速相对平静的水流，对于怀卵亲鱼是合适的繁育场所；同时也是个体较小的鱼、虾的休憩场所。该礁体的设计考虑了在投放海区底质存在的泥沙，在礁体的底梁内侧增加了角板，角板能有效增加礁体底部面积，减缓礁体的沉降。

（五）FYJ1 型浮鱼礁

浮式鱼礁由标识部和鱼礁部两部分构成，鱼礁部又由上浮部件和锚碇部等连接部件构成。FYJ1 型浮式鱼礁上部为 3 m×3 m 的塑料管框架，框架材料采用直径 100 mm 的 PVC 管，厚度 7 mm，框架顶部系结浮球，下部为钢筋混凝土鱼礁块体，兼做锚碇块，鱼礁块形状为梯形棱体，体高 2 m，上部平面尺寸为 2 m×2 m，下部平面尺寸为 3 m×3 m，中间开口 0.5×0.5 m，肋宽 0.3 m。下部锚碇块空方量 13.47 m³。塑料管框架与下部钢筋混凝土鱼礁块体之间系 4 根 7 m 长的锦纶复丝绳索，绳索上每隔 500 mm 系挂 800 mm 长的直径 100 mm 的 L 形 PVC 管，以增加表面积和空隙，形成鱼礁树的形状。FYJ1 型浮式鱼礁详见图 5-4。

（六）FYJ2 型浮式鱼礁

FYJ2 型浮式鱼礁上部浮体部分为 3 m×3 m×3 m 的立方形塑料管框架，框架材料采用直径 100 mm 的 PVC 管，厚度 7 mm，框架顶部系结浮球，立体框架四周悬挂聚乙烯渔网，下部为钢筋混凝土鱼礁块体，兼做锚碇块，鱼礁块形状为梯形棱体，体高 2 m，上部平面尺寸为 2 m×2 m，下部平面尺寸为 3 m×3 m，中间开口 0.5 m×0.5 m，肋宽 0.3 m。上部塑料管框架空方量 27.0 m³；下部锚碇块空方量 13.44 m³。塑料管框架与下部为钢筋混凝土鱼礁块体之间系 7 根长 4 m 的锦纶复丝绳索连接。FYJ2 型浮式鱼礁详见图 5-5。

（七）礁区标志

人工鱼礁工程的辅助设施为海上礁区标志，为警示浮标，共 4 座。采用直径为 1.5 m 的 CMB1 500 型太阳能超高分子质量聚乙烯浮标，浮标标身颜色为黄色，顶部设太阳能一体化灯器（可以连续阴雨天 13 d 自动发光）；标体材料超高分子量聚乙烯，具有环保、免维护、强度高、寿命长等优点。礁区标志结构见图 5-6。

三、底沉式鱼礁结构计算

（一）礁体基本工程数据

白龙珍珠湾海洋牧场人工鱼礁工程的混凝土坐底式礁体包括 YJ1、YJ2、YJ3 三种类型，YJ1 型礁体为框架结构，总重 155.5 kN，底面积 8.20 m²，实体体积 6.22 m³，梁、柱混凝土强度等级为 C30。YJ2 型礁体为框架结构，总重 212.00 kN，底面积 8.64 m²，实体体积 8.48 m³，梁、柱混凝土强度等级为 C30。YJ3 型礁体为框架结构，总重 113.7 kN，底面积 5.12 m²，实体体积 4.563 m³，梁、柱混凝土强度等级为 C30。

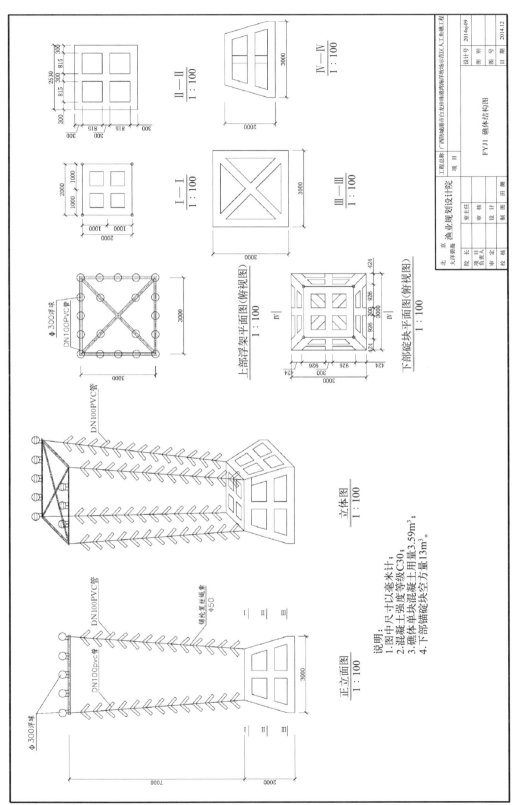

图5-4 FYJ1型浮式鱼礁

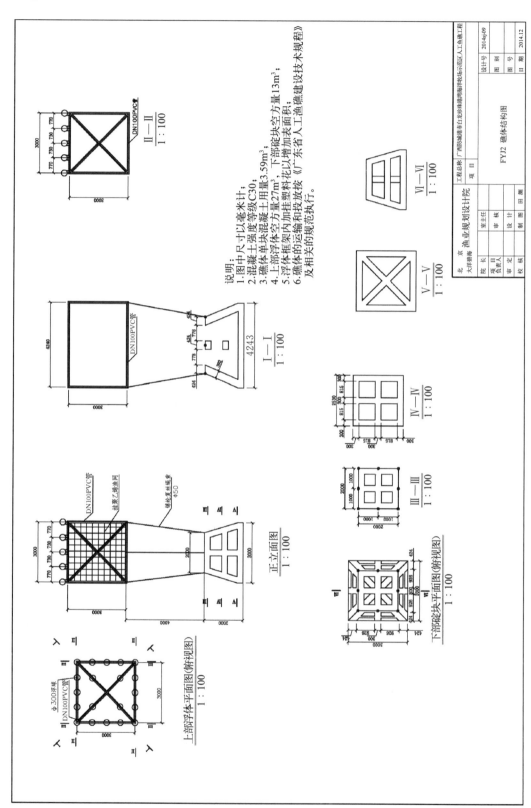

图5-5 FYJ2型浮式鱼礁

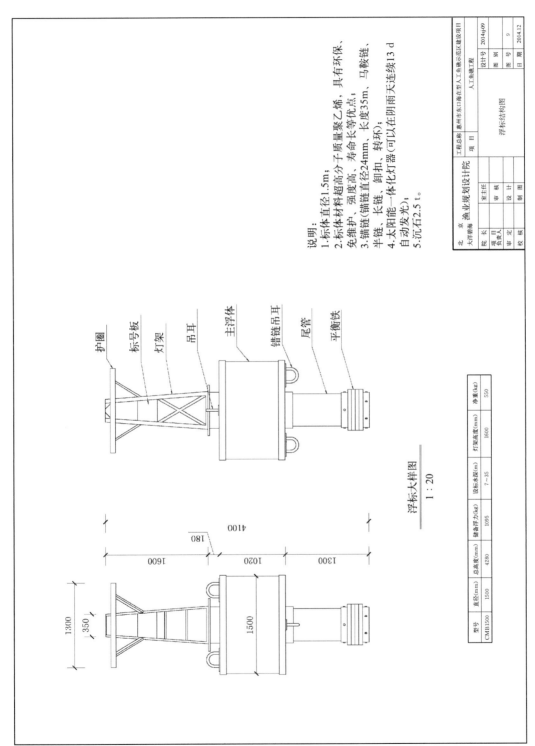

说明：
1.标体直径1.5m；
2.标体材料超高分子质量聚乙烯，具有环保、免维护、强度高、寿命长等优点；
3.锚链(锚链直径24mm，长度35m，马鞍链、半链、长链、卸扣、转环)；
4.太阳能一体化灯器(可以在阴雨天连续13 d自动发光)；
5.沉石2.5 t。

浮标大样图
1：20

型号	直径(mm)	总高度(mm)	储备浮力(kg)	设标水深(m)	灯架高度(mm)	净重(kg)
CMB1500	1500	4280	1095	7～35	1600	550

北 京 渔 业 规 划 设 计 院		工程总称	惠州市东口岸大型人工鱼礁示范区建设项目		
大洋碧海		项 目	浮标结构图	设计号	2014sj09
院 长				图 别	
项目负责人				图 号	9
审 定				日 期	2014.12
校 核					
室主任		人工鱼礁工程			
审 核					
设 计					
制 图					

护圈
标号板
灯架
吊耳
主浮体
锚链吊耳
尾管
平衡铁

图5-6 白龙珍珠湾海洋牧场人工鱼礁浮标结构图

（二）地基承载力计算

根据《水运工程地基设计规范》（JTS 147—2017）、《港口工程荷载规范》（JTS 144‑1—2010）、《码头结构施工规范》（JTS 215—2018）和《码头结构设计规范》（JTS 167—2018），计算了 YJ1、YJ2、YJ3 等 3 种底沉式鱼礁的基底压力、水流应力、基底应力，其 $p=G/s$ 均小于 30 kPa，白龙珍珠湾海域的地基承载力可满足 3 种底沉式鱼礁的要求。

（三）沉降计算

根据地质勘探单位提供该海域地质土层的压缩系数及 $e-p$ 曲线，计算了 YJ1、YJ2、YJ3 等 3 种底沉式鱼礁投放后的最大沉降为 33 cm，考虑到该海域表层淤泥厚 0.5 m，且淤泥的力学性质差，预计鱼礁的最大沉降将不超过 83 cm，而在礁体设计时预留的沉降高度为 160 cm，能够满足鱼礁投放后抗沉降的要求。

（四）稳定性计算（施工强度验算）

YJ1、YJ2、YJ3 等 3 种底沉式鱼礁的运输和投放过程均采用四点起吊的方式，根据《水运工程混凝土结构设计规范》（JTS 151—2011）计算，3 种鱼礁的柱子拉应力、底梁正截面受弯承载力和底斜截面受剪承载力均能满足要求。同时，单根扁梁的施工强度也能满足要求。为满足施工强度和施工安全，YJ1、YJ2、YJ3 等 3 种礁体在运输和投放过程中须采用四点吊装的方式进行。

四、浮式鱼礁结构计算

对 FYJ1 型和 FYJ2 型浮式鱼礁进行了浮球浮力、上部结构重力、上部结构物附着力、底部垫块附着力、框架或鱼礁树水流力等进行了计算，结果表明 FYJ1 型和 FYJ2 浮式鱼礁的设计方案均能满足要求。

1. FYJ1 型浮式鱼礁的稳定性判别。①浮式鱼礁的上部结构浮力 6.70 kN＞上部结构重量＝1.01＋3.68＝4.69 kN，即使不考虑 PVC 管密封后产生的浮力，上部结构抗沉稳定性（浮球浮力）满足要求。②整体浮力 6.70 kN＜总重力＝1.01＋3.68＋61.9＋3.6＝70.19 kN，整体抗浮稳定性满足要求。③滑动力（即水流力）＝3.43＋18.1＝21.53 kN；抗滑力，即（重力－浮力）×滑动系数＝（70.19－6.70）×0.45＝28.57 kN，说明抗滑稳定性满足要求。

2. FYJ2 型浮式鱼礁的稳定性判别。①浮式鱼礁的上部结构浮力 6.70 kN＞上部结构重量＝5.41 kN，即使不考虑 HDPE 管密封后产生的浮力，上部结构抗沉稳定性（浮球浮力）满足要求。②整体浮力 6.70 kN＜总重力＝5.41＋61.9＋3.6＝70.91 kN，整体抗浮稳定性满足要求。③滑动力（即水流力）＝6.1＋18.1＝24.2 kN；抗滑力，即（重力－浮力）×滑动系数＝（70.91－6.70）×0.45＝28.89 kN，说明抗滑稳定性满足要求。

五、人工鱼礁区布局方案

（一）礁区布局的基本原则

（1）礁体的投放布局与集鱼效果和生态修复保护效果有很大的关系，适宜的布局能产生良好的流场效应，增强集鱼效果和生态修复保护效果。

（2）礁区潮流以 NNE 向为主，涨潮最大流速为 0.6 m/s，礁区宜采用疏密结合的方式，礁体在水下的方位应以向主流轴迎流面的面积大为宜，以产生较大的涡流效应。

（3）礁区相邻两行的鱼礁单体、相邻两行的组鱼礁、相邻两行的单位礁、相邻两行的鱼礁群，宜对着主流轴方向错开排列，以充分发挥礁区的流场效应。

（二）礁区布局方案选比

白龙珍珠湾海洋牧场人工鱼礁区建设曾提出多种设想方案，根据初步可行性研究，逐步形成了以下两个选比方案。

方案一（图 5-7）。本方案的鱼礁群选择在规划礁区的西南部，礁区由 5 个鱼礁群组成，5 个鱼礁群成梅花状排列，鱼礁群纵向边长 100 m，横向边长 180 m。鱼礁群在 100 m×180 m 的矩形范围内由若干个单位鱼礁组成，单位鱼礁内礁体呈梅花状布置。鱼礁单体及单位鱼礁的布置均将自身最大的迎流面垂直于水流方向，使礁区内最大限度地形成紊流。

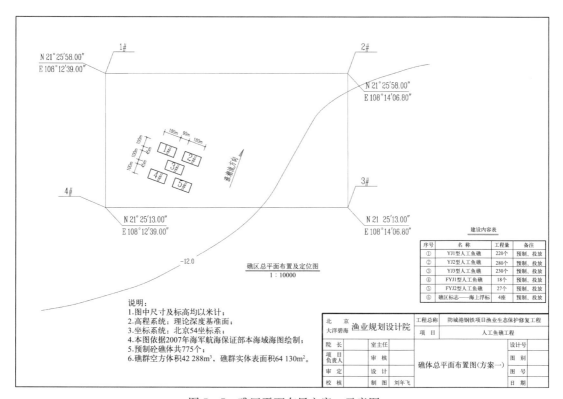

图 5-7　礁区平面布局方案一示意图

方案二（图5-8）。本方案的鱼礁群同样也选择在规划礁区的西南部，礁区由5个鱼礁群组成，5个鱼礁群成东北至西南方向的"一"字形排列，鱼礁群纵向边长100 m，横向边长180 m。鱼礁群在100 m×180 m的矩形范围内由若干个单位鱼礁组成，单位鱼礁内礁体呈梅花状布置。鱼礁单体及单位鱼礁的布置均将自身最大的迎流面垂直于水流方向，使礁区内最大限度地形成紊流。

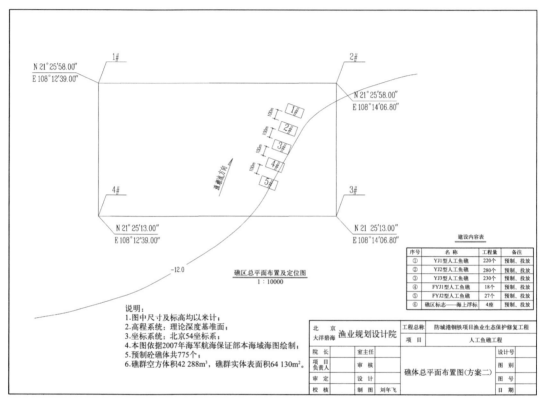

图5-8 礁区平面布局方案二示意图

方案比选。鱼礁群相邻两行的鱼礁单体、相邻两行的单位礁与海流主方向可形成错开排列，可充分发挥礁区的流场效应。方案一的鱼礁群布置形式，分布较为均匀，其鱼礁核心区辐射范围较大；方案二的鱼礁群线性布置，有利于充分利用海流，使流态效益最大化。综合考虑方案一的覆盖范围较大，推荐方案一。

（三）鱼礁群的具体结构布置

根据上述原则，白龙珍珠湾海域牧场人工鱼礁区的礁体、单位礁和鱼礁群布置如图5-9所示。

礁区由五个鱼礁群组成，每个鱼礁群有9个单位鱼礁，单位鱼礁内的礁体呈梅花状布置。每个鱼礁群设置YJ1单位鱼礁2座，投放YJ1型礁体44件；YJ2单位鱼礁4座，投放YJ2型礁体56件；YJ3单位鱼礁2座，投放YJ3型礁体46件。FYJ1（FYJ2）单位鱼礁1座，投放FYJ1（FYJ2）型礁体9件。

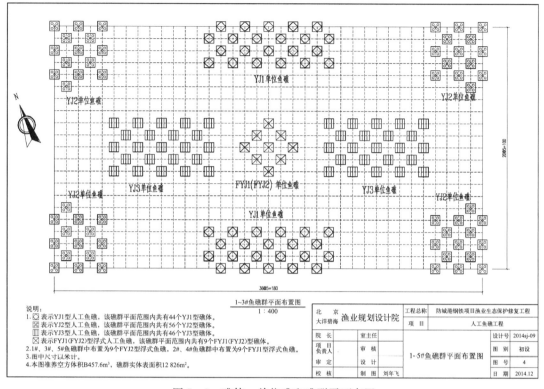

说明：
1. ◙表示YJ1型人工鱼礁，该礁群平面范围内共有44个YJ1型礁体。
2. ▨表示YJ2型人工鱼礁，该礁群平面范围内共有56个YJ2型礁体。
3. ▥表示YJ3型人工鱼礁，该礁群平面范围内共有46个YJ3型礁体。
4. ⊠表示FYJ1(FYJ2)型浮式人工鱼礁，该礁群平面范围内共有9个FYJ1(FYJ2)型礁体。

说明：
1. ◙表示YJ1型人工鱼礁，该礁群平面范围内共有44个YJ1型礁体。
2. 1#、3#、5#鱼礁群中布置为9个FYJ2型浮式鱼礁，2#、4#鱼礁群中布置为9个FYJ1型浮式鱼礁。
3. 图中尺寸以米计。
4. 本图准养空方体积B457.6m³，礁群实体表面积12 826m²。

图 5-9　礁体、单位礁和礁群平面布置

组内单体礁间距应控制在 5～10 m 之间，几组鱼礁形成一个单位礁，组间距离 20 m，组的排列方向与水流方向垂直，呈梅花状布置。单位礁间的横向（与水流方向垂直）距离为 25～50 m。

六、人工鱼礁区投放与礁区构建

（一）人工鱼礁礁体的构建

白龙珍珠湾海洋牧场人工鱼礁的礁体在防城港于 2015 年 7 月 15 日正式开工构建，至 2016 年 1 月 18 日完成了全部人工鱼礁礁体构建工作，历时 187 d。构建好的礁体用起重机吊装到大型平板运输卡车上，运至码头装上人工鱼礁投放工程船，采用 GPS 定位投放。

图5-10 白龙珍珠湾海洋牧场人工鱼礁礁体构建现场

（二）人工鱼礁的投放

白龙珍珠湾海洋牧场于2017年1月18日完成了全部人工鱼礁投放工作（图5-11），共投放5种人工鱼礁礁体775个，42 288空方，实体表面积64 129.8 m²。其中，YJ1型底沉式鱼礁220个、YJ2型底沉式鱼礁个280个和YJ3型底沉式鱼礁个230个，共40 954空方，实体表面积62 129.8 m²；FYJ1型浮式鱼礁18个和FYJ2型浮式鱼礁27个，共1 334空方，实体表面积2 000 m²。人工鱼礁建设工程完成后，礁体形成的人工鱼礁核心区面积

图5-11 白龙珍珠湾海洋牧场人工鱼礁运输与定位投放

为 0.735 km²，并在海域中形成一个以人工鱼礁区为中心的生态系统，整个系统可划分为海洋牧场人工鱼礁核心区、调控区和辐射区。

七、海洋牧场的功能区范围

（一）材料与方法

通过构建水动力学模型，模拟分析了 2018 年 1 月 1 日至 2018 年 1 月 27 日期间人工鱼礁周边海域保守物质释放后分布情况，模拟计算人工鱼礁生态调控系数，并根据人工鱼礁核心区面积，计算调控区和辐射区的面积和范围。

白云珍珠湾海域的潮流性质为不规则半日潮，潮性系数为 5.20，潮流具有回转流性质，主流线与潮波传播方向一致，流速较小。潮流自 SW 向 NE 流动，涨潮最大流速为 0.6 m/s，涨潮流速呈自南向北呈递增状态，落潮流速自北向南呈递减状态。水交换时间约为 150 h。模拟计算基于 MIKE21 平台，构建二维水动力学模型，释放源设定为 100 m³/s。白龙珍珠湾海洋牧场人工鱼礁海域模拟计算范围见图 5-12。

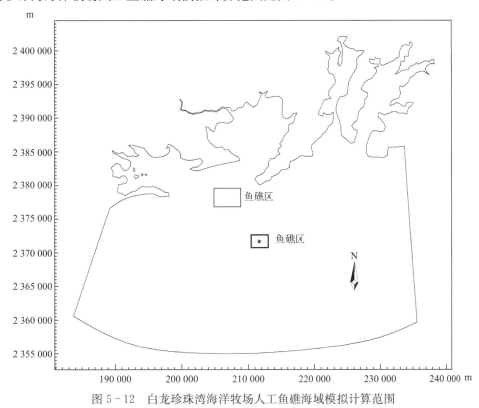

图 5-12　白龙珍珠湾海洋牧场人工鱼礁海域模拟计算范围

（二）模拟计算结果

白龙珍珠湾海域的水交换时间约为 150 h，在人工鱼礁区设置的保守物质释放源的初始浓度为 100%，其在潮流的作用下扩散的一定范围被视作鱼礁区的调控范围。在模拟计算中发现，礁区周围始终存在保守物质浓度大于 10％ 和 15％ 的区域。本次模拟计算，以 4 个水交换周期时保守物质 15％ 和 10％ 浓度的分布范围分别定为人工鱼礁的调控区范围和辐射区范围。根据模拟计算结果，将 1～4 个水交换周期时人工鱼礁区附近保守物质浓度的分布示于图 5-13 至图 5-16。为比较人工鱼礁区对保守物质扩散的影响，选择同样大的区域重新建立了一个无鱼礁区的水动力学模型，同样在原礁区位置设置了一个保守物质释放源，释放速率与前模型一致，其他计算条件保持不变，计算结果由图 5-16 的保守物质浓度分布等值线分布可见，没有人工鱼礁区存在时保守物质在潮流作用下的扩散极快，未能形成保守物质浓度超过 10％ 的区域。

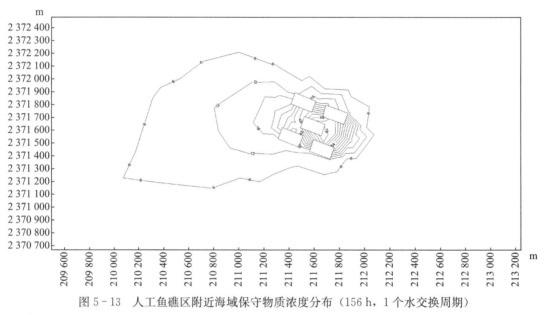

图 5-13 人工鱼礁区附近海域保守物质浓度分布（156 h，1 个水交换周期）

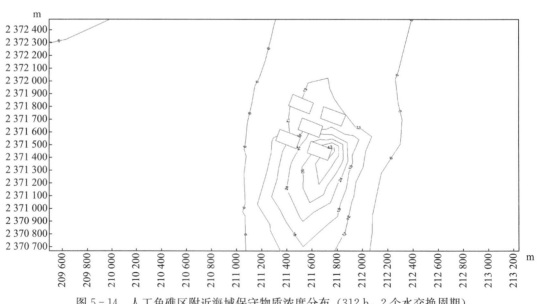

图 5-14 人工鱼礁区附近海域保守物质浓度分布（312 h，2 个水交换周期）

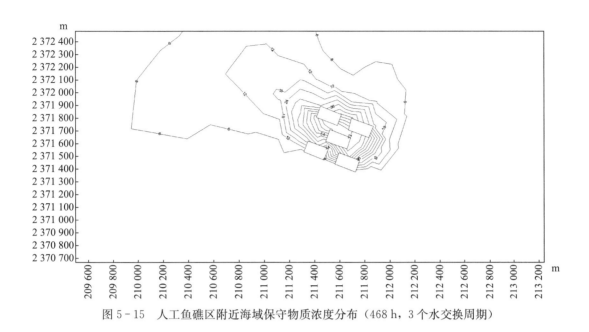

图 5-15　人工鱼礁区附近海域保守物质浓度分布（468 h，3 个水交换周期）

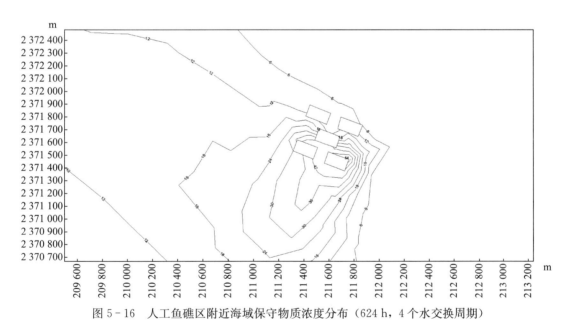

图 5-16　人工鱼礁区附近海域保守物质浓度分布（624 h，4 个水交换周期）

　　两个水动力学模型的计算结果比较显示，在该海域投放人工鱼礁后，保守物质释放后在人工鱼礁区附近会形成较大的保守物质浓度分布区域。

　　图 5-13 至图 5-16 中各个水交换周期的保守物质浓度等值线分布显示，释放源释出的保守物质在礁区附近保持较高浓度水平，受流动和礁区影响向北扩散趋势较强。4 个水交换周期后保守物质浓度 15% 以上的扩散面积 2.76 km²，浓度 10% 以上的扩散面积 5.46 km²，因此白龙珍珠湾人工鱼礁区的核心区、调控区和辐射区面积分别为 0.735 km²、2.76 km²

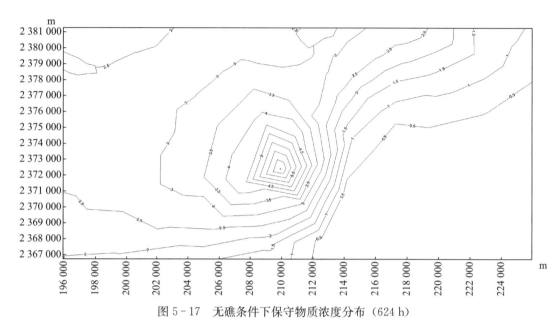

图 5-17 无礁条件下保守物质浓度分布（624 h）

和 5.46 km²，调控区和辐射区面积与人工鱼礁区面积之比（即调控系数和辐射系数）分别为的 3.76 和 7.43。

中国水产科学研究院南海水产研究所曾研究了广东大亚湾杨梅坑人工鱼礁区的生态调控区范围和辐射区范围，根据模拟计算和跟踪监测数据，判断该礁区的生态调控系数和辐射系数分别是 2.65 和 16.1。若采用大亚湾杨梅坑人工鱼礁区的生态调控系数 2.65 和辐射系 16.1 类比计算，则得出白龙珍珠湾海洋牧场人工鱼礁调控区和辐射区的面积分别为 1.95 km² 和 11.83 km²。

第 六 章

人工鱼礁投放质量的测量核验

一、人工鱼礁区侧扫声呐和多波束测量核验

（一）材料与方法

白龙珍珠湾海洋牧场于 2017 年 1 月 18 日完成了全部人工鱼礁投放后，为了查明和核验礁体投放的实际投放数量、投放位置、礁体沉降、礁群布局，全面评价人工鱼礁工程建设质量，海洋牧场建设项目负责单位南海水产研究所委托湛江粤西地质工程勘察院东莞分院于 2017 年 4 月 27 日至 5 月 13 日对白龙珍珠湾海洋牧场人工鱼礁区域进行了海上现场测量调查验证。通过侧扫声呐和多波束探测，获得人工鱼礁水下影像和人工鱼礁水下地形图，对投放礁体的位置、数量、分布、沉陷、倾倒等状况进行分析，评价人工鱼礁工程建设质量。本次调查区的位置见图 6-1。

图 6-1　白龙珍珠湾海洋牧场旁扫声呐和多波束调查区位置

本次海上调查测量，使用的调查船为桂北渔 92025 渔船，船长 29 m，船宽 6 m，吃水 2 m，吨位 28 t，主机功率 79.43 kW。

调查采用的旁扫声呐仪器为美国 L3 公司的 KLEIN3000 双频侧扫声呐系统。主要技术参数：频率 132 kHz＋/－1‰ act.（100 kHz），445 kHz，＋/－1‰ act（500 kHz）；发射脉冲为单频脉冲，宽度 25～400 μs，可选每一频率的脉冲分别控制；波束水平开角 0.7°（100 kHz），0.21°（500 kHz）；垂直开角 40°；量程 600 m（100 kHz），150 m（500 kHz）。

调查采用 EM 2040C 多波束测深仪，主要技术参数：波束数目为 512 个超窄波束，条带覆盖宽度为 130°超宽覆盖能力，测深分辨率为 1.8 cm，最大测距为 500 m；信号带宽 60 Hz，工作频率 200～400 Hz 实时可选，沿航迹方向的波束宽度 1°，垂直航迹方向的波束宽度 1°。

调查区测线布设以平行等深线或者垂直地质走向为主测线方向。多波束测线在有效扫宽内保证一定重叠度，测线间距为 40 m，测线 20 条。侧扫声呐测线要保证 100％的重叠度，侧扫声呐扫测宽度中包含水深宽度，测线间距为 50 m，测线 15 条。本次测量海域面积约 1.1 km²，侧扫声呐调查测线和多波束水深测线分别见图 6-2 和图 6-3。

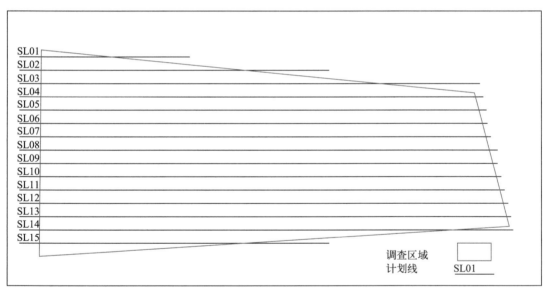

图 6-2　白龙珍珠湾海洋牧场侧扫声呐调查计划线

（二）多波束测量与评价结论

多波束系统测量水下 3D 图，见图 6-4。由多波束测量水深数据处理分析可知，调查区域水深平均为 15.5 m 左右，海底地形总体上较为平坦。调查区内散布水深浅点，最小水深点位于调查区内标定的目标鱼礁群 T003 和 T018，深度为 9.4 m，水深浅点在调查区西南侧分布较为集中，其他区域分布较为零散。根据白龙珍珠湾海洋牧场人工鱼礁设计图

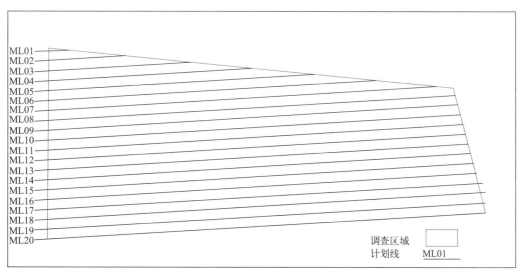

图 6-3 白龙珍珠湾海洋牧场多波束水深测量计划线

图 6-4 白龙珍珠湾海洋牧场人工鱼礁区的多波束水下 3D 图

纸可知，调查区域西南侧的水深浅点为人工鱼礁投放区域，其他区域的水深浅点可能是自然礁石或其他项目投放的人工鱼礁形成。水下地形图显示人工鱼礁分布不平均，与原始海底面高差相差最大达到 6 m，高度差大的区域主要集中在调查区域标定的目标鱼礁群 T002、T003、T031、T040、T035 等位置；高度差最小约为 1 m，位于调查区域内标定的目标鱼礁群 T006、T007、T031 内，原因是这些目标鱼礁群是其他鱼礁建设工程投放的鱼礁，由于鱼礁设计高度较低，因此测量的高度差最小。另外，由于该区域内淤泥层相对更深，可能人工鱼礁发生沉降陷入淤泥后导致高度差变小。多波束系统测量结果表明，白龙珍珠湾海洋牧场人工鱼礁投放符合设计和投放质量要求。

（三）侧扫声呐测量与评价结论

人工鱼礁区侧扫声呐测量镶嵌图和影像图见图 6-5 和图 6-6。侧扫声呐测量的图像清晰，可以清晰地反映水下人工鱼礁的结构特征和所处状态。调查结果显示，礁体主要密集分布在调查区内的西南区域，其他区域礁体的分布较少且较为分散。礁体集中的区域与本项目人工鱼礁设计的投放区域吻合，人工鱼礁的分布与水下地形图中水深浅点的位置也基本吻合，不同类型礁体的分布位置也比较符合设计方案中平面投放的位置。通过对图像中人工鱼礁量取，人工鱼礁沉块边长基本为 3～4 m，与鱼礁的设计边长吻合。根据侧扫声呐测量结果，对各个人工鱼礁群形成的目标物进行统计分析，共统计到礁体数量为 900 多个。其中，YJ1 型底沉式鱼礁 236 个，YJ2 型底沉式鱼礁 350 个，YJ3 型底沉式鱼礁 297 个，其余为体型较小的鱼礁。由于整个调查区域还覆盖了其他项目建设的人工鱼礁区，因此观察到的礁体总数目超过了本项目投放的 730 余个。旁扫声呐测量图像显示，投放后礁体的姿态基本上能达到设计要求，没有出现明显翻滚、倾覆和沉陷现象，仅有局部区域的礁体出现倾斜，主要出现在目标群 T011、T064 和 T066 内。

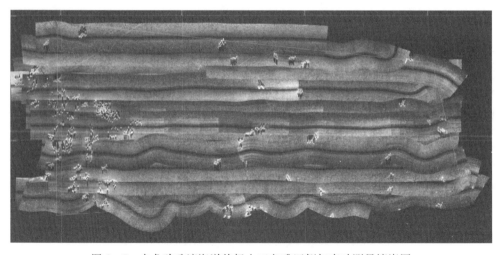

图 6-5　白龙珍珠湾海洋牧场人工鱼礁区侧扫声呐测量镶嵌图

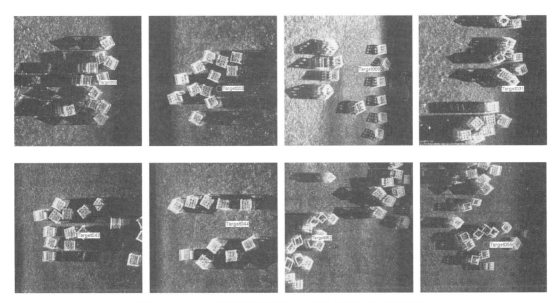

图 6-6 白龙珍珠湾海洋牧场人工鱼礁侧扫声呐影像图

二、人工鱼礁状态的潜水观测核验

在 2017 年 1 月 18 日白龙珍珠湾海洋牧场完成了全部人工鱼礁投放，2019 年 3 月 25 日至 29 日，即在投礁完成两年多（26 个月）之后，海洋牧场建设项目承担单位南海水产研究所委托广东三门岛潜水公司对白龙珍珠湾海洋牧场人工鱼礁区开展了水下观测工作，以期查验礁体投放两年多后的沉陷、滑移、倾覆等情况。

水下观测分别设置了 S1、S2、S3 等 3 个观测站位，分别位于白龙珍珠湾海洋牧人工鱼礁区西南部、中部和东北部的 4 号、3 号和 2 号礁群（图 6-7）。根据观测站位所设位置，两个潜水员采用轻潜水方法实地确定礁体的具体位置。找到各个站位中鱼礁的位置后，潜水员先围绕礁体进行近距离观测礁体是否存在沉陷、滑移、倾覆等现象，使用水下照相机拍照和记录。然后，其中一个潜水员手持卷尺的零刻度端潜到礁体的底部并予以固定，另外一个潜水员手持卷尺潜到礁体的顶端并拉直卷尺，记录卷尺上鱼礁底部至顶部的数值，即为所测量礁体的高度，同时使用水下相机对卷尺数值进行拍照和记录，每个站位测量 2 个礁体（图 6-8）。

在 S1 站位（4 号礁群），所观测的 5 个礁体仅有略微沉降，有 2 个礁体稍微倾斜，没有观测到礁体倾倒。所测量的 2 个礁体，从外观轮廓上判断是 YJ1 型底沉式鱼礁（3.6 m× 3.6 m×5.5 m），测量高度分别为 5.6 m 和 5.5 m，比礁体的实际高度 5.5 m 略高。

其主要原因可能是水下皮尺测量时发生弯曲而引起的误差。

在 S2 站位（3 号礁群）观测了 5 个礁体，礁体均有略微沉降，有 1 个礁体倾倒，估计是投放时操作不当造成的。S2 站测量了 3 个礁体的高度，高度分别是 3.3 m、6.1 m 和 6.2 m。其中，高度为 3.3 m 的礁体从外观轮廓上判断是倾倒的 YJ1 型底沉式鱼礁，高度

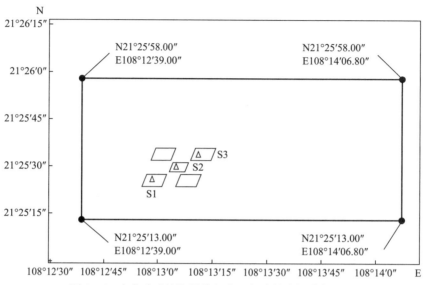

图 6-7　白龙珍珠湾海洋牧场人工鱼礁状态的潜水观测

图 6-8　白龙珍珠湾海洋牧场人工鱼礁状态的潜水观测核验

6.1 m 和 6.2 m 的两个礁体从外观轮廓上判断是 YJ2 型底沉式鱼礁（4.0 m×4.0 m×6.0 m），其测量高度比礁体的实际高度 6.0 m 略高，主要原因可能是水下皮尺测量时发生弯曲而引起的误差。

　　S3 站位（2 号礁群）观测了 5 个礁体，礁体均略有沉降，未观察到礁体倾覆。S3 站位测量了 2 个礁体，从外观轮廓上判断是 YJ3 型底沉式鱼礁（3.0 m×3.0 m×4.0 m），礁体测量高度为 4.2 m 和 4.1 m，其测量高度比礁体的实际高度 4.0 m 略高，其原因可能是水下皮尺测量时发生弯曲而引起的误差。

　　水下观测结果表明，除了个别礁体出现倾斜、倾倒外，所观测的礁体没有发生明显翻滚、倾覆、滑移现象，礁体沉降均在范围 60 cm 以内，远低于设计预留的沉降范围，符合设计和施工质量要求。

第三篇

白龙珍珠湾海洋牧场海域人工增殖放流

第 七 章

人工增殖放流的种类

一、北部湾适宜增殖放流的主要种类

白龙珍珠湾海洋牧场位于北部湾北部海域，经过多年科学研究和生产实践，确定了一批北部湾重要渔业生物中可作为备选增殖放流种类。

备选增殖放流的鱼类主要有真鲷、平鲷、黑鲷、黄鳍鲷、二长棘鲷、紫红笛鲷、红鳍笛鲷、青石斑鱼、斜带石斑鱼、卵形鲳鲹、军曹鱼、大黄鱼、花尾胡椒鲷、星斑裸颊鲷、断斑石鲈、褐菖鲉等。

备选增殖放流的虾类主要有斑节对虾、日本对虾、长毛对虾、墨吉对虾、中国对虾、刀额新对虾、近缘新对虾、刀额新对虾等。

备选增殖放流的贝类主要有华贵栉孔扇贝、方斑东风螺、近江牡蛎、马氏珠母贝、翡翠贻贝、杂色蛤仔、文蛤、波纹巴菲蛤、毛蚶等。

备选增殖放流的蟹类主要有锯缘青蟹、红星梭子蟹、三疣梭子蟹、远海梭子蟹、锈斑蟳等。

另外，北部湾是中国鲎、圆尾鲎等重要生物资源的主要栖息地之一，也是绿海龟等珍稀濒危水生动物的重要活动场所。因此，近几年来在北部湾海域进行了多次中国鲎、圆尾鲎和绿海龟的增殖放流活动。

二、白龙珍珠湾海洋牧场及其附近海域增殖放流的主要种类

近10几年来，在白龙珍珠湾海洋牧场及其附近海域增殖放流的鱼类有紫红笛鲷、红鳍笛鲷、真鲷、黑鲷、花尾胡椒鲷和卵型鲳鲹等6种；虾类有长毛对虾、斑节对虾、和日本对虾等3种；贝类有华贵栉孔扇贝、方斑东风螺等2种；此外，还有锯缘青蟹、中国鲎、圆尾鲎和绿海龟等。白龙珍珠湾海洋牧场及其附近海域主要增殖放流的种类见图7-1。

紫红笛鲷

红鳍笛鲷

真鲷

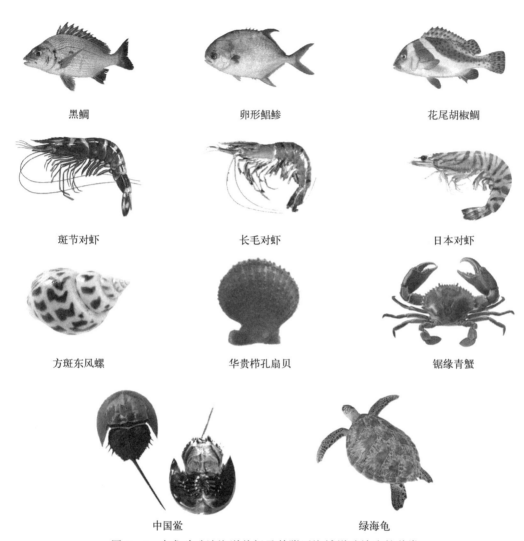

图 7-1 白龙珍珠湾海洋牧场及其附近海域增殖放流的种类

第 八 章

人工增殖放流的实施

一、增殖放流水域

白龙珍珠湾海洋牧场及其附近海域渔业生物人工增殖放流始于2010年，至2019年进行了10年连续放流。放流地点以白龙珍珠湾海洋牧场海域为中心，分别在海洋牧场人工鱼礁区、白龙尾、白须公、西栏石、企沙等海域实施增殖放流。具体增殖放流水域见图8-1。增殖放流水域的基础条件符合SC/T 9401—2010中相应条款的规定。

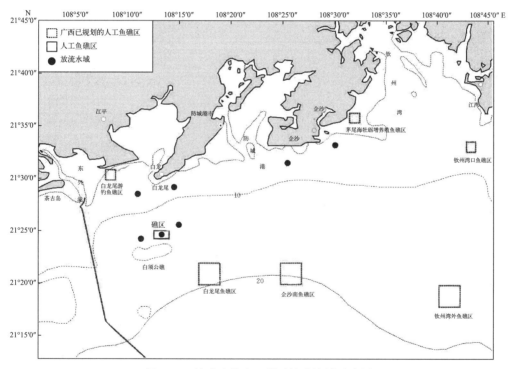

图8-1　渔业生物人工增殖放流海域示意图

二、增殖放流苗种

白龙珍珠湾海洋牧场及其附近海域人工增殖放流的苗种均符合《水生生物增殖放流技

术规程》（SC/T 9401—2010）的规定，增殖放流的苗种是均是本地种的子一代；全部苗种来源于持有水产苗种生产许可证和水生野生动物驯养繁殖许可证的生产单位；全部苗种均按照"公开、公平、公正"的原则，依法通过招标的方式采购；增殖放流的苗种经检验检疫合格，健康无病害，无禁用药物残留。

　　白龙珍珠湾海洋牧场及其附近海域增殖放流的苗种，在出池前抽样测量规格，达放流地点后现场再次测量规格，确保苗种规格符合规程的要求。白龙珍珠湾海洋牧场及其附近海域增殖放流种类具体的规格范围为：鱼类（体长）30～63 mm，虾类（体长）10～20 mm，蟹类（胸甲宽）8～15 mm，贝类（壳长）10～15 mm，鲎（甲宽）6～8 mm。标志放流的鱼类（体长）85～150 mm。增殖放流苗种挂带标志牌、暂养恢复和运输情况见图8-2。

图8-2　增殖放流苗种挂标志牌与暂养恢复

三、海域增殖放流

　　白龙珍珠湾海洋牧场及其附近海域的增殖放流，一般于每年的3—8月之间进行，选择天气晴朗、海况适宜、海风七级以下的气象条件实施。投放时，采用近岸常规投放和海上船舶滑道投放两种方式进行。当进行近岸常规投放时，将水生生物苗种贴近水面，高度一般不超过50 cm，然后将苗种缓慢放入增殖水域中。当进行海上船舶滑道投放时，将滑道置于船舷，滑道与水平面夹角小于 60°，滑道末端距离水面一般不超过 100 mm，船速小于 1 m/s，然后将苗种缓缓倒入滑道滑入增殖水域中。白龙珍珠湾海洋牧场及其附近海域海上滑道投放方式增殖放流情况示于图 8-3。

图 8-3 白龙珍珠湾海洋牧场及其附近海域海上滑道投放方式增殖放流

四、放流数量

2009—2019 年，在防城港白龙珍珠湾海洋牧场周边海域累计共放流鱼虾贝苗 116 669.98 万尾（粒）。其中，放流紫红笛鲷、红鳍笛鲷、真鲷、黑鲷和卵型鲳鲹等鱼苗 1 739.15 万尾，放流长毛对虾、斑节对虾和日本对虾等虾苗 111 258.04 万尾，华贵栉孔扇贝、马氏珠母贝等贝苗 3 387.19 万粒，锯缘青蟹苗 275.48 万只，中国鲎和圆尾鲎等鲎苗 9.25 万个，标志放流紫红笛鲷和红鳍笛鲷 11 720 尾。

第 九 章

人工增殖放流效果评估

一、增殖放流效果调查方法

（1）搜集历年防城港企沙海域的生态环境、渔业资源调查资料和渔业生产资料，特别是放流品种资源资料。

（2）在防城港企沙增殖放流海域，租用拖网渔船和三重刺网渔船，进行增殖放流前的本底调查和增殖放流后的跟踪调查。

（3）增殖放流前和增殖放流后，持续调查增殖放流实施前后各放流地点相应放流品种的渔业生产、市场出现数量和市场价格等情况。

（4）综合分析历史资料、本底和跟踪监测调查资料、渔业生产资料和各相应放流品种的市场资料，研究各相应放流品种的种群数量、分布和移动规律、生物学特点和放流回捕率，评估各年度增殖放流的实施效果。

二、增殖放流效果评估方法

增殖放流的回捕率和放流效果，根据放流前后的调查资料（渔业资源状况、增殖放流种类的资源状况、水产品市场跟踪调查和渔船渔捞日志登记等），应用渔业资源评估原理（费鸿年等，1990；詹秉义，1995；Sparre 等，1989；袁蔚文，1989；邓景耀等，1991；陈丕茂，2006；Pauly，1980；Gulland，1971）进行评估。

根据中国水产科学研究院南海水产研究所的研究结果（2012），红笛鲷等鱼苗放流过程存活率为 83.1%，即红笛鲷等鱼苗增殖放流突然死亡率按照 16.9% 计算。日本对虾等虾苗增殖放流时的突然死亡率按照 20% 计算（邓景耀等，1997），所有放流种类均按逃逸系数为 0.5 计算。拖网调查的渔业资源密度按扫海面积法计算。

判别增殖放流种类回捕数量的方法如下。

（一）利用年龄体长资料估算增殖放流种类的生长参数

对于未建立生长方程的增殖放流种类，收集其年龄体长资料，应用 Gulland 和 Holt （1959）图解法估算出生长参数 l_∞ 和 K：

$$\frac{\Delta l_t}{\Delta t} = a + b\bar{l}_t, \quad \bar{l}_t = \frac{l_{(t+\Delta t)} + l_t}{2} \tag{9-1}$$

可得：
$$K=-b,\ l_\infty=-a/b$$

因已知不同年龄的体长，用下式估算各年龄的 t_0 值，然后取各年龄所求 t_0 的平均值。

$$t_0=\frac{1}{K}\ln\left(\frac{l_\infty-l_t}{l_\infty}\right)+t \tag{9-2}$$

式中，l_t 为时间 t 时的体长，Δl_t 为时间差 Δt 内的体长差，a、b 为回归系数，l_∞ 为渐近体长，K 为生长曲线的平均曲率。

（二）自然死亡系数 M 的估算

对于没有研究过自然死亡系数的增殖放流种类，用 Pauly（1980）的经验公式估算自然死亡系数。Pauly（1980）根据 175 种鱼类的有关数据和资料，用多元线性回归方法建立了自然死亡系数 M 的估算式：

$$\ln M=-0.015\,2-0.279\ln l_\infty+0.654\,3\ln K+0.463\,4\ln T \tag{9-3}$$

式中，l_∞ 为渐近体长（cm），K 为生长曲线的平均曲率，T 为放流种类栖息环境的年平均水温。

（三）判别来自放流种苗的回捕鱼虾类的数量

渔获物中的标志放流种类，由于带有标志，可根据标志予以确认。

对于没有进行标志的大规模增殖放流，可通过研究增殖种类放流前和放流后的资源密度情况，依据放流种类的年龄生长规律、天然繁殖习性和人工培育种苗、放流种苗等资料，估算时间序列的放流种苗和天然种苗在海区中的同时生长情况，区分两者，或区分两者的比例，从调查渔获物中确认来自放流种苗的数量。

① 放流种类早期幼鱼的体长与日龄关系：

$$l_D=ae^{bD} \tag{9-4}$$

式中，l_D 为 D 日龄时幼鱼的体长，a、b 为系数。

② 放流种类的体长体重关系：

$$W_t=al_t^b \tag{9-5}$$

式中，l_t、W_t 分别为 t 龄时的体长和体重，a 为生长的条件因子，b 为幂指数系数。

③ 不同时期的生长情况用 von Bertalanffy 生长方程估算

$$l_t=l_\infty\left[1-e^{-K(t-t_0)}\right] \tag{9-6}$$

$$W_t=W_\infty\left[1-e^{-K(t-t_0)}\right]^b \tag{9-7}$$

式中，W_∞、l_∞ 分别为渐近体重和渐近体长，K 为生长曲线的平均曲率，t 为年龄，t_0 为理论上体长和体重等于零时的年龄，b 为幂指数系数。

（四）放流后残存尾数的估算

估算增殖放流种类性成熟时的残存尾数，可以根据增殖种类的个体繁殖力估算繁殖下一代的总量，从而评估其产生的呈良性循环的生态效益。

若某一增殖放流品种的放流数量为 R，此时年龄为 t_r，假设放流后到开捕年龄 t_C 之前放流品种没有受到捕捞，只有自然死亡，则 t_C 龄时海区中残存尾数为：

$$N_{t_C} = Re^{-M(t_C - t_r)} \tag{9-8}$$

实际上，放流后从开捕年龄 t_C 开始，既有自然死亡也有捕捞死亡，总死亡系数 Z 为自然死亡系数 M 和捕捞死亡系数 F 之和。在自然死亡和捕捞死亡的共同作用下，到 t 龄时海区中残存尾数为：

$$N_Z = N_{t_C} e^{-(M+F)(t-t_C)} \tag{9-9}$$

（五）捕捞死亡系数 F 的估算

由巴拉诺夫渔获量方程，放流后从开捕年龄 t_C 到年龄 t 时的总回捕尾数为：

$$C_{(t_C, t)} = \frac{N_{t_C} F}{M+F} \left[1 - e^{-(M+F)(t-t_C)} \right] \tag{9-10}$$

则开捕以后任一时间间隔（$t_1 \sim t_2$）的回捕尾数可以用下式估算：

$$C_{(t_1, t_2)} = \frac{N_{t_C} F}{M+F} \left[e^{-(M+F)(t_1-t_C)} - e^{-(M+F)(t_2-t_C)} \right] \tag{9-11}$$

得：

$$F = \frac{M C_{(t_1, t_2)}}{N_{t_C} \left[e^{-(M+F)(t_1-t_C)} - e^{-(M+F)(t_2-t_C)} \right] - C_{(t_1, t_2)}} \tag{9-12}$$

式中，N_{t_C} 为放流后开捕年龄 t_C 时的残存尾数，M 为自然死亡系数，F 为捕捞死亡系数。

利用放流前本底调查和放流后跟踪调查资料（市场调查和渔捞日志登记资料等），可以使用上式迭代运算得出对应资料的 F 值。

（六）放流后不同时期回捕尾数和回捕率的估算

回捕率是回捕尾数与放流苗数的百分比。增殖放流后，在自然死亡和捕捞死亡的共同作用下尾数不断减少，回捕率也在不断变化。

由巴拉诺夫渔获量方程，放流后从开捕年龄 t_C 到年龄 t 时的总回捕尾数为：

$$C_{(t_C, t)} = \frac{N_{t_C} F}{M+F} \left[1 - e^{-(M+F)(t-t_C)} \right] \tag{9-13}$$

放流后从开捕年龄 t_C 到年龄 t 时的总回捕率为：

$$S_{C(t_C, t)} = C_{(t_C, t)} / R = \frac{N_{t_C} F}{(M+F)\ R} \left[1 - e^{-(M+F)(t-t_C)} \right] \tag{9-14}$$

从开捕年龄 t_C 以后，第 D 天 1 天内的回捕尾数为：

$$C_{t_D} = \frac{N_{t_C} F}{M+F} \left[e^{-(M+F)(t_D-t_C)} - e^{-(M+F)(t_{D+1}-t_C)} \right] \tag{9-15}$$

从开捕年龄 t_C 以后，第 D 天 1 天内的回捕率为：

$$S_{C_{t_D}} = C_{t_D} / R = \frac{N_{t_C} F}{(M+F)\ R} \left[e^{-(M+F)(t_D-t_C)} - e^{-(M+F)(t_{D+1}-t_C)} \right] \tag{9-16}$$

式中，N_{t_C} 为放流后开捕年龄 t_C 时的残存尾数，M 为自然死亡系数，F 为捕捞死亡系数，t_D 为放流后第 D 天时的年龄，t_{D+1} 为放流后第 $D+1$ 天时的年龄。

（七）放流后不同时期回捕生物量和回捕效益的估算

增殖放流后，在自然死亡和捕捞死亡的共同作用下尾数不断减少，又由于个体重量的生长使总生物量增加，两者共同作用的结果，使增殖放流种类的生物量随着年龄的增加而不断变化。

将巴拉诺夫渔获量方程和 von Bertalanffy 体重生长方程相结合推导，从开捕年龄 t_C 以后，第 D 天 1 天内的回捕生物量为：

$$B_{t_D} = C_{t_D} W_\infty [1 - e^{-K(t_D - t_0)}]^b$$

$$= \frac{N_{t_C} W_\infty F}{M + F} [e^{-(M+F)(t_D - t_C)} - e^{-(M+F)(t_{D+1} - t_C)}][1 - e^{-K(t_D - t_0)}]^b \qquad (9-17)$$

从开捕年龄 t_C 以后，第 D 天 1 天内的回捕效益为：

$$Y_{CV t_D} = V B_{t_D} = \frac{V N_{t_C} W_\infty F}{M + F} [e^{-(M+F)(t_D - t_C)} - e^{-(M+F)(t_{D+1} - t_C)}][1 - e^{-K(t_D - t_0)}]^b$$

$$(9-18)$$

从开捕年龄 t_C 以后，第 D 天以前的总回捕生物量：

$$B_{(t_C, t_D)} = \sum_{t=t_C}^{t_D} B_{t_D} = \sum_{t=t_C}^{t_D} \frac{N_{t_C} W_\infty F}{M + F} [e^{-(M+F)(t_D - t_C)} - e^{-(M+F)(t_{D+1} - t_C)}][1 - e^{-K(t_D - t_0)}]^b$$

$$(9-19)$$

从开捕年龄 t_C 以后，第 D 天以前的总回捕效益：

$$Y_{CV} = V B_{(t_C, t_D)} = V \sum_{t=t_C}^{t_D} \frac{N_{t_C} W_\infty F}{M + F} [e^{-(M+F)(t_D - t_C)} - e^{-(M+F)(t_{D+1} - t_C)}][1 - e^{-K(t_D - t_0)}]^b$$

$$(9-20)$$

式中，N_{t_C} 为放流后开捕年龄 t_C 时的残存尾数，t_r 为放流时种苗的年龄，M 为自然死亡系数，F 为捕捞死亡系数，W_∞ 为渐近体重，K 为生长曲线的平均曲率，t_0 为理论上体长和体重等于零时的年龄，b 为幂指数系数，t_D 为放流后第 D 天时的年龄，t_{D+1} 为放流后第 $D+1$ 天时的年龄，V 为某一增殖放流种类单位生物量的市场平均价格。

（八）拖网调查的渔业资源密度估算

拖网调查的渔业资源密度采用《建设项目对海洋生物资源影响评价技术规程》（SC/T 9110—2007）的底拖网扫海面积法估算：

$$D = \frac{C}{qa} \qquad (9-21)$$

式中，D 为渔业资源密度，单位为尾每平方千米（尾/km²）或千克每平方千米（kg/km²）；C 为平均每小时拖网渔获量，单位为尾每网每小时［尾/（网·h）］或千克每网每小时［kg/（网·h）］；A 为每小时网具取样面积，单位为平方千米每网每小时［km²/（网·h）］；q 为网具捕获率，取值范围为 0～1。

雇用"桂北渔 92025"单拖渔船进行渔业资源拖网调查。"桂北渔 92025"单拖渔船吨位为 28 t，主机功率为 79.43 kW，船体全长 17.0 m，船宽 4.50 m，型深 1.70 m。底拖网的上纲长度为 12 m，网衣网目 4 cm，囊网网目 2.5 cm，网全长 18 m。每站拖约 1 h，平均拖速约 3.0 kn。

三、白龙珍珠湾及其周边海域增殖放流效果评估

（一）2009—2010 年增殖效果评估

1. 增殖放流种类及其天然资源现状。2009 年 11 月 11 日，在防城港市企沙海域增殖放流平均规格为 6.29 cm 的紫红笛鲷 80.2 万尾、平均规格为 5.92 cm 的红笛鲷 60.8 万尾、平均规格为 1.90 cm 的日本对虾虾苗 4 124 万尾，平均规格为 1.3 cm 华贵栉孔扇贝苗 522.21 万粒，购买种苗的金额分别为 26.950 万元、20.438 万元、48.0 万元，26.1 万元。其中，本年度华贵栉孔扇贝的增殖放流不进行评估。

2010 年 7 月 27 日，在防城港市企沙海域增殖放流平均规格为 5.77 cm 的紫红笛鲷 108.607 2 万尾、平均规格为 5.18 cm 的红笛鲷 92.557 5 万尾、平均规格为 1.89 cm 的日本对虾虾苗 5 068 万尾，购买种苗的金额分别为 35.15 万元、25.9 万元、32.9 万元。

2009 年 11 月 22—26 日进行的防城港海域 25 个拖网站位本底调查时，共捕获渔业生物种类 167 种，其中仅捕到体长为 41 mm 的紫红笛鲷 1 尾（确认为来自放流种苗），表明这些种类的天然资源衰退严重，海区中不会大批出现规格一致的天然种苗。增殖放流后回捕时，根据按时间序列估算的各放流种苗和天然种苗同时的生长数据，可判别渔捞日志、市场和拖网渔获物中较多出现的规格一致的放流种类来自放流种苗。

2. 紫红笛鲷增殖放流回捕数量判别依据。据蔡泽平等（2002）的资料，拟合紫红笛鲷的体长体重关系式和体长生长方程为：

$$W = 4.207\ 0 \times 10^{-5} L^{2.942\ 1}，\quad r = 0.997\ 5 \qquad (9-22)$$

$$L_t = 503.516\ 6\ [1 - e^{-0.645\ 6(t + 0.114\ 9)}] \qquad (9-23)$$

据邢玉娜等（2005）的研究，紫红笛鲷仔、稚、幼鱼的生长情况，拟合第 20～59 天的体长日龄关系式为：

$$L_D = 10.158\ 5 e^{0.027\ 8D}，\quad r = 0.981\ 2 \qquad (9-24)$$

据麦贤杰等（2005）报道，紫红笛鲷在天然海区的繁殖季节为 4—7 月，其平均大量产卵时间为 6 月初。

据估算，2009 年 11 月 11 日增殖放流的平均规格为 6.29 cm 的紫红笛鲷已培育了56 d，为 2009 年 9 月 16 日左右孵化的种苗，天然海区紫红笛鲷的繁殖季节为 4—7 月，2009 年度增殖放流的紫红笛鲷鱼苗应普遍小于同期天然海区野生紫红笛鲷鱼苗。

据估算，2010 年 7 月 27 日增殖放流的平均规格为 5.77 cm 的紫红笛鲷已培育了 54 d，为 2010 年 6 月 3 日左右孵化的种苗。天然海区紫红笛鲷的繁殖季节为 4—7 月，2010 年度增殖放流的紫红笛鲷鱼苗应与同期天然海区野生紫红笛鲷鱼苗差别不大。由于紫红笛鲷天然资源衰退严重，海区中不会大批出现规格一致的天然种苗。

以每年 6 月 1 日为天然海区紫红笛鲷的平均大量孵出时间节点，以体长生长方程和体长体重相关式，估算 2009 年度和 2010 年度增殖放流和天然海区紫红笛鲷种苗每天的体长

生长数据。2009 和 2010 年各季度拖网调查紫红笛鲷种苗的体长、体重生长估算情况分别见表 9-1 和表 9-2。

表 9-1 2009 年度紫红笛鲷放流苗的平均体长和体重生长估算

时间	孵出天数（d）		孵出年龄（龄）		平均体长（mm）		平均体重（g）	
（年-月-日）	放流苗	天然苗	放流苗	天然苗	放流苗	天然苗	放流苗	天然苗
2009-11-11	56	163	0.153 4	0.446 6	62.9	153	8.2	112.8
2010-03-12	177	284	0.484 9	0.778 1	162	221	132.4	330.5
2010-05-08	234	341	0.641 1	0.934 2	194	248	228	464.9
2010-08-31	349	456	0.956 2	1.249 3	251	295	485	775.6
2010-12-31	471	578	1.290 4	1.583 6	300	335	818.7	1 132.8

表 9-2 2010 年度紫红笛鲷放流苗的平均体长和体重生长估算

时间	孵出天数（d）		孵出年龄（龄）		平均体长（mm）		平均体重（g）	
（年-月-日）	放流苗	天然苗	放流苗	天然苗	放流苗	天然苗	放流苗	天然苗
2010-07-27	54	56	0.147 9	0.153 4	57.7	62.9	6.4	8.2
2010-08-31	89	91	0.243 8	0.249 3	104	106	36.3	37.7
2010-12-31	211	213	0.578 1	0.583 6	182	183	186.5	189.9

以估算的 2009 年度和 2010 年度增殖放流紫红笛鲷种苗和天然海区紫红笛鲷种苗每天的体长生长数据为依据，判别流刺网渔捞日志、市场鱼货和拖网渔获物中来自放流种苗的回捕紫红笛鲷数量。

3. **红笛鲷增殖放流回捕数量判别依据**。据麦贤杰等（2005）的研究，天然海区的红笛鲷 4—6 月大量产卵，7 月上旬可捕到 35～40 mm、45～60 mm 和 80～95 mm 三种规格的幼鱼；人工培育的红笛鲷种苗孵化后，一般经过 30～40 d 的培育，大部分鱼苗体长为 23～30 mm，培育 50 d 左右可超过 30 mm。根据曾炳光等（1989）的研究，以 1960 年代采用红笛鲷鳞片鉴定的年龄资料而拟合的生长方程和体长体重关系式为：

$$L_t = 827.6 \left[1 - e^{-0.17(t+0.62)}\right] \tag{9-25}$$
$$W = 6.057 \times 10^{-5} L^{2.85} \tag{9-26}$$

据估算，2009 年 11 月 11 日增殖放流的平均规格为 5.92 cm 的红笛鲷已培育了 59 d，为 2009 年 9 月 13 日左右孵化的种苗；天然海区的红笛鲷 4—6 月大量产卵，2009 年度增殖放流的红笛鲷鱼苗应普遍小于同期天然海区野生红笛鲷鱼苗（表 9-3）。

表 9-3 2009 年度红笛鲷放流苗的平均体长和体重生长估算

时间	孵出天数（d）		孵出年龄（龄）		平均体长（mm）		平均体重（g）	
（年-月-日）	放流苗	天然苗	放流苗	天然苗	放流苗	天然苗	放流苗	天然苗
2009-11-11	59	179	0.161 6	0.490 4	59.2	163	6.8	121.9
2010-03-12	180	300	0.493 2	0.821 9	163	229	123.2	320
2010-05-08	237	357	0.649 3	0.978 1	196	255	206.9	436.8
2010-08-31	352	472	0.964 4	1.293 2	253	301	426.1	699.4
2010-12-31	474	594	1.298 6	1.627 4	301	340	704.1	993.2

据估算，2010 年 7 月 27 日增殖放流的平均规格为 5.18 cm 的红笛鲷已培育了 57 d，为 2010 年 6 月 1 日左右孵化的种苗；天然海区的红笛鲷 4—6 月大量产卵，2010 年度增殖放流的红笛鲷鱼苗应略大于同期天然海区野生红笛鲷鱼苗（表 9 - 4），由于红笛鲷天然资源衰退严重，海区中不会大批出现规格一致的天然种苗。

表 9 - 4 2010 年度红笛鲷放流苗的平均体长和体重生长估算

时间 （年-月-日）	孵出天数（d）		孵出年龄（龄）		平均体长（mm）		平均体重（g）	
	放流苗	天然苗	放流苗	天然苗	放流苗	天然苗	放流苗	天然苗
2010 - 07 - 27	57	73	0.156 2	0.2	51.8	93	4.7	24.4
2010 - 08 - 31	92	108	0.252 1	0.295 9	106	117	36	47.8
2010 - 12 - 31	214	230	0.586 3	0.630 1	183	192	170.8	195.6

以每年 5 月 15 日为天然海区红笛鲷的平均大量孵出的时间节点，以体长生长方程和体长体重相关式，估算 2009 年度和 2010 年度增殖放流和天然海区红笛鲷种苗每天的体长生长数据。2009 年和 2010 年各季度月拖网调查红笛鲷种苗的体长、体重生长估算数据分别见表 9 - 3 和表 9 - 4。

以估算的 2009 年度和 2010 年度增殖放流红笛鲷种苗和天然海区红笛鲷种苗每天的体长生长数据为依据，判别渔获物中来自放流种苗的回捕数量。

4. 日本对虾增殖放流回捕数量判别依据。 据刘瑞玉、钟振如等（1988）报道，日本对虾性成熟较早，产卵期为 2—5 月，春季出生的虾，到笠年即繁殖产卵，产卵后的亲虾部分死亡，尚有部分继续生长。据李辉权等（1993）的研究，日本对虾体长生长方程和体长体重关系式为：

$$L_t = 205 \left[1 - e^{-0.87(t+0.11)}\right] \tag{9 - 27}$$

$$W = 102.8 \times 10^{-6} L^{3.073} \tag{9 - 28}$$

据估算，2009 年 11 月 11 日增殖放流的平均规格为 1.9 cm 的日本对虾已培育了 23 d，为 2009 年 11 月 3 日左右孵化的种苗；天然海区的日本对虾产卵期为 2—5 月，2009 年度增殖放流的日本对虾苗应普遍小于同期天然海区野生日本对虾苗。

据估算，2010 年 7 月 27 日增殖放流的平均规格为 1.47 cm 的日本对虾已培育了 20 d，为 2010 年 7 月 20 日左右孵化的种苗；天然海区的日本对虾产卵期为 2—5 月，2010 年度增殖放流的日本对虾苗应普遍小于同期天然海区野生日本对虾苗。

以每年 4 月 1 日为天然海区日本对虾的平均大量孵出时间节点，以体长生长方程和体长体重相关式估算 2009 年度和 2010 年度增殖放流和天然海区日本对虾种苗每天的体长生长数据，2009 年和 2010 年度对应各季度月拖网调查时间的日本对虾种苗的体长、体重生长估算数据分别见表 9 - 5 和见表 9 - 6。

以估算的 2009 年度和 2010 年度增殖放流日本对虾种苗和天然海区日本对虾种苗每天的体长生长数据为依据，判别流刺网渔捞日志、市场鱼货和拖网渔获物中来自放流种苗的回捕日本对虾数量。

表 9 - 5　2009 年度日本对虾放流苗的平均体长和体重生长估算

时间（年-月-日）	孵出天数（d）		孵出年龄（龄）		平均体长（mm）		平均体重（g）	
	放流苗	天然苗	放流苗	天然苗	放流苗	天然苗	放流苗	天然苗
2009 - 11 - 11	23	224	0.063	0.613 7	19	96	0.9	126
2010 - 03 - 12	144	345	0.394 5	0.945 2	73	123	54.3	272.8
2010 - 05 - 08	201	402	0.550 7	1.101 4	90	134	102.7	350
2010 - 08 - 31	316	517	0.865 8	1.416 4	117	151	234.8	507.1
2010 - 12 - 31	438	639	1.2	1.750 7	139	164	399.5	662.7

表 9 - 6　2010 年度日本对虾放流苗的平均体长和体重生长估算

时间（年-月-日）	孵出天数（d）		孵出年龄（龄）		平均体长（mm）		平均体重（g）	
	放流苗	天然苗	放流苗	天然苗	放流苗	天然苗	放流苗	天然苗
2010 - 07 - 27	20	117	0.054 8	0.320 5	14.7	64	0.4	36.6
2010 - 08 - 31	55	152	0.150 7	0.416 4	42	75	9.7	60.2
2010 - 12 - 31	177	274	0.484 9	0.750 7	83	108	80.6	182.5

5. 基于市场调查和渔捞日志登记的增殖放流效果评估。

（1）2009—2010 年增殖放流评估对象和效果跟踪调查时间。增殖放流效果跟踪评估拖网调查分别于 2009 年 11 月 22—26 日、2010 年 3 月 10—14 日、2010 年 5 月 6—11 日、2010 年 8 月 29 日至 9 月 4 日在防城港海域进行，每次调查 25 个站位。在各季度月拖网调查期间，分别进行了防城港企沙市场调查和渔民调研。2010 年 3 月 10 日，雇用"桂防渔 2 446"刺网渔船在防城港企沙渔港开展了增殖放流种类流刺网船渔捞日志登记和回捕情况调查。2009 年 11 月 11 日标志放流的 3 000 尾紫红笛鲷和红笛鲷及 2010 年 7 月 27 日标志放流的 3 000 尾紫红笛鲷和红笛鲷，均未能回收到标志放流鱼。

根据市场调查、刺网船渔捞日志、拖网调查等方面数据，对 2009 年度和 2010 年度的增殖放流效果进行评估。

（2）2009 年度增殖放流效果评估。

① 增殖放流种苗回捕情况调查。2009 年 11 月 22—26 日、2010 年 3 月 10—14 日、2010 年 5 月 6—11 日、2010 年 8 月 29 日至 9 月 4 日进行了防城港企沙市场跟踪调查和渔捞日志登记，判别 2009 年 11 月 11 日增殖放流后紫红笛鲷、红笛鲷、日本对虾平均每天出现数量和市场价格见表 9 - 7。

表 9 - 7　判别 2009 年 11 月增殖放流种苗的回捕鱼虾在企沙市场出现的数量

放流品种	市场平均出现数量（尾/d）				平均价格（元/kg）
	2009 年 11 月 22—26 日	2010 年 3 月 10—14 日	2010 年 5 月 6—11 日	2010 年 8 月 29 日至 9 月 4 日	
紫红笛鲷	0	28	18	7	90
红笛鲷	0	24	17	9	90
日本对虾	0	1 192	720	260	100

② 捕捞死亡系数估算。2009 年度增殖放流品种紫红笛鲷、红笛鲷和日本对虾，洄游移动性不强，放流后主要分布于防城港附近海域，基本上处于防城港市渔船捕捞范围之内。据调查，防城港企沙海域附近主要分布有防城港市企沙渔港、双墩渔港；钦州市龙门渔港、犀牛脚渔港；北海市大风渔港、高德渔港、内港渔港和南万渔港等 8 个渔港和鱼市场。据渔捞日志登记和渔民座谈调研，从这些渔港上岸的鲜活鱼货和冰鲜鱼货，大部分运往防城港市、钦州市和北海市以及在附近其他市场出售，在企沙市场出售的仅占总渔获的 1/80 左右。

2009 年度增殖放流种苗的参数和估算的捕捞死亡系数 F 值见表 9 - 8。

表 9 - 8　2009 年 11 月增殖放流种苗的基本参数

放流品种	增殖放流数量（万尾）	购苗款（万元）	放流时日龄（d）	放流时平均规格（mm）	性成熟年龄（年）	捕捞死亡系数（年$^{-1}$）
紫红笛鲷	80.2	26.95	56	62.9	3.00	1.782 0
红笛鲷	60.8	20.438	59	59.2	1.60	1.702 8
日本对虾	4 124	48	23	19.0	0.36	1.588 0

③ 增殖放流经济效益和生态效益估算。2009 年度增殖放流效果评估结果表明，2009 年 11 月放流到 2010 年底可形成捕捞产量 87.196 t，回捕率 24.29%，产值 821.48 万元，产出是投入的 8.61 倍（表 9 - 9）。到 2011 年全年可形成捕捞产量 25.332 t，回捕率 1.35%，产值 236.19 万元，2011 年产出是投入的 2.48 倍（表 9 - 10）。到 2012 年全年可形成捕捞产量 3.772 t，回捕率 0.13%，产值 34.50 万元，产出是投入的 0.36 倍（表 9 - 11）。2009 年 11 月放流后到 2012 年底合计，可形成捕捞产量 116.300 t，回捕率 25.78%，产值 1 092.17 万元，总产出是总投入的 11.45 倍（表 9 - 12）。在海中存留已达性成熟年龄的紫红笛鲷和红笛鲷亲体 6 000 尾，日本对虾亲体 2.0 万尾，形成补充资源群体，产生良好的生态效益。

表 9 - 9　2009 年 11 月放流后到 2010 年年底的回捕效益

放流品种	回捕尾数（尾）	回捕率（%）	回捕量（kg）	回捕效益（万元）	产出比投入（倍）	海中剩余（尾）	剩余个体重（g）
紫红笛鲷	193 276	24.10	32 403	291.63	10.82	321 603	903.3
红笛鲷	179 966	29.60	18 084	162.76	7.96	326 551	327.3
日本对虾	7 910 240	19.18	36 708	367.08	7.65	12 915 807	31.4
合计	8 283 482	24.29	87 196	821.48	8.61	13 563 961	—

表 9 - 10　2009 年 11 月放流后 2011 年全年的回捕效益

放流品种	回捕尾数（尾）	回捕率（%）	回捕量（kg）	回捕效益（万元）	产出比投入（倍）	海中剩余（尾）	剩余个体重（g）
紫红笛鲷	7 427	0.93	9 254	83.28	3.09	18 756	2053.2
红笛鲷	16 083	2.65	7 881	70.93	3.47	40 467	863.4
日本对虾	196 760	0.48	8 197	81.98	1.71	511 940	66.1
合计	220 270	1.35	25 332	236.19	2.48	571 163	—

表 9 - 11　2009 年 11 月放流后 2012 年全年的回捕效益

放流品种	回捕尾数（尾）	回捕率（%）	回捕量（kg）	回捕效益（万元）	产出比投入（倍）	海中剩余（尾）	剩余个体重（g）
紫红笛鲷	433	0.05	1 011	9.10	0.34	1 094	2 924.0
红笛鲷	1 993	0.33	2 196	19.76	0.97	5 015	1 606.2
日本对虾	7 804	0.02	565	5.65	0.12	20 292	86.1
合计	10 230	0.13	3 772	34.50	0.36	26 400	—

表 9 - 12　2009 年 11 月放流开始到 2012 年年底的回捕效益合计

放流品种	回捕尾数（尾）	回捕率（%）	回捕量（kg）	回捕效益（万元）	产出比投入（倍）	海中剩余（尾）	剩余个体重（g）
紫红笛鲷	201 136	25.08	42 668	384.01	14.25	1 094	2 924.0
红笛鲷	198 042	32.57	28 161	253.45	12.40	5 015	1 606.2
日本对虾	8 114 804	19.68	45 471	454.71	9.47	20 292	86.1
合计	8 513 982	25.78	116 300	1 092.17	11.45	26 400	—

④ 最佳捕捞时间估算。2009 年 11 月 11 日增殖放流后的日回捕率和日回捕效益变化趋势见图 9 - 1。由日回捕率变化可见，在自然死亡和捕捞死亡的共同作用下，日回捕率逐渐下降。根据日回捕效益变化趋势，推测 2009 年度放流的各个种类放流后的最佳捕捞时间分别为：紫红笛鲷为第 160～210 天，红笛鲷为第 130～180 天，日本对虾为第 130～180 天。

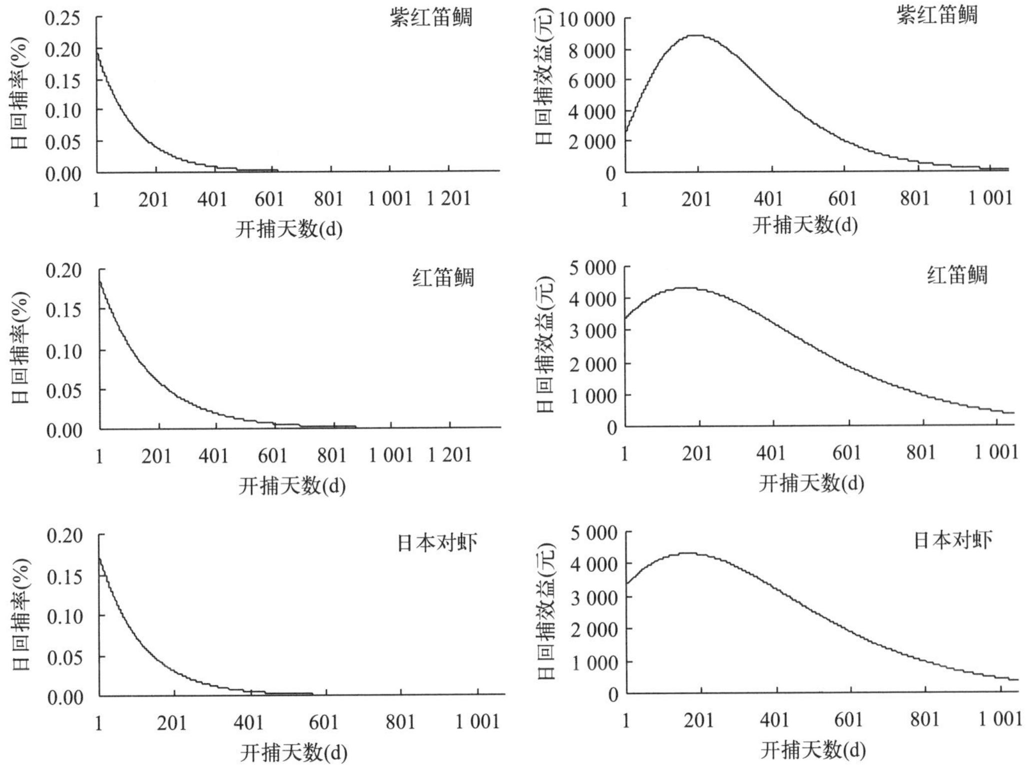

图 9 - 1　2009 年 11 月 11 日放流后日回捕率和日回捕效益变化

⑤ 渔民增产增收估算。据调查，防城港海域拖网渔船、围网渔船、刺网渔船、钓业渔船配备的渔民人数分别是 7 人、4 人、3 人、2 人。防城港市近岸作业渔场作业约占捕捞总量的 65%，其他渔场约占捕捞总量的 35%。根据防城港市海洋渔业生产统计资料，各种作业类型渔船的渔民人数为 7 109 人（表 9 - 13），在防城港企沙增殖放流海域附近的渔民人数约为 2 500 人。

表 9 - 13　2008 年防城港市渔船和渔民数

作业类型	船数（艘）	每船渔民人数（人/船）	渔民人数（人）
拖网	69	7	483
围网	304	4	1 216
刺网	496	3	1 488
钓业	1 960	2	3 920
其他	1	2	2
合计	2 830	—	7 109

2009 年度增殖放流到 2012 年年底合计可形成捕捞产量 116.300 t，产值 1 092.17 万元。按渔民人数 2 500 人计算，增殖放流使渔民人均增产优质鱼货 46.52 kg，人均增收 4 369 元。

（3）2010 年度增殖放流效果评估。

① 增殖放流种苗回捕情况调查。2009 年 11 月 22—26 日、2010 年 3 月 10—14 日、2010 年 5 月 6—11 日、2010 年 8 月 29 日至 9 月 4 日进行了防城港企沙市场跟踪调查和渔捞日志登记，判别 2010 年 7 月 27 日增殖放流后紫红笛鲷、红笛鲷、日本对虾平均每天出现数量和市场价格见表 9 - 14。

表 9 - 14　判别 2010 年 7 月增殖放流种苗的回捕鱼虾在企沙市场出现的数量

放流品种	市场平均出现（尾/d）			平均价格（元/kg）
	2010 年 7 月 27 日	2010 年 8 月 29 日至 9 月 4 日	2010 年 12 月 26—31 日	
紫红笛鲷	0	47	19	90
红笛鲷	0	42	22	90
日本对虾	0	1 950	668	100

② 捕捞死亡系数估算。2010 年度增殖放流数量、鱼苗款、放流时日龄、性成熟年龄和规格和估算的 2010 年度增殖放流种苗的捕捞死亡系数 F 值见表 9 - 15。

表 9 - 15　2010 年 7 月增殖放流种苗的基本参数

种名	增殖放流数量（万尾）	购苗款（万元）	放流时日龄（d）	放流时平均规格（mm）	性成熟年龄（年）	捕捞死亡系数（年$^{-1}$）
紫红笛鲷	108.607 2	35.15	54	57.7	3.00	1.643 4
红笛鲷	92.557 5	25.9	57	51.8	1.60	1.608 5
日本对虾	5 068	32.9	20	14.7	0.36	1.528 7

③ 增殖放流经济效益和生态效益估算。2010 年度增殖放流效果评估结果表明，2010年底可形成捕捞产量 37.566 t，回捕率 16.64%，产值 351.78 万元，产出是投入的 3.74倍（表 9-16）。到 2011 年全年可形成捕捞产量 94.346 t，回捕率 7.80%，产值 884.86万元，产出是投入的 9.42 倍（表 9-17）。到 2012 年全年可形成捕捞产量 22.930 t，回捕率 0.76%，产值 211.57 万元，产出是投入的 2.25 倍（表 9-18）。2010 年 7 月放流后到2012 年底合计，可形成捕捞产量 154.842 t，回捕率 25.20%，产值 1 448.21 万元，总产出是总投入的 15.41 倍（表 9-19）。在海中存留已达性成熟年龄的紫红笛鲷和红笛鲷亲体 1.5 万尾，日本对虾亲体 4.2 万尾。

表 9-16 2010 年 7 月放流后到 2010 年年底的回捕效益

种名	回捕尾数（尾）	回捕率（%）	回捕量（kg）	回捕效益（万元）	产出比投入（倍）	海中剩余（尾）	剩余个体重（g）
紫红笛鲷	182 151	16.77	13 736	123.63	3.52	612 760	205.8
红笛鲷	172 679	18.66	10 153	91.38	3.53	651 625	102.9
日本对虾	7 341 632	14.49	13 677	136.77	4.16	23 758 148	31.4
合计	7 696 462	16.64	37 566	351.78	3.74	25 022 533	—

表 9-17 2010 年 7 月放流后 2011 年全年的回捕效益

种名	回捕尾数（尾）	回捕率（%）	回捕量（kg）	回捕效益（万元）	产出比投入（倍）	海中剩余（尾）	剩余个体重（g）
紫红笛鲷	76 468	7.04	36 406	327.65	9.32	41 049	1 243.3
红笛鲷	108 845	11.76	22 186	199.68	7.71	88 736	456.5
日本对虾	2 333 988	4.61	35 754	357.54	10.87	999 226	42.5
合计	2 519 301	7.80	94 346	884.86	9.42	1 129 011	—

表 9-18 2010 年 7 月放流后 2012 年全年的回捕效益

种名	回捕尾数（尾）	回捕率（%）	回捕量（kg）	回捕效益（万元）	产出比投入（倍）	海中剩余（尾）	剩余个体重（g）
紫红笛鲷	5 123	0.47	8 144	73.30	2.09	2 750	2 340.4
红笛鲷	14 822	1.60	9 588	86.29	3.33	12 084	1 059.0
日本对虾	99 956	0.20	5 198	51.98	1.58	42 026	73.2
合计	119 901	0.76	22 930	211.57	2.25	56 859	—

表 9-19 2010 年 7 月放流开始到 2012 年年底的回捕效益合计

种名	回捕尾数（尾）	回捕率（%）	回捕量（kg）	回捕效益（万元）	产出比投入（倍）	海中剩余（尾）	剩余个体重（g）
紫红笛鲷	263 741	24.28	58 286	524.57	14.92	2 750	2 340.4
红笛鲷	296 346	32.02	41927	377.34	14.57	12 084	1 059.0
日本对虾	9 775 576	19.29	54 629	546.30	16.60	42 026	73.2
合计	10 335 664	25.20	154 842	1 448.21	15.41	56 859	—

④ 最佳捕捞时间估算。2010 年 7 月 27 日增殖放流后日回捕率和日回捕效益变化趋势见图 9-2，在自然死亡和捕捞死亡的共同作用下，随着捕捞天数的增加，日回捕率逐渐下降。推测 2010 年度放流的各个种类放流后的最佳捕捞时间分别为：紫红笛鲷为第 190～230 天，红笛鲷为第 160～200 天，日本对虾为第 160～200 天。

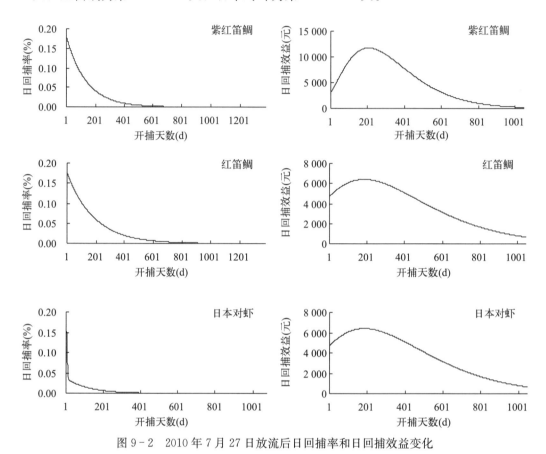

图 9-2　2010 年 7 月 27 日放流后日回捕率和日回捕效益变化

⑤ 渔民增产增收估算。2010 年 7 月放流后到 2012 年年底合计，可形成捕捞产量 154.842 t，产值 1 448.21 万元。按渔民人数 2 500 人计算，增殖放流使渔民人均增产优质鱼货 61.94 kg，人均增收 5 793 元。

6. 基于拖网调查的增殖放流效果评估。

（1）增殖放流前放流种类资源状况。 在 2009 年 11 月 22—26 日进行的渔业资源本底拖网调查中，共捕获渔业资源种类 167 种，但仅捕到体长为 41 mm 的紫红笛鲷 1 尾（判别为来自放流种苗），表明在增殖放流前，防城港海域紫红笛鲷、红笛鲷和日本对虾的天然资源衰退严重。

（2）拖网调查渔业资源种类资源现状。 2009 年 11 月 11 日增殖放流后，分别于 2010 年 3 月 10—14 日、2010 年 5 月 6—11 日、2010 年 8 月 29 日至 9 月 4 日，进行了 3 航次各 25 个拖网站位的调查。捕获的渔业生物种类数据见表 9-20。这 3 次拖网捕获的种类数分别为 131 种、160 种和 198 种，增殖放流的紫红笛鲷、红笛鲷和日本对虾在 3 次调查中均有出现，表明增殖放流种类已在防城港海域栖息。

表9-20 2010年度防城港钢铁项目邻近海域增殖放流种类资源现状

调查时间	种类	渔获量(kg)	渔获率(kg/h)	平均密度(kg/km²)	渔获数(尾)	渔获率(尾/h)	密度(尾/km²)	平均体重(g/尾)	出现(站)
2010年3月	紫红笛鲷	0.148	0.006	0.297	6	0.2	12.0	24.7	3
	红笛鲷	2.046	0.082	4.173	12	0.5	24.5	170.5	2
	日本对虾	0.626	0.025	1.231	18	0.7	35.7	34.8	5
2010年5月	紫红笛鲷	0.602	0.024	1.204	2	0.1	4.0	301.0	1
	红笛鲷	1.770	0.071	3.304	38	1.5	70.9	46.6	3
	日本对虾	0.204	0.008	0.401	14	0.6	27.6	14.6	3
2010年8月	紫红笛鲷	0.408	0.016	0.816	6	0.2	12.0	68.0	1
	红笛鲷	0.128	0.005	0.238	2	0.1	3.7	64.0	1
	日本对虾	0.232	0.009	0.445	12	0.5	22.9	19.3	5
3次拖网25个站平均		2.057	0.082	4.040	37	1.5	72.4	—	—

(3) 拖网调查增殖放流效果评估。 2010年3—8月的3次拖网调查，出现的紫红笛鲷、红笛鲷和日本对虾经判别均来自增殖放流种苗。3个航次各25个站位的增殖放流种类拖网调查平均资源密度为4.040 kg/km²（表9-20）。按水域面为2.880×10⁴ km²计算，增殖放流种类资源量为116.25 t，以每吨10万元计，可产出1162.5万元。按渔民人数2500人计算，增殖放流使渔民人均增产优质鱼货46.5 kg，增收4650元。

7. 小结。 2009年11月至2010年7月，在防城港市企沙海域增殖放流规格为5.77～6.29 cm紫红笛鲷188.8072万尾，规格为5.18～5.92 cm红笛鲷171.4044万尾，规格为1.89～1.90 cm日本对虾9192万尾，规格为1.0～1.5 cm华贵栉孔扇贝苗522.21万粒，标志放流紫红笛鲷和红笛鲷6000尾。

拖网调查结果显示，2009年和2010年增殖放流的紫红笛鲷、红笛鲷和日本对虾在3次调查中均有捕获，平均资源密度已达4.040 kg/km²，表明增殖放流种类已在防城港海域栖息。产生了良好的生态和经济效益。

基于市场调查的评估结果显示，2009年11月增殖放流后到2012年年底，可形成捕捞产量116.300 t，回捕率25.78%，产值1092.17万元，产出投入比为11.45。在海中存留已达性成熟的紫红笛鲷和红笛鲷亲体6000尾，日本对虾亲体2.0万尾。2010年7月27日增殖放流后到2012年年底，可形成捕捞产量154.842 t，回捕率25.20%，产值1448.21万元，产出投入比为15.41。在海中存留已达性成熟的紫红笛鲷和红笛鲷亲体1.5万尾，日本对虾亲体4.2万尾。

基于市场调查的评估结果显示，2009年度增放流可使渔民人均增产优质鱼货46.52 kg，人均增收4369元。2010年度增放流可使渔民人均增产优质鱼货61.94 kg，人均增收5793元。基于拖网调查结果表明，增殖放流可使渔民人均增产优质鱼货46.5 kg，从增殖人均增收4650元。

（二）2012 年增殖放流效果评估

2012 年增殖放流效果评估采用与 2009—2010 年增殖效果评估相同的方法进行，评估结果如下。

2012 年度，在白龙珍珠湾及周边海域增殖放流平均规格为 1.68～1.85 cm 的日本对虾虾苗 4 036.48 万尾，规格为 4.35～4.78 cm 红笛鲷 71.208 万尾、规格为 4.56～5.27 cm 的紫红笛鲷 50.89 万尾，合计增殖放流紫红笛鲷、红笛鲷和日本对虾苗种共 4 158.58 万尾。经跟踪调查估算，可在白龙珍珠湾及周边海域形成捕捞产量 104.335 t，回捕率 20.02%，产值 982.53 万元，总产出是总投入的 12.33 倍。至 2014 年底，紫红笛鲷和红笛鲷可在海域中存留已达性成熟年龄的亲体 9 000 尾，日本对虾可在海域中存留已达性成熟年龄的亲体 3.3 万尾，形成资源补充群体，产生良好的生态效益。

基于市场调查方式评估结果表明，2012 年度增放流可使在该海域作业的渔民人均增产紫红笛鲷、红笛鲷和日本对虾等优质鱼货 41 kg，人均增收 3 930 元。

（三）2014 年增殖放流效果评估

2015 年增殖放流效果评估采用与 2009—2010 年增殖效果评估相同的方法进行。评估结果如下。

2014 年 8 月增殖放流平均规格 4.46 cm 的红笛鲷 69.747 万尾，平均规格 1.13 cm 的日本对虾虾苗 5 100.367 万尾，苗种共 5 170.114 万尾、购苗款 66.72 万元。

基于市场调查方式的评估结果表明，2014 年 8 月放流后，到 2014 年年底可形成捕捞产量 14.560 t，回捕率 9.50%，产值 139.43 万元，产出是总投入的 2.09 倍；到 2015 年全年可形成捕捞产量 57.005 t，回捕率 6.83%，产值 552.06 万元，产出是投入的 8.27 倍；到 2016 年全年可形成捕捞产量 15.563 t，回捕率 0.77%，产值 147.17 万元，产出是投入的 2.21 倍。2014 年 8 月放流后到 2016 年年底合计，可形成捕捞产量 87.128 t，回捕率 17.11%，产值 838.67 万元，总产出是总投入的 12.57 倍。在海中存留已达性成熟的红笛鲷亲体 1.0 万尾，日本对虾亲体 5.9 万尾。渔民人均增产优质鱼货 34.85 kg，渔民人均增收 3 355 元。

基于拖网跟踪调查的评估结果表明，渔获物中出现的红笛鲷和日本对虾均来自增殖放流种苗，红笛鲷拖网和日本对虾的平均资源密度分别为 0.446 kg/km² 和 0.773 kg/km²，合计平均资源密度为 1.219 kg/km²。按水域面为 2.880×10^4 km² 计算，增殖放流种类资源量为 35.107 t，按每吨 10 万元计算，可产出 351.07 万元，投入产出比为 1：5.26。渔民人均增产优质鱼货 14 kg，人均增收 1 400 元。

（四）2015 年增殖放流效果评估

2015 年增殖放流效果评估采用与 2009—2010 年增殖效果评估相同的方法进行。评估结果如下。

2015 年 1 月 13 日，在防城港市企沙海域增殖放流平均规格为 0.85 cm 的华贵栉孔扇贝苗 516.4 万粒，购买种苗的金额为 25.8 万元。2015 年 4 月 6 日，增殖放流平均规格为

4.6 cm 的真鲷苗 70 万尾，购买种苗的金额为 27.93 万元。其中，华贵栉孔扇贝的增殖放流效果本次不进行评估。

基于市场调查方式的增殖放流效果评估结果表明，到 2015 年年底可形成捕捞产量 12.051 t，回捕率 11.72%，产值 126.58 万元，产出是投入的 2.35 倍。到 2016 年年底合计，可形成捕捞产量 33.71 t，回捕率 17.82%，产值 359.07 万元，总产出是总投入的 6.68 倍。在海中存留已达性成熟年龄的华贵栉孔扇贝亲体 6.0 万粒，已达性成熟年龄的真鲷亲体 0.86 万尾，形成补充资源群体。

2015 年度增殖放流的华贵栉孔扇贝、真鲷均是优质高值经济种类，可使渔民人均增产优质鱼货 13.48 kg，渔民人均增收 1 436 元。2015 年度增殖放流取得良好的生态、经济和社会效益。

第四篇

白龙珍珠湾海洋牧场
生态效益综合评估

第十章

渔业生境质量监测与评估

一、监测调查与分析方法

(一) 监测站位和监测项目

监测调查分别于 2017 年冬季、春季、夏季和秋季进行,在白龙珍珠湾海洋牧场人工鱼礁海域和邻近海域共设置 10 个调查站位(表 10-1 和图 10-1),监测项目 13 项,其中水质理化环境 7 项(透明度、pH、水温、盐度、溶解氧、无机氮、活性磷酸盐);生物环境等 6 项(叶绿素 a、初级生产力、浮游植物、浮游动物、底栖生物和附着生物)。

表 10-1　白龙珍珠湾海洋牧场和邻近海域 2017 年调查监测站位经纬度

站　位	东　经	北　纬
S3	108°13.065′	21°25.455′
S4	108°13.827′	21°24.477′
S5	108°15.085′	21°20.971′
S7	108°20.803′	21°25.455′
S9	108°27.490′	21°25.455′
S11	108°24.640′	21°25.455′
S12	108°12.794′	21°27.281′
S14	108°16.895′	21°25.455′
S15	108°11.278′	21°20.535′
S16	108°9.530′	21°25.455′

(二) 监测调查时间

海上监测调查时间为:冬季(1 月 11—14 日)、春季(4 月 6—9 日)、夏季(9 月 5—8 日)和秋季(11 月 1—4 日)。

(三) 调查采样与分析方法

现场调查采样和分析均按《海洋监测规范》(GB 17378—2007)和《海洋调查规范-海洋生物调查》(GB 12763.6—2007)中规定的方法进行。

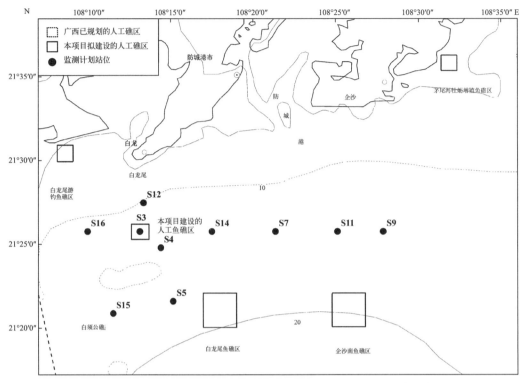

图 10-1 白龙珍珠湾海洋牧场与邻近海域 2017 年监测调查站位示意图

1. **海水水质。** 现场采集各站位表、底层（水深＞5 m）水样，现场测定水深、透明度、pH、水温、盐度和溶解氧（DO），其他样品经现场处理后带回实验室进行测定，包括无机氮（含硝酸盐、亚硝酸盐和氨氮）、活性磷酸盐。海水水质分析方法见表 10-2。

表 10-2 海水水质要素分析方法

项目	分析方法	最低检出下限（mg/L）	分析仪器
水深	现场直读测量		VAVMAN Fish 4430/4431 测深/鱼探仪
透明度	目视法		透明度盘
水温	YSI 高精度热敏电阻	0.01 ℃	YSI 多参数水质测量仪
盐度	有电导和温度计算得出	0.01	
pH	玻璃电极法	0.01	
DO	稳态极谱	0.01	
硝酸盐	锌-镉还原法	5.0×10^{-4}	LACHAT QC8500 连续流动注射水质 分析仪
亚硝酸盐	萘乙二胺分光光度法	5.0×10^{-4}	
铵氮	次溴酸盐氧化法	5.0×10^{-4}	
活性磷酸盐	磷钼蓝分光光度法	6.2×10^{-4}	

水质评价标准采用国家海水水质标准 GB 3097—2007 中的一类、二类标准（表 10 - 3）。

表 10 - 3　海水水质评价标准（单位：mg/L，pH 除外）

标准等级	海水水质评价标准				
	pH	DO	COD	无机氮	无机磷
一类标准	7.8～8.5	62	2	0.20	0.015
二类标准	7.8～8.5	5	3	0.30	0.030

采用标准指数法计算海水质量指数（S_j）。

单项水质评价因子（参数）i 在第 j 点的标准指数：

$$S_{i,j} = C_{i,j}/C_{i,o} \qquad (10-1)$$

式中，$C_{i,j}$ 为单项水质在 j 点的实测浓度；$C_{i,o}$ 为该项水质的标准值。

对于溶解氧，其标准指数为：

$$S_{DO} = (DO_{max} - DO_j)/(DO_{max} - DO_o) \qquad (10-2)$$

式中，DO_{max} 为监测期间饱和溶解氧的最大值；DO_j 为站点 j 的溶解氧实测值；DO_o 为溶解氧的评价标准值。

根据 pH 的特点，pH 的评价模式如下：

$$S_{pH} = \frac{|pH - pH_{sn}|}{DS}$$

其中，$pH_{sn} = \dfrac{pH_{su} + pH_{sd}}{2}$　$DS = \dfrac{pH_{su} - pH_{sd}}{2}$ $\qquad (10-3)$

式中，S_{pH} 为 pH 的污染指数；pH 为本次调查实测值；pH_{su} 为海水 pH 标准的上限值；pH_{sd} 为海水 pH 标准的下限值。

水质评价因子的标准指数＞1，则表明该项水质已超过了规定的水质标准。

2. 叶绿素 a 和初级生产力。采用容积为 5 L 的有机玻璃采水器，每站分表（离水面 0.5 m）、底（离底 2 m）两层采取水样，现场过滤，滤膜用保温壶冷藏，带回实验室测定；初级生产力以叶绿素 a 含量按 Cadée 公式进行估算：

$$P = C_a Q L t/2 \qquad (10-4)$$

式中，P 为初级生产力 [mg·C/(m²·d)]；C_a 为叶绿素 a 含量（mg/m³）；Q 为同化系数 [mg·C/(mgChl-a·h)]，根据南海水产研究所以往调查结果，冬季取 3.52，春季取 3.32，夏季取 3.42，秋季取 3.42；L 为真光层的深度（m）；t 为白昼时间（h），根据南海水产研究所以往调查掌握的数据，冬季取 9.5，春季取 11，夏季取 10.5，秋季取 10.5。

3. 浮游植物。采用浅水Ⅲ型浮游生物网进行底层至水面的垂直采样，样品用中性甲醛溶液固定，加入量为样品体积的 5%，带回实验室鉴定。定量计数用计数框，整片计数，取其平均生物量，以每立方米多少个表示（ind/m³）。分析种类组成、数量、分布，计算生物多样性指数和均匀度。

4. 浮游动物。采用浅水Ⅰ型浮游生物网进行海底至水面的垂直采样，样品用中性甲醛溶液固定，加入量为样品体积的 5%，带回实验室鉴定和生物量及密度分析。浮游动物生物量的测定以湿法进行。即将胶质浮游动物（水母类、被套类）挑出后，吸去其余浮游动物的体表水分，然后用天平称重，并换算出每立方米水体中的生物量。分析种类组成、数量、分布，计算生物多样性指数和均匀度。

5. **底栖生物。**采用大洋 50 型采泥器（开口面积为 0.05 m²）采样，每站采 2 次；所采样品用 5‰ 的福尔马林溶液固定，带回实验室进行分类鉴定与计数。分析种类组成、数量、分布，计算生物多样性指数和均匀度。

6. **附着生物。**在人工鱼礁区南部（S1）、中部（S2）和北部（S3）3 个采样点进行采样，每个礁体采样面积为 25 cm×25 cm。

附着生物的采集和分析均按《海洋监测规范》（GB 17378—2007）和《海洋调查规范-海洋生物调查》（GB 12763.6—2007）中规定的方法进行。

样品用中性甲醛溶液固定，加入量为样品体积的 5‰，带回实验室分析鉴定和计数。测定分析种类组成、数量、分布、优势度、多样性指数和均匀度。

7. **优势度、多样性指数和均匀度计算公式。**生物的优势度计算采用如下公式：

$$Y = \frac{n_i}{N} f_i \tag{10-6}$$

式中，n_i 为第 i 种的个体数，N 为总个体数，f_i 为该种在各采样站中出现的频率。

生物的多样性指数采用 Shannon-Weaner 指数分析，其计算公式为：

$$H' = -\sum_{i=1}^{S} P_i \log_2 P_i \tag{10-7}$$

式中，H' 为种类多样性指数；S 为样品中的种类总数；P_i 为第 i 种的个体数与总个体数的比值。

生物的均匀度采用 Pielou 均匀度指数分析，其计算公式为：

$$J = \frac{H'}{\log_2 S} \tag{10-8}$$

式中，J 为均匀度；H' 为种类多样性指数；S 为样品中的种类总数。

8. **附着生物的饵料贡献率。**

（1）样品采集。样品分别采自白龙珍珠湾人工鱼礁区东北部、中部和西南部的 S1、S2 和 S3 站位，样品采集时间为 2017 年 4 月（春季）、9 月（夏季）和 11 月（秋季）。人工鱼礁附着生物通过潜水采样；游泳生物和底栖生物等由渔船进行底拖网和刺网采样。

（2）样品处理。将采集到的生物洗净取肉，其中鱼类、虾类和虾蛄类取背部肌肉，蟹类取螯部肌肉，贝类取闭壳肌，头足类取胴部肌肉。其中，蛇尾、海鞘等部分附着物取肉难度较大，故将生物整体作为样品处理。样品经预冷冻后放入冷冻干燥机中，于 −60 ℃ 的条件下冷冻干燥 48 h，干燥结束后用研磨仪对样品进行研磨，然后进行碳氮稳定同位素分析。

（3）样品分析。将样品放入德国 Elementar 公司 PYRO Cube 元素分析仪自动取样器中，样品经燃烧和还原后转化为纯净的二氧化碳和氮气，再将所得气体稀释后通入英国 Isoprime 公司 Isoprime 100 稳定同位素质谱仪进行检测，该同位素质谱仪 δ^{13}C 比值和 δ^{15}N 比值的测定精度分别为 0.1‰、0.15‰。

（4）数据分析。生物稳定同位素数据分析借助 R 语言的 MixSIAR 模型，该模型借助 Bayesian 算法对消费者和食物源稳定同位素进行对比分析，从而确定食物源对消费者的食物贡献率。此次测定中，δ^{13}C 和 δ^{15}N 营养级富集因子分别选取 0.4‰ 和 3.4‰。

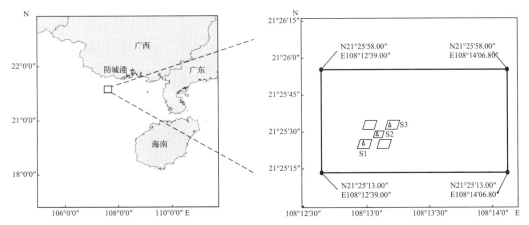

图 10-2 白龙珍珠湾人工鱼礁区附着生物采样站位点

二、海水水质

(一) 水质现状

1. **水深。**4 个季节调查,各站水深变化范围为 10~20 m,平均深度为 15.75 m,4 个季节调查海域水深范围基本一致。

2. **透明度。**4 个季节调查,冬季监测调查中各站海水透明度变化范围为 0.5~7.5 m,平均透明度为 4.3 m。冬季最低,平均值为 1.6 m;春季、夏季和秋季海水透明度变化不大,平均值分别为 5.2 m、5.3 m 和 5.1 m(图 10-3 至图 10-6)。

3. **pH。**4 个季节调查,pH 变化范围为 7.75~8.55,平均 pH 为 8.33(图 10-7 至图 10-14)。4 个季节海水 pH 的范围和平均值没有明显差异。

4. **水温。**冬、春、夏、秋 4 季海水温度范围和平均值分别为 16.4~17.5 ℃(17.1 ℃);17.8~19.8 ℃(18.9 ℃);30.5~31.0 ℃(30.8 ℃);23.2~25.1 ℃(24.8 ℃),水温平面分布见图 10-15 至图 10-22。海水温度季节变化的高低顺序为夏季>秋季>春季>冬季。

5. **盐度。**冬、春、夏、秋 4 季海水盐度变化范围为 23.10~35.63,平均盐度为 28.21(图 10-23 至图 10-30)。海水盐度季节变化的高低顺序为冬季>春季>秋季>夏季。

6. **DO。**冬、春、夏、秋 4 季海水 DO 浓度范围和平均值分别为 7.63~8.57 mg/L(8.20 mg/L);6.15~7.73 mg/L(6.98 mg/L);5.58~7.22 mg/L(6.46 mg/L);7.01~7.45 mg/L(7.23 mg/L),DO 浓度的平面分布见图 10-31 至图 10-38。海水 DO 浓度季节变化高低顺序为冬季>秋季>春季>夏季。

7. **无机氮。**冬、春、夏、秋 4 季海水各站无机氮浓度变化范围为 40.9~475.4 μg/L,平均浓度为 215.3 μg/L(图 10-39 至图 10-46)。春季海水无机氮平均浓度最高,为 263.7 μg/L。海水无机氮平均浓度的季节变化规律为春季>夏季>秋季>冬季。

8. **活性磷酸盐。**冬、春、夏、秋 4 季海水各站活性磷酸盐浓度变化范围为 0.9~20.1 μg/L,平均浓度为 5.2 μg/L(图 10-47 至图 10-54)。海水活性磷酸盐浓度的变化规律为冬季 10.7 μg/L>秋季 4.5 μg/L>春季 3.9 μg/L>夏季 1.7 μg/L。

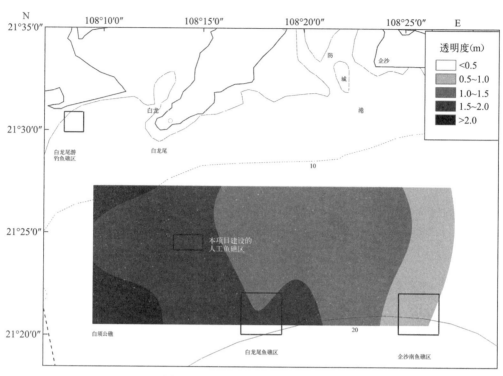

图 10-3　2017 年冬季透明度分布

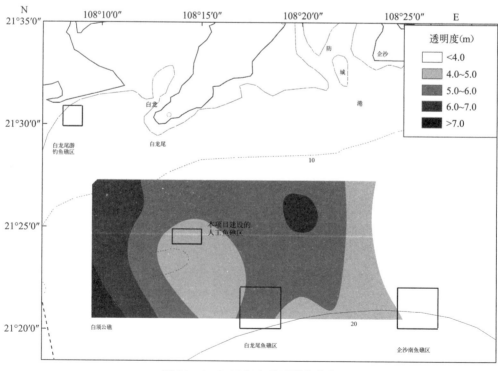

图 10-4　2017 年春季透明度分布

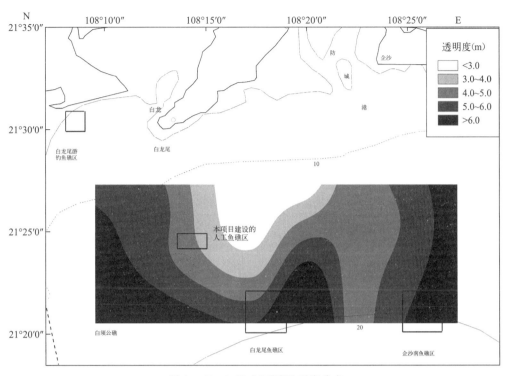

图 10-5 2017 年夏季透明度分布

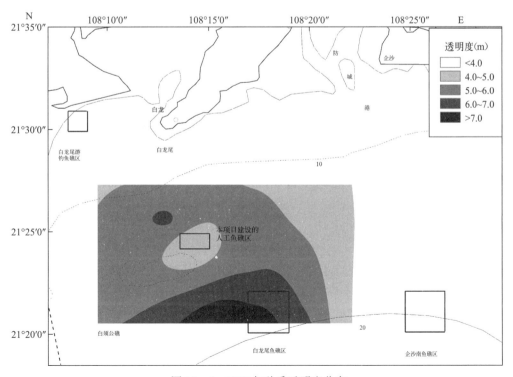

图 10-6 2017 年秋季透明度分布

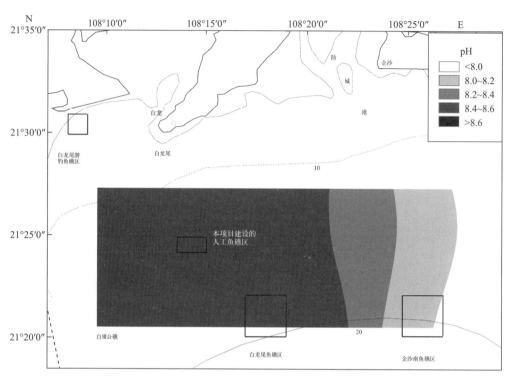

图 10 - 7　2017 年冬季表层海水 pH 分布

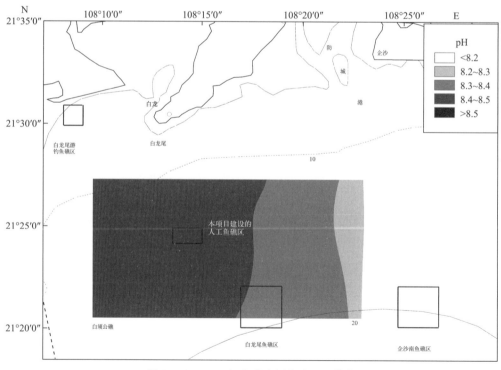

图 10 - 8　2017 年冬季底层海水 pH 分布

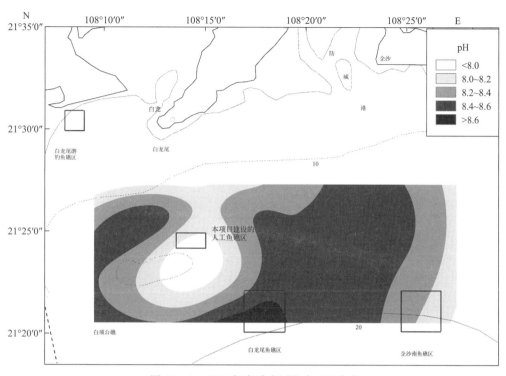

图 10-9 2017 年春季表层海水 pH 分布

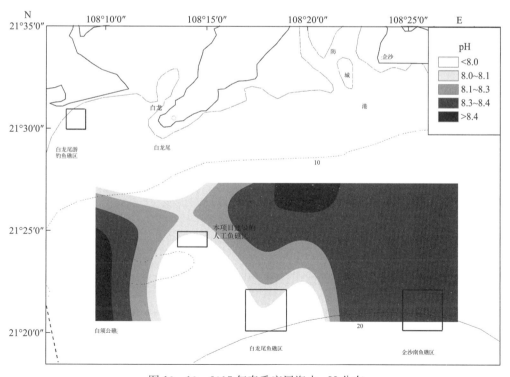

图 10-10 2017 年春季底层海水 pH 分布

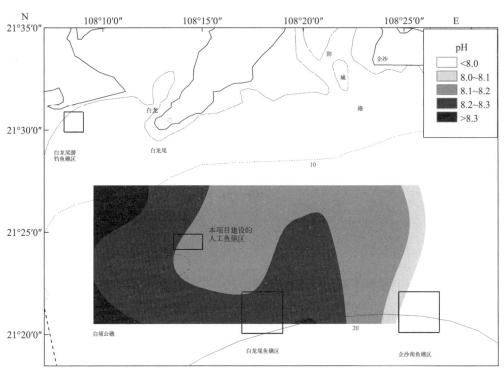

图 10-11 2017 年夏季表层海水 pH 分布

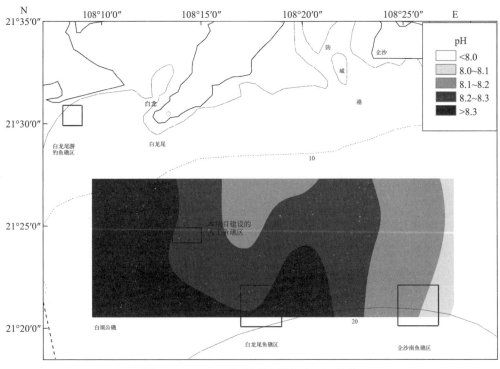

图 10-12 2017 年夏季底层海水 pH 分布

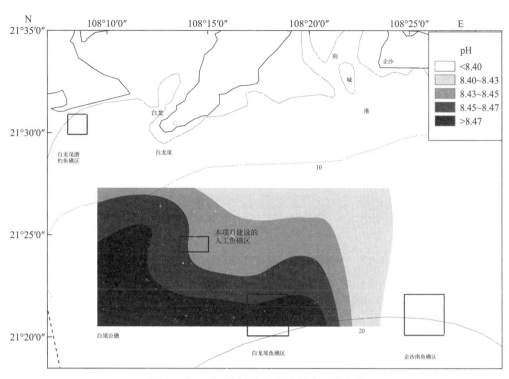

图 10-13 2017 年秋季表层海水 pH 分布

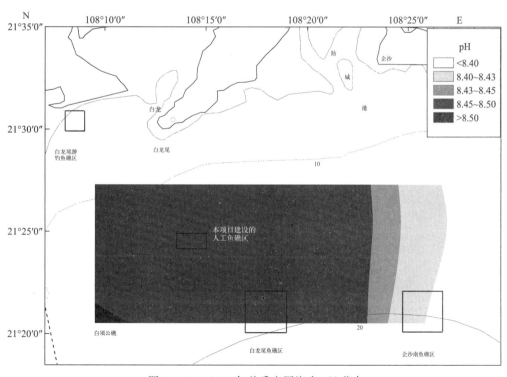

图 10-14 2017 年秋季底层海水 pH 分布

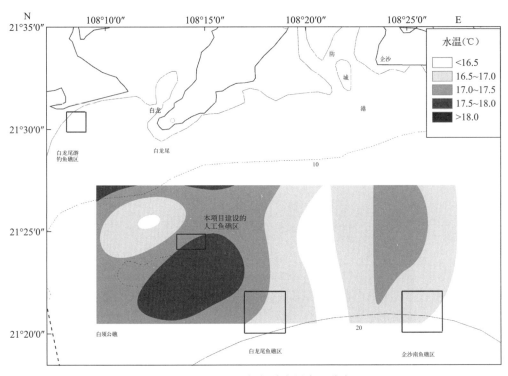

图 10-15 2017 年冬季表层水温分布

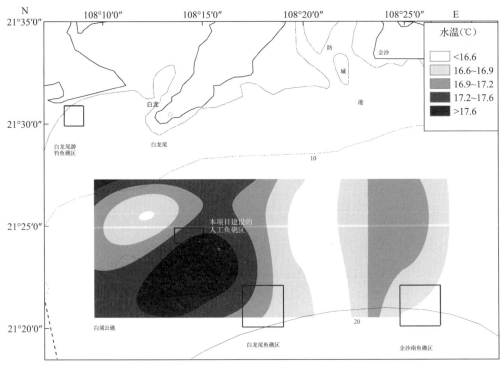

图 10-16 2017 年冬季底层水温分布

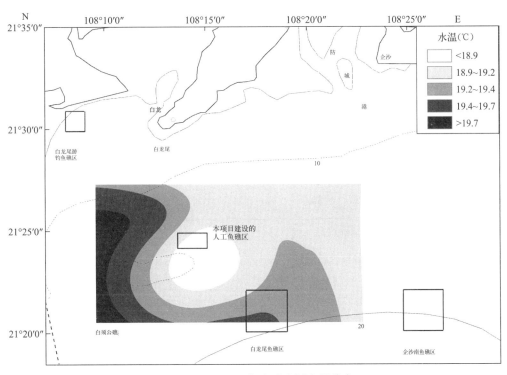

图 10-17　2017 年春季表层水温分布

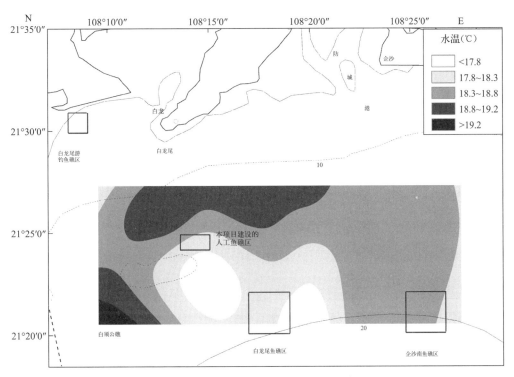

图 10-18　2017 年春季底层水温分布

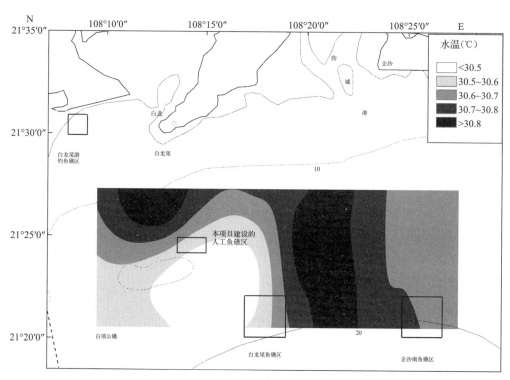

图 10-19　2017 年夏季表层水温分布

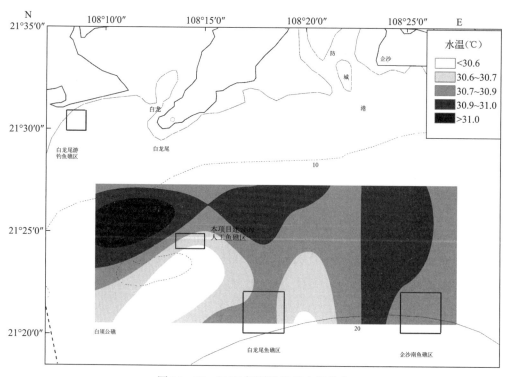

图 10-20　2017 年夏季底层水温分布

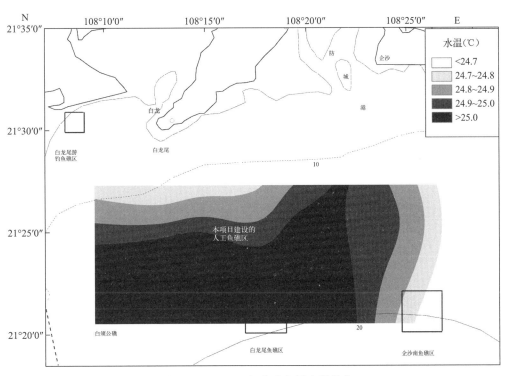

图 10 - 21 2017 年秋季表层水温分布

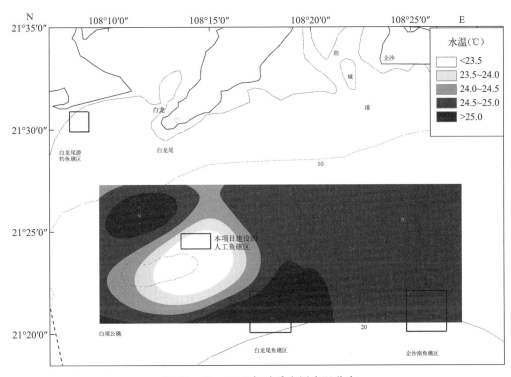

图 10 - 22 2017 年秋季底层水温分布

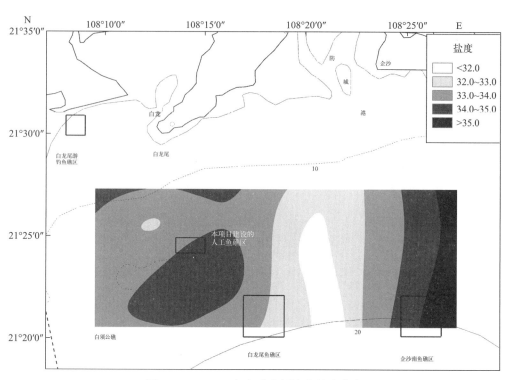

图 10-23 2017 年冬季表层海水盐度分布

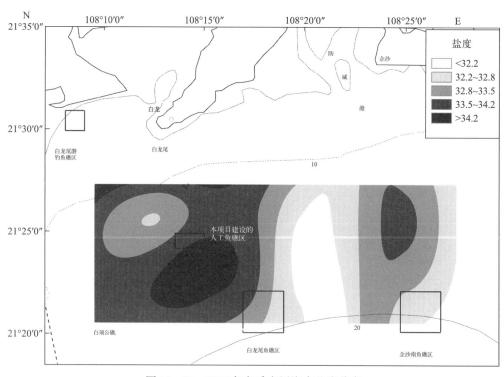

图 10-24 2017 年冬季底层海水盐度分布

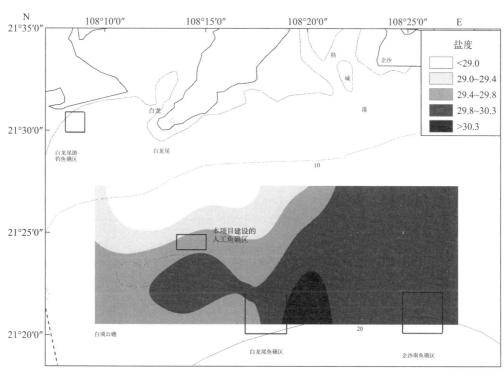

图 10-25　2017 年春季表层海水盐度分布

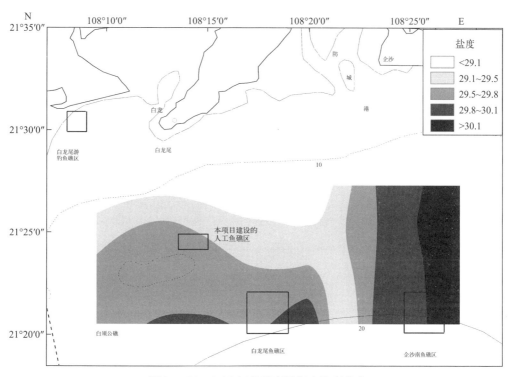

图 10-26　2017 年春季底层海水盐度分布

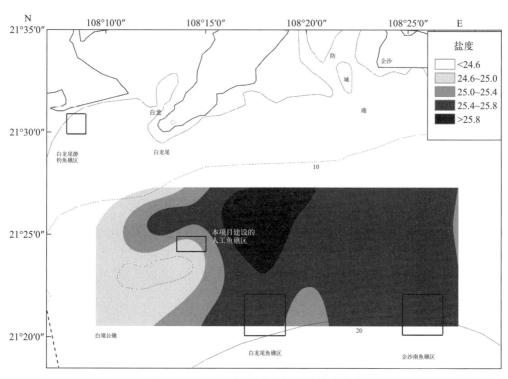

图 10-27 2017 年夏季表层海水盐度分布

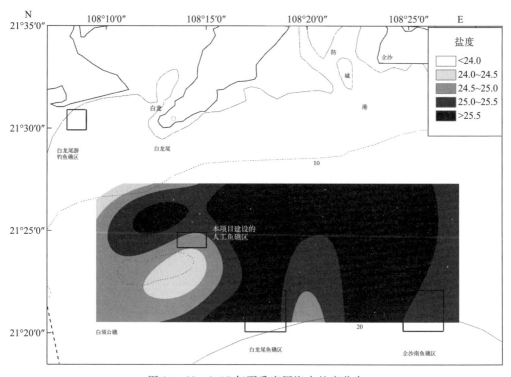

图 10-28 2017 年夏季底层海水盐度分布

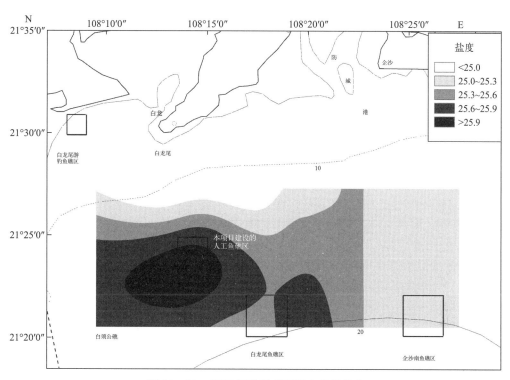

图 10-29 2017 年秋季表层海水盐度分布

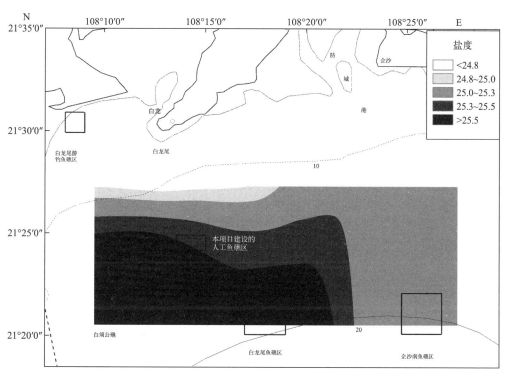

图 10-30 2017 年夏季底层海水盐度分布

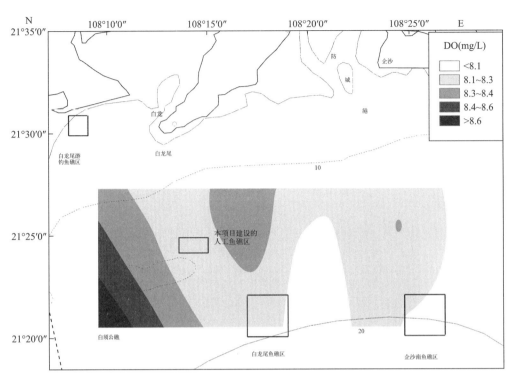

图 10-31 2017 年冬季表层海水 DO 分布

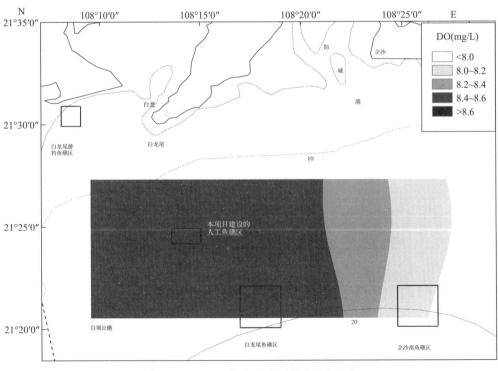

图 10-32 2017 年冬季底层海水 DO 分布

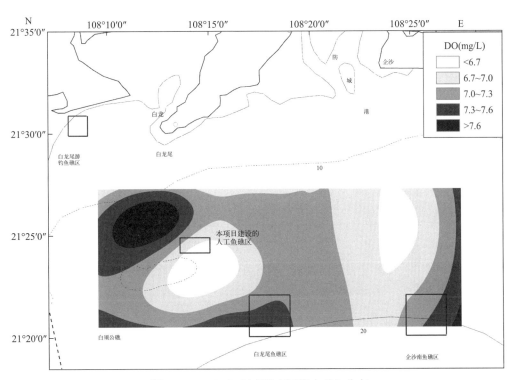

图 10 - 33　2017 年春季表层海水 DO 分布

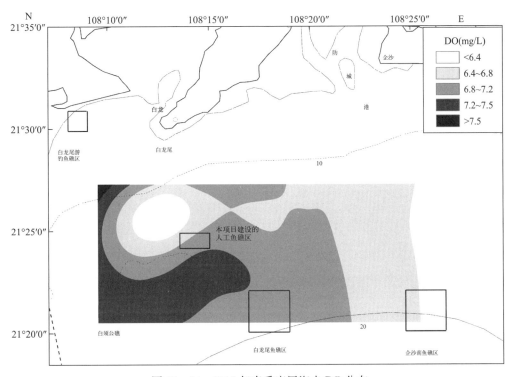

图 10 - 34　2017 年春季底层海水 DO 分布

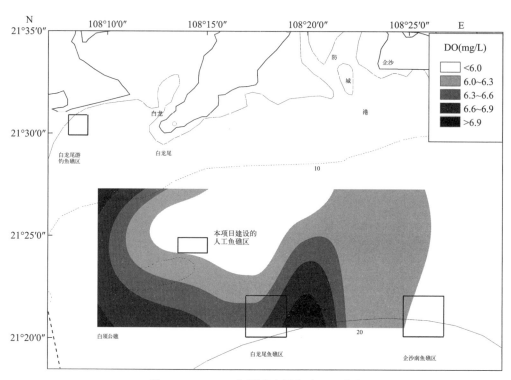

图 10-35　2017 年夏季表层海水 DO 分布

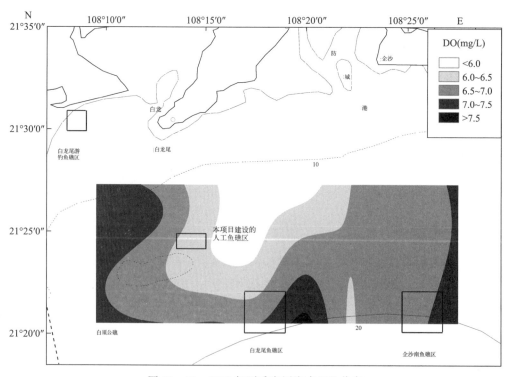

图 10-36　2017 年夏季底层海水 DO 分布

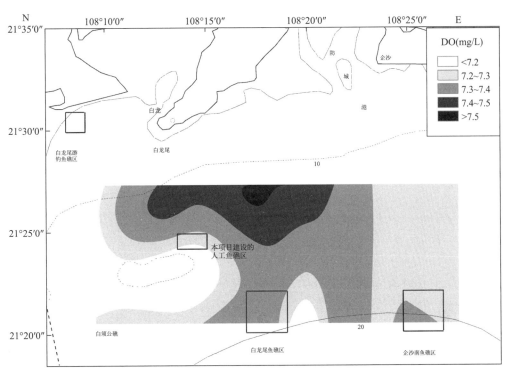

图 10 - 37　2017 年秋季表层海水 DO 分布

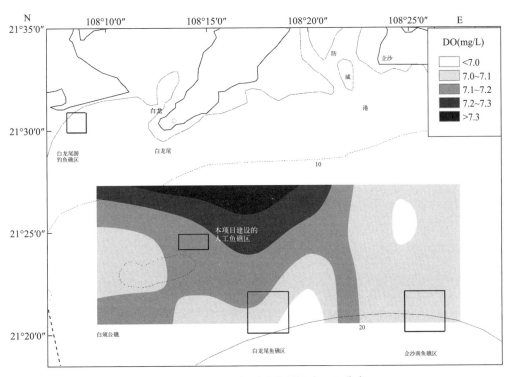

图 10 - 38　2017 年夏季底层海水 DO 分布

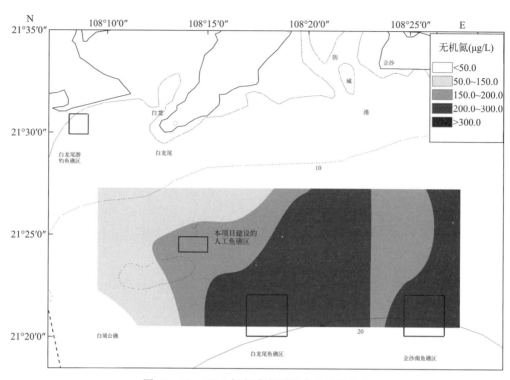

图 10-39　2017 年冬季表层海水无机氮分布

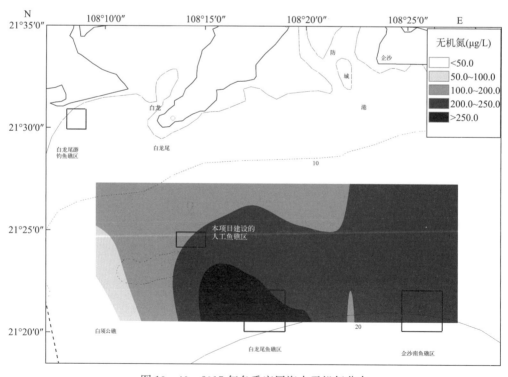

图 10-40　2017 年冬季底层海水无机氮分布

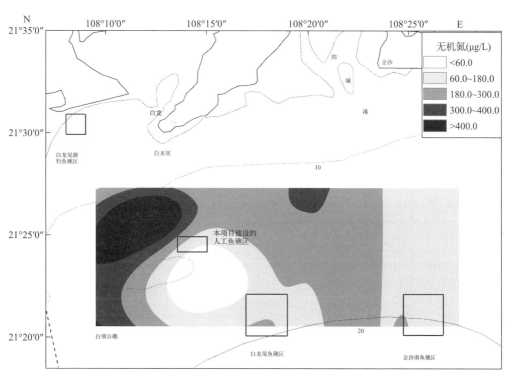

图 10-41 2017 年春季表层海水无机氮分布

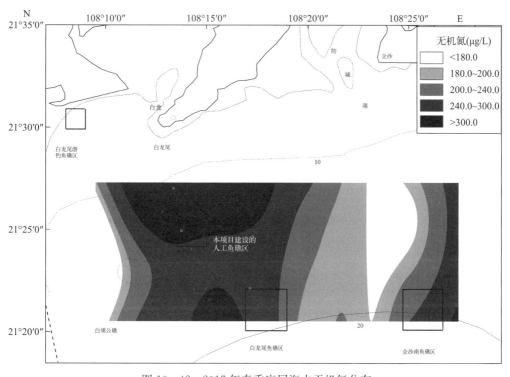

图 10-42 2017 年春季底层海水无机氮分布

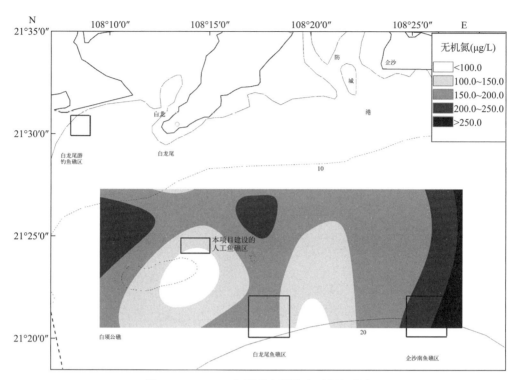

图 10 - 43　2017 年夏季表层海水无机氮分布

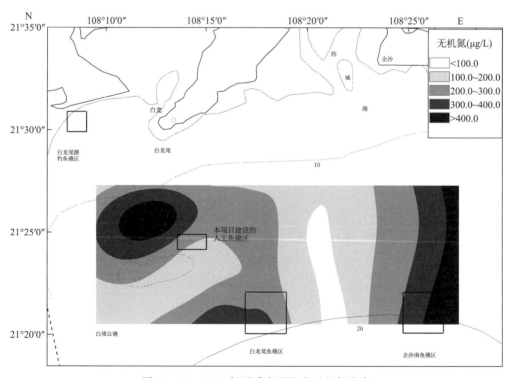

图 10 - 44　2017 年夏季底层海水无机氮分布

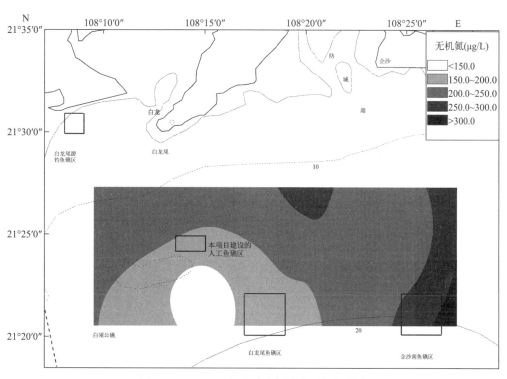

图 10 - 45 2017 年秋季表层海水无机氮分布

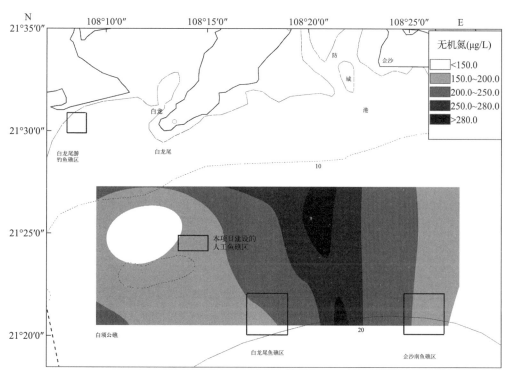

图 10 - 46 2017 年夏季底层海水无机氮分布

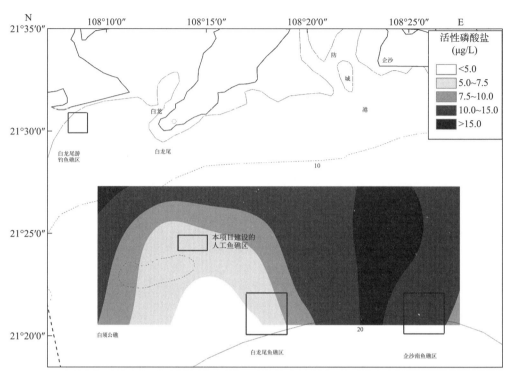

图 10 - 47　2017 年冬季表层海水活性磷酸盐分布

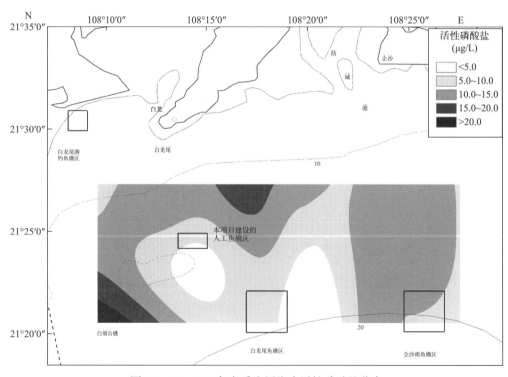

图 10 - 48　2017 年冬季底层海水活性磷酸盐分布

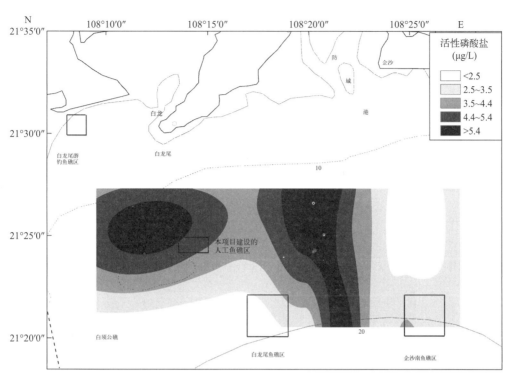

图 10 - 49 2017 年春季表层海水活性磷酸盐分布

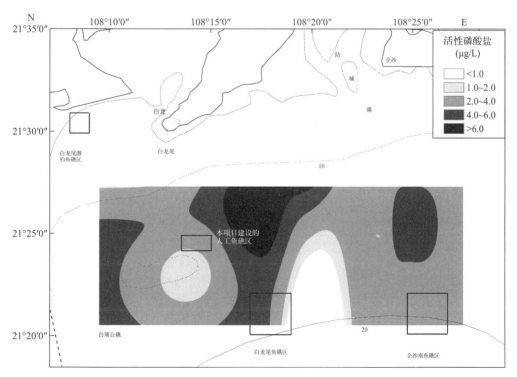

图 10 - 50 2017 年春季底层海水活性磷酸盐分布

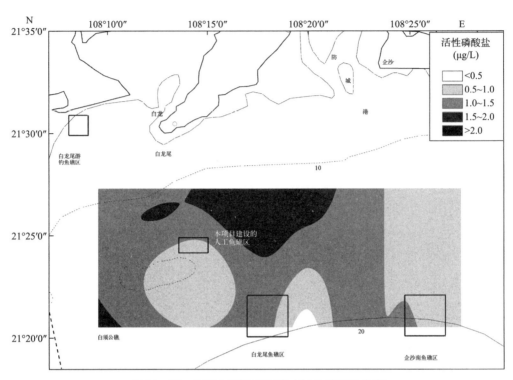

图 10 - 51 2017 年夏季表层海水活性磷酸盐分布

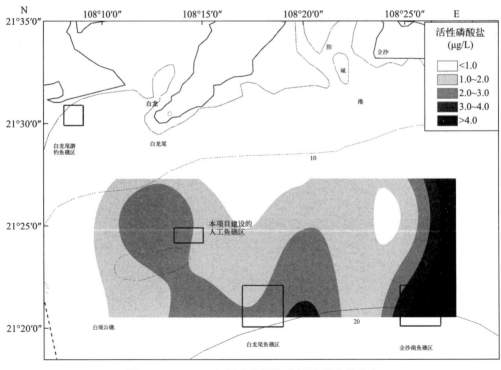

图 10 - 52 2017 年夏季底层海水活性磷酸盐分布

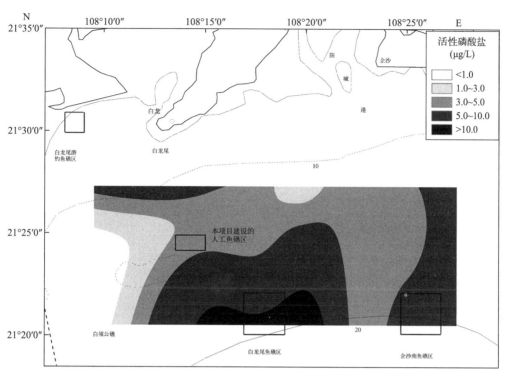

图 10-53 2017 年秋季表层海水活性磷酸盐分布

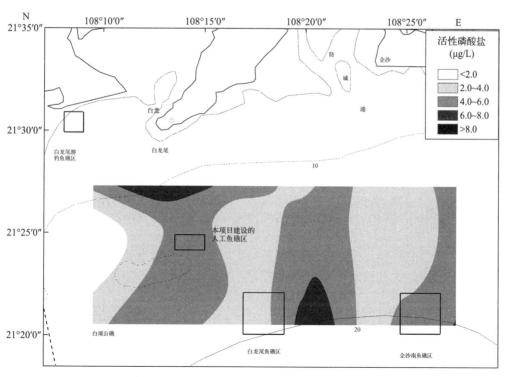

图 10-54 2017 年秋季底层海水活性磷酸盐分布

（二）水质评价

水质评价结果表明，2017 年白龙珍珠湾海洋牧场及其临近海域超 97％海水 pH 符合第一类海水水质标准；海水 DO 和活性磷酸盐均符合第二类海水水质标准；85％海水无机氮符合第二类海水水质标准；广西近岸海域环境质量报告书表明，无机氮含量升高原因主要来源于陆源污染和废水直排等污染。

（三）鱼礁区与对照站位的比较

白龙珍珠湾海洋牧场鱼礁区与对照区调查结果表明，2017 年白龙珍珠湾海洋牧场及其临近海域 4 个季节调查水深、透明度、温度、pH 和 DO 浓度平面分布变化不明显；春季和夏季无机氮和活性磷酸盐浓度呈鱼礁区（核心区）＞调控区（辐射区）＞对照区的变化规律，秋季和冬季航次则呈现对照区高于鱼礁区和调控区的变化规律。

（四）投礁前后海水环境因子的比较

与白龙珍珠湾海洋牧场投礁前（2015 年）海水环境因子比较，投礁后（2017 年）4 个季节海水的水深、透明度、温度、pH 和 DO 浓度的没有明显变化；冬季投礁前的海水无机氮浓度高于投礁后，其他季节投礁前的低于投礁后；投礁前海水活性磷酸盐的浓度均高于投礁后。

（五）小结

水质监测和评价结果表明，2017 年白龙珍珠湾海洋牧场及其临近海域超 97％海水 pH 符合第一类海水水质标准；海水 DO 和活性磷酸盐均符合第二类海水水质标准；85％海水无机氮符合第二类海水水质标准；广西近岸海域环境质量报告书表明，无机氮含量升高原因主要来源于陆源污染和废水直排等污染。

监测调查结果表明，2017 年白龙珍珠湾海洋牧场人工鱼礁区与对照区海域 4 个季节水深、透明度、温度、pH 和 DO 浓度平面分布变化规律不明显；春季和夏季航次无机氮和活性磷酸盐浓度呈鱼礁区（核心区）＞调控区（辐射区）＞对照区的变化规律，秋季和冬季航次则呈现对照区高于鱼礁区和调控区的变化规律。

与白龙珍珠湾海洋牧场投礁前（2015 年）海水环境因子比较，投礁后（2017 年）4 个季节海水的水深、透明度、温度、pH 和 DO 浓度的变化均不明显；冬季投礁前的海水无机氮浓度高于投礁后，其他季节投礁前的低于投礁后；投礁前海水活性磷酸盐的浓度均高于投礁后。

三、表层沉积物质量状况

根据防城港海域 2015—2017 年有关调查资料，白龙珍珠湾及附近海域表层沉积物中污染物含量范围和平均值分别为：汞 0.011～0.078 mg/kg（0.027 mg/kg），镉 nd～0.34 mg/kg

（0.12 mg/kg），铅 nd～34.5 mg/kg（12.4 mg/kg），砷 1.97～15.07 mg/kg（7.44 mg/kg），铜 5.32～19.70 mg/kg（10.21 mg/kg），锌 23.3～58.3 mg/kg（32.8 mg/kg），油类 64.1～373.8 mg/kg（188.2 mg/kg），表层沉积物中汞、镉、铅、砷、铜、锌、油类的标准评价指数均小于 1，沉积物质量优于我国海洋沉积物一级标准。

四、叶绿素与初级生产力

（一）叶绿素 a

2017 年 4 个季节各站叶绿素 a 含量变化范围为 0.11～2.00 mg/m³，叶绿素 a 含量的平均值高低顺序为秋季＞夏季＞冬季＞春季（表 10 - 4）。

冬季调查海域的表层叶绿素 a 含量范围为 0.14～0.78 mg/m³，平均值为 0.34 mg/m³。底层叶绿素 a 范围为 0.13～0.66 mg/m³，平均值为 0.28 mg/m³。调查海域叶绿素 a 含量低，表层高于底层（表 10 - 4、图 10 - 55 和图 10 - 56）。

春季调查海域的表层叶绿素 a 含量范围为 0.11～1.28 mg/m³，平均值为 0.48 mg/m³，底层叶绿素 a 范围为 0.16～0.71 mg/m³，平均值为 0.47 mg/m³。调查海域叶绿素 a 含量偏低，表、底层差异小（表 10 - 4、图 10 - 57 和图 10 - 58）。

夏季调查海域的表层叶绿素 a 含量范围为 0.11～0.53 mg/m³，平均值为 0.28 mg/m³。底层叶绿素 a 范围为 0.16～1.14 mg/m³，平均值为 0.41 mg/m³。调查海域叶绿素 a 含量低，底层高于表层（表 10 - 4、图 10 - 59 和图 10 - 60）。

秋季调查海域的表层叶绿素 a 含量范围为 0.12～2.00 mg/m³，平均值为 0.63 mg/m³，底层叶绿素 a 范围为 0.14～1.01 mg/m³，平均值为 0.75 mg/m³。调查海域叶绿素 a 含量低，底层高于表层（表 10 - 4、图 10 - 61 和图 10 - 62）。

表 10 - 4　2017 年白龙珍珠湾海洋牧场及邻近海域叶绿素含量数据（mg/m³）

调查海区		春季		夏季		秋季		冬季	
		表层	底层	表层	底层	表层	底层	表层	底层
鱼礁区		0.25	0.39	0.11	0.16	0.62	0.96	0.191	0.23
调控区		0.65	0.37	0.24	0.35	0.83	0.89	0.30	0.25
对照区		0.38	0.57	0.32	0.46	0.43	0.60	0.39	0.31/ 0.43
邻近海域	范围	0.11～ 1.28	0.16～ 0.71	0.11～ 0.53	0.16～ 1.14	0.12～ 2.00	0.14～ 1.01	0.14～ 0.78	0.13～ 0.66
	均值	0.48± 0.35	0.47± 0.19	0.28± 0.16	0.41± 0.28	0.63± 0.52	0.75± 0.31	0.34± 0.21	0.28± 0.15

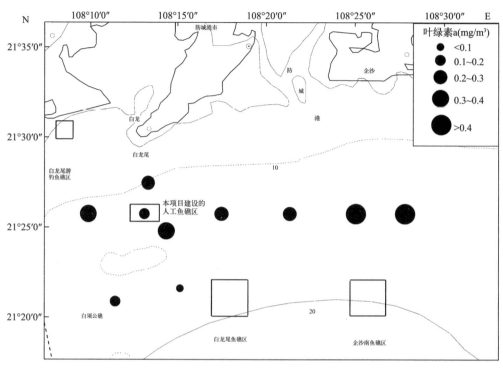

图 10-55　2017 年冬季表层叶绿素 a 分布

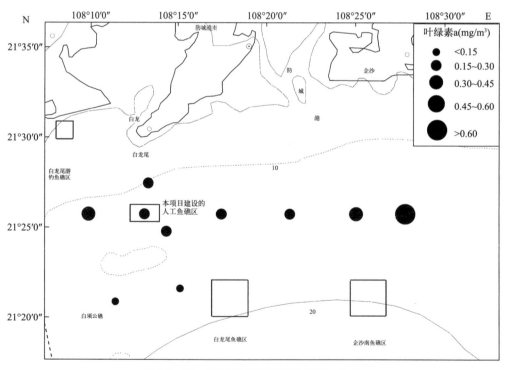

图 10-56　2017 年冬季底层叶绿素 a 分布

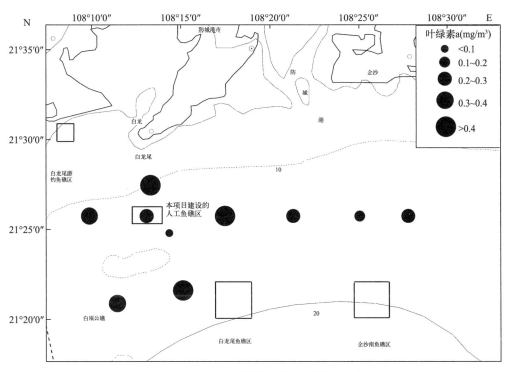

图 10 - 57　2017 年春季表层叶绿素 a 分布

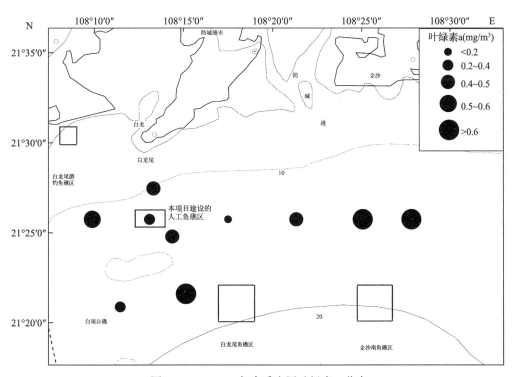

图 10 - 58　2017 年春季底层叶绿素 a 分布

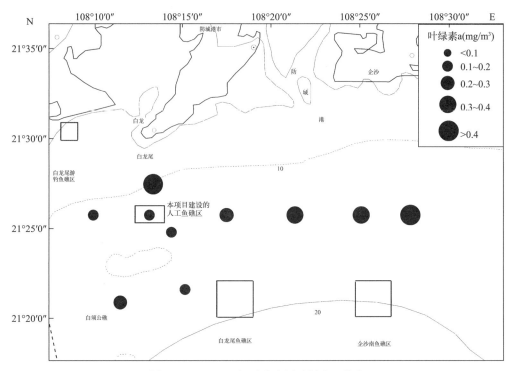

图 10-59 2017 年夏季表层叶绿素 a 分布

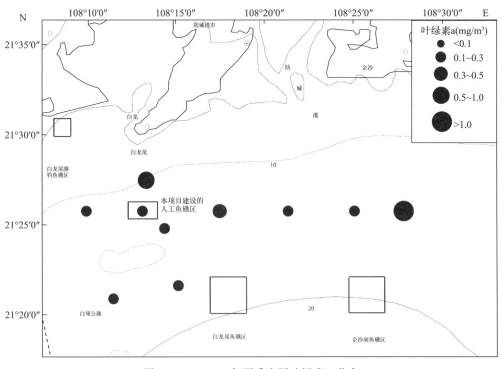

图 10-60 2017 年夏季底层叶绿素 a 分布

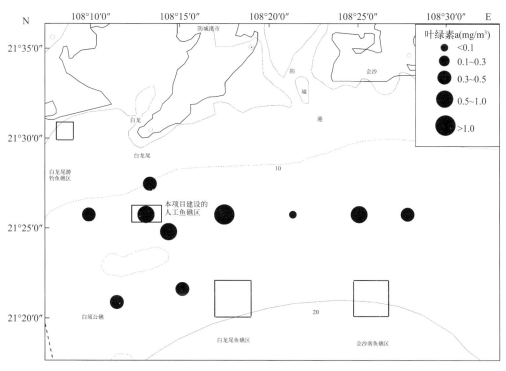

图 10-61　2017 年秋季表层叶绿素 a 分布

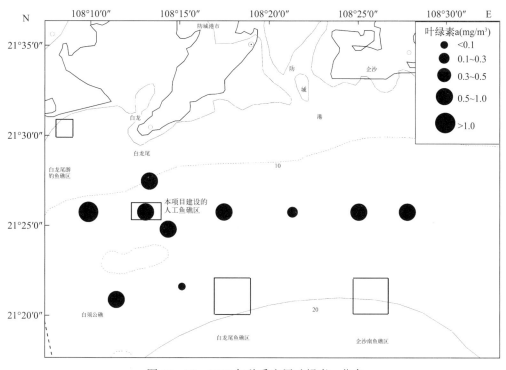

图 10-62　2017 年秋季底层叶绿素 a 分布

（二）初级生产力

2017 年冬春、夏、秋 4 季初级生产力水平范围和平均值分别为 47.40～150.43 mg·C/(m² · d)[79.79 mg·C/(m² · d)]；5.98～128.13 mg·C/(m² · d)[40.64 mg·C/(m² · d)]；28.40～110.82 mg·C/(m² · d)[65.97 mg·C/(m² · d)]；29.19～258.75 mg·C/(m² · d)[137.08 mg·C/(m² · d)]。数据见表 10－5 和图 10－63 至图 10－66。

表 10－5 **2017 年白龙珍珠湾海洋牧场及邻近海域初级生产力调查数据**〔mg·C/(m² · d)〕

海区		冬季	春季	夏季	秋季
鱼礁区		47.40	22.44	29.38	155.14
调控区		77.21	59.74	57.21	150.73
对照区		82.37	28.99	74.72	123.43
海域	范围	47.40～150.43	5.98～128.13	28.40～110.82	29.19～258.75
	均值	79.79±34.23	40.64±37.68	65.97±33.24	137.08±67.52

2017 年 4 个季节各站初级生产力水平的范围为 5.98～258.75 mg·C/(m² · d)，各站位间 4 季调查的初级生产力水平差异较大，初级生产力水平高低的季节变化为秋季＞冬季＞夏季＞春季（表 10－5）。

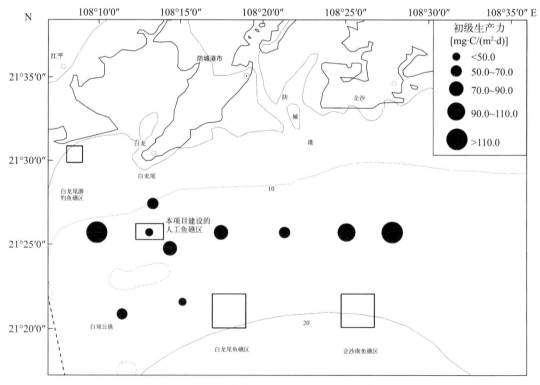

图 10－63 2017 年冬季初级生产力分布

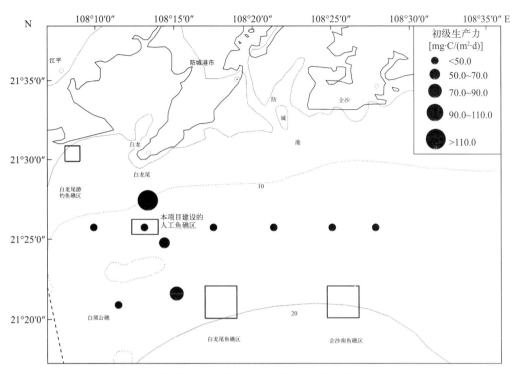

图 10 - 64　2017 年春季初级生产力分布

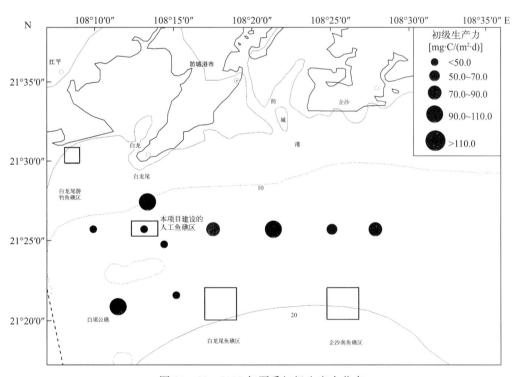

图 10 - 65　2017 年夏季初级生产力分布

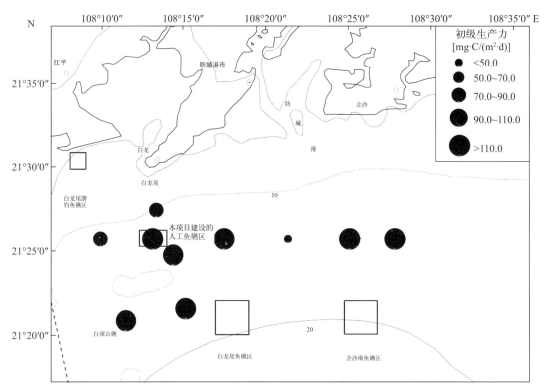

图 10 - 66 2017 年秋季初级生产力分布

（三）海域不同功能区的比较

2017 年 4 个季节的叶绿素 a 调查结果表明（表 10 - 6、图 10 - 67），表层和底层叶绿素 a 的平均值均以海洋牧场调控区和对照区较高，鱼礁区的相对较低。但数理检验表明，三者间没有显著差异。

表 10 - 6 2017 年白龙珍珠湾海洋牧场及邻近海域叶绿素 a 浓度（mg/m³）

调查海区	春季		夏季		秋季		冬季		平均值	
	表层	底层	表层	底层	表层	底层	表层	底层	表层	底层
鱼礁区	0.25	0.39	0.11	0.16	0.62	0.96	0.191	0.23	0.29	0.44
调控区	0.65	0.37	0.24	0.35	0.83	0.89	0.30	0.25	0.51	0.47
对照区	0.38	0.57	0.32	0.46	0.43	0.60	0.38	0.57	0.38	0.55

4 个季节的初级生产力水平调查结果显示（表 10 - 7、图 10 - 68），初级生产力的年度均值以海洋牧场调控区和对照区较高，鱼礁区相对较低，但三者间没有显著差异。

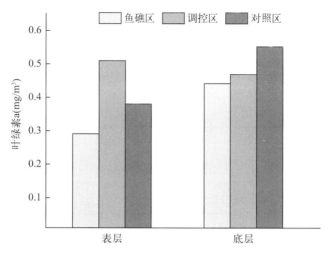

图 10 - 67 2017 年白龙珍珠湾海洋牧场及临近海域叶绿素 a 的平均浓度

表 10 - 7 **2017 年白龙珍珠湾海洋牧场及邻近海域初级生产力平均水平** $[mg \cdot C/(m^2 \cdot d)]$

调查海区	春季	夏季	秋季	冬季	平均值
鱼礁区	22.44	29.38	155.14	47.40	63.59
调控区	59.74	57.21	150.73	77.21	86.22
对照区	28.99	74.72	123.43	82.37	77.38

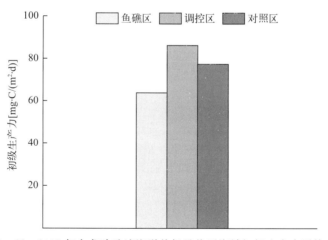

图 10 - 68 2017 年白龙珍珠湾海洋牧场及临近海域初级生产力平均水平

（四）投礁前后的比较

比较白龙珍珠湾海洋牧场投礁前 2015 年本底调查和投礁后 2017 年相应站位的调查数据，结果表明（表 10 - 8 和图 10 - 69），投礁后 2017 年叶绿素 a 的平均含量低于投礁前 2015 年的平均含量，但仍处于海域多年的正常波动范围内，没有显著差异。

表 10 - 8   投礁前后白龙珍珠湾海洋牧场及邻近海域叶绿素 a 和初级生产力的比较

时间	叶绿素 a（mg/g）				初级生产力 [mg·C/(m²·d)]	
	表层	平均值	底层	平均值	范围	平均值
2017 年	0.11～2.00	0.48	0.11～1.01	0.48	5.98～258.75	75.73
2015 年	0.17～0.58	0.36	0.15～1.76	0.58	33.47～210.43	89.71

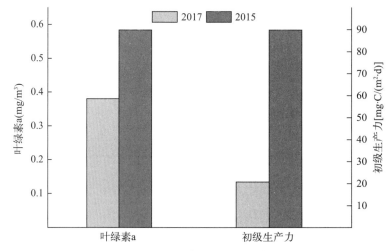

图 10 - 69   投礁前后叶绿素 a 和初级生产力变化的比较

投礁后，2017 年初级生产力的平均水平低于投礁前 2015 年的平均水平，但仍处于海域多年正常波动范围内，没有显著差异。

（五）小结

2017 年 4 个季节监测调查结果表明，白龙珍珠湾海洋牧场叶绿素 a 含量变化范围为 0.11～2.00 mg/m³，平均值为 0.48 mg/m³。各站位间 4 季调查的叶绿素 a 含量差异较大，调查期间叶绿素 a 含量的平均值变化为秋季＞夏季＞冬季＞春季。

2017 年 4 个季节监测调查结果表明，白龙珍珠湾海洋牧场初级生产力水平的变化范围为 5.98～258.75 mg·C/(m²·d)，变幅中等（$SD=4.66$），平均值为 75.73 mg·C/(m²·d)。各站的初级水产力水平差异较大，初级生产力总体均处于较低水平 [<200 mg·C/(m²·d)]。

海域不同功能区比较表明，表层和底层叶绿素 a 的平均值均以白龙珍珠湾海洋牧场调控区和对照区较高，海洋牧场鱼礁区的相对较低，但三者间没有显著差异。初级生产力的年度均值以白龙珍珠湾海洋牧场调控区和对照区较高，鱼礁区相对较低，但三者间也没有显著差异。

白龙珍珠湾海洋牧场投礁后，2017 年海域叶绿素 a 的平均含量低于投礁前 2015 年的平均含量，但仍处于正常波动范围。2017 年初级生产力的平均水平低于投礁前 2015 年的平均水平，但仍处于正常波动范围。

五、浮游植物

(一) 种类组成

2017 年 4 个季节调查，白龙珍珠湾海洋牧场及邻近海域共鉴定浮游植物 4 门 40 属 139 种（含 7 个变种和 2 个变型）。其中硅藻门出现种类最多，为 27 属 101 种，占总种类数的 72.7%；甲藻门出现 10 属 33 种，占总种类数的 23.7%；蓝藻门出现 2 属 4 种，占总种类数 2.9%；金藻门出现 1 种，占总种类数的 0.7%。其中，冬季出现浮游植物 3 门 27 属 82 种；春季出现浮游植物 3 门 23 属 56 种；夏季现浮游植物 4 门 28 属 70 种；秋季出现浮游植物 3 门 32 属 98 种。

(二) 优势种

2017 年冬、春、夏、秋 4 个季节分别有优势种 4 种、7 种、9 种和 8 种。第一优势种分别是柔弱菱形藻、卡氏角毛藻、伏氏海毛藻、旋链角毛藻（表 10 - 9 至表 10 - 12）。

表 10 - 9　2017 年白龙珍珠湾海洋牧场及邻近海域冬季调查浮游植物的优势种及优势度

中文名	拉丁文	优势度	平均丰度 （×10⁴ cell/m³）	丰度百分比 （%）
柔弱菱形藻	*Nitzschia delicatissima*	0.685	181.67	68.5
窄隙角毛藻	*Chaetoceros affinis*	0.110	36.57	13.8
夜光藻	*Noctiluca scintillans*	0.023	6.72	2.5
伏氏海毛藻	*Thalassiothrix frauenfeldii*	0.021	6.10	2.3

表 10 - 10　2017 年白龙珍珠湾海洋牧场及邻近海域春季调查浮游植物的优势种及优势度

中文名	拉丁文	优势度	平均丰度 （×10⁴ cell/m³）	丰度百分比 （%）
卡氏角毛藻	*Chaetoceros castracanei*	0.176	62.18	22.0
嘴状角毛藻	*Chaetoceros rostratus*	0.170	48.02	17.0
密连角毛藻	*Chaetoceros densus*	0.096	27.19	9.6
窄隙角毛藻	*Chaetoceros affinis*	0.066	20.69	7.3
冕孢角毛藻	*Chaetoceros subsecundus*	0.061	42.97	15.2
柔弱角毛藻	*Chaetoceros debilis*	0.035	10.91	3.9
叉角藻	*Ceratium furca*	0.027	8.46	3.0

表 10 - 11　2017 年白龙珍珠湾海洋牧场及邻近海域夏季调查浮游植物的优势种及优势度

中文名	拉丁文	优势度	平均丰度 （×10⁴ cell/m³）	丰度百分比 （%）
伏氏海毛藻	*Thalassiothrix frauenfeldii*	0.253	13.55	25.3
旋链角毛藻	*Chaetoceros curvisetus*	0.128	9.81	18.3

（续）

中文名	拉丁文	优势度	平均丰度 （×10⁴ cell/m³）	丰度百分比 （%）
优美辐杆藻	*Bacteriastrum delicatulum*	0.084	5.64	10.5
威氏圆筛藻	*Coscinodiscus wailesii*	0.083	4.44	8.3
叉角藻	*Ceratium furca*	0.049	2.65	4.9
密聚角毛藻	*Chaetoceros coarctatus*	0.034	2.02	3.8
菱形海线藻	*Thalassionema nitzschioides*	0.033	1.95	3.6
纺锤角藻	*Ceratium fusus*	0.030	1.58	3.0
琼氏圆筛藻	*Coscinodiscus jonesianus*	0.023	1.23	2.3

表 10-12 2017 年人工鱼礁区及邻近海域秋季监测调查浮游植物的优势种及优势度

中文名	拉丁文	优势度	平均丰度 （×10⁴ cell/m³）	丰度百分比 （%）
旋链角毛藻	*Chaetoceros curvisetus*	0.255	98.27	28.3
北方劳德藻	*Lauderia borealis*	0.146	50.75	14.6
覆瓦根管藻斯鲁变种	*Rhizosolenia imbricata* v. *shrubsolei*	0.093	32.18	9.3
优美辐杆藻	*Bacteriastrum delicatulum*	0.046	23.00	6.6
翼根管藻印度变型	*Rhizosolenia alata* f. *indica*	0.032	11.14	3.2
窄隙角毛藻	*Chaetoceros affinis*	0.026	11.27	3.2
萎软几内亚藻	*Guinardia flaccida*	0.022	7.52	2.2
圆柱角毛藻	*Chaetoceros teres*	0.021	7.15	2.1

（三）浮游植物的丰度

2017 年 4 个季节浮游植物的丰度范围为 $1.53×10^4 \sim 1853.62×10^4$ cell/m³，总平均值为 $230.39×10^4$ cell/m³。浮游植物丰度大小的季节顺序为秋季（$346.92×10^4$ cell/m³）＞春季（$282.01×10^4$ cell/m³）＞冬季（$265.40×10^4$ cell/m³）＞夏季（$53.54×10^4$ cell/m³）。浮游植物丰度组成以硅藻门为主，4 个季节硅藻门丰度占平均丰度的 84.1%～98.7%（表10-13 至表 10-16，图 10-70 至图 10-73）。

表 10-13 2017 年白龙珍珠湾海洋牧场及邻近海域冬季浮游植物丰度（×10⁴ cell/m³）

调查海区	总丰度	硅藻		甲藻		蓝藻	
		丰度	占比 （%）	丰度	占比 （%）	丰度	占比 （%）
鱼礁区	10.84	2.01	18.60	8.83	81.40	/	/
调控区	462.74	455.65	98.5	6.58	1.4	0.68	0.1
对照区	158.44	150.95	95.3	9.35	5.9	0.05	0.03
邻近海域最小值	1.53	1.53	18.60	/	/	/	/
邻近海域最大值	804.61	797.79	100.00	17.58	81.40	1.79	0.20
邻近海域平均值	265.40	257.94	97.20	7.25	2.70	0.21	0.10

表 10-14 2017 年白龙珍珠湾海洋牧场及邻近海域春季浮游植物丰度 （×10⁴ cell/m³）

调查海区	总丰度	硅藻		甲藻		蓝藻	
		丰度	占比 (%)	丰度	占比 (%)	丰度	占比 (%)
鱼礁区	41.50	28.86	69.5	12.64	30.5	/	/
调控区	522.40	486.19	93.1	33.81	6.5	3.19	0.6
对照区	137.81	116.65	84.7	20.71	15.0	0.74	0.5
邻近海域最小值	33.84	28.86	69.5	1.66	1.4	0.12	0.1
邻近海域最大值	1 439.95	1353.15	98.5	77.50	30.5	9.30	1.9
邻近海域平均值	282.01	255.69	90.7	25.14	8.9	1.18	0.4

表 10-15 2017 年白龙珍珠湾海洋牧场及邻近海域夏季浮游植物丰度 （×10⁴ cell/m³）

调查海区	总丰度	硅藻		甲藻		蓝藻		金藻	
		丰度	占比 (%)	丰度	占比 (%)	丰度	占比 (%)	丰度	占比 (%)
鱼礁区	85.37	80.47	94.3	4.26	5.0	0.64	0.7	/	/
调控区	89.45	77.25	86.4	12.16	13.6	0.01	0.01	0.03	0.04
对照区	18.45	12.18	66.0	6.17	33.5	0.09	0.5	/	/
邻近海域最小值	9.74	5.47	56.20	4.24	5.00	/	/	/	/
邻近海域最大值	172.07	151.01	94.30	21.06	43.50	0.64	0.90	0.13	0.10
邻近海域平均值	53.54	45.04	84.10	8.38	15.60	0.11	0.20	0.01	0.02

表 10-16 2017 年白龙珍珠湾海洋牧场及邻近海域秋季调查浮游植物丰度 （×10⁴ cell/m³）

调查海区	总丰度	硅藻		甲藻		蓝藻	
		丰度	占比 (%)	丰度	占比 (%)	丰度	占比 (%)
鱼礁区	42.74	35.99	84.2	6.20	14.5	0.56	1.3
调控区	137.89	134.83	97.8	2.70	2.0	0.36	0.26
对照区	574.98	569.82	99.1	4.63	0.8	0.52	0.1
邻近海域最小值	5.08	4.49	84.2	0.59	0.1	/	/
邻近海域最大值	1 853.62	1 852.16	99.9	7.33	14.5	2.03	2.4
邻近海域平均值	346.92	342.44	98.7	4.02	1.2	0.46	0.1

（四）多样性水平

2017 年 4 个季节调查，海域浮游植物的多样性指数范围为 1.02～3.62，平均值为 2.09。多样性指数大小顺序为秋季（3.74）＞夏季（3.46）＞春季（3.11）＞冬季（0.48）。浮游植物的均匀度范围为 0.23～0.82，平均值为 0.63。均匀度大小顺序为夏季（0.70）＞秋季（0.69）和春季（0.69）＞冬季（0.48）。浮游植物的多样性阈值范围为 0.27～3.47，平均值为 2.02。多样性阈值大小顺序为秋季（2.59）＞夏季（2.46）＞春季（2.16）＞冬季（1.11）。春季、夏季和秋季浮游植物的多样性程度属Ⅲ类，处于较好水平；冬季浮游植物的多样性程度属Ⅳ类，处于一般水平（图 10-74 至图 10-85，表 10-17 至表 10-21）。

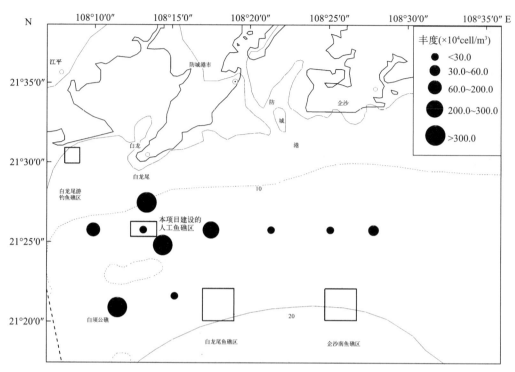

图 10 - 70 2017 年冬季浮游植物丰度分布

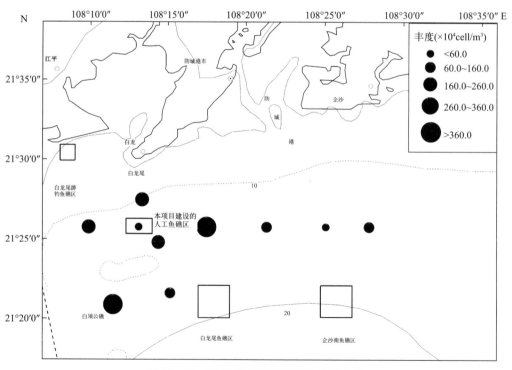

图 10 - 71 2017 年春季浮游植物丰度分布

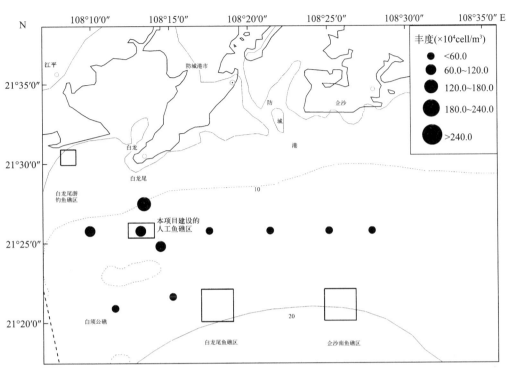

图 10-72 2017年夏季浮游植物丰度分布

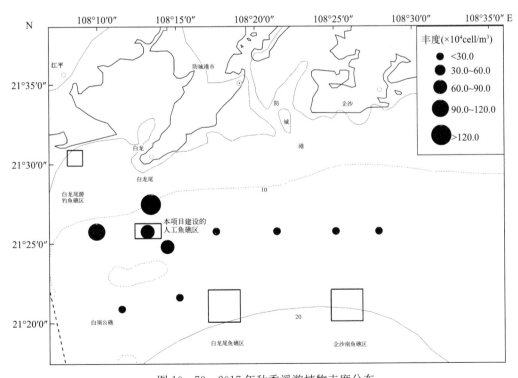

图 10-73 2017年秋季浮游植物丰度分布

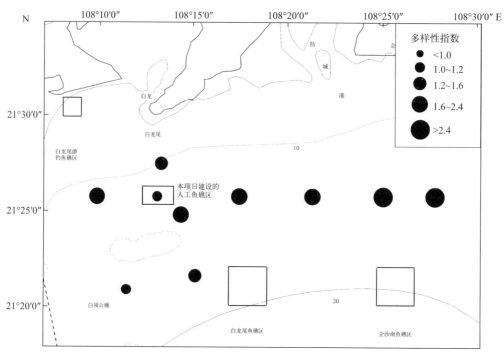

图 10-74 2017年冬季浮游植物多样性指数分布

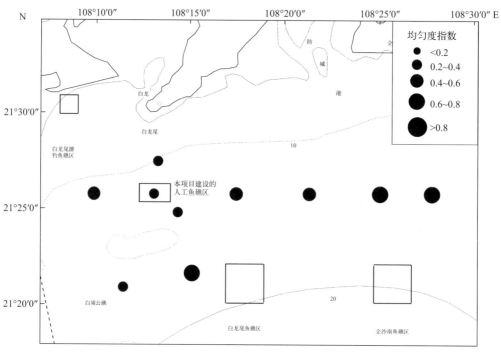

图 10-75 2017年冬季浮游植物均匀度分布

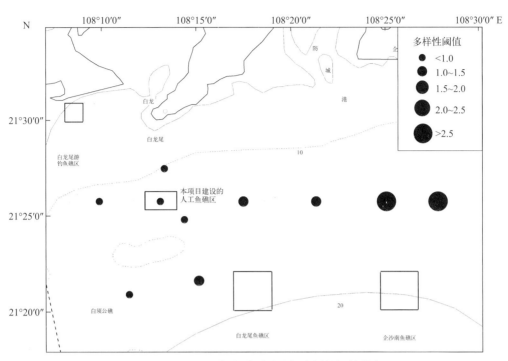

图 10-76　2017 年冬季浮游植物多样性阈值分布

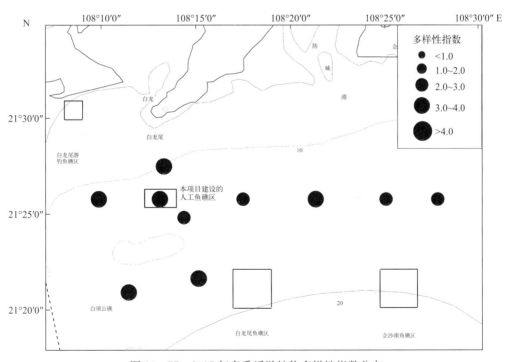

图 10-77　2017 年春季浮游植物多样性指数分布

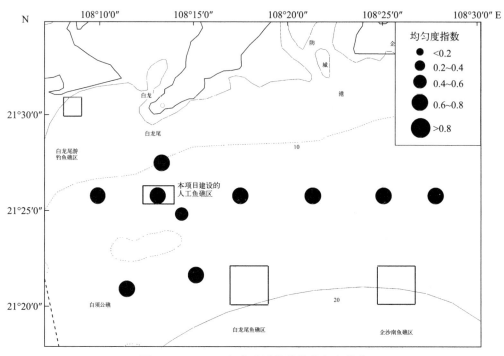

图 10-78 2017 年春季浮游植物均匀度分布

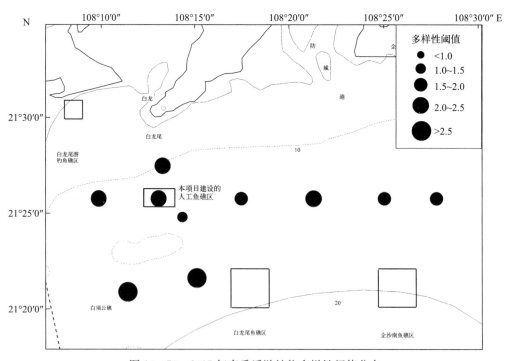

图 10-79 2017 年春季浮游植物多样性阈值分布

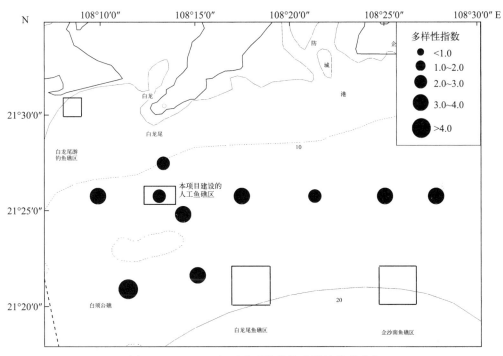

图 10 - 80　2017 年夏季浮游植物多样性指数分布

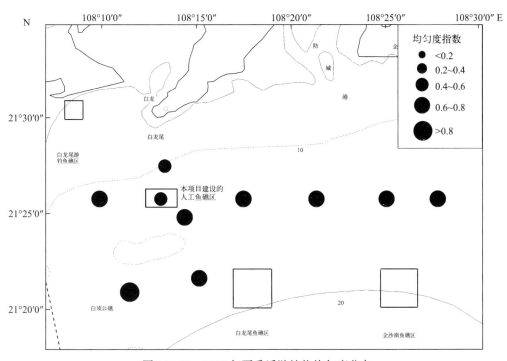

图 10 - 81　2017 年夏季浮游植物均匀度分布

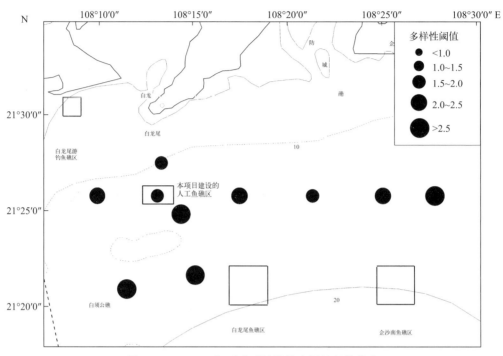

图 10-82 2017 年夏季浮游植物多样性阈值分布

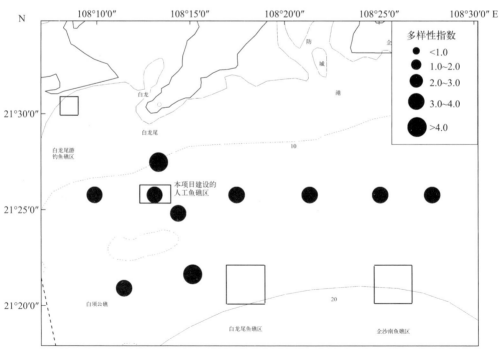

图 10-83 2017 年秋季浮游植物多样性指数分布

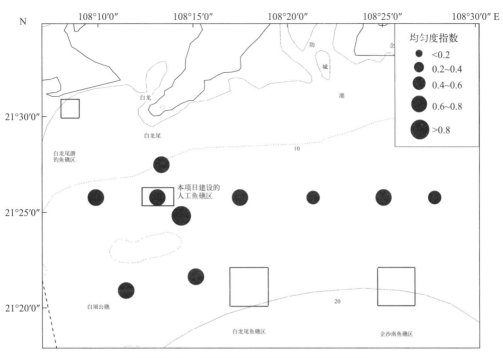

图 10 - 84　2017 年秋季浮游植物均匀度分布

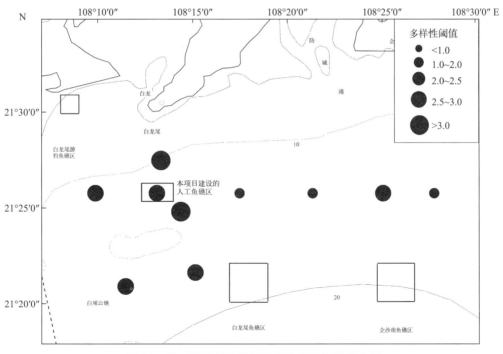

图 10 - 85　2017 年秋季浮游植物多样性阈值分布

表 10-17　2017 年白龙珍珠湾海洋牧场及邻近海域冬季调查浮游植物的多样性及均匀度指数

调查海区	种类数	多样性指数	均匀度指数	多样性阈值
鱼礁区	8	1.02	0.34	0.35
调控区	32	1.97	0.40	0.82
对照区	24	2.43	0.58	1.55
邻近海域最小值	5	1.02	0.23	0.27
邻近海域最大值	39	3.62	0.75	2.73
邻近海域平均值	26	2.09	0.48	1.11

表 10-18　2017 年白龙珍珠湾海洋牧场及邻近海域春季调查浮游植物的多样性及均匀度指数

调查海区	种类数	多样性指数	均匀度指数	多样性阈值
鱼礁区	22	3.33	0.75	2.49
调控区	24	2.98	0.65	1.96
对照区	23	3.16	0.70	2.26
邻近海域最小值	20	2.39	0.55	1.33
邻近海域最大值	30	3.75	0.79	2.97
邻近海域平均值	23	3.11	0.69	2.16

表 10-19　2017 年白龙珍珠湾海洋牧场及邻近海域夏季调查浮游植物的多样性及均匀度指数

调查海区	种类数	多样性指数	均匀度指数	多样性阈值
鱼礁区	40	2.95	0.56	1.64
调控区	33	3.40	0.68	2.33
对照区	29	3.61	0.75	2.73
邻近海域最小值	21	2.94	0.56	1.64
邻近海域最大值	41	4.31	0.81	3.47
邻近海域平均值	32	3.46	0.70	2.46

表 10-20　白龙珍珠湾海洋牧场及邻近海域秋季监测浮游植物的多样性及均匀度指数

调查海区	种类数	多样性指数	均匀度指数	多样性阈值
鱼礁区	36	3.85	0.75	2.88
调控区	41	3.84	0.72	2.80
对照区	50	3.64	0.64	2.37
邻近海域最小值	29	3.09	0.56	1.74
邻近海域最大值	60	4.25	0.82	3.27
邻近海域平均值	45	3.74	0.69	2.59

表 10-21 2017 年白龙珍珠湾海洋牧场及邻近海域浮游植物数据比较

调查时间	种类数	平均丰度 ($\times 10^4$ cell/m³)	多样性指数	均匀度指数	多样性阈值	优势种
冬季	82	265.40	2.09	0.48	1.11	柔弱菱形藻、窄隙角毛藻、夜光藻
春季	56	282.01	3.11	0.69	2.16	卡氏角毛藻、嘴状角毛藻、密连角毛藻
夏季	70	53.54	3.46	0.70	2.46	伏氏海毛藻、旋链角毛藻、优美辐杆藻
秋季	98	346.92	3.74	0.69	2.59	旋链角毛藻、北方劳德藻、覆瓦根管藻斯鲁变种

（五）海域不同功能区的比较

数据比较可知，白龙珍珠湾海洋牧场调控区浮游植物出现的种类数和丰度最高（32.5种，303.03$\times 10^4$ cell/m³），对照区次之（31.5 种，222.42$\times 10^4$ cell/m³），鱼礁核心区的相对较低（26.5 种，44.61$\times 10^4$ cell/m³），比较结果见表 10-22 和图 10-86。多样性指数、均匀度和多样性阈值大小顺序均为对照区（3.21、0.67、2.23）＞调控区（3.05、0.61、1.98）＞核心区（2.79、0.60、1.84），比较结果见表 10-22 和图 10-87。

表 10-22 2017 年白龙珍珠湾海洋牧场及邻近海域浮游植物的调查数据

海区	种数（种）	丰度（$\times 10^4$ cell/m³）	多样性指数（H'）	均匀度（J）	多样性阈值（Dv）
鱼礁区	26.5	44.61	2.79	0.60	1.84
调控区	32.5	303.03	3.05	0.61	1.98
对照区	31.5	222.42	3.21	0.67	2.23

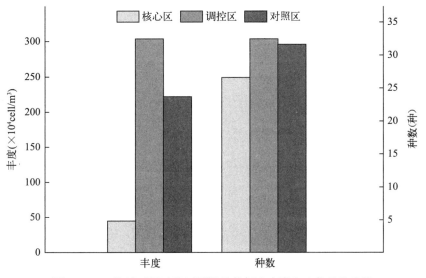

图 10-86 海域不同功能区浮游植物栖息密度和生物量的比较

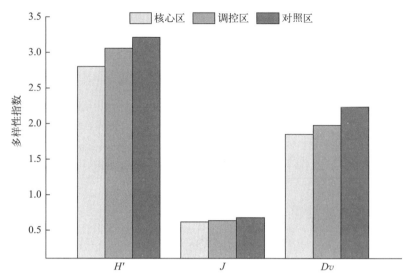

图 10-87　2017 年不同功能区浮游植物多样性水平的比较

　　建礁后，白龙珍珠湾海洋牧场人工鱼礁区由于大量投放礁体，水域生态环境短期内发生剧烈变化，浮游植物受到一定程度影响。2017 年 1 月（冬季）投礁后最初的数据显示，核心区浮游植物的种数、丰度和多样性指数均最低，分别为 8 种、10.84×10^4 cell/m³ 和 1.02。但随着时间的增加，核心区浮游植物的种数、丰度和多样性指数均不断增长，后 3 个季节的调查分别上升至 22～40 种、$41.5 \times 10^4 \sim 85.37 \times 10^4$ cell/m³ 和 2.95～3.85，人工鱼礁核心区和调控区已显示出良好效果。

（六）人工鱼礁投放前后的比较

　　1. 种类组成的比较。比较 2017 年 4 个季度和 2015 年 4 个季度的浮游植物数据可知，除 2017 年冬季浮游植物种类数略微多于投礁前，其他 3 各季节的种类数均一定程度上低于投礁前，但种数的变动均在海域多年正常波动范围内（表 10-23 和图 10-88）。

表 10-23　投礁前后白龙珍珠湾海洋牧场及邻近海域浮游植物数据的比较

调查时间	种类数	平均丰度（$\times 10^4$ cell/m³）	多样性指数	均匀度指数	多样性阈值	优势种
2015 年 1 月	80	1 333.94	1.53	0.34	0.62	伏氏海毛藻、柔弱角毛藻、短角弯角藻
2015 年 5 月	75	658.78	2.31	0.54	1.33	威氏角毛藻、优美辐杆藻、柔弱角毛藻
2015 年 8 月	105	2 766.31	2.63	0.53	1.83	旋链角毛藻
2015 年 11 月	115	3 437.05	3.18	0.59	1.9	太阳双尾藻、热带骨条藻、旋链角毛藻
2017 年 1 月	82	265.40	2.09	0.48	1.11	柔弱菱形藻、窄隙角毛藻、夜光藻
2017 年 4 月	56	255.69	3.11	0.69	2.16	卡氏角毛藻、嘴状角毛藻、密连角毛藻
2017 年 9 月	70	53.54	3.46	0.70	2.46	伏氏海毛藻、旋链角毛藻、优美辐杆藻
2017 年 11 月	98	346.92	3.74	0.69	2.59	旋链角毛藻、北方劳德藻、覆瓦根管藻斯鲁变种

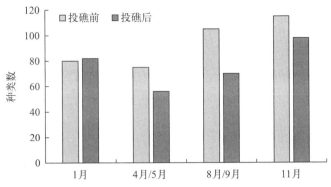

图 10 - 88　白龙珍珠湾海洋牧场投礁前后浮游植物种类数的比较

2. **优势种的比较。**白龙珍珠湾海洋牧场投礁前后不同季节浮游植物的优势种存在更替。2017 年 4 个季节的第一优势种分别是卡氏角毛藻、伏氏海毛藻、旋链角毛藻和柔弱菱形藻。而投礁前的 2015 年 4 个季节第一优势种分别是威氏角毛藻、旋链角毛藻、太阳双尾藻和伏氏海毛藻。

3. **丰度的比较。**2017 年浮游植物的平均丰度为 $230.39 \times 10^4 \text{cell/m}^3$，而投礁前 2015年的平均丰度为 $2\ 049.02 \times 10^4 \text{cell/m}^3$，投礁前浮游植物的丰度较高（图 10 - 89）。其主要原因是 2017 年出现了较多大个体的甲藻优势种。

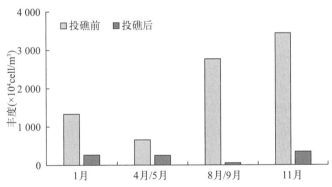

图 10 - 89　白龙珍珠湾海洋牧场投礁前后浮游植物丰度比较

4. **多样性水平的比较。**2017 年和 2015 年浮游植物的多样性指数年平均值分别为 3.10和 2.41，均匀度指数年平均值分别 0.64 和 0.50，多样性阈值年平均值分别为 2.08 和 1.42。2017 年浮游植物的三个指标均明显高于 2015 年投礁前的水平（图 10 - 90 至图 10 - 92）。

（七）小结

2017 年 4 个季节共鉴定浮游植物 4 门 40 属 139 种（含 7 个变种和 2 个变型）。其中，硅藻门出现种类最多，占总种类数的 72.7%；甲藻门占总种类数的 23.7%，其他种类数较少。冬季的优势种为柔弱菱形藻、窄隙角毛藻、夜光藻和伏氏海毛藻；春季为卡氏角毛藻、嘴状角毛藻、密连角毛藻等；夏季为伏氏海毛藻、旋链角毛藻、优美辐杆藻等；秋季为旋链角毛藻、北方劳德藻、覆瓦根管藻斯鲁变种等。

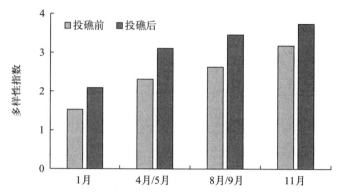

图 10-90 白龙珍珠湾海洋牧场投礁前后浮游植物多样性指数比较

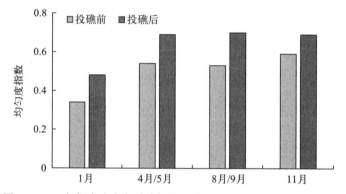

图 10-91 白龙珍珠湾海洋牧场投礁前后浮游植物均匀度指数比较

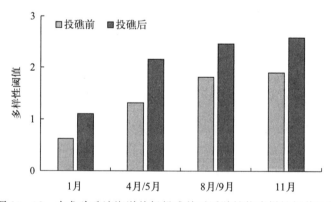

图 10-92 白龙珍珠湾海洋牧场投礁前后浮游植物多样性阈值比较

2017 年 4 个季节浮游植物的丰度范围为 $1.53 \times 10^4 \sim 1\,853.62 \times 10^4$ cell/m³，总平均值为 230.39×10^4 cell/m³。浮游植物丰度大小的季节顺序为秋季（346.92×10^4 cell/m³）＞春季（282.01×10^4 cell/m³）＞冬季（265.40×10^4 cell/m³）＞夏季（53.54×10^4 cell/m³）。4 个季节大部分站位硅藻门的丰度百分比均在 90％以上。

2017 年 4 个季节浮游植物的多样性指数范围为 1.02～4.31，平均值为 3.02，大小顺序为秋季（3.74）＞夏季（3.46）＞春季（3.11）＞冬季（0.48）。均匀度范围为0.23～0.82，平均值为0.63，大小顺序为夏季（0.70）＞秋季（0.69）和春季（0.69）＞冬季（0.48）。多样性阈值范围为0.27～3.47，平均值为2.02，大小顺序为秋季（2.59）＞夏季（2.46）＞春季（2.16）＞冬季（1.11）。春季、夏季和秋季的多样性水平属Ⅲ类，处于较好水平；冬季的多样性程水平属Ⅳ类，处于一般水平。

2017年度调查，调控区的种类数和丰度最高（32.5种，303.03×10⁴ cell/m³），对照区次之（31.5种，222.42×10⁴ cell/m³），人工鱼礁区的较低（26.5种，44.61×10⁴ cell/m³）。多样性指数、均匀度和多样性阈值大小顺序均为对照区（3.21、0.67、2.23）＞调控区（3.05、0.61、1.98）＞人工鱼礁区（2.79、0.60、1.84），人工鱼礁区由于大量投放礁体，水域生态环境短期内发生剧烈变化，浮游植物受到一定程度影响。2017年1月（冬季）投礁后最初的监测数据显示，鱼礁区浮游植物的种数、丰度和多样性指数均最低，分别为8种、10.84×10⁴ cell/m³和1.02。但随着时间的增加，鱼礁区浮游植物的种数、丰度和多样性指数均不断增长，后3个季节的调查分别上升至22～40种、41.5×10⁴～85.37×10⁴ cell/m³和2.95～3.85，人工鱼礁区和调控区已显示出良好效果。

六、浮游动物

（一）种类组成

2017年4个季节调查海域内共鉴定出浮游动物124种，分属9门16个类群。冬季共出现69种（类），分属13个不同类群；春季共出现65种（类），分属14个不同类群；夏季共出现63种（类），分属10个不同类群；秋季共出现65种（类），分属12个不同类群。

（二）优势种

冬季优势种有夜光虫、锥形宽水蚤、瘦尾胸刺水蚤等6种。春季优势种有夜光虫，优势地位极其显著。夏季优势种有鸟喙尖头溞、肥胖三角溞、太平洋纺锤水蚤等5种。秋季优势种桡足类为主，有夜光虫、锥形宽水蚤等7种，夜光虫优势地位明显。各季浮游动物优势种组成，见表10-24。

表10-24　2017年人工鱼礁区及邻近海域浮游动物优势种组成

时　间	优势种	优势度（Y）
冬季	夜光虫　*Noctiluca scintillans*	0.62
	锥形宽水蚤　*Temora turbinata*	0.13
	瘦尾胸刺水蚤　*Centropages tenuiremis*	0.06
	微刺哲水蚤　*Canthocalanus pauper*	0.04
	亚强次真哲水蚤　*Subeucalanus subcrassus*	0.03
	肥胖箭虫　*Sagitta enflata*	0.03

（续）

时　间	优势种		优势度（Y）
春季	夜光虫	*Noctiluca scintillans*	0.95
夏季	鸟喙尖头溞	*Penilia avirostris*	0.33
	肥胖三角溞	*Evadne tergestina*	0.10
	太平洋纺锤水蚤	*Acartia pacifica*	0.03
	红纺锤水蚤	*Acartia erythraea*	0.03
	中型莹虾	*Lucifer intermedius*	0.02
秋季	夜光虫	*Noctiluca scintillans*	0.54
	锥形宽水蚤	*Temora turbinata*	0.06
	叉胸刺水蚤	*Centropages furcatus*	0.05
	鸟喙尖头溞	*Penilia avirostris*	0.04
	小唇角水蚤	*Labidocera minuta*	0.03
	驼背隆哲水蚤	*Acrocalanus gibber*	0.02
	亚强次真哲水蚤	*Subeucalanus subcrassus*	0.02

（三）栖息密度与生物量

2017 年 4 个季节浮游动物栖息密度范围为 59.64～7 211.67 ind/m³，总平均值为 1 158.66 ind/m³。生物量范围为 57.08～1 320.67 mg/m³，总平均值为 404.12 mg/m³。平均栖息密度为春季 3 374.73 ind/m³＞冬季 781.46 ind/m³＞秋季 438.43 ind/m³＞夏季 277.48 ind/m³，平均生物量也为春季 611.48 mg/m³＞冬季 391.29 mg/m³＞秋季 200.98 mg/m³＞夏季 175.29 mg/m³。具体数据和分布见表 10 - 25 至表 10 - 28、图 10 - 93 至图 10 - 100。

表 10 - 25　2017 年人工鱼礁区及邻近海域冬季浮游动物的栖息密度与生物量

海　区	栖息密度（ind/m³）	生物量（mg/m³）
鱼礁区	3 291.77	906.18
调控区	459.64±588	227.22±160
对照区	536.86±579	419.58±465
平均值	781.46±1 022	391.29±383

表 10 - 26　2017 年人工鱼礁区及邻近海域春季浮游动物的栖息密度与生物量

海　区	栖息密度（ind/m³）	生物量（mg/m³）
鱼礁区	2 988.75	566.25
调控区	1 832.18±1 275	236.66±107
对照区	4 685.98±2 780	920.39±599
平均值	3 374.73±2 451	611.48±528

表 10 - 27　2017 年人工鱼礁区及邻近海域夏季浮游动物栖息密度与生物量

海　　区	栖息密度（ind/m³）	生物量（mg/m³）
鱼礁区	142.50	57.08
调控区	326.10±233	247.30±126
对照区	265.58±413	141.33±102
平均值	277.48±311	175.00±120

表 10 - 28　2017 年人工鱼礁区及邻近海域秋季浮游动物的栖息密度与生物量

海　　区	栖息密度（ind/m³）	生物量（mg/m³）
鱼礁区	172.5	702.08
调控区	314.85±98	711.68±222
对照区	115.59±28	167.09±43
平均值	438.43±315	200.98±116

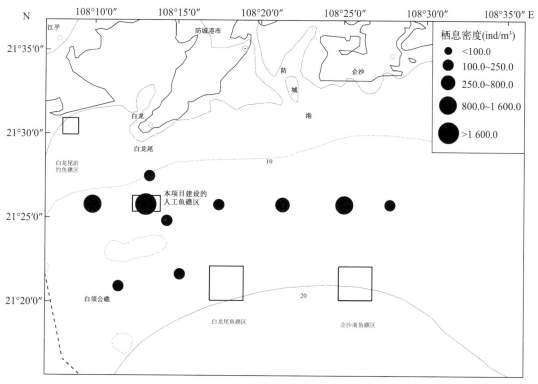

图 10 - 93　2017 年冬季浮游动物栖息密度分布

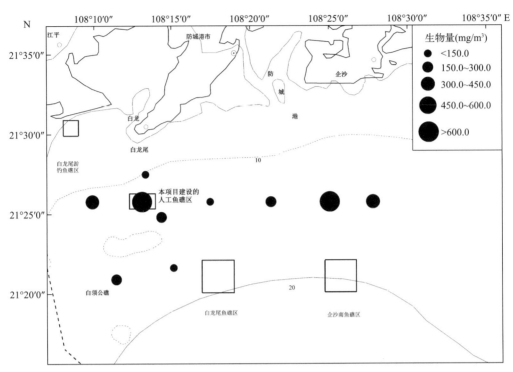

图 10-94 2017 年冬季浮游动物生物量分布

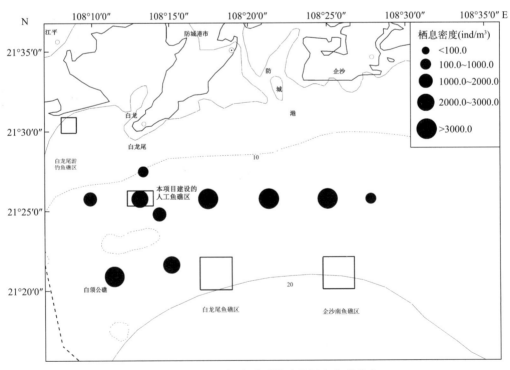

图 10-95 2017 年春季浮游动物栖息密度分布

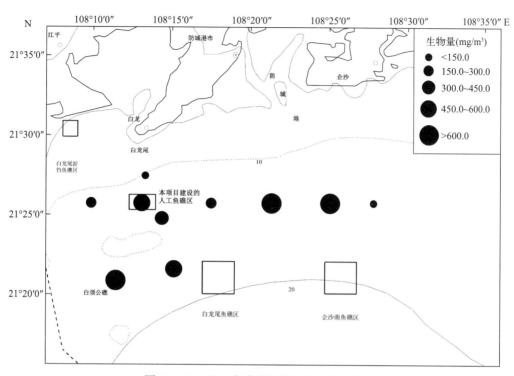

图 10-96 2017 年春季浮游动物生物量分布

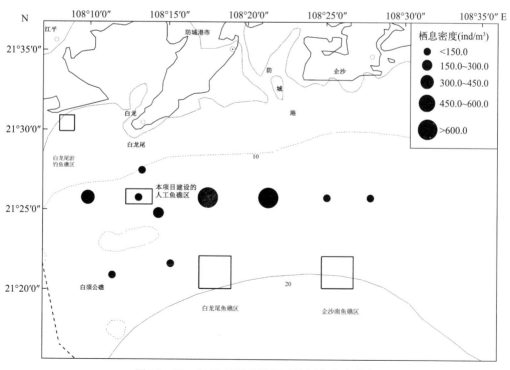

图 10-97 2017 年夏季浮游动物栖息密度分布

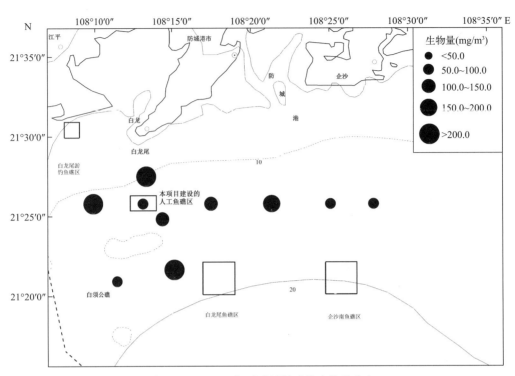

图 10 - 98　2017年夏季浮游动物生物量分布

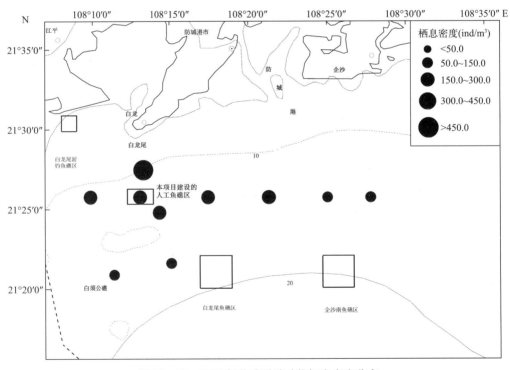

图 10 - 99　2017年秋季浮游动物栖息密度分布

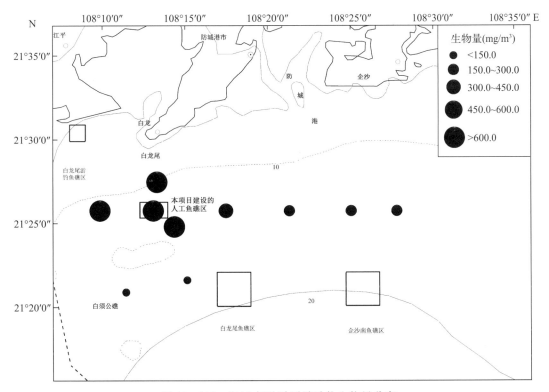

图 10-100 2017 年秋季浮游动物生物量分布

(四)多样性水平

由表 10-29 至表 10-32 数据和图 10-101 至图 10-112 可知,各季浮游动物多样性指数范围和平均值分别为:冬季 0.90～3.45 (2.79)、春季 0.17～1.85 (0.70)、夏季 2.38～3.64 (2.93)、秋季 1.13～3.97 (2.98);各季均匀度指数范围和平均值分别为:冬季 0.19～0.73 (0.57)、春季 0.04～0.36 (0.15)、夏季 0.51～0.84 (0.66)、秋季 0.23～0.87 (0.64);各季多样性阈值范围和平均值分别为:冬季 0.17～2.52 (1.88)、春季 0.01～0.66 (0.16)、夏季 1.11～3.06 (2.00)、秋季 0.26～3.44 (2.06)。各指数的季节变化顺序分别为:多样性指数,秋＞夏＞冬＞春;均匀度指数,夏＞秋＞冬＞春;多样性阈值,秋＞夏＞冬＞春。

表 10-29 2017 年人工鱼礁区及邻近海域冬季浮游动物多样性水平

海 区	多样性指数	均匀度指数	多样性阈值
核心区	0.90	0.19	0.17
调控区	2.86±0.7	0.59±0.1	1.77±0.8
对照区	3.10±0.4	0.63±0.1	1.98±0.5
平均值	2.79±0.8	0.57±0.2	1.88±0.8

表 10-30 2017 年人工鱼礁区及邻近海域春季浮游动物多样性水平

海 区	多样性指数	均匀度指数	多样性阈值
鱼礁区	0.66	0.15	0.1
调控区	1.08±0.7	0.23±0.2	0.33±0.3
对照区	0.39±0.2	0.09±0.04	0.04±0.03
平均值	0.70±0.5	0.15±0.1	0.16±0.2

表 10-31 2017 年人工鱼礁区及邻近海域夏季浮游动物多样性水平

海 区	多样性指数	均匀度指数	多样性阈值
鱼礁区	2.38	0.54	1.29
调控区	3.18±0.1	0.71±0.03	2.25±0.1
对照区	2.85±0.7	0.65±0.2	1.95±0.9
平均值	2.93±0.5	0.66±0.1	2.00±0.7

表 10-32 2017 年人工鱼礁区及邻近海域秋季浮游动物多样性水平

海 区	多样性指数	均匀度指数	多样性阈值
鱼礁区	1.13	0.23	0.26
调控区	2.72±0.8	0.56±0.2	1.60±0.7
对照区	3.56±0.3	0.78±0.05	2.79±0.4
平均值	2.98±0.9	0.64±0.2	2.06±1

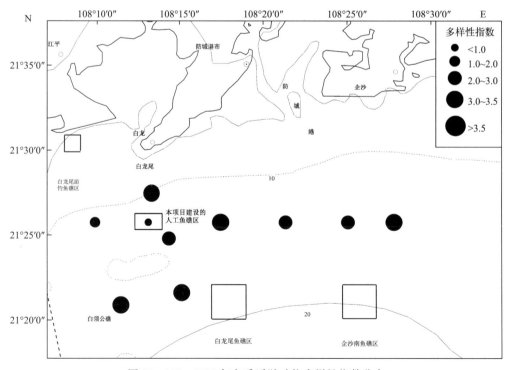

图 10-101 2017 年冬季浮游动物多样性指数分布

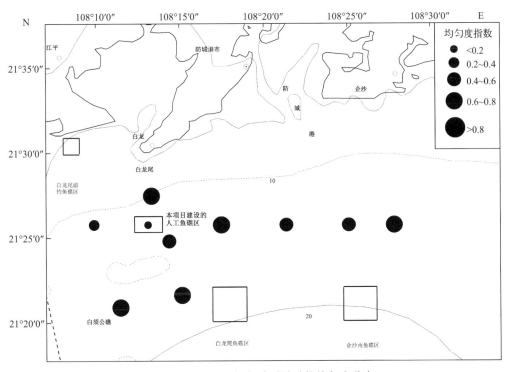

图 10-102 2017 年冬季浮游动物均匀度分布

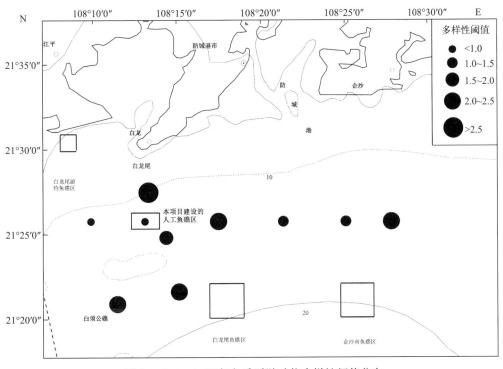

图 10-103 2017 年冬季浮游动物多样性阈值分布

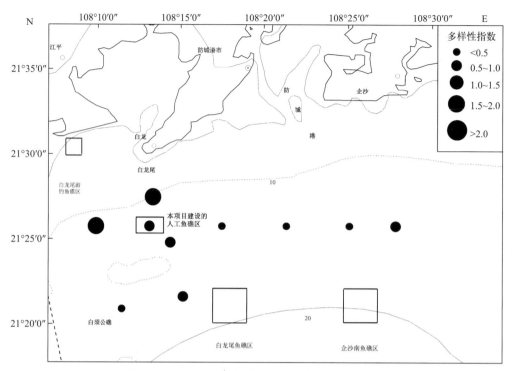

图 10 - 104　2017 年春季浮游动物多样性指数分布

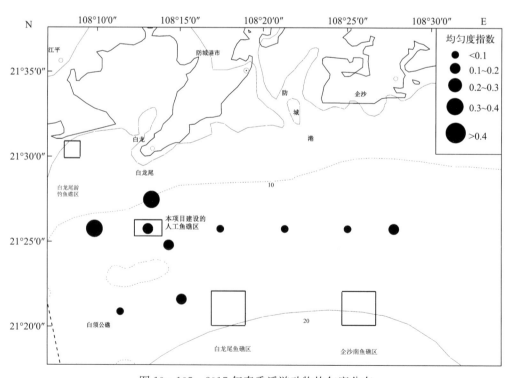

图 10 - 105　2017 年春季浮游动物均匀度分布

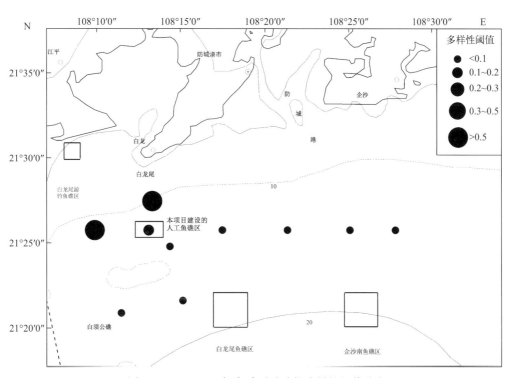

图 10 - 106 2017 年春季浮游动物多样性阈值分布

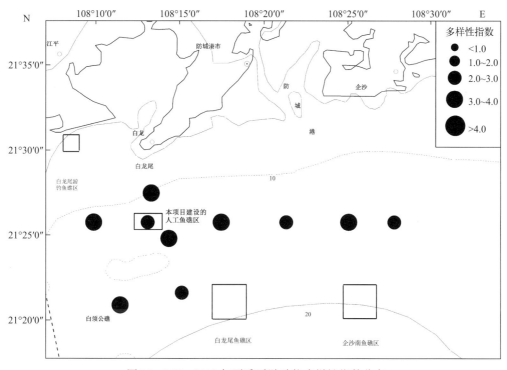

图 10 - 107 2017 年夏季浮游动物多样性指数分布

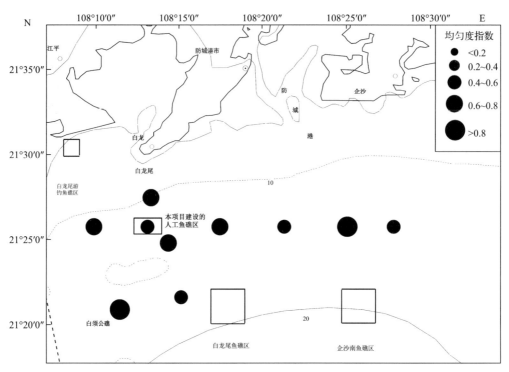

图 10 - 108　2017 年夏季浮游动物均匀度分布

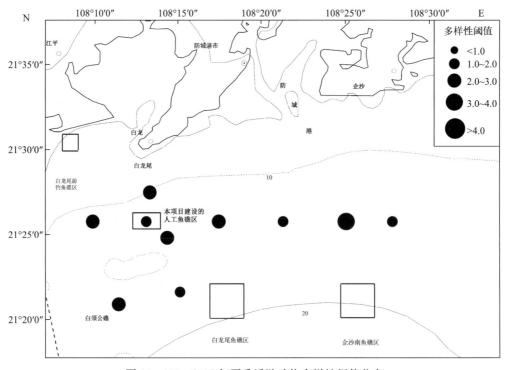

图 10 - 109　2017 年夏季浮游动物多样性阈值分布

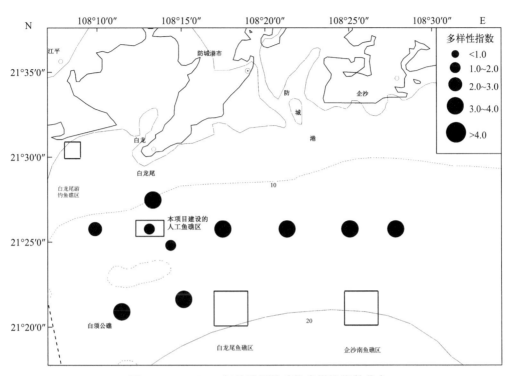

图 10-110 2017 年秋季浮游动物多样性指数分布

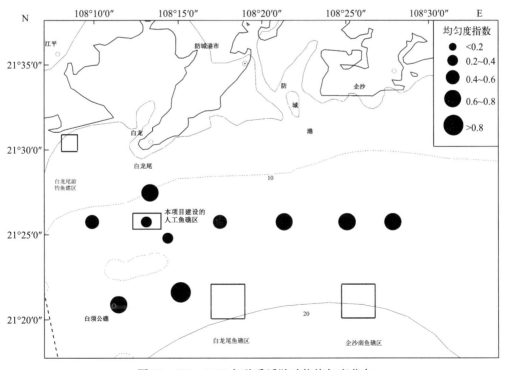

图 10-111 2017 年秋季浮游动物均匀度分布

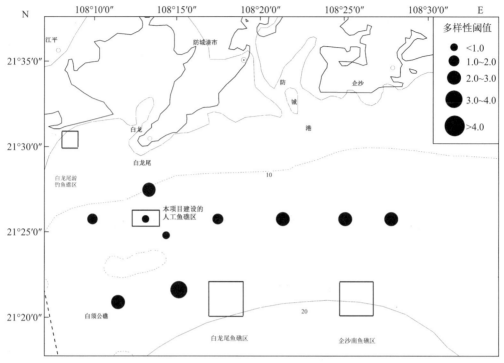

图 10-112　2017 年秋季浮游动物多样性阈值分布

（五）海域不同功能区的比较

比较不同功能区的数据可知（表 10-33 和图 10-113），2017 年人工鱼礁区浮游动物的平均栖息密度最高（1 648.88 ind/m³），对照区次之（1 401.00 ind/m³），调控区相对较低（733.19 ind/m³）。平均生物量也以人工鱼礁区最高（557.90 mg/m³），调控区和对照区较为接近（355.72 mg/m³ 和 334.87 mg/m³）。

表 10-33　2017 年人工鱼礁及邻近海域浮游动物数量区域变化

海　　区	栖息密度（ind/m³）		生物量（mg/m³）	
	范围	平均值	范围	平均值
鱼礁区	142.50～3 291.77	1 648.88	57.08～906.18	557.90
调控区	314.85～1 832.18	733.19	227.22～711.68	355.72
对照区	115.59～4 685.98	1 401.00	141.33～611.48	334.87

（六）投礁前后的比较

1. **种类组成的比较。**2015 年本底调查浮游动物设 16 个站，出现浮游动物 203 种（或类）。投礁后 2017 年跟踪监测浮游动物设 10 个站，出现种类 124 种（或类），投礁前后各站出现种类数较为接近。投礁前后浮游动物所属类群没有变化，仍为桡足类、浮游幼体（虫）和水螅水母类等 16 个类群。但投礁后 2017 年浮游动物的优势种组成较 2015 年本底简单，桡足类优势种数也有所增加。

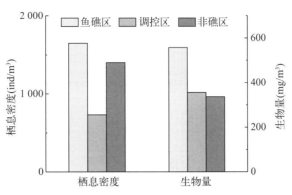

图 10-113 2017 年人工鱼礁及邻近海域浮游动物数量区域变化

2. 栖息密度和生物量的比较。投礁前后数据比较可知（表 10-34 和图 10-114），2017 年浮游动物的平均栖息密度和平均生物量分别为 1 191.14 ind/m³ 和 469.3 mg/m³，均高于 2015 年本底调查结果（934.0 ind/m³ 和 460.6 mg/m³）。

表 10-34 投礁前后浮游动物栖息密度和生物量变化的比较

年　　度	栖息密度（ind/m³）		生物量（mg/m³）	
	范围	平均值	范围	平均值
2017 年	172.5～3 291.8	1 191.1	157.1～906.2	469.3
2015 年	317.0～2 069.0	934.0	106.4～1 211.5	460.6

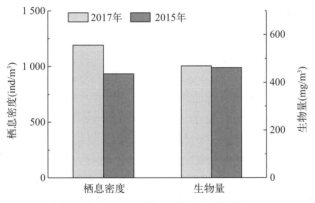

图 10-114 投礁前后浮游动物数量变化

3. 多样性水平的比较。投礁前后数据比较可知（表 10-35 和图 10-115），2017 年浮游动物平均多样性指数、均匀度和多样性阈值分别为 2.42、0.52 和 1.49，与 2015 年的 2.62、0.52 和 1.58 接近，没有明显差异。

表 10-35 投礁前后浮游动物多样性水平的比较

年　　度	多样性指数（H'）		均匀度指数（J）		多样性阈值（D_v）	
	范围	平均值	范围	平均值	范围	平均值
2017 年	1.08～3.18	2.42	0.23～0.71	0.52	0.33～2.25	1.49
2015 年	1.07～4.16	2.62	0.21～0.82	0.52	0.22～3.23	1.58

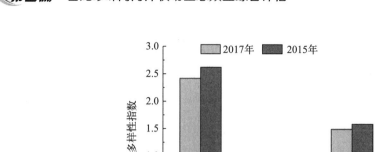

图 10-115 投礁前后浮游动物多样性水平变化

(七) 小结

2017 年 4 个季节共鉴定出浮游动物 124 种，分属 9 门 16 个类群。优势种组成的季节差异较大，冬季的优势种为夜光虫、锥形宽水蚤、瘦尾胸刺水蚤、微刺哲水蚤、亚强次真哲水蚤和肥胖箭虫等 6 种，春季仅有夜光虫 1 种，夏季为鸟喙尖头溞、肥胖三角溞、太平洋纺锤水蚤、红纺锤水蚤和中型莹虾等 5 种，秋季为夜光虫、锥形宽水蚤、叉胸刺水蚤、鸟喙尖头溞、小唇角水蚤、驼背隆哲水蚤和亚强次真哲水蚤等 7 种。优势种组成以秋季最为复杂、冬季次之、夏季居第三位，春季最为简单且单一种的优势地位最为明显。浮游动物优势种组成的季节变化较为明显，冬、春季夜光虫具明显优势，夏季则以鸟喙尖头溞与肥胖三角溞占明显优势。

2017 年 4 季浮游动物栖息密度范围为 59.64～7 211.67 ind/m³，年平均值为 1 158.66 ind/m³。生物量范围为 57.08～1 320.67 mg/m³，年平均值为 404.12 mg/m³。浮游动物生物多样性属一般水平。多样性指数变化范围为 0.70～2.98，年平均值为 2.35，呈冬季＞秋季＞夏季＞春季的趋势。均匀度呈夏季＞秋季＞冬季＞春季。多样性阈值呈秋季＞夏季＞冬季＞春季。

2017 年各不同功能区浮游动物数量变化较为明显，栖息密度以人工鱼礁区最高（1 648.88 ind/m³），对照区次之（1 401.00 ind/m³），调控区较低（733.19 ind/m³）；生物量也以人工鱼礁区最高（557.90 mg/m³），调控区和对照区较为接近（355.72 mg/m³ 和 334.87 mg/m³）。

投礁前后，浮游动物优势种组成呈简单化的趋势，数量呈增加趋势，而浮游动物多样性水平未发生明显变化。

七、底栖生物

(一) 种类组成

2017 年 4 个季节调查，共出现底栖生物 8 门 38 科 52 种。其中，软体动物 13 科 19 种，占总种类数的 36.54%；环节动物 11 科 16 种，占总种类数的 30.77%；节肢动物 5

科 8 种，占总种类数的 15.38%；棘皮动物和纽形动物各 3 科 3 种，各占总种类数的 5.77%；脊索动物、半索动物和螠虫动物各 1 科 1 种，各占总种类数的 1.92%（附录 3）。

种类数的高低顺序为：秋季＞春季＞冬季＞夏季。光滑倍棘蛇尾、中华内卷齿蚕和波纹巴非蛤是主要优势种。

（二）生物量及栖息密度

2017 年底栖生物量范围为 14.60～59.26 g/m²，平均生物量为 32.99 g/m²。生物量的高低排序为春季（59.26 g/m²）＞冬季（32.41 g/m²）＞夏季（25.26 g/m²）＞秋季（14.60 g/m²）；栖息密度范围为 45.00～85.00 ind/m²，平均栖息密度为 62.75 ind/m²，栖息密度的高低排序为秋季（85.00 ind/m²）＞春季（61.00 ind/m²）＞冬季（60.00 ind/m²）＞夏季（45.00 ind/m²）。2017 年 4 个季节底栖生物的生物量和栖息密度分布见表 10-36 和图 10-116 至图 10-123。

表 10-36　2017 年人工鱼礁及邻近海域底栖生物的平均生物量及栖息密度

季节	春季	夏季	秋季	冬季	年度平均
生物量（g/m²）	59.26	25.67	14.60	32.41	32.99
栖息密度（ind/m²）	61.00	45.00	85.00	60.00	62.75

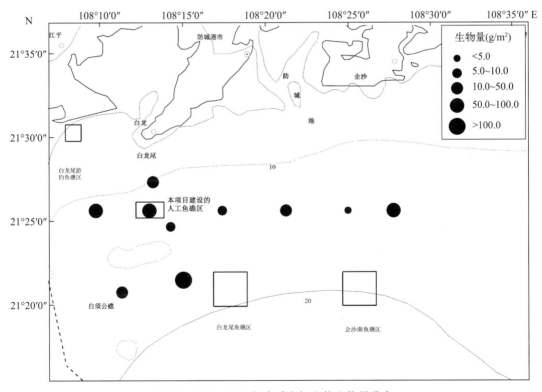

图 10-116　2017 年春季底栖生物生物量分布

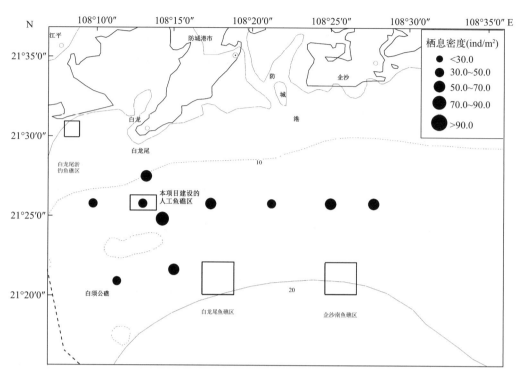

图 10-117　2017 年春季底栖生物栖息密度分布

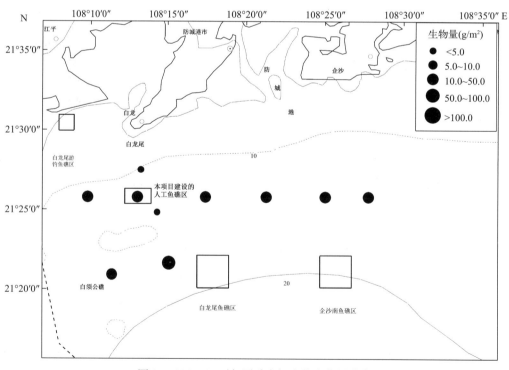

图 10-118　2017 年夏季底栖生物生物量分布

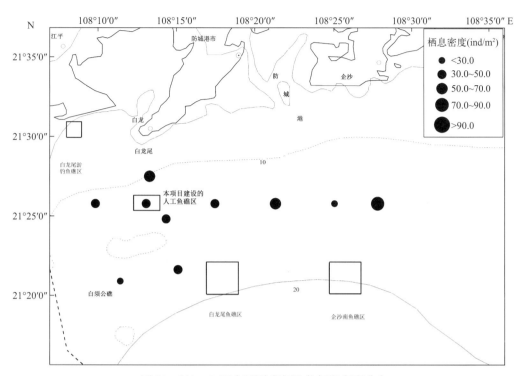

图 10-119 2017 年夏季底栖生物栖息密度分布

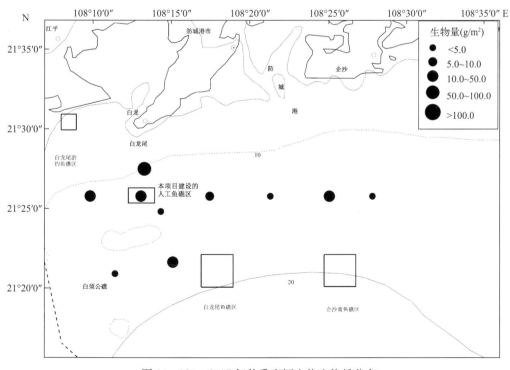

图 10-120 2017 年秋季底栖生物生物量分布

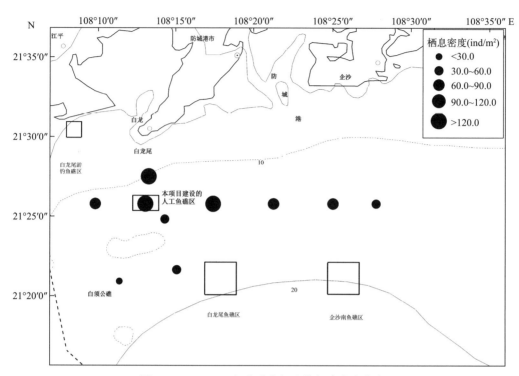

图 10-121 2017 年秋季底栖生物栖息密度分布

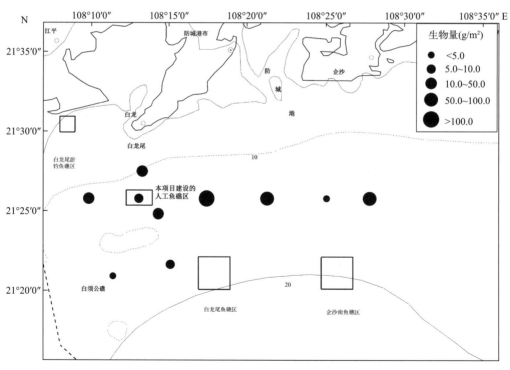

图 10-122 2017 年冬季底栖生物生物量分布

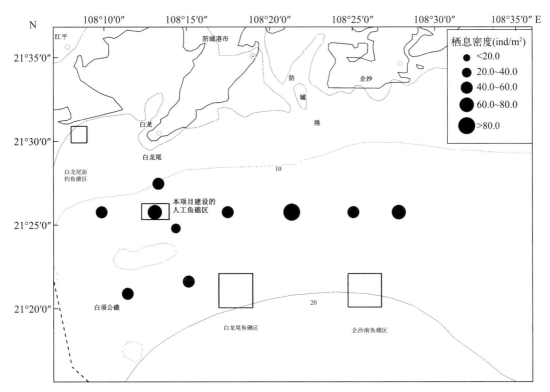

图 10 - 123　2017 年冬季底栖生物栖息密度分布

（三）生物多样性

2017 年底栖生物的多样性指数年均值范围为 1.804～2.373，平均值为 2.025；匀度分布范围为 0.886～0.993，平均值为 0.951。多样性指数平均值高低顺序为春季（2.160）＞秋季（2.048）＞冬季（2.018）＞夏季（1.856）。均匀度指数高低排序为夏季（0.972）＞春季（0.951）＞冬季（0.942）＞秋季（0.941）。详细数据和时空分布见表 10 - 37 和图 10 - 124 至图 10 - 131。

表 10 - 37　2017 年 4 个季节人鱼礁区及邻近海域底栖生物的多样性和均匀度

季节	多样性指数（H'）	均匀度指数（J）
春季	2.161 0	0.951 3
夏季	1.856 1	0.971 8
秋季	2.047 5	0.941 6
冬季	2.017 7	0.942 5
平均	2.024 8	0.951 3

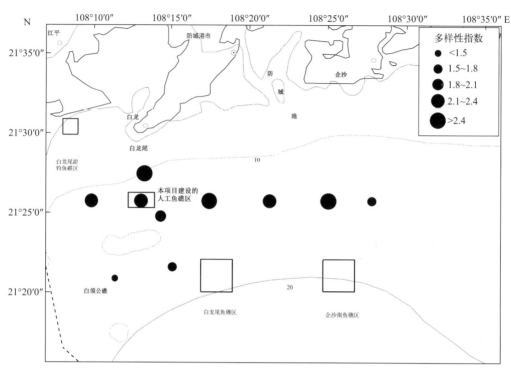

图 10 - 124　2017 年春季底栖生物多样性指数分布

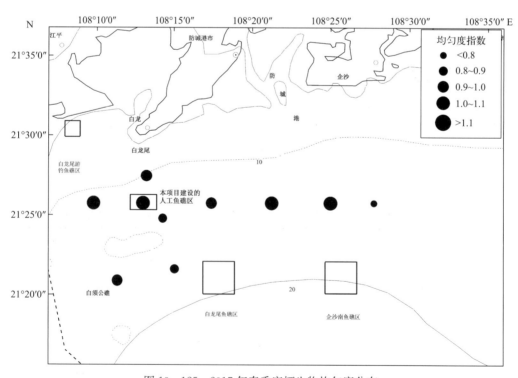

图 10 - 125　2017 年春季底栖生物均匀度分布

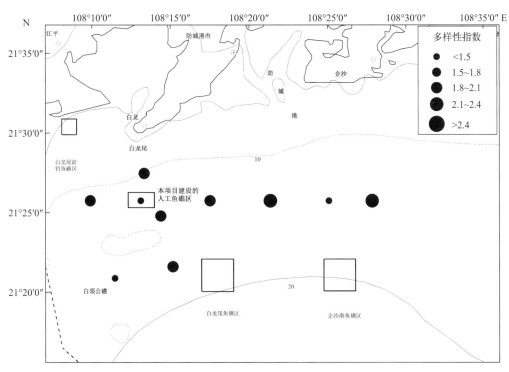

图 10-126　2017 年夏季底栖生物多样性指数分布

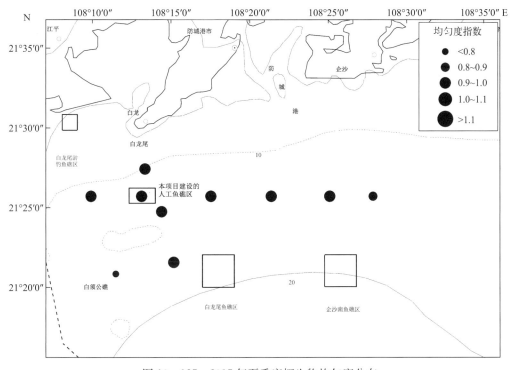

图 10-127　2017 年夏季底栖生物均匀度分布

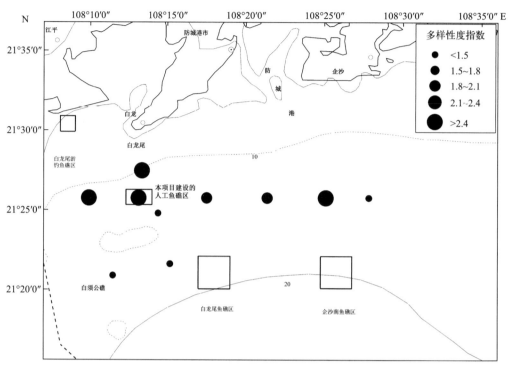

图 10-128　2017 年秋季底栖生物多样性指数分布

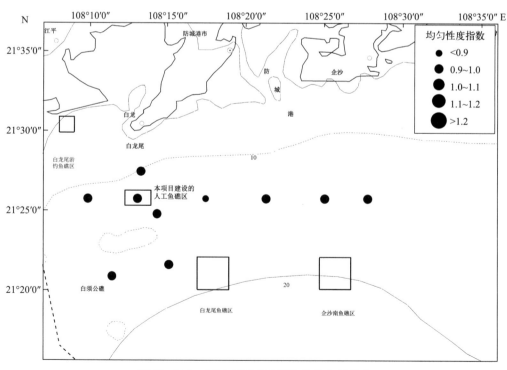

图 10-129　2017 年秋季底栖生物均匀度分布

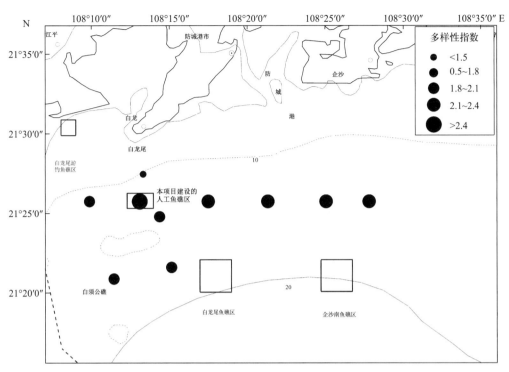

图 10 - 130 2017 年冬季底栖生物多样性指数分布

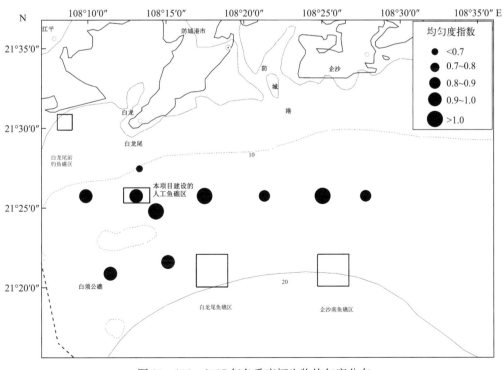

图 10 - 131 2017 年冬季底栖生物均匀度分布

（四）海域不同功能区的比较

比较结果表明（表 10-38），人工鱼礁区底栖生物的栖息密度、多样性指数和均匀度三项指标最高，但生物量最低；调控区的生物量和栖息密度指标均处于中间，其多样性指数和均匀度指标最低；对比区的生物量最高，但栖息密度最低。

表 10-38　2017 年人鱼礁区及邻近海域底栖生物的相关参数（年度平均值）

海　　区	生物量（g/m²）	栖息密度（ind/m²）	多样性指数（H'）	均匀度（J）
鱼礁区	23.83	82.50	2.158 1	0.992 7
调控区	29.44	66.25	1.861 7	0.934 3
对照区	34.13	56.00	2.101 2	0.966 9

（五）投礁前后的比较

根据投礁前 2015 年本底调查和投礁后 2017 年相关数据比较（表 10-39 和表 10-40），投礁后（2017 年）底栖生物的栖息密度、多样性指数和均匀度等三项指标高于投礁前（2015 年），而投礁后底栖生物的生物量低于投礁前图 10-132 和图 10-133。

表 10-39　投礁前后人工鱼礁区及邻近海域底栖生物的生物量和栖息密度的比较

时　　间	生物量（g/m²）		栖息密度（ind/m²）	
	范围	平均值	范围	平均值
2017 年	5.50～52.00	26.47	40.00～170.00	74.38
2015 年	2.40～245.30	49.32	20.00～150.00	56.50

表 10-40　投礁前后人工鱼礁区及临近海域底栖生物的多样性水平比较

时　　间	多样性指数（H'）		均匀度指数（J）	
	范围	平均值	范围	平均值
2017 年	1.500 0～3.146 3	2.009 9	0.886 4～1.000 0	0.963 5
2015 年	0.353 4～2.500 0	1.613 9	0.353 4～1.000 0	0.917 7

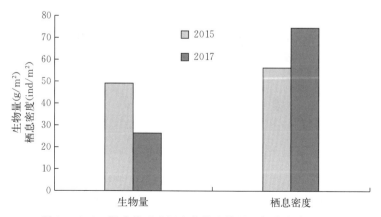

图 10-132　投礁前后底栖生物的生物量和栖息密度的比较

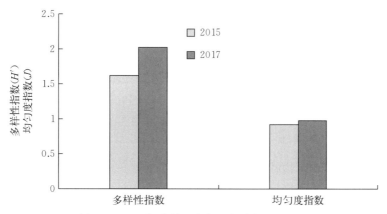

图 10-133 投礁前后底栖生物多样性的比较

（六）小结

2017 年 4 个季节共出现底栖生物 8 门 38 科 52 种，其中软体动物 13 科 19 种，占总种类数的 36.54%；环节动物 11 科 16 种，占总种类数的 30.77%；节肢动物 5 科 8 种，占总种类数的 15.38%；其他种类较少。优势种数高低排序为冬季＞春季＝夏季＝秋季。光滑倍棘蛇尾和中华内卷齿蚕在 4 个季节均为优势种；波纹巴非蛤在三个季节为优势种。

2017 年底栖生物的平均生物量为 32.99 g/m²，平均栖息密度为 62.75 ind/m²。生物量的高低排序为春季（59.26 g/m²）＞冬季（32.41 g/m²）＞夏季（25.26 g/m²）＞秋季（14.60 g/m²）；栖息密度的高低排序为秋季（85.00 ind/m²）＞春季（61.00 ind/m²）＞冬季（60.00 ind/m²）＞夏季（45.00 ind/m²）。4 个季节的生物量均以软体动物为主，占总生物量的 60.35%；其次是蜫虫动物和环节动物，分别占 15.51% 和 9.52%。

2017 年底栖生物的多样性指数年度范围为 1.803 6～2.372 5，平均为 2.024 8；均匀度分布范围在 0.886 4～0.992 7 之间，平均值为 0.951 3。多样性指数排序为春季（2.160 1）＞秋季（2.047 5）＞冬季（2.017 7）＞夏季（1.856 1）。均匀度指数排序为夏季（0.971 8）＞春季（0.951 3）＞冬季（0.942 5）＞秋季（0.941 6）。

不同功能区比较结果表明，人工鱼礁区底栖生物的栖息密度、多样性指数和均匀度等三项指标最高，生物量最低。调控区的生物量和栖息密度指标均处于中间，其多样性指数和均匀度指数最低。而对照区的生物量最高，但栖息密度最低。

投礁前后数据比较表明，投礁后（2017 年）底栖生物的栖息密度、多样性指数和均匀度指数等三项指标均高于投礁前（2015 年），而投礁后底栖生物的生物量则低于投礁前。

八、附着生物

（一）种类组成

2017 年 4 个季节共采集附着生物 8 门 24 科 42 种。其中，软体动物 11 科 23 种，占种类总数的 54.76%；环节动物 3 科 4 种，占种类总数的 9.52%；节肢动物 1 科 4 种，占种类总数的 9.52%；脊索动物和棘皮动物各 3 科 3 种，各占种类总数的 7.14%；刺胞动物 1 科 3 种，占种类总数的 7.14%；多孔动物和星虫动物各 1 科 1 种，各占种类总数的 2.38%。

网纹藤壶、纹藤壶、三角藤壶、辐蛇尾和红巨藤壶为主要优势种。种类数的高低顺序为秋季（29 种）＞春季（27 种）＞夏季（25 种）＞冬季（10 种）。随着礁体投放时间的增长，附着生物的种类数增多。

（二）生物量及栖息密度

2017 年 4 个季节附着生物的栖息密度范围为 2 168.00～4 980.00 ind/m²，平均栖息密度为 3 426.67 ind/m²。栖息密度的高低排序为夏季（4 560.00 ind/m²）＞春季（3 184.00 ind/m²）和冬季（3 184.00 ind/m²）＞秋季（2 778.67 ind/m²）。生物量范围为 6 740.92～8 004.72 g/m²，平均生物量为 7 244.95 g/m²。生物量的高低排序为秋季（8 626.49 g/m²）＞夏季（8 463.31 g/m²）＞春季（7 401.01 g/m²）＞冬季（4 485.97 g/m²）。详细数据见表 10-41 和图 10-134。

表 10-41　2017 年人工鱼礁附着生物生物量和栖息密度

季　节	生物量（g/m²）		栖息密度（ind/m²）	
	范围	平均值	范围	平均值
冬季	2 436.64～7 987.52	4 485.97	384.00～7 088.00	3 184.00
春季	6 468.80～8 470.56	7 401.01	2 048.00～5 232.00	3 184.00
夏季	7 721.44～9 648.80	8 463.31	3 184.00～5 472.00	4 560.00
秋季	7 812.32～9 046.24	8 629.49	2 576.00～2 928.00	2 778.67
平均值	6 740.92～8 004.72	7 244.95	2 168.00～4 980.00	3 426.67

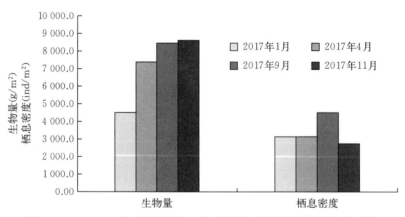

图 10-134　2017 年不同季节人工鱼礁附着生物的生物量和栖息密度

在附着生物中，节肢动物和软体动物的生物量相对较高，分别为 3 273.89 g/m² 和 3 137.53 g/m²，分别占总生物量的 45.19% 和 43.31%。节肢动物的栖息密度最高，为 1 998.67 ind/m²，占总栖息密度的 58.33%；其次为软体动物和棘皮动物，分别为 701.33 g/m²

和 341.33 g/m²，分别占总栖息密度的 20.47% 和 9.96%。随着礁体投放时间增加，附着生物的生物量也随着增大。

（三）生物多样性指数和均匀度指数

附着生物的多样性指数平均值范围为 3.034 6～3.400 7，总体平均为 3.192 2。均匀度指数分布范围为 0.838 4～0.854 6，总平均值为 0.847 2。由图 10-135 可知，多样性指数高低排序为春季（3.736 0）＞夏季（3.559 1）＞秋季（3.340 7）＞冬季（2.132 8）；均匀度指数高低排序为冬季（0.905 5）＞春季（0.902 2）＞夏季（0.824 0）＞秋季（0.757 0）。多样性指数冬季处于中高水平，其他三个季节均处于高水平，年度平均值也处于高水平。均匀度在冬季和春季处于高水平，夏季和秋季处于中高水平，年度平均值接近高水平（≥0.85）。

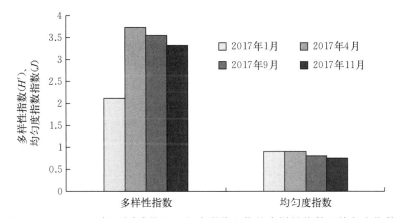

图 10-135 2017 年不同季节人工鱼礁附着生物的多样性指数和均匀度指数

调查结果表明，随着礁体投放时间的增长，附着生物的种类数增多，生物量增大，人工鱼礁提供饵料的功能增强。

（四）小结

2017 年 4 个季节，在人工鱼礁区共采集附着生物 8 门 24 科 42 种。其中，软体动物 11 科 23 种，占种类总数的 54.76%；环节动物 3 科 4 种，占种类总数的 9.52%；节肢动物 1 科 4 种，占种类总数的 9.52%；其他种类相对较少。

种类数的高低顺序为秋季（29 种）＞春季（27 种）＞夏季（25 种）＞冬季（10 种）。网纹藤壶、纹藤壶、三角藤壶、辐蛇尾和红巨藤壶为主要优势种。种类数的高低顺序为秋季（29 种）＞春季（27 种）＞夏季（25 种）＞冬季（10 种）。随着礁体投放时间的增长，附着生物的种类数增多。

2017 年调查，附着生物的平均栖息密度为 3 426.67 ind/m²，平均生物量为 7 244.95 g/m²。栖息密度的高低排序为夏季（4 560.00 ind/m²）＞春季（3 184.00 ind/m²）和冬季（3 184.00 ind/m²）＞秋季（2 778.67 ind/m²）。生物量的高低排序为秋季（8 626.49 g/m²）＞夏季（8 463.31 g/m²）＞春季（7 401.01 g/m²）＞冬季（4 485.97 g/m²）。

在附着生物中，节肢动物和软体动物的生物量较高，分别占总生物量的 45.19% 和

43.31%。节肢动物的栖息密度最高，占总栖息密度的58.33%；其次为软体动物和棘皮动物，分别占总栖息密度的20.47%和9.96%。随着礁体投放时间的增长，附着生物的种类数增多，生物量增大，人工鱼礁提供饵料的功能增强。

　　附着生物的多样性指数平均值范围为3.034 6～3.400 7，总体平均为3.192 2。均匀度指数分布范围为0.838 4～0.854 6，总平均值为0.847 2。多样性指数排序为春季（3.736 0）＞夏季（3.559 1）＞秋季（3.340 7）＞冬季（2.132 8）；均匀度指数排序为冬季（0.905 5）＞春季（0.902 2）＞夏季（0.824 0）＞秋季（0.757 0）。多样性指数年度平均值也处于高水平，均匀度指数年度平均值处于中高水平。

九、附着生物的饵料贡献率

（一）人工鱼礁区附着物对渔业生物的饵料贡献率

　　1. 附着物稳定同位素特征。人工鱼礁作为一种附着基质，投放后便有附着物在其表面着生，而附着物是人工鱼礁发挥集鱼效应和饵料效应最主要的生物环境因子，其种类和数量变化直接影响人工鱼礁对鱼类的诱集效果。完整的海洋食物网应包含生产者、初级消费者和高级消费者，附着物在种类上主要属于初级消费者，是连接生产者和高级消费者的中间环节。因此，附着生物营养特征分析应结合同期高级消费者营养特征，对比两者间的差异，从而确定附着物在食物网结构中的相对位置。

　　由于人工鱼礁的附着物主要为软体动物、甲壳动物等体型较小的初级消费者，因此选用碳氮稳定同素法对附着生物营养特征进行分析。除营养特征外，碳氮稳定同位素还可用于食物贡献率分析，目前应用于此分析的软件主要有IsoSource和R语言中的SIAR软件包，两种软件在海洋食物网结构和生物食物贡献率研究中均有应用。

　　2017年白龙珍珠湾海洋牧场海域人工鱼礁的跟踪监测，利用碳氮稳定同位素法对不同季节附着生物和其他消费者进行分析，基于MixSIAR模型对附着生物的食物贡献率进行计算，揭示礁体附着生物的营养特征和饵料贡献率，评估人工鱼礁建设的效果。

　　将2017年监测中不同季节人工鱼礁附着物同位素特征按种类进行划分，部分生物由于体型过小，样品量无法满足同位素分析要求，故此类生物同位素不做测定，各种类生物$\delta^{13}C$和$\delta^{15}N$比值分布情况如表10-42所示。由结果可知，附着生物整体$\delta^{13}C$和$\delta^{15}N$比值偏小。其中，软体动物夏季$\delta^{13}C$比值明显低于秋季和冬季，表明软体动物食物来源可能存在季节性变化，$\delta^{15}N$比值中，除螺类$\delta^{15}N$比值较高外，其他双壳类$\delta^{15}N$分布相对集中；甲壳动物夏季$\delta^{13}C$比值也明显低于秋季和冬季；脊索动物各季节$\delta^{13}C$和$\delta^{15}N$比值较其他生物种类偏低；环节动物$\delta^{13}C$比值分布较广，除夏季华美管盘虫$\delta^{15}N$比值偏小外，其他生物$\delta^{15}N$比值较高；棘皮动物主要为细雕刻肋海胆和蛇尾纲，细雕刻肋海胆$\delta^{13}C$和$\delta^{15}N$比值分别介于-20.83‰～-18.45‰和11.52‰～13.64‰之间，蛇尾纲生物$\delta^{13}C$和$\delta^{15}N$比值分别介于-9.67‰～-7.10‰和11.34‰～12.36‰之间，与其他生物种类相比，蛇尾纲$\delta^{13}C$比值偏大；星虫动物$\delta^{13}C$和$\delta^{15}N$比值季节性差异较大；腔肠动物仅在夏季调查到，其$\delta^{13}C$比值分布介于-19.93‰～-17.13‰之间，$\delta^{15}N$比值分布介于11.76‰～12.82‰之间。

表 10 - 42 不同种类附着物碳氮稳定同位素特征

种类	夏季			秋季			冬季		
	n	$\delta^{13}C$ (‰)	$\delta^{15}N$ (‰)	n	$\delta^{13}C$ (‰)	$\delta^{15}N$ (‰)	n	$\delta^{13}C$ (‰)	$\delta^{15}N$ (‰)
软体动物	16	-19.93 ± 0.57	10.42 ± 0.45	14	-16.39 ± 0.61	11.99 ± 1.28	26	-16.95 ± 0.60	11.30 ± 0.96
甲壳动物	6	-19.47 ± 0.46	12.73 ± 0.25	3	-16.47 ± 0.61	13.12 ± 0.79	6	-16.84 ± 0.82	11.91 ± 0.16
脊索动物	6	-19.77 ± 0.80	9.55 ± 0.97	2	-18.27 ± 1.85	11.00 ± 1.79	8	-18.56 ± 1.04	10.27 ± 1.32
环节动物	8	-19.89 ± 1.49	12.33 ± 2.60	2	-16.51 ± 1.03	13.30 ± 1.38	8	-18.20 ± 1.95	12.32 ± 1.24
棘皮动物	6	-13.05 ± 5.86	12.50 ± 0.85	2	-7.58 ± 0.33	11.83 ± 0.03	6	-11.75 ± 5.39	11.71 ± 0.43
星虫动物	2	-20.48 ± 0.13	13.35 ± 0.10	1	-14.22	13.75	2	-15.54 ± 0.04	11.96 ± 0.14
腔肠动物	6	-18.88 ± 1.34	12.29 ± 0.42	—	—	—	—	—	—

注：—表示未采集到该类生物。

2. 礁体附着物对鱼类食物贡献率分析。本监测中采集到的附着物多为软体动物、甲壳动物、脊索动物和环节动物等。其中，脊索动物均为海鞘类，属于海洋污损生物，较少生物摄食；棘皮动物 $\delta^{13}C$ 比值和其他消费者 $\delta^{13}C$ 比值差距较大；星虫动物和腔肠动物由于数量较少且部分季节未采集到样品。综上所述，本监测选择软体动物、甲壳动物和环节动物作为饵料，分析其对鱼类的食物贡献率。参照世界渔业资源库的划分，将鱼类按生活水层和生活习性划分为上层鱼类、下层鱼类、底栖鱼类和礁区鱼类。利用 MixSIAR 对数据进行处理，结果如图 10 - 136 所示，各生物种类平均食物贡献率见表 10 - 43。

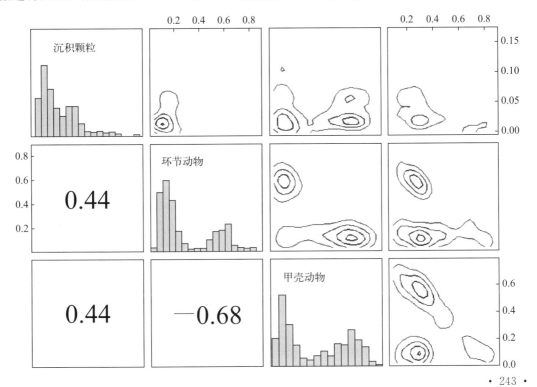

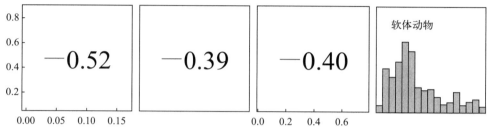

图 10-136 潜在食物源对鱼类食物贡献率

表 10-43 潜在食物源对不同水层鱼类平均食物贡献率

季节	饵料	底栖鱼类	礁区鱼类	上层鱼类	下层鱼类
夏季	沉积颗粒	0.042	0.012	0.032	0.045
	环节动物	0.223	0.232	0.208	0.388
	甲壳动物	0.206	0.247	0.275	0.135
	软体动物	0.530	0.509	0.484	0.432
秋季	沉积颗粒	0.013	0.005	0.018	0.016
	环节动物	0.544	0.547	0.517	0.581
	甲壳动物	0.400	0.418	0.426	0.365
	软体动物	0.043	0.031	0.040	0.037
冬季	沉积颗粒	0.039	0.017	0.049	0.033
	环节动物	0.284	0.272	0.235	0.362
	甲壳动物	0.316	0.373	0.380	0.230
	软体动物	0.361	0.338	0.336	0.374

由表 10-43 可知，夏季软体动物对鱼类食物平均贡献率最高，其次为环节动物和甲壳动物；秋季环节动物对鱼类食物平均贡献率最高，其次为甲壳动物和软体动物；冬季软体动物对鱼类食物平均贡献率最高，其次为甲壳动物和环节动物。不同水层鱼类食物来源受季节性影响变化较大，但不同水层鱼类之间的摄食差异并不明显。其中，软体动物、甲壳动物和环节动物各季节食物贡献率均存在差异，而沉积颗粒（SOM）在各季节食物贡献率均较低，表明鱼类与 SOM 之间摄食关系不明显。

3. **礁体附着物对不同种类生物食物贡献率分析。**将生物按不同种类分为鱼类、头足类、虾类、虾蛄类和蟹类，分析不同礁体附着物对不同种类生物的食物贡献率差异。选取软体动物、甲壳动物、悬浮颗粒（POM）和 SOM 为潜在食物源。利用 MixSIAR 对数据进行分析，结果如图 10-137 所示，各种类生物平均食物贡献率见表 10-44。

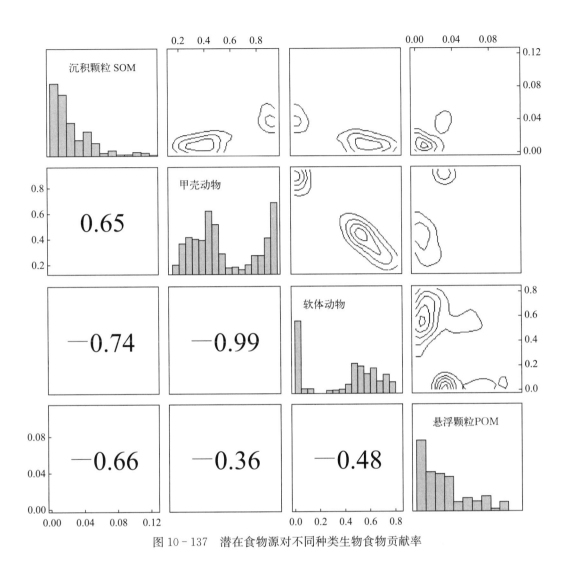

图 10 - 137　潜在食物源对不同种类生物食物贡献率

表 10 - 44　潜在食物源对不同种类平均食物贡献率

季节	饵料	头足类	虾蛄类	虾类	蟹类	鱼类
夏季	沉积颗粒	0.011	0.009	0.009	0.008	0.038
	甲壳动物	0.378	0.321	0.280	0.292	0.416
	软体动物	0.579	0.630	0.676	0.664	0.530
	悬浮颗粒	0.032	0.039	0.035	0.036	0.016
秋季	沉积颗粒	0.005	0.005	0.023	0.020	0.015
	甲壳动物	0.952	0.896	0.368	0.463	0.969
	软体动物	0.030	0.062	0.531	0.445	0.014
	悬浮颗粒	0.013	0.038	0.078	0.072	0.003

（续）

季节	饵料	头足类	虾蛄类	虾类	蟹类	鱼类
冬季	沉积颗粒	0.025	0.019	0.019	0.016	0.086
	甲壳动物	0.554	0.402	0.212	0.228	0.643
	软体动物	0.390	0.513	0.668	0.655	0.257
	悬浮颗粒	0.031	0.065	0.101	0.101	0.014

4. **不同水层鱼类食物来源分析。**鱼类摄食情况复杂，摄食生物包含浮游生物、底栖生物和游泳生物等，本次调查主要分析附着物对其他高级消费者的食物贡献率，故仅将附着生物作为鱼类潜在食物源进行分析。通过鱼类潜在食物源对比分析可知，SOM 在鱼类食物源中所占比例较低，而环节动物、甲壳动物和软体动物在各季节鱼类食物源中所占比例较高，表明鱼类摄食这 3 种潜在食物源的可能性更大。此外，鱼类摄食生物受其生活水层和生活习性影响，底栖鱼类和礁区鱼类对 4 种潜在食物源各季节摄食情况均较接近，表明底栖鱼类和礁区鱼类摄食差异较小。而上层鱼类和下层鱼类摄食差异较大，其中，环节动物对下层鱼类食物贡献率均较高，甲壳动物对上层鱼类食物贡献率均较高。由于甲壳动物（藤壶类）主要分布于礁体上，而环节动物（沙蚕类）除分布于礁体上，还分布于底层泥沙中，因而可初步推断，上层鱼类和下层鱼类因生活水层不同，造成主要摄食的饵料存在差异。通过对比不同水层鱼类对 4 种潜在食物源摄食情况，表明鱼类可能因生活水层不同，造成其食物组成存在差异。

5. **不同种类生物食物来源相似性分析。**由潜在食物源对不同种类生物食物贡献率（表 10 - 44）对比可知，在夏季，软体动物和甲壳动物对头足类的贡献率分别为 57.9%、37.8%，对鱼类的贡献率分别为 53.0% 和 41.6%，而软体动物对其他种类贡献率均高于63%，甲壳动物对其他种类贡献率约为 30%。对比潜在食物源贡献率可知，夏季头足类和鱼类摄食情况较接近，而虾蛄类、虾类和蟹类摄食情况较接近；秋季头足类、虾蛄类和鱼类摄食情况较接近，虾类和蟹类摄食情况较接近；冬季虾类和蟹类摄食情况较接近。此外，POM 对虾类和蟹类的食物贡献率相近，且均高于其他种类。综上所述，鱼类和头足类摄食差异较小，虾类和蟹类摄食差异较小。

在本次调查中，头足类和鱼类主要为肉食性和杂食性，虾蛄类主要为肉食性，虾类和蟹类主要为杂食性。其中，同属于杂食性的虾类、蟹类各季节潜在食物贡献率相似程度较高，而头足类、鱼类各季节潜在食物贡献率相似程度较高。各种类生物摄食习性不同，导致 4 种潜在食物源贡献率存在差异。虽然本监测所选取 4 种潜在食物源并非所有的饵料来源，但通过对不同季节、不同饵料贡献率进行分析，结果表明食性相近的生物种类，其潜在食物源贡献率存在一定相似性。即在利用 MixSIAR 对消费者摄食饵料组成进行分析的同时，也对消费者本身的摄食习性进行划分，具体表现为具有相同摄食习性的生物，其各组分潜在食物源贡献率较接近。

6. **典型分析——附着物对口虾蛄和二长棘鲷的食物贡献率。**口虾蛄和二长棘鲷均为有较高经济价值的生物种类，通过对其饵料组成进行典型分析，探讨附着物的食物贡献率，进一步评估人工鱼礁的饵料效应。

在 2017 年的监测中，选择鱼类、虾类、蟹类和贝类为口虾蛄各季节摄食生物。其中，鱼类主要选取营养水平相对较低的种类，去除带鱼等凶猛肉食性鱼类；虾类和蟹类选取各季节样品；贝类选择附着物中的翡翠贻贝等双壳贝类。本次消费者除选择口虾蛄外，增加同属于口虾蛄属的断脊口虾蛄和长叉口虾蛄，因而本次计算结果为潜在食物源对口虾蛄类的食物贡献率。选取鱼类、虾类、蟹类、头足类、双壳类和蛇尾类类作为二长棘鲷潜在食物源，其中，鱼类主要选取营养水平相对较低的种类，虾类、蟹类和头足类选取各季节样品，双壳类和蛇尾类选取各季节附着物样品。将结果输入 MixSIAR（Stock et al.，2014），其中 $\delta^{13}C$ 和 $\delta^{15}N$ 营养级富集因子分别选取 0.4‰ 和 3.4‰（Post，2002）。口虾蛄饵料同位素数据见表 10‐45，二长棘鲷饵料同位素数据见表 10‐46。

表 10‐45 口虾蛄类饵料生物的 $\delta^{13}C$ 和 $\delta^{15}N$ 比值

季节	种类	样品数量	$\delta^{13}C$（‰）		$\delta^{15}N$（‰）	
			平均值	标准差	平均值	标准差
夏季	贝类	8	−19.70	0.57	10.53	0.26
	虾类	10	−16.99	1.51	14.95	0.86
	蟹类	14	−15.52	0.79	12.50	0.19
	鱼类	48	−16.71	0.79	14.85	0.77
秋季	贝类	9	−16.52	0.61	11.41	0.35
	虾类	6	−15.44	0.79	13.70	0.8
	蟹类	4	−15.12	0.71	14.07	0.24
	鱼类	36	−16.06	0.75	15.52	0.76
冬季	贝类	16	−17.07	0.56	11.07	0.26
	虾类	8	−15.79	0.63	13.55	1.20
	蟹类	8	−15.52	0.78	12.50	0.18
	鱼类	44	−16.12	0.65	15.19	0.74

表 10‐46 二长棘鲷饵料生物的 $\delta^{13}C$ 和 $\delta^{15}N$ 比值

季节	种类	样品数量	$\delta^{13}C$（‰）		$\delta^{15}N$（‰）	
			平均值	标准差	平均值	标准差
夏季	贝类	8	−19.70	0.57	10.53	0.26
	蛇尾类	4	−9.27	0.18	12.00	0.40
	头足类	6	−17.51	0.93	14.92	0.50
	虾类	10	−16.99	1.51	14.95	0.86
	蟹类	14	−15.52	0.79	12.50	0.19
	鱼类	46	−16.73	0.80	14.81	0.76

（续）

季节	种类	样品数量	$\delta^{13}C$（‰）		$\delta^{15}N$（‰）	
			平均值	标准差	平均值	标准差
秋季	贝类	9	−16.52	0.61	11.41	0.35
	蛇尾类	2	−7.58	0.33	11.83	0.03
	头足类	6	−15.22	0.19	16.16	0.64
	虾类	6	−15.44	0.79	13.70	0.80
	蟹类	4	−15.12	0.71	14.07	0.24
	鱼类	34	−16.03	0.76	15.53	0.78
冬季	贝类	16	−17.07	0.56	11.07	0.26
	蛇尾类	4	−8.35	1.45	11.77	0.54
	头足类	6	−15.24	0.43	15.51	0.64
	虾类	8	−15.79	0.63	13.55	1.20
	蟹类	8	−15.52	0.78	12.50	0.18
	鱼类	42	−16.10	0.66	15.19	0.76

（1）礁体附着物对口虾蛄类食物贡献率。运行 MixSIAR，结果如图 10 - 138 所示，各种类生物平均食物贡献率见表 10 - 47。由结果可知，夏季贝类对口虾蛄类食物平均贡献率最高（58.9%），其次为蟹类（27.9%）、虾类（8.6%）和鱼类（4.6%）；秋季贝类对口虾蛄类食物平均贡献率最高（62.7%），其次为虾类（18.0%）、蟹类（14.5%）和鱼类（4.9%）；冬季贝类对口虾蛄类食物平均贡献率最高（55.9%），其次为虾类（23.4%）、蟹类（15.1%）和鱼类（5.6%）。本研究结果与徐善良等（1996）和宁加佳等（2016）的研究结果相似，贝类在各季节均为口虾蛄类主要摄食生物，即人工鱼礁礁体附着对口虾蛄类食物贡献效果明显。相比贝类，鱼类在口虾蛄食物组成中所占比例最低，虾类和蟹类各季节平均贡献率较接近，虾类食物贡献率从夏季到冬季逐渐提高，而蟹类食物贡献率逐渐下降。

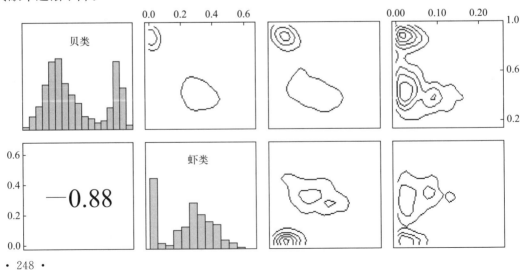

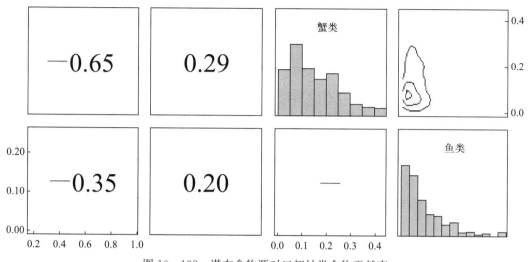

图 10 - 138 潜在食物源对口虾蛄类食物贡献率

表 10 - 47 不同季节潜在食物源对口虾蛄类食物平均贡献率

季节	贝类	虾类	蟹类	鱼类
夏季	0.589	0.086	0.279	0.046
秋季	0.627	0.180	0.145	0.049
冬季	0.559	0.234	0.151	0.056

（2）礁体附着物对二长棘鲷食物贡献率。 MixSIAR 运行参数同口虾蛄类，结果如图 10 - 139 所示，各种类生物平均食物贡献率见表 10 - 48。由结果可知，夏季蟹类（33.4%）和贝类（32.9%）对二长棘鲷食物贡献率最高，鱼类贡献率为 11.6%，其余种类食物贡献率均低于 10%；秋季贝类（76.5%）对二长棘鲷食物贡献率最高，其余种类食物贡献率较低；冬季贝类（60.9%）食物贡献率最高，其次为蟹类（14.1%），其余种类食物贡献率较低。各季节食物贡献率最高的生物主要是贝类，考虑到贝类和蛇尾类均属于附着生物，因而附着生物各季节食物贡献率分别为 41.2%、78.7% 和 65.4%。相比其他种类，附着物对二长棘鲷食物贡献率最高，而蛇尾类、头足类和虾类各季节食物贡献率均低于 10%，在二长棘鲷食物源中所占比例较低。

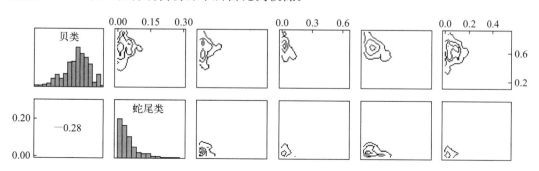

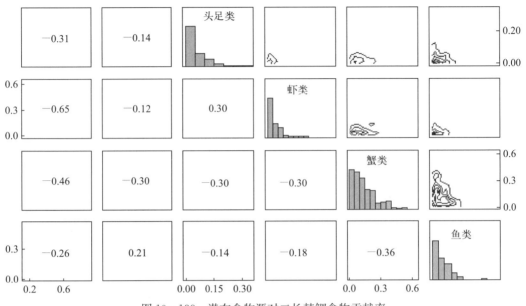

图 10-139　潜在食物源对二长棘鲷食物贡献率

表 10-48　不同季节潜在食物源对二长棘鲷食物平均贡献率

季节	贝类	蛇尾类	头足类	虾类	蟹类	鱼类
夏季	0.329	0.083	0.059	0.078	0.334	0.116
秋季	0.765	0.022	0.028	0.052	0.078	0.055
冬季	0.609	0.045	0.045	0.074	0.141	0.086

（3）**生物摄食习性分析**。利用稳定同位素法对生物摄食饵料进行选择时，须参考胃含物分析结果，以便确定生物和饵料之间是否存在摄食关系。本监测在对口虾蛄和二长棘鲷摄食习性分析时，均参照生物胃含物分析结果。其中，口虾蛄胃含物分析显示，其主要摄食生物为鱼类和虾类等，稳定同位素法显示口虾蛄主要摄食生物为贝类、虾类和蟹类。二长棘鲷胃含物分析结果显示，其摄食饵料主要为鱼类和虾类等，稳定同位素法显示二长棘鲷主要摄食饵料为贝类、蟹类和鱼类。两种方法判断生物摄食饵料组成种类基本相似，但主要摄食生物存在差异。

（4）**附着物食物贡献率**。本调查中，附着物（贝类）对口虾蛄类各季节食物贡献率为58.9％、62.7％和55.9％，对二长棘鲷各季节食物贡献率为32.5％、76.5％和60.9％。其中，夏季消费者虾蛄类 $\delta^{13}C$ 比值为 $-17.12‰±0.74‰$，$\delta^{15}N$ 比值 $14.61‰±0.87‰$，饵料组成中（表 10-45 和表 10-46），贝类、虾类、蟹类和鱼类 $\delta^{13}C$ 比值与口虾蛄差值为 $-2.58‰$、$0.13‰$、$1.60‰$ 和 $0.41‰$，$\delta^{15}N$ 比值与口虾蛄差值为 $-4.08‰$、$0.34‰$、$-2.11‰$ 和 $0.24‰$，考虑到 $\delta^{13}C$ 和 $\delta^{15}N$ 富集因子分别为 $0.4‰$ 和 $3.4‰$，因此口虾蛄与贝类、蟹类摄食关系较其他种类明显，同时在夏季中，贝类对口虾蛄类食物贡献率最高，其次为蟹类。通过对比消费者和摄食生物 $\delta^{13}C$ 和 $\delta^{15}N$ 比值差值可知，当 $\delta^{13}C$ 和 $\delta^{15}N$ 比值差值接近于营养富集因子，则生物间摄食关系更明显。验证秋季、冬季及二长棘鲷食物贡献率分析结果均可得出上述相近结论。相比胃含物分析法，碳氮同位素法主要根据 $\delta^{13}C$ 和 $\delta^{15}N$ 比值对生物摄食饵料组成进行判断，因此碳氮稳定同位素法较胃含物分析法更能说明生物摄食史，故而夏季 $\delta^{13}C$ 和 $\delta^{15}N$ 比值较低的贝类对口虾蛄类食物贡献率较高。这也进一步说明，人工鱼礁建成后对周边摄食附着物的生物有较高食物贡献率。

（5）人工鱼礁饵料效应分析。人工鱼礁投放后，礁体上附着生物是其诱集鱼类的重要环境因子，附着物种类主要包括贝类和藤壶类等，其中贝类对口虾蛄和二长棘鲷的食物贡献率较高，表明礁体附着物能够直接为周边生物提供饵料。此外，口虾蛄类和二长棘鲷又是带鱼、长齿蛇鲻等凶猛肉食性鱼类的饵料来源，因此人工鱼礁附着物直接或间接向周边生物提供饵料，发挥自身饵料效应。

7. **小结。**通过对礁体附着物营养特征及食物贡献率进行研究，结果表明人工鱼礁附着物 $\delta^{13}C$ 分布区间广，$\delta^{15}N$ 平均比值相对其他消费者较低。相较一般海域，人工鱼礁区存在大量附着物，可为更多生物提供食物源，发挥自身饵料效应。

附着生物对鱼类食物的贡献率，夏季软体动物对最高（43.2%～53.0%），其次为环节动物和甲壳动物；秋季环节动物最高（51.7%～58.1%），其次为甲壳动物和软体动物；冬季软体动物最高（33.6%～37.4%），其次为甲壳动物和环节动物。

不同水层鱼类食物来源受季节性影响变化较大，但不同水层鱼类之间的摄食差异并不明显。各种类生物由于摄食习性不同，潜在食物源贡献率存在差异。其中，同属于杂食性的虾类、蟹类各季节潜在食物贡献率相似，而头足类、鱼类各季节潜在食物贡献率相似程度较高。

典型分析结果表明，附着物对口虾蛄类夏秋冬各季节的食物贡献率分别为58.9%、62.7%和55.9%，各季节食物贡献率间的差异较小。附着物对二长棘鲷夏秋冬各季节的食物贡献率分别为41.2%、78.7%和65.4%，各季节间的差异较口虾蛄类的大。总体而言，附着物对口虾蛄类和二长棘鲷食物贡献率较高。

（二）白龙珍珠湾海域生物的同位素与营养级特征

1. **不同生物的同位素特征。**2018年11月和2019年3月在白龙珍珠湾海洋牧场海域进行跟踪监测，共采获生物样品110种。其中，2018年11月采集到附着物34种、21种鱼类、9种虾蟹类、1种藻类、1种头足类。2019年3月采集到附着生物56种、16种鱼类、3种藻类。利用碳氮稳定性同位素方法，测得海洋牧场区域内生物的 $\delta^{13}C$ 比值在 $-21.86‰$～$-10.03‰$ 之间，平均值为 $(-16.84\pm2.49)‰$，跨度为11.83‰；$\delta^{15}N$ 比值在8.80‰～16.61‰之间，平均值为 $(12.74\pm1.72)‰$，跨度为7.81‰。其中，附着物类的 $\delta^{13}C$ 范围为 $-21.86‰$～$-10.03‰$，平均值为 $(-17.36\pm2.59)‰$，跨度为11.83‰；$\delta^{15}N$ 范围为9.24‰～16.34‰，平均值为 $(12.01\pm1.19)‰$，跨度为7.10‰。虾蟹类的 $\delta^{13}C$ 范围为 $-19.23‰$～$-10.82‰$，平均值为 $(-15.08\pm1.81)‰$，跨度为8.41‰；$\delta^{15}N$ 范围为11.59‰～16.23‰，平均值为 $(13.67\pm1.32)‰$，跨度为4.64‰。鱼类的 $\delta^{13}C$ 范围为 $-18.70‰$～$-12.78‰$，平均值为 $(-15.72\pm1.62)‰$，跨度为5.92‰；$\delta^{15}N$ 范围为11.46‰～16.67‰，平均值为 $(14.91\pm1.17)‰$，跨度为5.21‰（图10-140）。

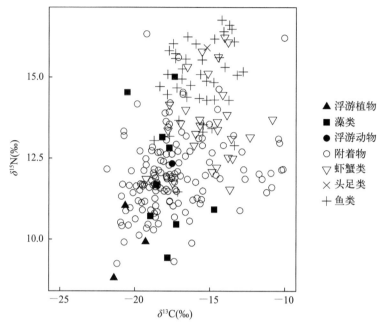

图 10 - 140　白龙珍珠湾海洋牧场海域不同生物的碳氮稳定同位素的双位图
（$\delta^{13}C$，碳稳定同位素值；$\delta^{15}N$，氮稳定同位素值）

2. **不同生物的营养级特征。** 本次监测以浮游植物为基线生物和白龙珍珠湾海洋牧场生态系统主要消费者的 $\delta^{15}N$ 值，计算营养级和绘制营养谱（表 10 - 49 和图 10 - 141）。利用碳氮稳定性同位素方法测得海洋牧场区域内生物的营养级范围为 1.80（栗褐羽螅）～4.01（红牙鳒），营养层次长度为 3 级。其中，附着生物的营养级范围为栗褐羽螅的 1.80 到郭氏猿头蛤的 3.36；虾蟹类的营养级范围为印度毛粒蟹的 2.48 到双刺静蟹的 3.86；鱼类的营养级范围为多鳞鱚的 2.45 到红牙鳒的 4.01；头足类短蛸的营养级为 3.76。总体来看，鱼类的营养级最高，附着生物的营养级偏低。

表 10 - 49　白龙珍珠湾海洋牧场海域不同种类生物稳定同位素

名　称	$\delta^{13}C$	$\delta^{15}N$	TL
草叶马尾藻 *Sargassum graminifolium* Turn	−17.82	9.43	
石枝藻 *Genus lithothamnion*	−18.93±2.23	14.78±0.34	
细枝仙菜 *Ceramium tenuissimum*	−17.55±1.52	11.62±1.14	
白纹革囊星虫 *Phascolosoma albolineatum* Baird	−16.25±2.27	12.57±0.39	2.78±0.01
斑顶牡蛎 *Parahyotissa numisma*	−20.82	11.69	2.52
比那毛蚶 *Scapharca* sp.	−15.03	12.38	2.72
玻璃海鞘 *Ciona intestinalis*	−20.28±1.95	11.96±0.56	2.60
布纹蚶 *Barbatia grayana*	−18.04±0.61	11.84±0.23	2.57±0.07
糙猿头蛤 *Chama asperella* Lamarck	−18.97±1.11	11.85±0.69	2.57±0.20

（续）

名　称	$\delta^{13}C$	$\delta^{15}N$	TL
齿缘牡蛎 *Dendostrea folium*	-15.26 ± 4.02	11.59 ± 0.77	2.49 ± 0.23
丛生盔形珊瑚 *Galaxea fasciculars*	-15.49 ± 7.72	13.37 ± 4.04	3.01 ± 1.19
斗嫁蝛 *cellana grata*	-16.31 ± 4.74	11.15 ± 0.29	2.36 ± 0.08
多棘中华真蛇尾 *Sinophiura multispina*	-13.19 ± 3.46	11.85 ± 0.24	2.57 ± 0.07
方柱翼手参 *Colochirus quadrangularis*	-20.37	11.66	2.51
菲律宾蛤仔 *Ruditapes philippinarum*	-16.63	10.83	2.27
翡翠贻贝 *Perna viridis*	-16.88 ± 3.49	11.55 ± 0.24	2.48 ± 0.07
辐蛇尾 *Ophiactis savignyi*	-12.69 ± 0.07	12.00 ± 0.20	2.61 ± 0.06
爪哇荔枝螺 *Thais javana*	-14.10	12.90	2.88
冠瘤海鞘 *Styela canopus*	-18.08 ± 1.69	10.73 ± 0.08	2.24 ± 0.26
郭氏猿头蛤 *Chama jukesi* Reeve	-16.80	14.54	3.36
方柱翼手参 *Colochirus quadrangularis*	-16.34	10.56	2.19
海葵 *Actiniaria*	-20.74	13.34	3.01
海绵动物 I *Demospongiae* sp. 1	-16.50	11.85	2.57
海绵动物 II *Demospongiae* sp. 2	-17.88 ± 0.75	10.57 ± 0.15	2.19 ± 0.04
海绵动物 III *Demospongiae* sp. 3	-19.77	11.19	2.37
海绵动物 4 *Demospongiae* sp. 4	-18.45	12.68	2.81
海绵动物 P *Demospongiae* sp. 5	-16.13	11.21	2.38
亥氏猿头蛤 *Psendochama retroversa*	-17.68	11.18	2.37
合浦珠母贝 *Pinctada martensii*	-17.87 ± 0.85	11.83 ± 0.98	2.56 ± 0.29
黑囊皮参 *Stolus albescens*	-15.55	11.23	2.38
红贺海鞘 *Herdmania momus*	-18.77 ± 0.67	$12.030.64$	2.62 ± 0.19
华贵栉节扇贝 *Mimachlamys nobilis*	-14.60	11.98	2.61
黄口荔枝螺 *Thais luteostoma*	-16.24 ± 1.93	13.66 ± 1.23	3.10 ± 0.36
棘螺 *Chicoreus ramosus*	-17.27 ± 0.55	13.76 ± 0.64	3.13 ± 0.19
脊牡蛎 *Lopha cristagalli*	-19.12 ± 0.68	12.13 ± 2.13	2.65 ± 0.63
结蚶 *Tegillarca nodifera*	-14.86	12.67	2.81
菊珊瑚 *Favites spec*	-18.92	10.90	2.29
橘色海菊蛤 *Spondylus aurantius*	-17.38 ± 0.69	12.32 ± 0.65	2.71 ± 0.19
栗褐羽螅 *Plumularia babia*	-21.18	9.24	1.80
隆线背鳞虫 *Carinulatus grube*	-18.81 ± 1.45	13.82 ± 0.50	3.15 ± 0.15
马氏珠母贝 *Pinctada martensii*	-18.61	11.89	2.58
毛贻贝 *Trichomya hirsuta*	-20.43	10.43	2.15
美丽项链螺 *Monilea calliferus*	-16.33	12.72	2.82
尼科巴海菊蛤 *Spondylus nicobaricus* Schreibers	-19.70	10.12	2.06

（续）

名 称	$\delta^{13}C$	$\delta^{15}N$	TL
拟棕蚶 *Barbatia cruciata*	-17.55 ± 2.91	12.30 ± 0.84	2.70 ± 0.25
脓海鞘 *Pyura* sp.	-18.55 ± 2.58	12.46 ± 2.51	2.75 ± 0.74
强刺裂虫 *Ehlersia* sp.	-14.49	14.02	3.20
琴文蛤 *Meretrix lyrata*	-12.98	10.89	2.28
日本刺沙蚕 *Neanthes japonica*	-17.90	12.62	2.79
日本格特蛤 *Marcia japonica*	-15.47	11.49	2.46
日本细焦掌贝 *Purpuradusta gracilis japonica*	-17.70	13.56	3.07
三角藤壶 *Balanus trigonus* Darwin	-17.81 ± 1.42	12.32 ± 0.99	2.70 ± 0.29
双纹须蚶 *Barbatia bistrigata*	-18.20 ± 1.05	11.48 ± 0.63	2.46 ± 0.19
网纹藤壶 *Balanus reticulatue* Utinomi	-16.39 ± 3.66	12.48 ± 0.56	2.75 ± 0.17
温和翘鳞蛤 *Irus mitis*	-18.51 ± 1.38	11.81 ± 0.17	2.56 ± 0.05
西施舌 *Mactra antiquata*	-15.94	11.76	2.54
小棘真蛇尾 *Ophiura micracantha*	-15.17 ± 7.00	11.79 ± 0.50	2.55 ± 0.15
小文蛤 *Meretrix meretrix* L.	-17.45	11.03	2.33
旋鳃虫 *Genus spirobranchus*	-18.61	11.62	2.50
异纹心蛤 *Cardita variegata*	-15.51	13.13	2.94
疣荔枝螺 *Thais clavigera*	-15.74	13.11	2.94
原管虫 *Protula tubularia*	-19.62 ± 1.13	11.12 ± 0.65	2.35 ± 0.19
云石肌蛤 *Modiolarca*	-18.75	12.04	2.62
皱瘤海鞘 *Styelidae Plicata*	-16.71 ± 1.43	12.37 ± 0.95	2.72 ± 0.28
紫口猿头蛤 *Chama iostoma*	-17.62 ± 3.26	12.39 ± 0.86	2.73 ± 0.25
棕蚶 *Barbatia fusca*	-18.77	11.67	2.52
钻穿裂虫 *Trypanosyllis zebra*	-16.53 ± 4.42	12.36 ± 1.20	2.72 ± 0.35
圆盖红体海鞘 *Rhodosoma turoicum*	-18.17 ± 1.13	10.47 ± 1.64	2.16 ± 0.48
红星梭子蟹 *Portunus sanguinolentus*	-15.13	15.12	3.53
光辉团扇蟹 *Sphaerozius nitidus*	-16.56 ± 0.55	12.74 ± 1.18	2.83 ± 0.35
皱纹团扇蟹 *Ozius rugulosus*	-15.57 ± 2.14	12.97 ± 0.81	2.90 ± 0.24
远海梭子蟹 *Portunus pelagicus*	-14.44	15.63	3.68
锈斑蟳 *Charybdis feriatus*	-15.04 ± 1.27	13.86 ± 0.85	3.16 ± 0.25
印度毛粒蟹 *Pilumnopeus indica*	-13.66	11.54	2.48
纹毛壳蟹 *Pilodius areolatus*	-13.64 ± 3.67	13.41 ± 0.28	3.03 ± 0.08
双刺静蟹 *Galene bispinosa*	-14.02	16.23	3.86
算命暴蟹 *Halimede tyche*	-13.48	12.49	2.76
长毛对虾 *Penaeus penicillatus*	-15.52	15.80	3.73
猛虾蛄 *Harpiosquilla harpax*	-15.17 ± 1.86	14.59 ± 1.05	3.37 ± 0.31
近缘新对虾 *Metapenaeus affinis*	-14.72 ± 1.34	14.89 ± 1.69	3.46 ± 0.50
隆线强蟹 *Eucrata crenata* de Haan	-15.28 ± 1.10	13.26 ± 0.52	2.98 ± 0.15

（续）

名　　称	$\delta^{13}C$	$\delta^{15}N$	TL
笛鲷 Lutjanus sp.	−15.94	16.03	3.80
小带鱼 Eupleurogrammus muticus	−14.08	16.41	3.91
白姑鱼 Argyrosomus argentatus	−15.50±2.55	16.10±0.73	3.82±0.21
月腹刺鲀 Gastrophysus lunaris	−12.78	15.18	3.55
印度鳓 Ilisha indica	−14.00	15.32	3.59
日本钩嘴鳎 Heteromycteris japonicus	−15.62	15.09	3.52
多带绯鲤 Upeneus polyzona	−13.54	16.49	3.93
斑鳞白姑鱼 Pennahia pawak	−14.71	14.31	3.29
双线舌鳎 Cynoglossus bilineatus	−15.22	14.29	3.29
金线鱼 Nemipterus sp.	−14.74	14.84	3.45
红牙鰔 Otolithes ruber	−14.21	16.77	4.01
海鳗 Muraenesox cinereus	−15.84±2.06	15.68±0.08	3.69±0.02
尖头斜齿鲨 Scoliodon sorrakowah	−15.70	14.35	3.30
海鲇 Arius thalassinus	−13.38	16.10	3.82
日本花鲈 Lateolabrax japonicus	−15.23	14.88	3.46
短吻鲾 Leiognathus brevirostris	−17.68	13.18	2.96
黄斑鲾 Leiognathus bindus	−17.72	15.83	3.74
贡氏红娘鱼 Lepidotrigla guentheri Hilgendorf	−17.07	13.67	3.10
真鲷 Pagrosomus major	−16.46±1.40	14.68±1.93	3.40±0.57
褐菖鲉 Sebastiscus marmoratus	−13.73	14.29	3.29
双线舌鳎 Cynoglossus bilineatus	−16.28	14.75	3.42
鲻 Mugil cephalus	−15.61±0.85	13.78±0.53	3.14±0.16
多鳞鱚 Sillago sihama	−17.14	11.46	2.45
赤点石斑鱼 Epinephelus akaara	−14.69	16.19	3.84
叫姑鱼 Johnius grypotus	−17.21	14.67	3.40
长蛇鲻 Saurida elongata	−17.81	15.09	3.52
鲬 flatheads	−15.19±1.86	15.19±0.32	3.55±0.09
中华单角鲀 Monacanthus chinensis	−13.36	12.90	2.88
丽叶鲹 Caranx kalla	−17.84	14.47	3.34
二长棘鲷 Paerargyrops edita	−16.85	15.26	3.57
星斑蓝子鱼 Siganus guttatus	−18.70	13.05	2.92
金钱鱼 Scatophagus argus	−18.34	14.72	3.41
日本金线鱼 Nemipterus japonicus	−16.47	16.25	3.86
斑鱚 Sillago maculata Quoy	−16.61	15.57	3.66

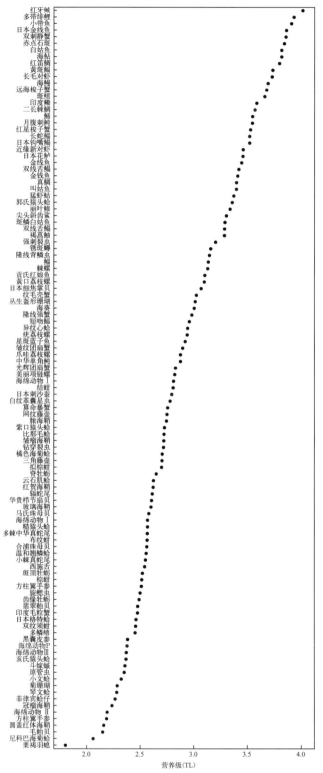

图 10-141 白龙珍珠湾海洋牧场海域内不同生物的营养谱

　　3. 同位素的季节性差异。对不同季节白龙珍珠湾海洋牧场的附着生物、虾蟹类、鱼类稳定同位素比值进行单因素方差分析，结果表明虾蟹类和鱼类的碳稳定同位素在春秋两季具有显著性差异（$P<0.01$)，其他稳定同位素比值在两季均无显著性差异（图 10-142、图 10-143 和图 10-144)。

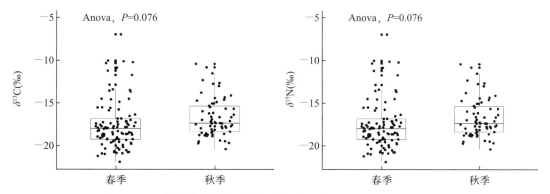

图 10-142　白龙珍珠湾海洋牧场内附着物碳氮稳定同位素的季节差异

（$\delta^{13}C$，碳稳定同位素值；$\delta^{15}N$，氮稳定同位素值；Anova，单因素方差分析）

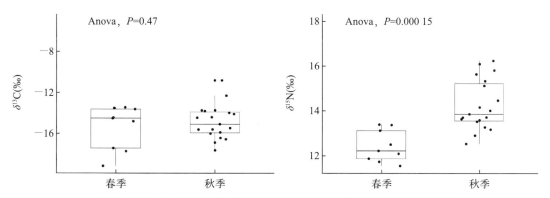

图 10-143　白龙珍珠湾海洋牧场内虾蟹类碳氮稳定同位素的季节差异

（$\delta^{13}C$，碳稳定同位素值；$\delta^{15}N$，氮稳定同位素值；Anova，单因素方差分析）

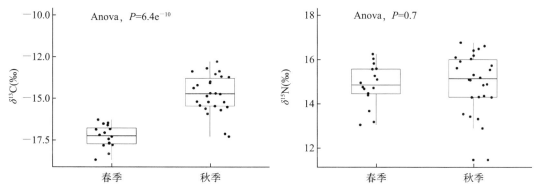

图 10-144　白龙珍珠湾海洋牧场内鱼类碳氮稳定同位素的季节差异

（$\delta^{13}C$，碳稳定同位素值；$\delta^{15}N$，氮稳定同位素值；Anova，单因素方差分析）

利用 SIBER 对各季节的不同种类生物碳氮稳定同位素进行分析，结果显示（图 10 - 145，表 10 - 50），在秋季附着生物的总面积（TA 值）最大，虾蟹类的最小；在春季，附着生物的 TA 值最大，鱼类的最小。考虑到样本的具体影响，采用贝叶斯标准椭圆矫正面积（SEAc）更适合表示生物生态空间利用情况。在秋季各种类生物生态空间利用情况中，虾蟹类（贝叶斯标准椭圆面积 SEA＝6.25）生态空间利用程度最高，其次为附着物类（SEA＝6.14）、鱼类（SEA＝4.70）；在春季各种类生物生态空间利用情况中，附着物（SEA＝12.38）生态空间利用程度最高，其次为虾蟹类（SEA＝5.39）、鱼类（SEA＝2.02）。

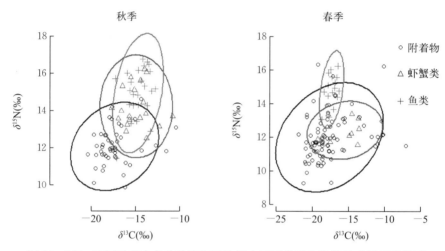

图 10 - 145　不同季节白龙珍珠湾海洋牧场内不同类型生物的贝叶斯标准椭圆

（$\delta^{13}C$，碳稳定同位素值；$\delta^{15}N$，氮稳定同位素值）

表 10 - 50　白龙珍珠湾海洋牧场内不同种类生物的生态空间利用情况

	秋季			春季		
	附着物	虾蟹类	鱼类	附着物	虾蟹类	鱼类
TA	30.91	14.96	17.05	78.76	8.40	4.74
SEA	6.01	5.90	4.50	12.23	4.72	1.88
SEAc	6.14	6.25	4.70	12.38	5.39	2.02

由生物群落指标（表 10 - 51）可知，不同季节食物网结构存在差异。其中秋季生物群落的营养水平最高（营养级长度 NR＝2.86），其次为春季（NR＝2.85），两个季节的生物群落营养水平差异较小。在生态位多样化方面，秋季最高（生态位多样化程度 CR＝2.61），其次为春季（CR＝2.11）。在生物生态空间利用方面，春季最高（TA＝2.94），其次为秋季（TA＝0.64）。在营养级多样性方面，秋季相对较高（平均营养级多样性 CD＝1.59），春季较低（CD＝1.55），即从秋季到春季，海洋牧场区域内生物营养多样性程度降低。在生物营养冗余程度方面，春季（物种聚集度密度参数 MNND＝2.39）生物

营养冗余程度较高，秋季较低（MNND＝1.57），表明从秋季到春季海洋牧场区域内生物营养冗余程度升高。在生物聚集度均匀度方面，秋季生物均匀度较高（SDNND＝1.45），春季均匀度较低（物种聚集度均匀度参数 SDNND＝0.41）。

表 10-51　不同季节白龙珍珠湾海洋牧场内生物群落指标

季节	NR	CR	TA	CD	MNND	SDNND
秋季	2.86	2.61	0.64	1.59	1.57	1.45
春季	2.85	2.11	2.94	1.55	2.39	0.41

4. 小结。利用碳氮稳定性同位素方法，测得 2018 年 11 月和 2019 年 3 月海洋牧场区域内生物的 $\delta^{13}C$ 比值在 $-21.86‰\sim-10.03‰$ 之间，平均值为（-16.84 ± 2.49）‰，跨度达 11.83‰；$\delta^{15}N$ 比值在 8.80‰～16.61‰ 之间，平均值为（12.74 ± 1.72）‰，跨度为 7.81‰。

利用碳氮稳定性同位素方法测得海洋牧场区域内生物的营养级范围为 1.80～4.01，营养层次长度为 3 级。总体来看，鱼类的营养级最高（2.48～4.01），虾蟹类的营养级范围为 2.48～3.86，附着物的营养级偏低（1.80～3.36）。

虾蟹类和鱼类的碳稳定同位素在春秋两季具有显著性差异（$p<0.01$），其他稳定同位素比值在两季均无显著性差异。在各种类生物生态空间利用情况中，秋季虾蟹类（SEA＝6.25）生态空间利用程度最高，其次为附着物类（SEA＝6.14），鱼类最低（SEA＝4.70）；而春季附着物（SEA＝12.38）生态空间利用程度最高，其次为虾蟹类（SEA＝5.39），鱼类最低（SEA＝2.20）。秋季生物群落的营养水平、生态位多样化、营养级多样性和生物分布均匀度均为最高，而春季在生物营养冗余程度和生物生态空间利用方面最高。

十、白龙珍珠湾海洋牧场与周边海域的原生生物

（一）材料与方法

2018 年 11 月和 2019 年 3 月在白龙珍珠湾海洋牧场人工鱼礁区 AR1、AR2、AR3、AR4 和 AR5 等 5 个采样点进行样品采集（图 10-146）。其中，11 月采样由潜水员潜水使用离心管分别在 3 个人工鱼礁（AR1～AR3）的表层（S）、中层（M）和底层（B）刮取附着物，共收集了 9 个离心管样品。同时，采用采水器在 3 个人工鱼礁海域的海水站位（WAR1～WAR3）分别在表层（S）和底层（B）共取了 6 个水样。3 月在人工鱼礁（AR1～AR3）的表层（S）、中层（M）、底层（B）刮取了 9 个附着物样品，使用采水器在个人工鱼礁海域相应的 5 个海水站位（WAR1～WAR5）分别在表层（S）和底层（B）共取了 10 个水样。水样采集后低温保存无菌瓶中，然后在通过 200 μm 筛目大小的预过滤器，使用抽滤装置将 2 L 海水抽滤到 Millipore 滤膜（0.2 μm 孔径）上来收集样品。离心管和滤膜样品及时保存在 $-20\,℃$ 的条件下直至进一步的处理。

在实验室中，参照 Power Soil DNA 试剂盒（MOBIO，美国）的步骤来提取总

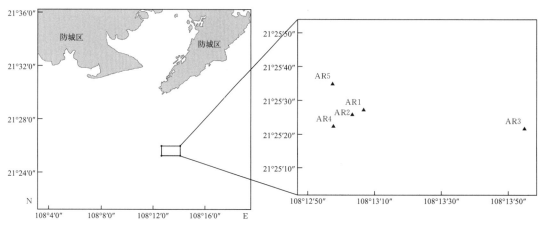

图 10-146 白龙珍珠湾海洋牧场人工鱼礁区域采样站位

DNA。使用通用引物 TAReuk454FWD1（5′- CCA GCA SCY GCG GTA ATT CC - 3′；*S. cerevisiae* position 565～584）和 TAReukREV3（5′- ACT TTC GTT CTT GAT YRA - 3′；*S. cerevisiae* position 964～981）扩增 18S rDNA 基因的 V4 可变区（Stoeck et al.，2010）。按照每个样本的测序量要求，将 PCR 产物进行相应比例的混合，然后构建 Illumina PE250 文库进行测序。将相似性大于 97% 的序列划分为同一个操作分类单元（operational taxonomic units，OTUs），与 Silva 数据库比较并获得 OTUs 的分类注释信息。

计算原生生物的 α 多样性指数、分析基于的 Bray-Curtis 相异矩阵的 β 多样性，呈现各样本在门的水平上的群落结构组成，并使用 LEfSE 分析找出各组显著性差异变化的群落或物种。

（二）原生生物的 α 多样性

各月份采自不同站位和层次的原生生物多样性列于表 10 - 52（其中，人工鱼礁表、中、底层分别用 ARS、ARM、ARB 表示；海水表层和底层分别用 WARS 和 WARB 表示）。2018 年 11 月，原生生物的 OTU 指数的变化范围较大，介于 68～970 之间，平均值为 285，大小顺序为 ARS＞WARB＞WARS＞ARM＞ARB。Chao 指数介于 91～970 之间，平均值为 313，大小顺序为 ARS＞WARB＞WARS＞ARM＞ARB。物种多样性 Shannon 指数介于之间 0.68～4.67，平均值为 2.8，大小顺序为 WARS＞WARB＞ARS＞ARM＞ARB。Simpson 指数介于之间 0.04～0.77，平均值为 0.23，大小顺序为 ARB＞ARM＞ARS＞WARB＞WARS。2019 年 3 月，原生生物 OTU 指数介于 50～304 之间，平均值为 175，大小顺序为 WARS＞WARB＞ARM＞ARS＞ARB。Chao 指数介于 58～336 之间，平均值为 196，大小顺序为 WARS＞WARB＞ARM＞ARS＞ARB。物种多样性 Shannon 指数介于之间 1.66～3.84，平均值为 2.91，大小顺序为 WARB＞WARS＞ARS＞ARM＞ARB。Simpson 指数介于之间 0.04～0.29，平均值为 0.14，大小顺序为 ARB＞ARM＞ARS＞WARB＞WARS。

表 10-52　11 月和 3 月白龙珍珠湾海域原生生物多样性指数及均匀度

时间	站位	OTU	CHAO	Shannon	Simpson
11 月	AR1S	970	970	4.07	0.04
	AR2S	450	450	2.85	0.14
	AR3S	239	294	3.12	0.13
	AR1M	68	91	0.7	0.64
	AR2M	242	279	2.94	0.09
	AR3M	146	160	3.16	0.07
	AR1B	70	101	0.68	0.78
	AR2B	202	255	1.95	0.29
	AR3B	135	160	0.73	0.78
	WAR1S	263	292	3.42	0.09
	WAR2S	203	216	3.69	0.05
	WAR3S	365	381	3.95	0.04
	WAR1B	272	309	3.72	0.06
	WAR2B	309	334	3.49	0.08
	WAR3B	342	405	3.53	0.07
3 月	AR1S	133	140	2.75	0.12
	AR2S	83	104	2.4	0.27
	AR3S	86	106	2.81	0.11
	AR1M	133	142	2.83	0.11
	AR2M	113	143	2.84	0.15
	AR3M	65	91	2.1	0.26
	AR1B	50	58	2.72	0.12
	AR2B	97	108	1.87	0.28
	AR3B	66	77	1.66	0.29
	WAR1S	275	315	3.47	0.08
	WAR2S	286	336	3.42	0.08
	WAR3S	260	276	3.38	0.08
	WAR4S	193	224	2.54	0.17
	WAR5S	304	323	3.84	0.05
	WAR1B	266	296	3.67	0.07
	WAR2B	214	243	3.36	0.08
	WAR3B	201	210	2.66	0.20
	WAR4B	286	296	3.66	0.07
	WAR5B	214	229	3.4	0.09

对于相同区域的原生生物，在不同季节的 α 多样性变化较大。对于人工鱼礁表层 ARS，OTU 指数平均值为 326，Chao 指数平均值为 344，物种多样性 Shannon 指数平均值为 3 且 11 月＞3 月；Simpson 指数平均值为 0.13 且 3 月＞11 月。对于人工鱼礁中层 ARM，OTU 指数平均值为 127，Chao 指数平均值为 151，Simpson 指数平均值为 0.22 且 11 月＞3 月；物种多样性 Shannon 指数平均值为 2.43 且 3 月＞11 月。对于人工鱼礁底层 ARB，OTU 指数平均值为 103，Chao 指数平均值为 126，Simpson 指数平均值为 0.42 且 11 月＞3 月；物种多样性 Shannon 指数平均值为 1.60 且 3 月＞11 月。对于表层水样 WARS，OTU 指数平均值为 268，Chao 指数平均值为 295，物种多样性 Shannon 指数平均值为 3.46 且 11 月＞3 月；Simpson 指数平均值为 0.08 且 3 月＞11 月。对于底层水样 WARB，OTU 指数平均值为 263，Chao 指数平均值为 290，物种多样性 Shannon 指数平均值为 3.44 且 11 月＞3 月；Simpson 指数平均值为 0.09 且 3 月＞11 月。

（三）原生生物的 β 多样性

在 OTU 水平（OTU 定义为 97% 相似性截止值）下评估 β 多样性，比较不同月份不同区域海水中原生生物的组成。首先基于标准化得 Bray-Curtis 相异矩阵在原生生物群落的相似性构建主坐标分析（PCoA），比较样本间的群落构成差异大小（图 10 - 147）。其中在 11 月，基于 Bray-Curtis 距离的主坐标分析（PCoA）表明在人工鱼礁的表层、人工鱼礁中层、人工鱼礁底层、海水表层、海水底层的原生生物群落组成存在差异（$R^2 = 0.42$，$P = 0.003$），人工鱼礁和海水样品的原生生物群落组成存在差异（$R^2 = 0.26$，$P = 0.001$）。在 OTU 级别，PC1 解释了 38.94%，PC2 占总变化的 8.98%。在 3 月，在 ARS、ARM、ARB、WARS、WARB 的原生生物群落组成的差异显著（$R^2 = 0.41$，$P = 0.001$），人工鱼礁和海水样品的原生生物群落组成存在差异（$R^2 = 0.26$，$P = 0.001$）。PC1 可以解释 33.3%，PC2 占总变化的 16.67%。

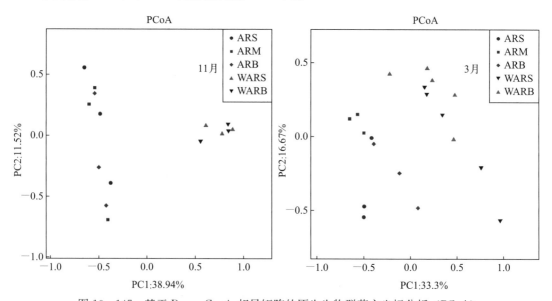

图 10 - 147　基于 Bray - Curtis 相异矩阵的原生生物群落主坐标分析（PCoA）

（四）原生生物的群落组成

白龙珍珠湾海洋牧场人工鱼礁及附近水域原生生物的群落组成示于图 10 - 148（分类到门）。2018 年 11 月，原生生物所有门类的平均相对丰度从高到低顺序为：顶复亚门（Apicomplexa）、子囊菌门（Ascomycota）、硅藻门（Bacillariophyta）、担子菌门（Basidiomycota）、绿藻门（Chlorophyta）、壶菌门（Chytridiomycota）、隐真菌门（Cryptomy-

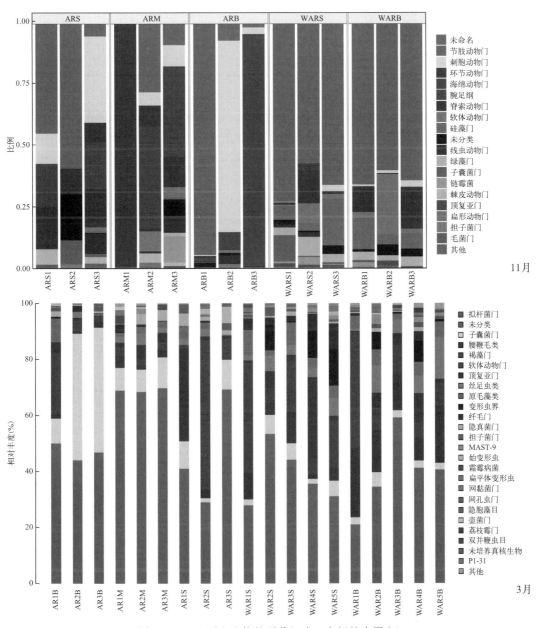

图 10 - 148 原生生物的群落组成（在门的水平上）

cota）、未命名真核生物（Eukaryota _ norank）、毛菌（Mucoromycota）、未分类（Unclassified）、其他（Others）。2019 年 3 月，原生生物所有门类的平均相对丰度从高到低顺序为：拟杆菌门（Phragmoplastophyta）、未分类（Unclassified）、子囊菌门（Ascomycota）、腰鞭毛纲（Dinoflagellata）、褐藻门（Ochrophyta）、顶复动物亚门（Apicomplexa）、丝足虫类（Cercozoa）、原毛藻（Protalveolata）、变形虫门的（Gracilipodia）、纤毛门（Ciliophora）、MAST－3、其他（Others）。其中，拟杆菌门在 ARB 的平均相对丰度最高，MAST－3 在 ARM 的平均相对丰度最高，MAST－3 在 ARS 的平均相对丰度最高，Rigifilida 在 WRAS 的平均相对丰度最高，Discosea 在 WRAB 的平均相对丰度最高。

（五）LEfSe 分析

LEfSe 用于区分样本中差异丰富的分类群（生物标记），分析结果示于图 10－149。不同区域的样本中均可筛选出原生生物中差异丰富的分类群。在 2018 年 11 月，只有 WARB、WARS 存在差异丰富的生物标记物。其中条纹环沟藻（*Gyrodinium*）、小环藻的 Stephanodiscaceae 和 Stephanodiscus 是 WARB 中的指示类群。在 WARS 具有更高的相对丰度的类群主要属于球甲藻属（*Dissodinium*）、梨甲藻科的 Pyrocystaceae 和 Pyrocystales、海链藻目（Thalassiosirales）、斯氏藻属（*Scrippsiella*）、鞭毛虫的 Amoebophryaceae 和 Amoebophrya、中心硅藻纲（Coscinodiscophyceae）、硅藻门（Bacillariophyta）、胸腺藻的 Thoracosphaerales 和 Thoracosphaeraceae、共甲藻科 Syndiniales、原甲藻目（Prorocentrum）、原甲藻属（*Prorocentrales*）和原甲藻科（Prorocentraceae）、甲藻纲（Dinophyceae）。在 2019 年 3 月，5 个区域均存在指示类群。在 WARS 存在较多丰度的类群有褐藻门 Ochrophyta、硅藻门的 Diatomea 和 Bacillariophytina、丝藻科（Mediophyceae）、中肋骨条藻（Skeletonema）、变形虫门的 Flamella 和 Gracilipodida、隐孢子虫的 Cryptosporidium 和 Cryptosporida、Conthreep、寡膜纲（Oligohymenophorea）、纤毛门（Ciliophora）的 Intramacronucleata 和 Pseudocohnilembus、BS1、破囊壶菌科（Thraustochytriaceae）。WARB 的指示类群是腰鞭毛纲（Dinoflagellata）、苏鞭藻（Suessiaceae）、鞭毛虫的 Protodinium、海链藻（Thalassiosira）、夜光虫（Noctilucales）、NW617。ARS 的指示群是 Schizophyllum、Vampyrellidae、Schizophy llaceae。而 Embryophyta、Phragmoplastophyta、Archigregarinorida、Selenidium、Eurotiomycetes、Ebriacea、Oligotrichia、Imbricatea、Ebria、Saccharomycopsidaceae、Saccharomycopsis、Thecofilosea、MAST _ 1、MAST _ 1C 等是 ARM 中相对丰度较高的指示类群。ARS 中相对丰度较高的指示类群有 Saccharomycetes、Ascomycota、Saccharomycetales、Liliopsida、Triticum。

（六）小结

在 2018 年 11 月和 2019 年 3 月监测中，不同区域的 α 多样性存在差异，在相同月份中不同区域的 α 多样性也各不相同。总体而言，海水中原生生物的多样性指数高于人工鱼礁区域的，而均匀度则低于人工鱼礁的。相同区域原生生物的 OTU 指数、Chao 指数和物种多样性 Shannon 指数总体上是 2018 年 11 月大于 2019 年 3 月的，而 Simpson 指数则是 3 月基本高于 11 月的。

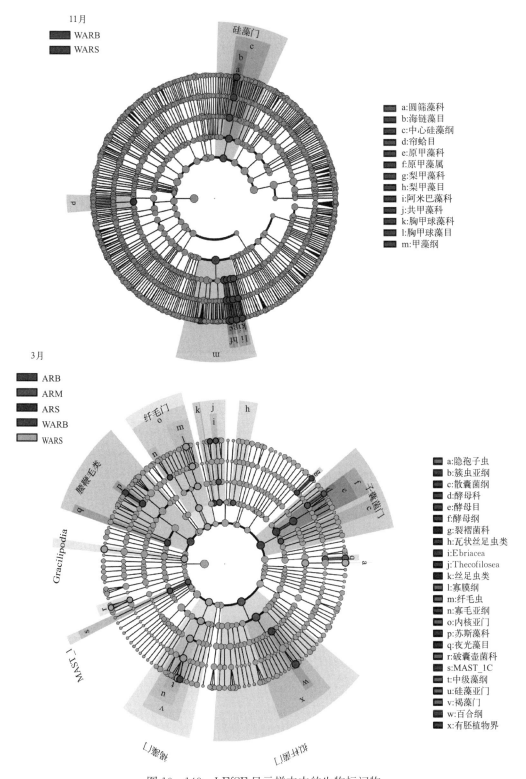

11月
- WARB
- WARS

a:圆筛藻科
b:海链藻目
c:中心硅藻纲
d:宿蛤目
e:原甲藻科
f:原甲藻属
g:梨甲藻科
h:梨甲藻目
i:阿米巴藻科
j:共甲藻科
k:胸甲球藻科
l:胸甲球藻目
m:甲藻纲

3月
- ARB
- ARM
- ARS
- WARB
- WARS

a:隐孢子虫
b:簇虫亚纲
c:散囊菌纲
d:酵母科
e:酵母目
f:酵母纲
g:裂褶菌科
h:瓦状丝足虫类
i:Ebriacea
j:Thecofilosea
k:丝足虫类
l:寡膜纲
m:纤毛虫
n:寡毛亚纲
o:内核亚门
p:苏斯藻科
q:夜光藻目
r:破囊壶菌科
s:MAST_1C
t:中级藻纲
u:硅藻亚门
v:褐藻门
w:百合纲
x:有胚植物界

图 10-149　LEfSE 显示样本中的生物标记物

在人工鱼礁的表层、中层、底层和海水表层、底层的原生生物群落组成存在显著性差异（$P < 0.01$），人工鱼礁和海水样品的原生生物群落组成也存在显著性差异（$P < 0.01$）。人工鱼礁和海水不同区域对原生生物的群落结构存在明显的影响，采样区域产生的差异并没有随着季节变化而减弱。

在门的水平上，不同季节的类群数量和不同区域的优势门类数量不同，而且 3 月的类群多于 11 月。通过 LEfSe 可筛选出不同季节中不同区域原生生物中差异丰富的分类群。其中，在 3 月只有 WARS 和 WARB 存在的原生生物指示类群，在 11 月 5 组样本中均存在标记物，3 月的原生生物指示类群高于 11 月的。

第十一章

渔业生物资源养护与增殖效果评估

一、调查与分析方法

（一）站位和项目

监测调查分别于 2017 年冬季、春季、夏季和秋季进行，在白龙珍珠湾人工鱼礁海域和邻近海域共设置 10 个调查站位（表 11-1 和图 11-1），调查渔业资源 8 项（鱼卵仔鱼、鱼类、虾类、蟹类、虾蛄类、头足类、贝类）和礁区鱼类行为监测。对人工鱼礁产生的实际效果、生态服务功能与价值进行评估。

表 11-1 人工鱼礁海域和邻近海域 2017 年调查监测站位经纬度

站　位	东　经	北　纬
S3	108°13.065′	21°25.455′
S4	108°13.827′	21°24.477′
S5	108°15.085′	21°20.971′
S7	108°20.803′	21°25.455′
S9	108°27.490′	21°25.455′
S11	108°24.640′	21°25.455′
S12	108°12.794′	21°27.281′
S14	108°16.895′	21°25.455′
S15	108°11.278′	21°20.535′
S16	108°9.530′	21°25.455′

（二）监测调查时间

海上监测调查时间为：冬季（1 月 11—14 日）、春季（4 月 6—9 日）、夏季（9 月 5—8 日）和秋季（11 月 1—4 日）。

（三）调查采样与分析方法

现场调查采样和分析均按《海洋监测规范》（GB 17378—2007）和《海洋调查规范-海洋生物调查》（GB 12763.6—2007）中规定的方法进行。

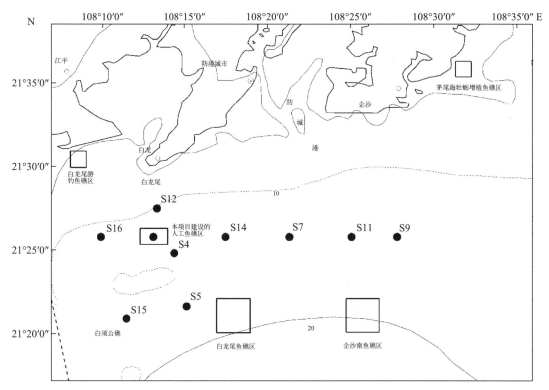

图 11-1　人工鱼礁海域与邻近海域 2017 年监测调查站位示意图

1. **鱼卵和仔鱼。** 使用桂北渔 92025 单拖渔船进行渔业资源拖网试捕调查。桂北渔 92025 单拖渔船吨位为 28 t，主机功率为 79.43 kW，船体全长 17.0 m，船宽 4.50 m，型深 1.70 m。采用大型浮游生物网采集鱼卵仔鱼样品，每站水平方向采样 1 网，于表层慢速水平拖曳 10 min 进行鱼卵仔鱼的水平采样，所采样品用 5% 的福尔马林溶液固定，带回实验室进行分类鉴定与计数。

2. **渔业生物资源。**

（1）底拖网调查。 使用桂北渔 92025 单拖渔船进行渔业资源拖网试捕调查。底拖网的上纲长度为 12 m，网衣网目 4 cm，囊网网目 2.5 cm，网全长 18 m。每站拖约 1 h，拖速 2.5~3.0 kn。拖网时间的计算，从拖网曳纲停止投放和拖网着底、曳纲拉紧受力时起（为拖网开始时间），至停船起网绞车开始收曳纲时（为起网时间）止；每站采样均分别测定和记录放网和起网时间、船位（经纬度）、平均拖速（节）和水深等参数，各站采样的拖速按实际捕捞生产拖速，尽量保持恒定，记取平均拖速；各站的渔获样品在现场全部进行分析和测定。

鱼类、虾类、蟹类、虾蛄类、头足类、贝类等渔业资源密度采用底拖网扫海面积法估算。计算公式为：

$$D = \frac{C}{qa} \tag{11-1}$$

式中，D 为渔业资源密度，单位为尾每平方千米（尾/km²）或千克每平方千米（kg/km²）；

C 为平均每小时拖网渔获量，单位为尾每网每小时［尾（网·h）］或千克每网每小时［kg（网·h）］；a 为每小时网具取样面积，单位为平方千米每网每小时［km^2/（网·h）］；q 为网具捕获率，取值范围为 0～1。

（2）刺网调查。 使用桂防 2 790 刺网渔船三层刺网进行资源监测调查，网目尺寸为外网目 20 cm，内网目 4.5 cm，每张网长 50 m，网高 1.2 m。

刺网调查资源密度采用单位时间单位面积内渔获量估算。计算公式为：

$$d = \frac{M \times 10\,000}{LHNt} \tag{11-2}$$

式中，d 为资源密度［kg/（hm^2·h）］；M 为渔获量（kg）；L 为每张网长（m）；H 为每张网高（m）；N 为放网张数；t 为放网时长（h）。

（3）声学调查。

① 声学调查范围设置。根据我国《海洋调查规范》（GB 12763—2007）、《海洋监测规范》（GB 17378—2007）以及 1992 年 ICES（International Council for the Exploration of the Sea）出版的《渔业资源声学调查评估方法参考手册》（Acoustic Survey Design and Analysis Procedure：A Comprehensive Review of Current Practice）中的相关规定，并结合防城港钢铁渔业生态保护修复水域地理环境特征，制定平行断面的声学调查航线。调查探测水域范围为 N 21°19.419′—21°31.491′，E 108°9.054′—108°28.138′（图 11-2）。

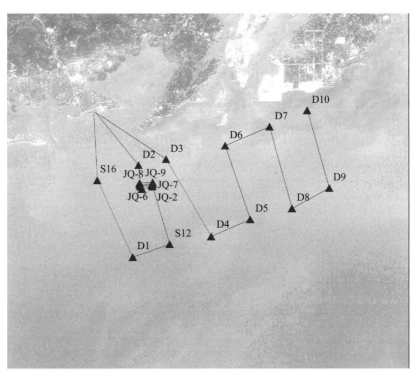

图 11-2　人工鱼礁区及其邻近海域渔业资源声学调查评估范围

② 生物学取样。声学监测以生物学采样的渔获物组成信息为依据，基于回波积分分配原理进行渔业资源评估。防城港人工鱼礁区及邻近海域渔获信息采用拖网调查取样的方法，共设置渔获取样位点 9 个。

③ 声学仪器与仪器校准。声学调查使用挪威 Simrad 公司生产的 EY60 便携式科学鱼探仪。校正采用多项式模型和波束模型两种方法拟合声学记录数据。束流模型法用于调整鱼探仪并检测记录数据的有效性，多项式模型法则用来检查波束模型法拟合的图形形状是否类似。

实际的校准流程参照 Simrad ek60 操作规范，利用声学调查渔船在目标海域定位进行。采用直径为 38.1 mm 的标准钨钢球，悬于 8 m 水深，校正样点分布见图 11-3，校准参数设置详见表 11-2。根据 Simrad 公司提供的技术资料，采用波束模型校准的 RMS 值小于

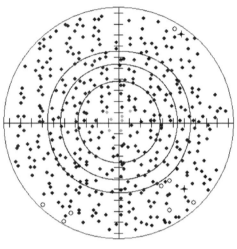

图 11-3　声学校正结果

0.2 dB时校准效果最佳，当 RMS 值在 0.2～0.4 dB 之间时认为校准效果可接受。本次现场实验获得的波束模型校准的 RMS 值为 0.24 dB，多项式模型校准的 RMS 值为 0.19，校正结果符合要求。

表 11-2　EY60 科学鱼探仪的主要技术参数设置与校正结果

技术参数	设置/结果
Transducer Frequency	200 kHz
Reference TS	−38.90 dB
Pulse Duration	0.256 ms
Sample Interval	0.049 m
Power	150 W
Receiver Bandwidth	10.64 kHz
Absorption Coeff	61.9 dB/km
Sound Velocity	1 514.1 m/s
Transducer Gain	27.18 dB
Ping Interval	0.2 s/ping

注：ping 表示脉冲，0.2 s/ping 即 1 s 发 5 次脉冲。

④ 声学评估调查航迹与断面。声学走航调查和生物学抽样调查同时进行。声学仪器通过导流罩固定于渔船右侧（距船头约 2/3 船长的位置），使换能器保持在水下 0.8 m 左右深度处且不与船体接触，防止鱼船发动机产生的噪声干扰鱼探仪换能器的正常工作。声

学调查航线为平行线断面航线，包括鱼礁区和邻近海域，具体航程信息见表 11 - 2。调查覆盖率大于 6，符合要求。

声学调查实际航迹与断面设置如图 11 - 2 和图 11 - 4 所示，鱼礁区共设置平行断面 5 条，分别为 JQ1、JQ2、JQ3、JQ4、JQ5，累计航程 5.91 n mile；邻近海域设置垂直断面 6 条及水平断面 4 条，分别为 V1、V2、V3、V4、V5、V6 和 H1、H2、H3、H4，累计航程 63.37 n mile（表 11 - 3）。

表 11 - 3　人工鱼礁区与邻近海域渔业资源声学调查航程数据

区　域	平均水深	有效航程	水域面积	覆盖率
鱼礁区	14.36 m	5.91 n mile	0.38 n mile^2	9.59
邻近海域	16.24 m	63.37 n mile	108 n mile^2	6.10

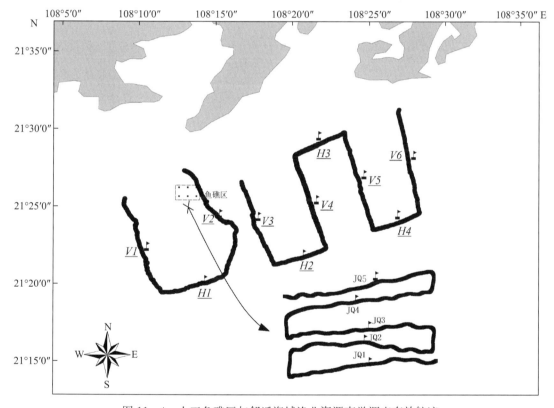

图 11 - 4　人工鱼礁区与邻近海域渔业资源声学调查有效航迹

⑤ 声学数据处理。声学数据后处理及资源评估使用专用评估软件 Echoview 6.0，采用回波积分法进行资源密度估算及空间分布特征分析。回波映像中的大部分背景噪声可通 Echoview 6.0 分析软件中虚拟变量数据生成器模块，基于回波背景噪声水平的评估进行消减（图 11 - 5）。

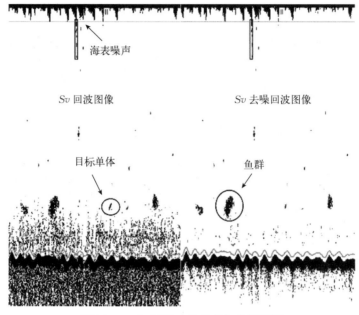

图 11-5　Sv 回波映像处理与信号识别

以拖网采样的渔获物组成信息为依据，基于回波积分分配原理，调查海域内第 i 种类的数量密度（ind/km²）和资源量密度（t/km²）分别为：

$$\rho_{i \sim a} = c_i \frac{NASC}{4\pi\bar{\sigma} \cdot 1.852^2} \tag{11-3}$$

$$\rho_{i \sim b} = \rho_{i \sim a} \bar{w}_i 10^{-6} \tag{11-4}$$

式中，$\rho_{i \sim a}$ 为数量密度（ind/km²），$\rho_{i \sim b}$ 为资源量密度（t/km²），c_i（%）为分析区域内第 i 物种数量百分比，NASC 为单位面积回波积分值（m²/n mile²），$\bar{\sigma}$ 为分析区域内所有声学评估种类的平均后向散射截面，$\bar{w}_i$ 为第 i 物种平均体重，由于 $\bar{\sigma}$ 是一个无法直接测量的物理量，而鱼类目标强度（TS）和鱼类个体体长可直接度量，研究发现，三者之间存在如公式（11-5）和（11-6）的转换关系。

$$\bar{\sigma} = \sum_{i=1}^{n} c_i 10^{\frac{TS_i}{10}} \tag{11-5}$$

$$TS_i = 20\lg L_i + b_{20,i} \tag{11-6}$$

式中，TS_i 为第 i 物种的目标强度；n 为参与声学评估的物种数；L_i 为第 i 物种的体长；$b_{20,i}$ 为第 i 物种的参考目标强度，各种渔业生物种类声学评估的参考 b_{20} 值见附录 11。

在本次调查中，人工鱼礁周边区域与鱼礁中心区域分别以 0.2 n mile 和 100 m 水平间隔为积分单元，对海表面 1.2～1.6 m 以下至海底之上 0.3～0.5 m 之间的水体进行回波积分，其 Sv 和 TS 积分阈值分别设置为 -70 dB 和 -65 dB，从而可获得单位平方海里水域内鱼类的声学散射截面总数（NASC）。在渔获种类及大小组成已知的情况下，基于回波积分分配原理，根据上述公式（11-3）至（11-6）即可估算各声学评估种类资源密度，进而对整个调查海域的资源量进行评估。

二、鱼卵仔鱼

（一）种类组成

2017 年 4 个季节共采集到鱼卵仔鱼 80 个样品，鉴定出 16 个鱼卵仔鱼种类，隶属于 16 属 16 科（表 11-4）。在出现种类中，属于优质种类有鲷科、多鳞鱚、鲗和鲬，其余属于经济种类。在 4 个季节调查中，鱼卵仔鱼数量以春季（4 月）最高，冬季（1 月）和夏季（9 月）其次，秋季（11 月）最低。

表 11-4　2017 年人工鱼礁区及邻近海域鱼卵和仔鱼的种类组成

种　　名	拉丁名	1 月（冬季）	4 月（春季）	9 月（夏季）	11 月（秋季）
小沙丁鱼	*Sardinella* sp.	+		+	+
小公鱼	*Stolephorus* sp.		+	+	+
鲻科	Mugilidae	+	+	+	+
眶棘双边鱼	*Ambassis gymnocephalus*			+	
多鳞鱚	*Sillago sihama*		+	+	+
鲹科	Carangidae	+			
鲾属	*Leiognathus* sp.		+	+	+
石首鱼科	Sciaenidae			+	+
鲷科	Sparidae	+	+		
鲗	*Therapon theraps*			+	+
绯鲤属	*Upeneus* sp.	+	+		
带鱼	*Trichiurus haumela*		+		
李氏鲻	*Callionymus richardsoni*	+			
虾虎鱼科	Gobiidae	+	+	+	+
鲬	*Platycephalus indicus*	+			
舌鳎科	Cynoglossidae	+	+	+	+

冬季（1 月），鱼类产卵种类和数量较少，出现的鱼卵仔鱼数量也较少，共采到鱼卵 1 808 粒，仔鱼 26 尾。优势种类是鲹科和鲷科，鱼卵数量以鲷科最多，占鱼卵总数的 38.4%，其次是鲹科，占 34.9%，舌鳎科占 9.2%，小沙丁鱼占 6.9%，鲻科占 2.2%，其余种类占 8.5%。仔鱼出现数量最多的是鲷科鱼类，占总数的 34.6%，其次是鲻科，占 19.2%，鲹科和李氏各占 11.5%，小沙丁鱼和鲬各占 7.7%，虾虎鱼科占 3.8%。

春季（4 月）是南海鱼类产卵盛期，鱼卵仔鱼数量较多，本次调查共采到鱼卵 5 091 粒，仔鱼 24 尾。优势种类是鲷科、小公鱼和鲾科，鱼卵数量以鲷科最多，占鱼卵总数的 37.4%，其次是小公鱼，占 18.2%，鲾科占 16.5%，舌鳎科占 7.5%，带鱼科占 4.9%，多鳞鱚占 4.1%，鲻科占 0.7%，其余种类占 10.7%。仔鱼出现数量最多的是小公鱼，占总数的 29.2%，其次是多鳞鱚和鲷科，各占 16.7%，鲾科占 12.5%，石首鱼科、绯鲤和虾虎鱼科各占 8.3%。

夏季（9月）是鱼类产卵繁殖低谷期的开始，鱼类产卵种类和数量均较少，共采到鱼卵 1795 粒，仔鱼 31 尾。优势种类是鲾科、小公鱼和多鳞鱚，鱼卵数量以鲾科最多，占鱼卵总数的 31.2%，其次是小公鱼，占 17.8%，多鳞鱚占 16.6%，舌鳎科占 13.0%，小沙丁鱼占 5.2%，鲾科占 2.7%，其余种类 13.8%。仔鱼出现数量最多的是小公鱼，占总数的 22.6%，其次是眶棘双边鱼，占 19.4%，小沙丁鱼和石首鱼科各占 12.9%，鲾科占 9.8%，多鳞鱚、石首鱼科和虾虎鱼科各占 6.5%，鲗占 3.2%。

秋季（11月）是南海鱼类产卵低谷期，鱼卵仔鱼数量较少，共采到鱼卵 1052 粒，仔鱼 14 尾。优势种类是鲾科、小公鱼和多鳞鱚，鱼卵数量以鲾科最多，占鱼卵总数的 35.2%，其次是小公鱼，占 20.3%，多鳞鱚占 18.2%，舌鳎科占 9.2%，小沙丁鱼占 3.8%，其余种类占 13.3%。仔鱼出现数量最多的是小公鱼和舌鳎科，各占总数的 21.4%，其次是鲾科、多鳞鱚和虾虎鱼科，各占 14.3%，石首鱼科和细鳞鲗，各占 7.1%。

（二）数量分布

2017 年 4 个季节监测调查，鱼卵和仔鱼的密度数据列于表 2.5，平面分布见图 11-6 至图 11-13。

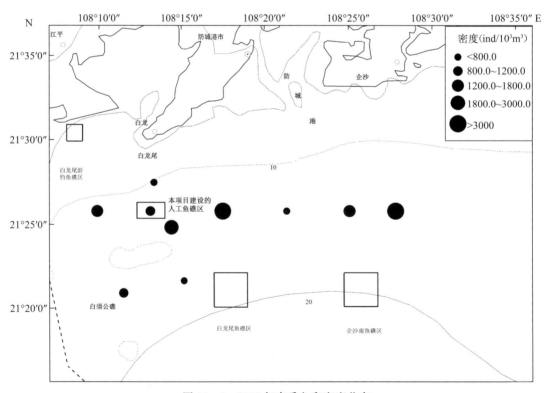

图 11-6　2017 年春季鱼卵密度分布

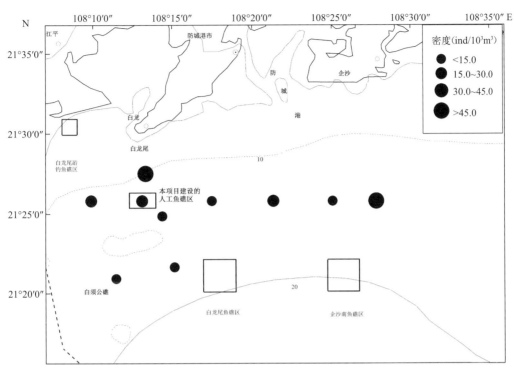

图 11-7　2017 年春季仔鱼密度分布

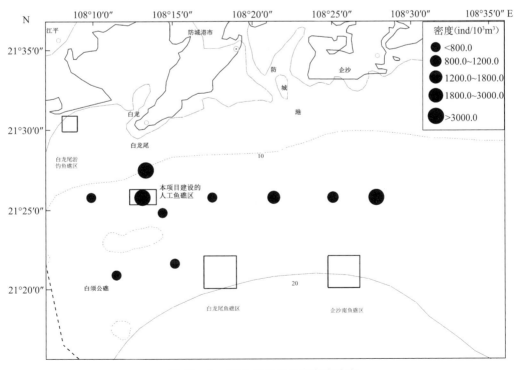

图 11-8　2017 年夏季鱼卵密度分布

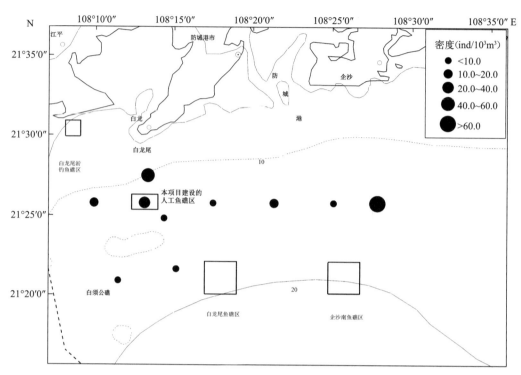

图 11-9　2017年夏季仔鱼密度分布

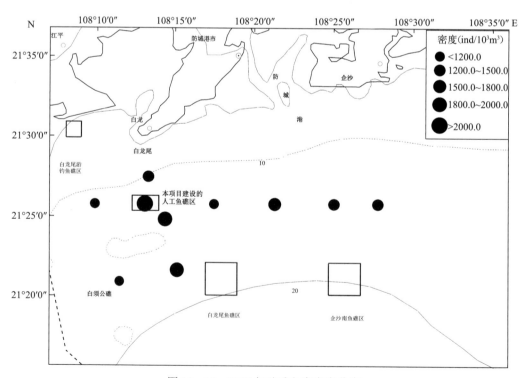

图 11-10　2017年秋季鱼卵密度分布

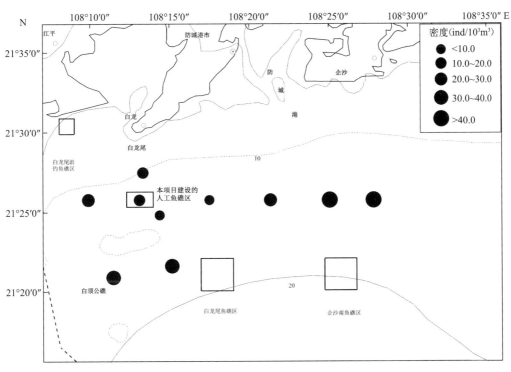

图 11-11　2017 年秋季仔鱼密度分布

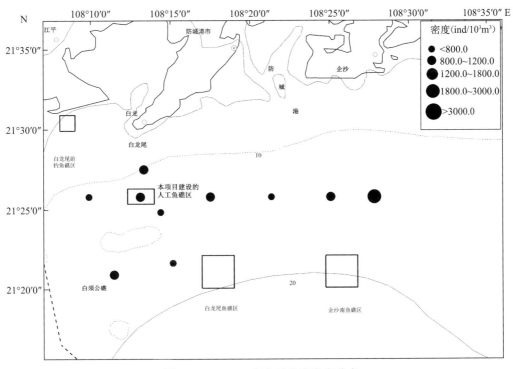

图 11-12　2017 年冬季鱼卵密度分布

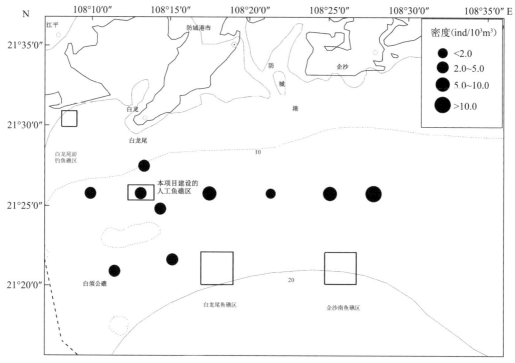

图 11-13 2017年冬季仔鱼密度分布

鱼卵的密度分布范围为 510~8 312 ind/1 000 m³，平均值为 1 768 ind/1 000 m³。最高值出现在人工鱼礁调控区的 S12 站，为 8 312 ind/1 000 m³。仔鱼的密度分范围为 4.4~51.8 ind/1 000 m³，平均值为 ind/1 000 m³，最高值出现在人工鱼礁调控区的 S4 站。鱼卵的数量以春季最高，夏季其次，冬季和秋季相对较低。仔鱼的数量夏季最高，春季和冬季次之，秋季相对较低。

表 11-5 2017年白龙珍珠湾海洋牧场及其邻近海域鱼卵和仔鱼的密度

站位	鱼卵（ind/1 000 m³）				仔鱼（ind/1 000 m³）			
	1 月	4 月	9 月	11 月	1 月	4 月	9 月	11 月
S3	1 063	4 264	1 540	818	8.6	25.9	17.6	4.4
S4	2 298	730	1 021	598	51.8	8.6	8.8	4.4
S5	657	527	1 813	519	25.9	8.6	35.2	4.4
S7	553	1 201	1 417	475	8.6	17.3	26.4	0
S9	3 136	4 527	1 100	1 945	25.9	60.5	44.0	17.6
S11	1 555	916	1 874	1 197	43.2	8.6	52.8	8.8
S12	734	8 312	1 188	1 003	17.3	51.8	17.6	4.4
S14	3 214	566	3 115	889	25.9	8.6	8.8	8.8
S15	1 097	441	1 250	1 109	8.6	0	35.2	4.4
S16	1 313	510	1 478	704	8.6	17.3	26.4	4.4
平均值	976	2 199	1 580	926	14.0	13.0	27.3	6.2

（三）不同区域间的比较

对 2017 年海域不同功能区的鱼卵和仔鱼密度进行比较，鱼卵的密度存在显著差异。人工鱼礁区鱼卵的密度最高（1 921 ind/1 000 m³），调控区的鱼卵密度次之（1 730 ind/1 000 m³），对照区鱼卵的密度最低（1 366 ind/1 000 m³）。而对照区仔鱼的密度（19.8 ind/1 000 m³）在虽然数值上略高于人工鱼礁调控区（18.6 ind/1 000 m³）和鱼礁区（14.1 ind/1 000 m³），但没有明显差异。

表 11-6　2017 年人工鱼礁区及邻近海域鱼卵和仔鱼密度的比较

海　　区	鱼卵（ind/1 000 m³）		鱼卵（ind/1 000 m³）	
	范围	平均值	范围	平均值
鱼礁区	818～4 264	1 921	4.4～25.9	14.1
调控区	510～8 312	1 730	4.4～51.8	18.6
对照区	441～4 527	1 366	0～60.5	19.8

（四）建礁前后的比较

投礁前（2015 年）的鱼卵和仔鱼密度均略高于投礁后（2017 年）的密度，但处于同一数量级水平，在正常的年际波动范围内。另外，由于两个年度的采样月份有所不同，也对投礁前后鱼卵和仔鱼密度的比较造成一定影响。例如，2017 年春季采样在 4 月进行，2015 年采样则是在 5 月进行，而在多数年份中 5 月是鱼类产卵的最高峰，而且出现种类也较多。

表 11-7　投礁前后人工鱼礁区及邻近海域鱼卵和仔鱼密度的比较

时　　间	鱼卵（ind/1 000 m³）		仔鱼（ind/1 000 m³）	
	范围	平均值	范围	平均值
2017 年	510～8 312	1 768	4.4～51.8	17.72
2015 年	246～558	2 019	0～105.6	27.06

注：2017 年采用 S3、S4、S12、S14 和 S16 站；2015 年采用 S5、S7、S9、S11 和 S15 站。

三、渔业资源底拖网调查

（一）底拖网种类组成

2017 年，在人工鱼礁区及邻近海域进行了 4 个季节渔业资源拖网监测调查，共捕获渔业资源生物种类 17 目 59 科 111 属 202 种（表 11-8，种类名录见附录 6）。其中，鱼类 127 种，占总种数的 62.87%；虾类 20 种，占总种数的 9.90%；蟹类 32 种，占总种数的 15.84%；虾蛄类 11 种，占总种数的 5.45%；头足类 12 种，占总种数的 5.94%。季节出现种数的顺序为夏季 100 种＞春季 92 种＞冬季 78 种＞秋季 69 种。其中，鱼礁区冬、春、夏、秋 4 个季节出现的种数分别为 56 种、72 种、84 种和 58 种，对照区的分别为 37 种、

33 种、31 种和 13 种，鱼礁区出现的种类数明显多于对照区。

表 11-8 2017 年人工鱼礁区及邻近海域渔业资源拖网调查渔获种类数

类群	合计（种）	冬季（种）	春季（种）	夏季（种）	秋季（种）
鱼类	127	41	56	62	46
虾类	20	10	8	10	7
蟹类	32	13	18	15	7
虾蛄类	11	6	5	9	5
头足类	12	8	5	4	4
合计	202	78	92	100	69

（二）拖网优势种类

2017 年冬季鱼类的优势种为棕腹刺鲀、花鲈、多齿蛇鲻等；虾类为宽突赤虾；蟹类为锈斑蟳；虾蛄类的为猛虾蛄；头足类为剑尖枪乌贼等。春季鱼类的优势种为二长棘鲷、刺鲳、日本金线鱼等；虾类为短脊鼓虾；蟹类为美人蟳；虾蛄类为猛虾蛄；头足类的为杜氏枪乌贼。夏季鱼类的优势种为鲕、黑鳃兔头鲀、四线天竺鲷等；虾类为近缘新对虾；蟹类的为锐齿蟳；虾蛄类为棘突猛虾蛄；头足类的为剑尖枪乌贼。秋季鱼类的优势种为月腹刺鲀、短吻鲾、静鲾等；虾类为长毛对虾；蟹类为锐齿蟳；虾蛄类的为猛虾蛄；头足类的为杜氏枪乌贼。

（三）渔获率和尾数渔获率

2017 年冬季调查，渔获率变化范围为 5.414～12.377 kg/h，平均渔获率为 8.586 kg/h。尾数渔获率变化范围为 410.8～808.9 ind/h，平均尾数渔获率为 595.1 ind/h。春季监测调查，渔获率变化范围为 13.262～71.057 kg/h，平均渔获率为 42.176 kg/h。尾数渔获率变化范围为 810.0～4 892.3 ind/h，平均尾数渔获率为 2 557.7 ind/h。夏季监测调查，渔获率变化范围为 2.774～84.065 kg/h，平均渔获率为 30.967 kg/h。尾数渔获率变化范围为 208.0～5 664.0 ind/h，平均尾数渔获率为 2 116.0 ind/h。秋季监测调查，渔获率变化范围为 2.492～20.684 kg/h，平均渔获率为 8.714 kg/h。渔获率变化范围为 120.0～2 238.0 ind/h，平均尾数渔获率为 582.0 ind/h。

（四）资源密度和尾数资源密度

2017 年冬、春、夏、秋 4 个季节调查，资源密度范围分别为 90.907～207.801 kg/km²（144.151 kg/km²），222.670～1 193.019 kg/km²，（708.128 kg/km²），46.575～1 411.423 kg/km²（519.934 kg/km²），41.840～347.278 kg/km²（146.303 kg/km²）。

冬、春、夏、秋 4 个季节调查，尾数渔获率范围和平均资源尾数密度分别为 6 896.7～13 581.0 ind/km²（9 992.1 ind/km²），13 599.7～82 140.4 ind/km²（42 942.9 ind/km²），3 492.3～95 096.9 ind/km²（35 526.5 ind/km²），2 014.8～37 575.4 ind/km²（9 771.6 ind/km²）。

（五）底拖网渔获率分布

2017 年冬季调查 8 个站位，总渔获量共 29.169 kg、2 022 尾，总平均渔获率为 8.586 kg/h，各站次总渔获率变化范围为 5.414～12.377 kg/h，最低站次渔获率出现在 S11 号站，最高站次渔获率出现在 S4 号站。各站总平均尾数渔获率为 595.1 ind/h，各站次总尾数渔获率变化范围为 410.8～808.9 ind/h，最低站次尾数渔获率出现在 S7 号站，最高站次尾数渔获率出现在 S4 号站（图 11-14 和图 11-15）。

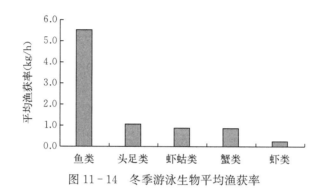

图 11-14 冬季游泳生物平均渔获率

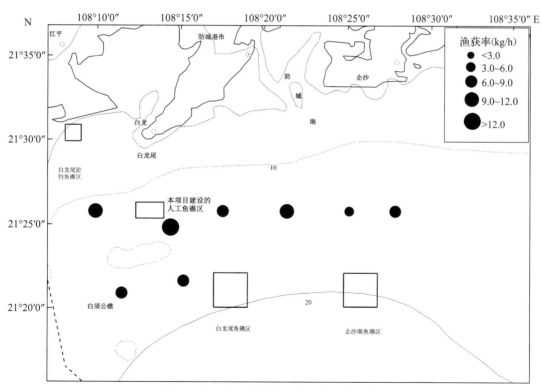

图 11-15 2017 年冬季游泳生物渔获率分布

2017年春季监测调查9个站位，总渔获量共164.488 kg、9 975尾，总平均渔获率为42.176 kg/h，各站次总渔获率变化范围为13.262～71.057 kg/h，最低站次渔获率出现在S11号站，最高站次渔获率出现在S16号站。各站总平均尾数渔获率为2 557.7 ind/h，各站次总尾数渔获率变化范围为810.0～4 892.3 ind/h，最低站次尾数渔获率出现在S11号站，最高站次尾数渔获率出现在S16号站（图11-16和图11-17）。

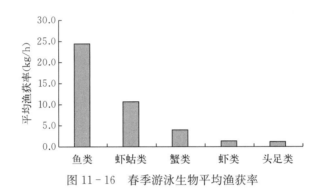

图11-16 春季游泳生物平均渔获率

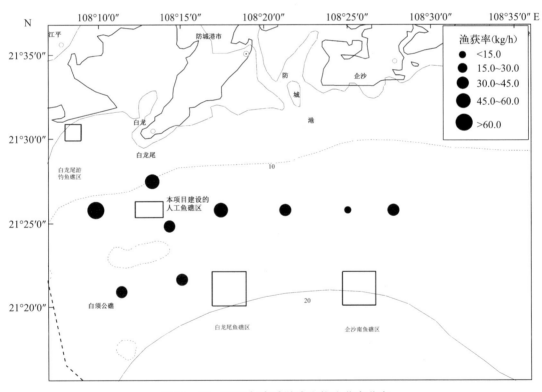

图11-17 2017年春季游泳生物渔获率分布

2017年夏季监测调查8个站位，总渔获量共91.034 kg、6 242尾，总平均渔获率为30.967 kg/h，各站次总渔获率变化范围为2.774～84.065 kg/h，最低站次渔获率出现在S11号站，最高站次渔获率出现在S5号站。各站总平均尾数渔获率为2 116.0 ind/h，各站次总尾数渔获率变化范围为 208.0～5 664.0 ind/h，最低站次尾数渔获率出现在 S11 号站，最高站次尾数渔获率出现在 S5 号站（图 11-18 和图 11-19）。

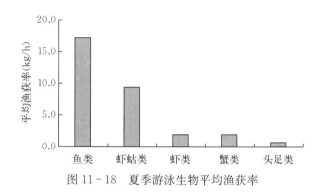

图 11-18 夏季游泳生物平均渔获率

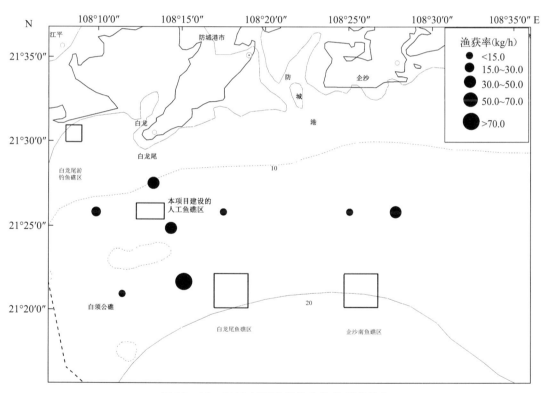

图 11-19 2017 年夏季游泳生物渔获率分布

2017 年秋季监测调查 8 个站位，总渔获量共 34.855 kg、2 328 尾，总平均渔获率为 8.714 kg/h，各站次总渔获率变化范围为 2.492～20.684 kg/h，最低站次渔获率出现在 S9 号站，最高站次渔获率出现在 S5 号站。各站总平均尾数渔获率为 582.0 ind/h，各站次总尾数渔获率变化范围为 120.0～2 238.0 ind/h，最低站次尾数渔获率出现在 S14 号站，最高站次尾数渔获率出现在 S5 号站（图 11-20 和图 11-21）。

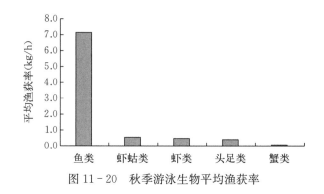

图 11-20　秋季游泳生物平均渔获率

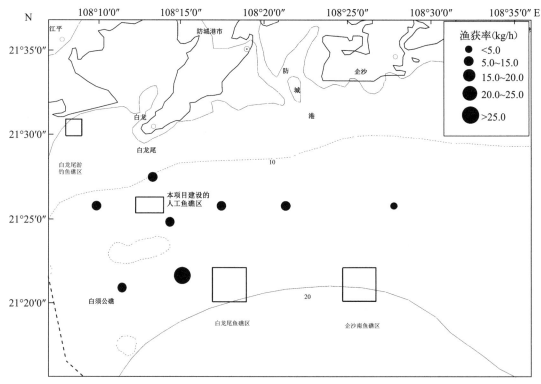

图 11-21　2017 年秋季游泳生物渔获率分布

（六）底拖网资源密度分布

2017 年冬季采样调查 8 个站位，总平均资源密度 144.151 kg/km²，各站次总渔获平均资源密度变化范围为 90.907～207.801 kg/km²，最低站次资源密度出现在 S11 号站，最高站次渔获率出现在 S4 号站。各站总平均资源尾数密度为 9 992.1 ind/km²，各站次尾数渔获率变化范围为 6 896.7～13 581.0 ind/km²，最低站次尾数渔获率出现在 S7 号站，最高站次尾数渔获率出现在 S4 号站（图 11-22 和图 11-23）。

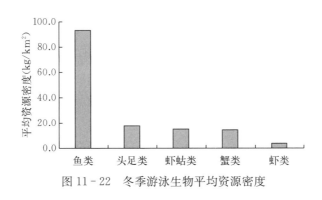

图 11-22　冬季游泳生物平均资源密度

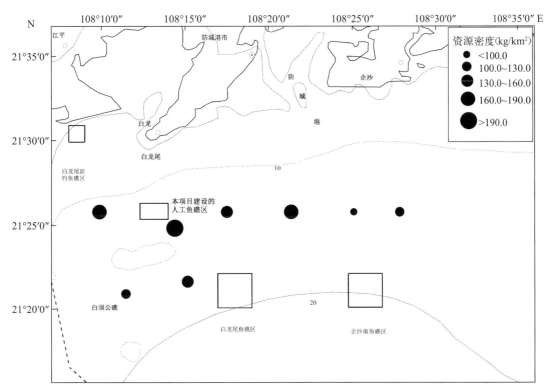

图 11-23　冬季游泳生物资源密度分布

2017 年春季采样调查 9 个站位，总平均资源密度 708.128 kg/km²，各站次总渔获平均资源密度变化范围为 222.670～1 193.019 kg/km²，最低站次资源密度出现在 S11 号站，最高站次渔获率出现在 S16 号站。各站总平均资源尾数密度为 42 942.9 ind/km²，各站次尾数渔获率变化范围为 13 599.7～82 140.4 ind/km²，最低站次尾数渔获率出现在 S11 号站，最高站次尾数渔获率出现在 S16 号站（图 11-24 和图 11-25）。

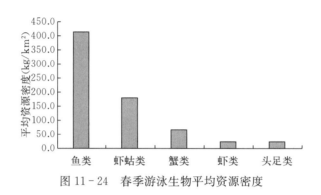

图 11-24 春季游泳生物平均资源密度

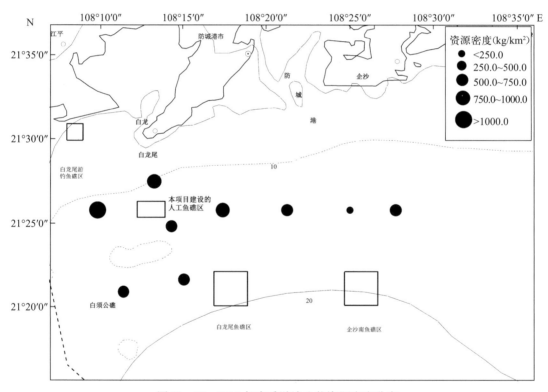

图 11-25 2017 年春季游泳生物资源密度分布

2017 年夏季监测调查 8 个站位，总平均资源密度 519.934 kg/km²，各站次总渔获平均资源密度变化范围为 46.575～1 411.423 kg/km²，最低站次资源密度出现在 S11 号站，最高站次渔获率出现在 S5 号站。各站总平均资源尾数密度为 35 526.5 ind/km²，各站次尾数渔获率变化范围为 3 492.3～95 096.9 ind/km²，最低站次尾数渔获率出现在 S11 号站，最高站次尾数渔获率出现在 S5 号站（图 11-26 和图 11-27）。

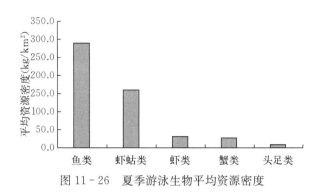

图 11-26　夏季游泳生物平均资源密度

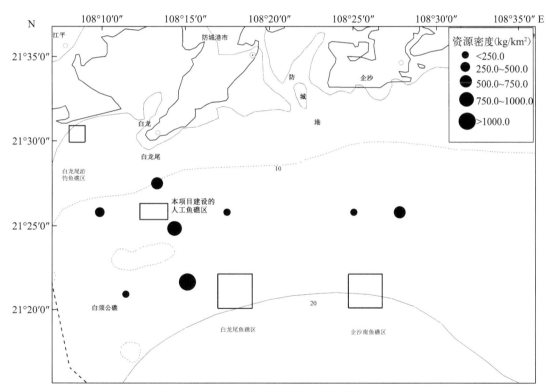

图 11-27　2017 年夏季游泳生物资源密度分布

2017 年秋季采样监测调查 8 个站位，总平均资源密度 146.303 kg/km²，各站次总渔获平均资源密度变化范围为 41.840～347.278 kg/km²，最低站次资源密度出现在 S9 号站，最高站次渔获率出现在 S5 号站。各站总平均资源尾数密度为 9 771.6 ind/km²，各站次尾数渔获率变化范围为 2014.8～37 575.4 ind/km²，最低站次尾数渔获率出现在 S14 号站，最高站次尾数渔获率出现在 S5 号站（图 11-28 和图 11-29）。

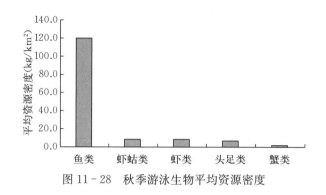

图 11-28 秋季游泳生物平均资源密度

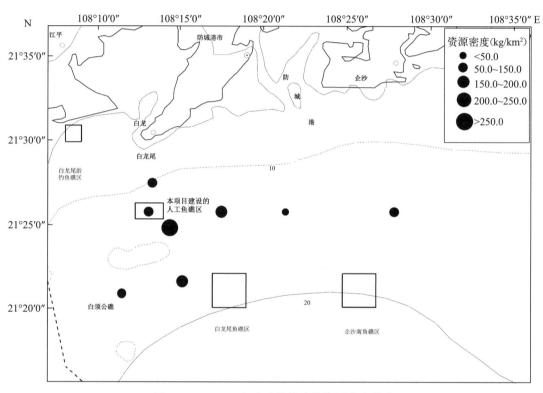

图 11-29 2017年秋季游泳生物资源密度分布

（七）礁区与对照站区渔资源状况的比较

1. 种类组成的比较。2017 年冬季调查，鱼礁区共捕获渔业资源生物种类 11 目 29 科 39 属 56 种，对照区共捕获 9 目 24 科 29 属 37 种（表 11-9、图 11-30）。鱼礁区鱼类 22 种，对照区为 16 种；鱼礁区虾类 9 种，对照区为 4 种。鱼礁区蟹类为 12 种，对照区为 8 种；鱼礁区虾蛄类 6 种，对照区为 4 种；鱼礁区头足类 7 种，对照区为 5 种。从渔获渔业资源种类数来看，鱼礁区各类群的渔业资源种类数都高于对照区（表 11-10、图 11-30）。

表 11-9 2017 年冬季人工鱼礁区和对照区渔获种类数

区 域	种	属	科	目
鱼礁区	56	39	29	11
对照区	37	29	24	9
总 计	78	55	39	14

表 11-10 2017 年冬季人工鱼礁礁区和对照区各类群渔获种类数

区 域	总渔获（种）	鱼类（种）	虾类（种）	蟹类（种）	虾蛄类（种）	头足类（种）
鱼礁区	56	22	9	12	6	7
对照区	37	16	4	8	4	5
总 计	78	41	10	13	6	8

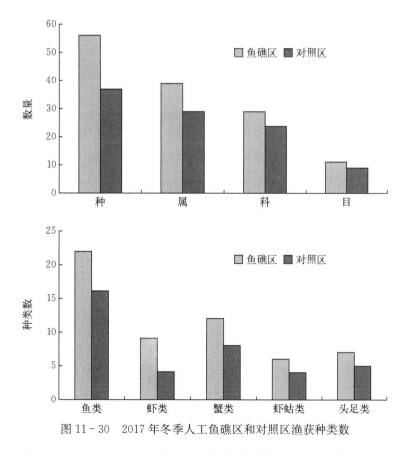

图 11-30 2017 年冬季人工鱼礁区和对照区渔获种类数

2017 年春季调查，鱼礁区共捕获渔业资源生物种类 12 目 34 科 45 属 72 种，对照区共捕获 6 目 17 科 23 属 33 种（表 11-11、图 11-31）。鱼礁区鱼类 43 种，对照区为 14 种；礁区虾类 5 种，对照区为 4 种。鱼礁区蟹类为 17 种，对照区为 8 种；鱼礁区虾蛄类 4

种，对照区为 4 种；鱼礁区头足类 3 种，对照区为 3 种。从捕获的渔业资源种类数来看，鱼礁区渔业资源种类数高于对照区，鱼礁区的鱼类、虾类和蟹类种数均多于对照区，而对照区虾蛄类和头足类的种类数量与鱼礁区相当（表 11 - 12、图 11 - 31）。

表 11 - 11　2017 年春季人工鱼礁区和对照区渔获种类数

区　域	种	属	科	目
鱼礁区	72	45	34	12
对照区	33	23	17	6
总　计	92	59	40	15

表 11 - 12　2017 年春季人工鱼礁区和对照区各类群渔获种类数

区　域	总渔获（种）	鱼类（种）	虾类（种）	蟹类（种）	虾蛄类（种）	头足类（种）
鱼礁区	72	43	5	17	4	3
对照区	33	14	4	8	4	3
总　计	92	56	8	18	5	5

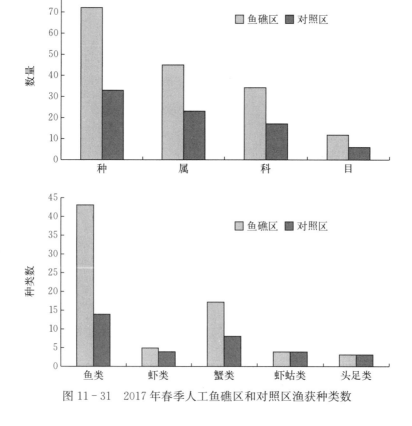

图 11 - 31　2017 年春季人工鱼礁区和对照区渔获种类数

2017 年夏季调查，鱼礁区共捕获渔业资源生物种类 13 目 36 科 58 属 84 种，对照区共捕获 8 目 27 科 38 属 56 种（表 11 - 13、图 11 - 32）。鱼礁区鱼类 53 种，对照区为 19 种；礁区虾类 6 种，对照区为 2 种。礁区蟹类为 14 种，对照区为 5 种；鱼礁区虾蛄类 7 种，对照区为 5 种；鱼礁区头足类 4 种，对照区没有捕获。从捕获的渔业资源种类数来看，鱼礁区渔业资源种类数均高于对照区（表 11 - 14、图 11 - 32）。

表 11 - 13   2017 年夏季人工鱼礁区和对照区种类数

区　域	种	属	科	目
鱼礁区	84	58	36	13
对照区	31	24	20	8
总　计	100	66	41	13

表 11 - 14   2017 年夏季人工鱼礁区和对照区各类群种类数

区　域	总渔获（种）	鱼类（种）	虾类（种）	蟹类（种）	虾蛄类（种）	头足类（种）
鱼礁区	84	53	6	14	7	4
对照区	31	19	2	5	5	0
总　计	100	62	10	15	9	4

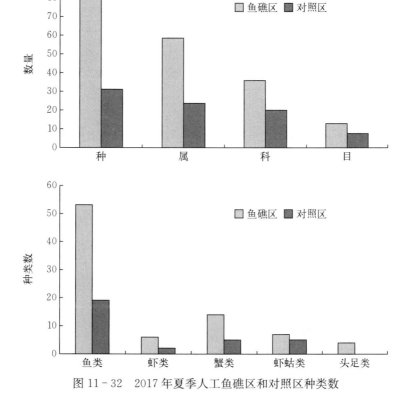

图 11 - 32   2017 年夏季人工鱼礁区和对照区种类数

2017年秋季调查，鱼礁区共捕获渔业资源生物种类13目27科43属58种，对照区共捕获5目11科11属11种（表11-15、图11-33）。鱼礁区鱼类37种，对照区为7种；礁区虾类6种，对照区为3种。礁区蟹类为6种，对照区没有捕获；礁区虾蛄类5种，对照区为3种；礁区头足类4种，对照区没有捕获。从捕获的渔业资源种类数来看，鱼礁区渔业资源种类数均高于对照区（表11-16、图11-33）。

表11-15 2017年秋季人工鱼礁区和对照区种类数

区　域	种	属	科	目
鱼礁区	58	43	27	13
对照区	13	11	11	5
总　计	69	51	33	14

表11-16 2017年秋季人工鱼礁区和对照区各类群种类数

区　域	总渔获（种）	鱼类（种）	虾类（种）	蟹类（种）	虾蛄类（种）	头足类（种）
鱼礁区	58	37	6	6	5	4
对照区	13	7	3	0	3	0
合　计	69	46	7	7	5	4

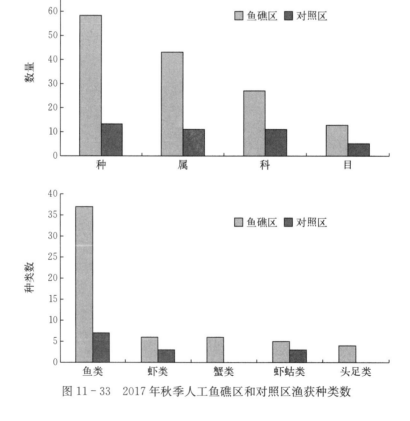

图11-33 2017年秋季人工鱼礁区和对照区渔获种类数

2. **渔获率的比较。**2017 年冬季调查，鱼礁区总渔获率和总尾数渔获率分别是对照区的 1.62 和 1.19 倍。鱼类、虾类、蟹类、虾蛄类和头足类的渔获率分别是对照区的 1.75、2.50、2.96、1.28 和 1.01 倍。鱼礁区鱼类、虾类和蟹类尾数渔获率分别是对照区的 1.01、3.87、1.90 倍，虾蛄类和头足类的尾数渔获率略低于对照区。比较结果，表明人工鱼礁区对渔业资源的养护作用开始生效（表 11 - 17 和表 11 - 18、图 11 - 34 和图 11 - 35）。

表 11 - 17　2017 年冬季人工鱼礁区和对照区拖网调查渔获率（kg/h）

区　　域	总渔获	鱼类	虾类	蟹类	虾蛄类	头足类
鱼礁区	10.509	6.107	0.328	1.348	1.428	1.299
对照区	6.493	3.499	0.131	0.456	1.115	1.292
鱼礁区/对照区	1.62	1.75	2.50	2.96	1.28	1.01

表 11 - 18　2017 年冬季人工鱼礁区和对照区拖网调查尾数渔获率（ind/h）

区　　域	总渔获	鱼类	虾类	蟹类	虾蛄类	头足类
鱼礁区	710.2	435.6	125.1	57.9	44.6	47.1
对照区	597.6	422.0	32.3	30.5	47.1	65.6
鱼礁区/对照区	1.19	1.01	3.87	1.90	0.95	0.72

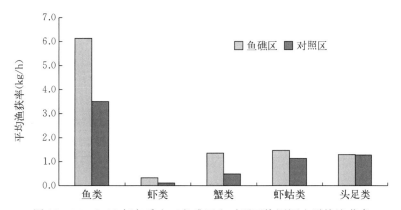

图 11 - 34　2017 年冬季人工鱼礁区和对照区拖网调查平均渔获率

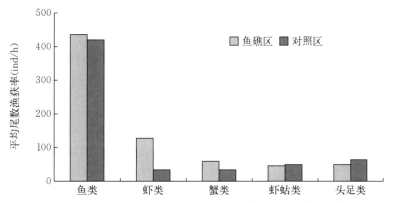

图 11 - 35　2017 年冬季人工鱼礁区和对照区拖网调查平均尾数渔获率

2017 年春季调查，鱼礁区总渔获率和总尾数渔获率分别是对照区的 1.81 和 1.49 倍。鱼类、虾类、蟹类、虾蛄类和头足类的渔获率分别是对照区的 1.24、8.13、4.03、3.40 倍和 0.81 倍，虾类、蟹类、虾蛄类的渔获率增长十分显著。鱼礁区虾类、蟹类和虾蛄类尾数渔获率增长十分显著，分别是对照区的 0.98、8.56、2.70、2.61 倍，鱼类的尾数渔获率与对照区相似，头足类的尾数渔获率略低于对照区。比较结果表明，人工鱼礁区对渔业资源的养护作用明显（表 11 - 19 和表 11 - 20、图 11 - 36 和图 11 - 37）。

表 11 - 19　2017 年春季人工鱼礁区和对照区拖网调查渔获率（kg/h）

区　　域	总渔获	鱼类	虾类	蟹类	虾蛄类	头足类
鱼礁区	49.697	24.203	2.210	6.764	15.372	1.149
对照区	27.493	19.592	0.272	1.680	4.527	1.422
鱼礁区/对照区	1.81	1.24	8.13	4.03	3.40	0.81

表 11 - 20　2017 年春季人工鱼礁区和对照区拖网调查尾数渔获率（ind/h）

区　　域	总渔获	鱼类	虾类	蟹类	虾蛄类	头足类
鱼礁区	2 942.3	1 336.2	355.4	551.5	606.9	92.3
对照区	1 978.8	1 363.8	41.5	204.2	234.2	135.0
鱼礁区/对照区	1.49	0.98	8.56	2.70	2.61	0.68

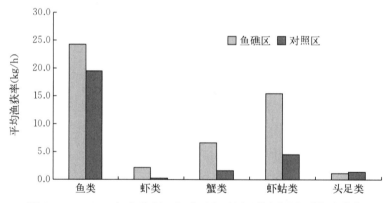

图 11 - 36　2017 年春季人工鱼礁区和对照区拖网调查平均渔获率

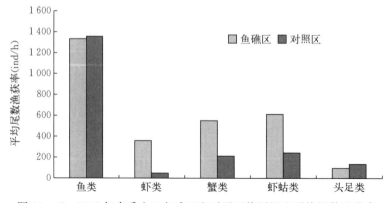

图 11 - 37　2017 年春季人工鱼礁区和对照区拖网调查平均尾数渔获率

2017 年夏季调查，鱼礁区总渔获率和总尾数渔获率分别是对照区的 1.77 和 1.18 倍。鱼类、虾类、蟹类、虾蛄类和头足类的渔获率分别是对照区的 1.80、14.28、1.94、1.92 倍和 1.072 倍，虾类和头足类的渔获率增长十分显著。鱼礁区鱼类、虾类、蟹类、虾蛄类和头足类尾数渔获率分别是对照区的 1.02、6.89、1.37、1.32 和 109.5 倍。比较结果表明，鱼礁区的总渔获、鱼类、虾类、蟹类和虾蛄类都高于对照区。人工鱼礁区对渔业资源的养护作用明显（表 11 - 21 和表 11 - 22、图 11 - 38 和图 11 - 39）。

表 11 - 21　2017 年夏季人工鱼礁区和对照区拖网调查渔获率（kg/h）

区　域	总渔获	鱼类	虾类	蟹类	虾蛄类	头足类
鱼礁区	30.149	18.864	1.556	2.317	6.339	1.072
对照区	17.048	10.470	0.109	1.197	5.271	0.000
鱼礁区/对照区	1.77	1.80	14.28	1.94	1.92	1.072

表 11 - 22　2017 年夏季人工鱼礁区和对照区拖网调查尾数渔获率（ind/h）

区　域	总渔获	鱼类	虾类	蟹类	虾蛄类	头足类
鱼礁区	1 889.9	1 381.3	84.0	83.8	231.4	109.5
对照区	1 606.1	1 358.0	12.2	61.0	174.9	0.0
鱼礁区/对照区	1.18	1.02	6.89	1.37	1.32	109.5

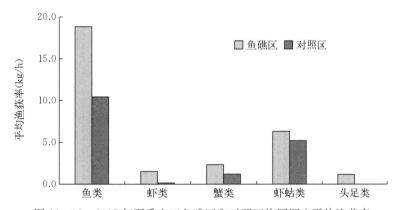

图 11 - 38　2017 年夏季人工鱼礁区和对照区拖网调查平均渔获率

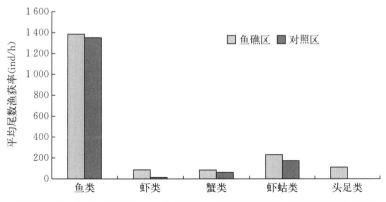

图 11 - 39　2017 年夏季人工鱼礁区和对照区拖网调查平均尾数渔获率

2017 年秋季调查，鱼礁区总渔获率和总尾数渔获率分别是对照区的 2.61 和 1.01 倍。鱼类、虾类、蟹类、虾蛄类和头足类的渔获率分别是对照区的 3.12、1.49、1.48、1.47 倍和 1.58 倍，鱼类的渔获率增长十分显著。鱼礁区鱼类、虾类、蟹类、虾蛄类和头足类尾数渔获率分别是对照区的 0.81、1.78、8.0、2.06 和 8.0 倍。比较结果表明，鱼礁区的总渔获和总尾数渔获率、虾类、蟹类和虾蛄类都高于对照区；鱼礁区鱼类的渔获率高于对照区而尾数渔获率低于对照区，表明礁区规格较大的鱼类增多，人工鱼礁区对渔业资源的养护作用明显（表 11-23 和表 11-24、图 11-40 和图 11-41）。

表 11-23 2017 年秋季人工鱼礁区和对照区拖网调查渔获率（kg/h）

区　　域	总渔获	鱼类	虾类	蟹类	虾蛄类	头足类
礁　　区	6.492	4.751	0.793	0.148	0.642	0.158
对照区	2.492	1.522	0.532	0.000	0.438	0.000
礁区/对照区	2.61	3.12	1.49	1.48	1.47	1.58

表 11-24 2017 年秋季人工鱼礁区和对照区拖网调查尾数渔获率（ind/h）

区　　域	总渔获	鱼类	虾类	蟹类	虾蛄类	头足类
礁　　区	285.0	200.0	32.0	8.0	37.0	8.0
对照区	282.0	246.0	18.0	0.0	18.0	0.0
礁区/对照区	1.01	0.81	1.78	8.0	2.06	8.0

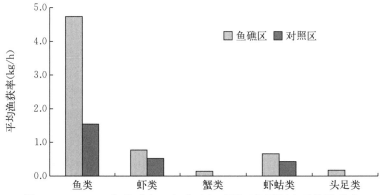

图 11-40 2017 年秋季人工鱼礁区和对照区拖网调查平均渔获率

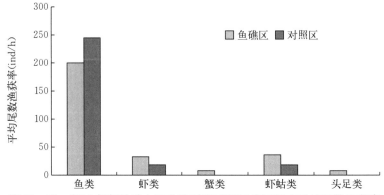

图 11-41 2017 年年秋季人工鱼礁区和对照区拖网调查平均尾数渔获率

3. **渔获密度的比较。**2017 年冬季调查，鱼礁区总渔获密度和总尾数渔获密度分别是对照区的 1.62 和 1.19 倍。鱼类、虾类、蟹类、虾蛄类和头足类的渔获密度分别是对照区的 1.75、2.50、2.95、1.28 和 1.01 倍，鱼类、虾类和蟹类的渔获密度增长十分显著。鱼礁区鱼类、虾类、蟹类、虾蛄类和头足类尾数渔获密度分别是对照区的 1.03、3.87、1.90、095 和 0.72 倍（表 11 - 25 和表 11 - 26、图 11 - 42 和图 11 - 43）。

表 11 - 25　2017 年冬季人工鱼礁区和对照区拖网调查平均渔获密度（kg/km^2）

区　　域	总渔获	鱼类	虾类	蟹类	虾蛄类	头足类
鱼礁区	176.447	102.526	5.514	22.624	23.978	21.804
对照区	109.023	58.748	2.204	7.661	18.719	21.690
礁区/对照区	1.62	1.75	2.50	2.95	1.28	1.01

表 11 - 26　2017 年冬季人工鱼礁区和对照区拖网调查尾数渔获密度（ind/km^2）

区　　域	总渔获	鱼类	虾类	蟹类	虾蛄类	头足类
鱼礁区	11 924.8	7 313.0	2 100.7	971.7	749.3	790.1
对照区	10 033.0	7 085.3	542.4	511.7	791.6	1 102.1
礁区/对照区	1.19	1.03	3.87	1.90	0.95	0.72

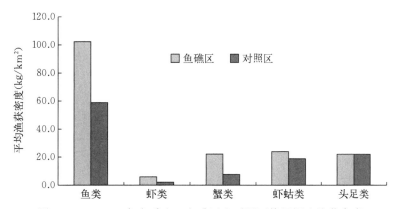

图 11 - 42　2017 年冬季人工鱼礁区和对照区拖网调查渔获密度

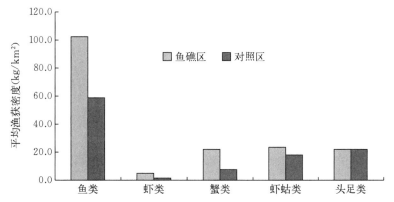

图 11 - 43　2017 年冬季人工鱼礁区和对照区拖网调查尾数渔获密度

2017 年春季调查，鱼礁区总渔获密度和总尾数渔获密度分别是对照区的 1.81 和 1.49 倍。鱼类、虾类、蟹类、虾蛄类和头足类的渔获密度分别是对照区的 1.24、8.12、4.03、3.40 和 0.81 倍。鱼礁区鱼类、虾类、蟹类、虾蛄类和头足类尾数渔获密度分别是对照区的 0.98、8.56、2.70、2.59 和 0.68 倍（表 11-27 和表 11-28、图 11-44 和图 11-45）。

表 11-27 **2017 年春季人工鱼礁区和对照区拖网调查平均渔获密度**（kg/km²）

区　　域	总渔获	鱼类	虾类	蟹类	虾蛄类	头足类
鱼礁区	834.391	406.359	37.103	113.559	258.087	19.284
对照区	461.594	328.949	4.572	28.207	75.999	23.867
礁区/对照区	1.81	1.24	8.12	4.03	3.40	0.81

表 11-28 **2017 年春季人工鱼礁区和对照区拖网调查尾数渔获密度**（ind/km²）

区　　域	总渔获	鱼类	虾类	蟹类	虾蛄类	头足类
鱼礁区	49 400.5	22 433.6	5 966.8	9 260.2	10 190.1	1 549.8
对照区	33 224.2	22 898.6	697.4	3 429.0	3 932.7	2 266.6
礁区/对照区	1.49	0.98	8.56	2.70	2.59	0.68

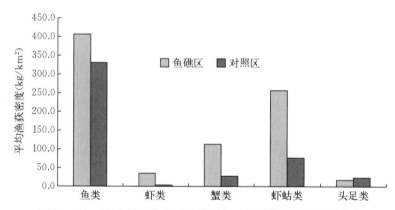

图 11-44 2017 年春季人工鱼礁区和对照区拖网调查渔获密度

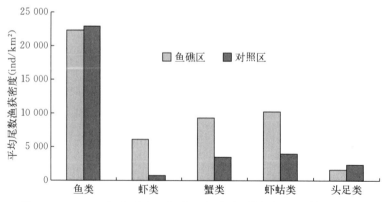

图 11-45 2017 年春季人工鱼礁区和对照区拖网调查尾数渔获密度

2017 年夏季调查，鱼礁区总渔获密度和总尾数渔获密度分别是对照区的 1.77 和 1.18 倍。鱼类、虾类、蟹类、虾蛄类和头足类的渔获密度分别是对照区的 1.80、14.26、1.94、1.20 和 18.0 倍。鱼礁区鱼类、虾类、蟹类、虾蛄类和头足类尾数渔获密度分别是对照区的 1.02、6.88、1.37、1.32 和 1 838.1 倍（表 11 - 29 和表 11 - 30、图 11 - 46 和图 11 - 47）。

表 11 - 29　2017 年夏季人工鱼礁区和对照区拖网调查平均渔获密度（kg/km²）

区　　域	总渔获	鱼类	虾类	蟹类	虾蛄类	头足类
鱼礁区	506.187	316.718	26.127	38.910	106.428	18.005
对照区	286.231	175.795	1.832	20.102	88.501	0.000
礁区/对照区	1.77	1.80	14.26	1.94	1.20	18.0

表 11 - 30　2017 年春季人工鱼礁区和对照区拖网调查尾数渔获密度（ind/km²）

区　　域	总渔获	鱼类	虾类	蟹类	虾蛄类	头足类
鱼礁区	31 730.9	23 191.0	1 410.3	1 406.3	3 885.2	1 838.1
对照区	26 965.4	22 800.4	205.0	1 023.6	2 936.5	0.0
礁区/对照区	1.18	1.02	6.88	1.37	1.32	1 838.1

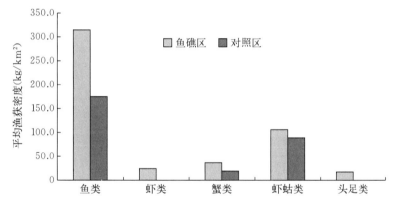

图 11 - 46　2017 年春季人工鱼礁区和对照区拖网调查渔获密度

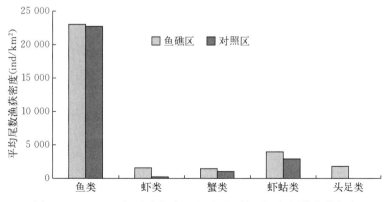

图 11 - 47　2017 年夏季鱼礁区和对照区拖网调查尾数渔获密度

2017年秋季调查，鱼礁区总渔获密度和总尾数渔获密度分别是对照区的2.60和1.01倍。鱼类、虾类、蟹类、虾蛄类和头足类的渔获密度分别是对照区的3.12、1.49、2.48、1.47和2.65倍。鱼礁区鱼类、虾类、蟹类、虾蛄类和头足类尾数渔获密度分别是对照区的0.81、1.78、134.3、2.06和134.3倍（表11-31和表11-32、图11-48和图11-49）。

表11-31 2017年秋季礁区和对照区拖网调查平均渔获密度（kg/km²）

区　域	总渔获	鱼类	虾类	蟹类	虾蛄类	头足类
鱼礁区	108.993	79.762	13.314	2.485	10.779	2.653
对照区	41.840	25.554	8.932	0.000	7.354	0.000
礁区/对照区	2.61	3.12	1.49	2.49	1.47	2.65

表11-32 2017年秋季礁区和对照区拖网调查尾数渔获密度（ind/km²）

区　域	总渔获	鱼类	虾类	蟹类	虾蛄类	头足类
鱼礁区	4 785.1	3 357.9	537.3	134.3	621.2	134.3
对照区	4 734.7	4 130.3	302.2	0.0	302.2	0.0
礁区/对照区	1.01	0.81	1.78	134.3	2.06	134.3

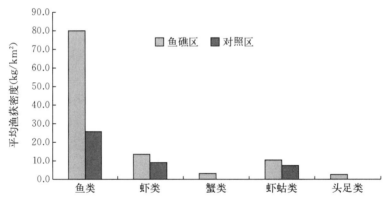

图11-48 2017年秋季鱼礁区和对照区拖网调查渔获密度

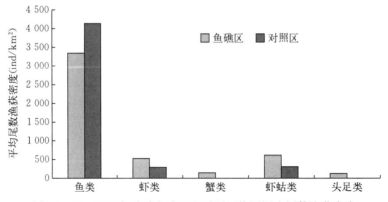

图11-49 2017年秋季鱼礁区和对照区拖网调查尾数渔获密度

4. 优势种类和主要种类的比较。2017 年冬季拖调查，按渔获率大小顺序（下同），鱼礁区的优势种为棕腹刺鲀、花鲈、多齿蛇鲻、猛虾蛄和剑尖枪乌贼（表 11-33）。对照区优势种为棕腹刺鲀、剑尖枪乌贼、猛虾蛄、多齿蛇鲻、带鱼等（表 11-34）。

表 11-33　2017 年冬季拖网监测调查人工鱼礁区优势种类组成

序号	种名	出现次数	优势度 IRI	平均渔获率		尾数渔获率		体重
				kg/h	%	ind/h	%	g/尾
1	棕腹刺鲀	3	1 628.4	1.453 1	13.83	17.5	2.46	83.3
2	花鲈	2	776.2	1.190 3	11.33	2.3	0.32	528.9
3	多齿蛇鲻	3	2 576.5	0.940 5	8.95	119.4	16.82	7.9
4	剑尖枪乌贼	3	1 277.7	0.870 3	8.28	31.9	4.50	27.3
5	猛虾蛄	2	747.5	0.823 7	7.84	24.0	3.37	34.4

表 11-34　2017 年冬季拖网监测调查对照区优势种类组成

序号	种名	出现次数	优势度 IRI	平均渔获率		尾数渔获率		体重
				kg/h	%	ind/h	%	g/尾
1	棕腹刺鲀	2	1 966.9	1.085 7	16.72	17.6	2.95	61.6
2	剑尖枪乌贼	2	2 315.8	1.029 4	15.85	43.7	7.31	23.6
3	猛虾蛄	1	1 054.7	0.944 5	14.55	39.1	6.55	24.1
4	多齿蛇鲻	2	3 084.6	0.942 1	14.51	97.6	16.34	9.7
5	带鱼	2	779.9	0.406 4	6.26	9.2	1.54	44.1

2017 年春季拖网调查，鱼礁区的优势种为猛虾蛄、长叉口虾蛄、金线鱼、二长棘鲷、刺鲳等（表 11-35）。对照区优势种为二长棘鲷、多齿蛇鲻、刺鲳、细纹鲾等（表 11-36）。

表 11-35　2017 年春季拖网监测调查鱼礁区优势种类组成

序号	种名	出现次数	优势度 IRI	平均渔获率		尾数渔获率		体重
				kg/h	%	ind/h	%	g/尾
1	猛虾蛄	4	2 303.6	6.965 5	14.02	265.4	9.02	26.2
2	长叉口虾蛄	3	1 631.9	6.486 9	13.05	256.2	8.71	25.3
3	金线鱼	3	535.1	2.493 0	5.02	62.3	2.12	40.0
4	二长棘鲷	4	825.3	2.347 4	4.72	103.8	3.53	22.6
5	刺鲳	4	839.4	2.339 8	4.71	108.5	3.69	21.6

表 11-36　2017 年春季拖网监测调查对照区优势种类组成

序号	种名	出现次数	优势度 IRI	平均渔获率		尾数渔获率		体重
				kg/h	%	ind/h	%	g/尾
1	二长棘鲷	2	4 453.8	5.944 6	21.62	453.5	22.92	13.1
2	多齿蛇鲻	2	2 128.8	4.393 8	15.98	105.0	5.31	41.8
3	猛虾蛄	2	2029.0	3.398 1	12.36	156.9	7.93	21.7
4	刺鲳	2	1 636.4	3.168 5	11.52	95.8	4.84	33.1
5	细纹鲾	2	2 800.9	2.715 0	9.88	358.8	18.13	7.6

2017 年夏季调查，鱼礁区的优势种为黑鳃兔头鲀、猛虾蛄、短吻鲾、鲬、海鲇等（表 11-37）。对照区优势种为猛虾蛄、细纹鲾、海鲇、二长棘鲷、丽叶鲹等（表 11-38）。

表 11-37 2017 年夏季拖网监测调查鱼礁区优势种类组成

| 序号 | 种名 | 出现次数 | 优势度 IRI | 平均渔获率 | | 尾数渔获率 | | 体重 |
				kg/h	%	ind/h	%	g/尾
1	黑鳃兔头鲀	2	765.9	3.189 7	10.58	89.6	4.74	35.6
2	猛虾蛄	3	1 088.4	2.882 6	9.56	93.6	4.95	30.8
3	短吻鲾	4	1 644.8	2.339 4	7.76	164.2	8.69	14.2
4	鲄	3	602.0	1.721 7	5.71	43.8	2.32	39.3
5	海鲇	3	427.6	1.580 8	5.24	8.7	0.46	182.3

表 11-38 2017 年夏季拖网调查对照区优势品种类组成

| 序号 | 种名 | 出现次数 | 优势度 IRI | 平均渔获率 | | 尾数渔获率 | | 体重 |
				kg/h	%	ind/h	%	g/尾
1	猛虾蛄	2	2 319.7	3.222 9	18.91	68.9	4.29	46.8
2	细纹鲾	1	2 184.4	1.737 9	10.19	537.9	33.49	3.2
3	海鲇	1	718.8	1.572 4	9.22	82.8	5.15	19.0
4	二长棘鲷	1	518.2	1.448 3	8.50	30.0	1.87	48.3
5	丽叶鲹	2	1 265.6	1.447 8	8.49	66.9	4.16	21.7

2017 年秋季拖网调查,鱼礁区的优势种为短吻鲾、黑鳃兔头鲀、猛虾蛄、截尾白姑鱼、长毛对虾(表 11-39)。对照区优势种为海鳗、猛虾蛄、长毛对虾、印度鳓、墨吉对虾(表 11-40)。

表 11-39 2017 年秋季拖网调查鱼礁区优势种类组成

| 序号 | 种名 | 出现次数 | 优势度 IRI | 平均渔获率 | | 尾数渔获率 | | 体重 |
				kg/h	%	ind/h	%	g/尾
1	短吻鲾	3	4 525.4	1.457 0	22.44	108.0	37.89	13.5
2	黑鳃兔头鲀	2	728.2	0.786 0	12.11	7.0	2.46	112.3
3	猛虾蛄	4	1 145.8	0.368 0	5.67	16.5	5.79	22.3
4	截尾白姑鱼	4	974.7	0.348 0	5.36	12.5	4.39	27.8
5	长毛对虾	2	356.7	0.326 5	5.03	6.0	2.11	54.4

表 11-40 2017 年秋季拖网调查对照区优势种类组成

| 序号 | 种名 | 出现次数 | 优势度 IRI | 平均渔获率 | | 尾数渔获率 | | 体重 |
				kg/h	%	ind/h	%	g/尾
1	海鳗	1	3 800.2	0.894 0	35.87	6.0	2.13	149.0
2	猛虾蛄	1	2 157.8	0.414 0	16.61	14.0	4.96	29.6
3	长毛对虾	1	1 478.2	0.280 0	11.24	10.0	3.55	28.0
4	印度鳓	1	7 552.1	0.256 0	10.27	184.0	65.25	1.4
5	墨吉对虾	1	1 143.7	0.232 0	9.31	6.0	2.13	38.7

(八) 投礁前后渔业资源状况比较

1. 投礁前后种类的比较。2015 年冬、春、夏、秋 4 季渔业资源拖网调查均为 16 个站位,每站位平均渔获种类分别为 21 种、37 种、40 种和 38 种。2017 年调查均为 8 个站位,每站位平均渔获种类 30 种、31 种、29 种和 21 种(图 11-50)。若以 2017 年调查站位和

2015 年相应站位进行比较，则二者的站均种类数分别为 32 种和 34 种，出现的种类数相似。

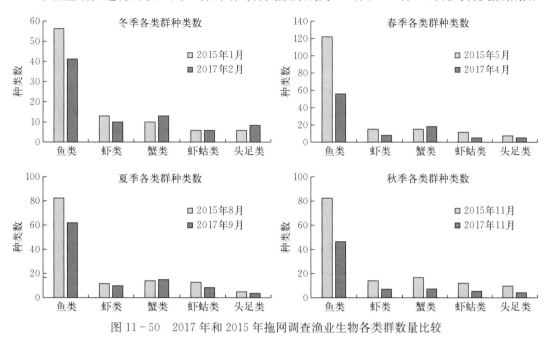

图 11－50　2017 年和 2015 年拖网调查渔业生物各类群数量比较

2. 投礁前后渔获率和渔获密度的比较。 投礁后 2017 年总平均渔获率是投礁前 2015 年的 2.82 倍，尤其 2017 年夏季的渔获率是 2015 年夏季的 10.18 倍（表 11－40，图 11－51）。 2017 年总平均尾数渔获率是 2015 年的 1.29 倍，尤其 2017 年夏季的尾数渔获率是 2015 年夏季的 5.66 倍（表 11－59，图 11－137）。

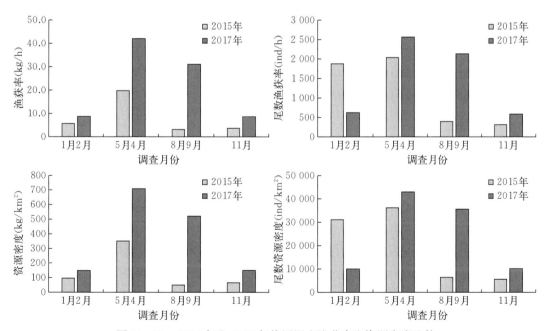

图 11－51　2017 年和 2015 年拖网调查渔获率和资源密度比较

2017 年总平均资源密度是 2015 年的 2.79 倍，尤其 2017 年夏季的资源密度是 2015 年夏季的 10.18 倍（表 11 - 41，图 11 - 50）。2017 年总平均尾数资源密度是 2015 年的 2.34 倍，尤其 2017 年夏季的尾数资源密度是 2015 年夏季的 5.66 倍（表 11 - 41，图 11 - 51）。

表 11 - 41 　2015 年和 2017 年拖网调查渔获率和资源密度的比较

渔获类别	冬季		春季		夏季		秋季	
	2015 年	2017 年	2015 年	2017 年	2015 年	2017 年	2015 年	2017 年
渔获率（kg/h）	5.602	8.586	19.800	42.176	3.042	30.967	3.676	8.714
尾数渔获率（ind/h）	1 884.3	595.1	2018.1	2 557.7	373.8	2 116.0	315.6	582.0
资源密度（kg/km²）	94.521	144.151	352.750	751.360	51.308	522.320	61.995	146.303
尾数资源密度（ind/km²）	31 119.3	9 992.1	35 902.0	45 595.5	6 307.7	35 701.6	5 324.8	9 771.6

底拖网渔业资源调查数据比较结果表明，2017 年 4 个季节调查的渔获率和资源密度均明显高于 2015 年本底调查数据。尤其是 2017 年夏季的渔获率和资源密度是 2015 年同期调查的 10.18 倍，尾数渔获率和尾数资源密度是 2015 年同期调查的 5.66 倍，说明白龙珍珠湾海洋牧场人工鱼礁对渔业资源的养护和修复效果十分显著。

（九）小结

2017 年 4 个季节监测调查，共捕获渔业资源生物种类 17 目 59 科 111 属 202 种，其中，白龙珍珠湾海洋牧场人工鱼礁区冬、春、夏、秋 4 个季节出现的种数分别为 56 种、72 种、84 种和 58 种，对照区的分别为 37 种、33 种、31 种和 13 种，鱼礁区出现的种类数明显多于对照区。

2017 年冬、春、夏、秋 4 个季节调查，白龙珍珠湾海洋牧场人工鱼礁区总渔获密度和总尾数渔获密度分别是对照区的 1.62 和 1.19 倍；1.81 和 1.49 倍；1.77 和 1.18 倍；2.61 和 1.01 倍。

白龙珍珠湾海洋牧场投礁后，2017 年的平均种类数和投礁前 2015 年的平均种类数分别为 32 种和 34 种，出现的种类数相似，优势种类有所变化。

底拖网渔业资源调查数据比较结果表明，2017 年 4 个季节调查的渔获率和资源密度均明显高于 2015 年本底调查数据。尤其是 2017 年夏季的渔获率和资源密度是 2015 年同期调查的 10.18 倍，尾数渔获率和尾数资源密度是 2015 年同期调查的 5.66 倍，说明白龙珍珠湾海洋牧场人工鱼礁对渔业资源的养护和修复效果十分显著。

四、渔业资源刺网调查

(一) 种类组成

2017 年 1 月(冬季)、4 月(春季)、9 月(夏季)、11 月(秋季),对白龙珍珠湾海洋牧场人工鱼礁及邻近海域进行刺网渔业资源调查,共捕获渔业资源生物种类分别为 39 种、47 种、42 种、20 种(表 11-42)。冬、春、夏、秋 4 个季节,鱼礁区的渔获种类分别为 15 种、27 种、21 种和 15 种。对照区的渔获分别为 12 种、19 种、10 种和 8 种(表 11-43、图 11-52)。2017 年各个季节鱼礁区的渔获种类均明显高于对照区,鱼礁区渔业资源年度平均种类数是对照区的 1.66 倍。

表 11-42　2017 年人工鱼礁区及邻近海域刺网调查渔获种类数

分　　类	冬季调查(种)	春季调查(种)	夏季调查(种)	秋季调查(种)
总种数	39	47	42	20
鱼 类	28	37	34	18
甲壳类	11	10	8	2
软体类	0	0	0	0

表 11-43　2017 年人工鱼礁区及对照区刺网调查渔获种类数

种　　类	调查时间	鱼礁区(种)	对照区(种)	鱼礁区/对照区
鱼类	冬季	7	5	1.40
	春季	21	14	1.50
	夏季	18	7	2.57
	秋季	13	6	2.17
虾类	冬季	0	0	0
	春季	1	1	1.0
	夏季	1	0	0
	秋季	2	2	1.0
蟹类	冬季	7	5	1.40
	春季	4	3	1.33
	夏季	2	2	1.0
	秋季	0	/	/
虾蛄类	冬季	1	2	0.5
	春季	1	1	1.0
	夏季	1	1	1.0
	秋季	0	/	/

注:"/"表示该站没有开展刺网调查。

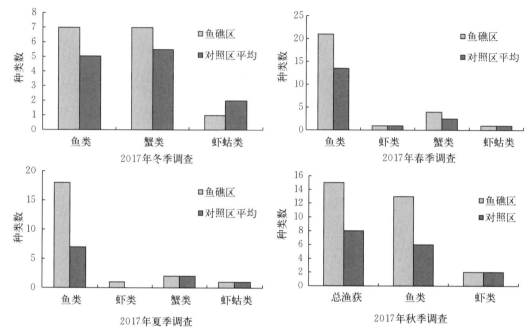

图 11-52　2017 年人工鱼礁区和对照区刺网调查各类渔获种数

（二）渔获率分布与比较

2017 年 4 个季度刺网调查，鱼礁区总平均渔获率和总平均尾数渔获率分别是对照区的 6.32 倍和 14.90 倍。

冬季刺网调查，鱼礁区渔获率和尾数渔获率分别为 0.234 kg/h 和 17.0 ind/h；对照区的分别为 0.58 kg/h 和 13.2 ind/h。鱼礁区渔获率和尾数渔获率分别是对照区的 0.40 倍和 1.29 倍（表 11-44 和表 11-45，图 11-53）。

表 11-44　2017 年人工鱼礁区和对照区刺网调查各种类渔获率

种类	调查时间	鱼礁区渔获率 （kg/h）	对照区渔获率 （kg/h）	鱼礁区/对照区
总渔获	冬季	0.234	0.58	0.40
	春季	9.515	1.631	5.83
	夏季	0.773	0.484	1.60
	秋季	7.183	0.411	17.48
鱼类	冬季	0.086	0.165	0.52
	春季	8.484	1.531	5.54
	夏季	0.708	0.095	7.45
	秋季	6.779	0.378	17.93

（续）

种类	调查时间	鱼礁区渔获率（kg/h）	对照区渔获率（kg/h）	鱼礁区/对照区
虾类	冬季	0	0	0
	春季	0.005	0.001	5.0
	夏季	0.009	0	/
	秋季	0.404	/	/
蟹类	冬季	0.13	0.297	0.44
	春季	0.642	0.094	6.83
	夏季	0.039	0.223	0.17
	秋季	0	/	0
虾蛄类	冬季	0.018	0.119	0.15
	春季	0.384	0.005	76.8
	夏季	0.017	0.165	0.10
	秋季	0	/	/

注："/"表示该站没有开展刺网调查。

表 11-45 2017 年人工鱼礁区和对照区刺网调查各种类尾数渔获率

种类	调查时间	鱼礁区尾数渔获率（ind/h）	对照区尾数渔获率（ind/h）	鱼礁区/对照区
总渔获	冬季	17.0	13.2	1.29
	春季	14.8	3.2	4.63
	夏季	27.7	44.9	0.62
	秋季	531.7	10.0	53.17
鱼类	冬季	3.5	2.3	1.52
	春季	10.6	2.5	4.24
	夏季	25	3.4	7.35
	秋季	519.7	10.0	51.97
虾类	冬季	0	0	0
	春季	0.1	0.05	2.00
	夏季	0.7	0	/
	秋季	12	/	/
蟹类	冬季	12	7.7	1.56
	春季	3.2	0.6	5.33
	夏季	1.3	36.9	0.04
	秋季	0	/	/
虾蛄类	冬季	1.5	3.3	0.45
	春季	0.9	0.1	9.0
	夏季	0.7	4.7	0.15
	秋季	0	/	/

注："/"表示该站没有开展刺网调查或没有比较。

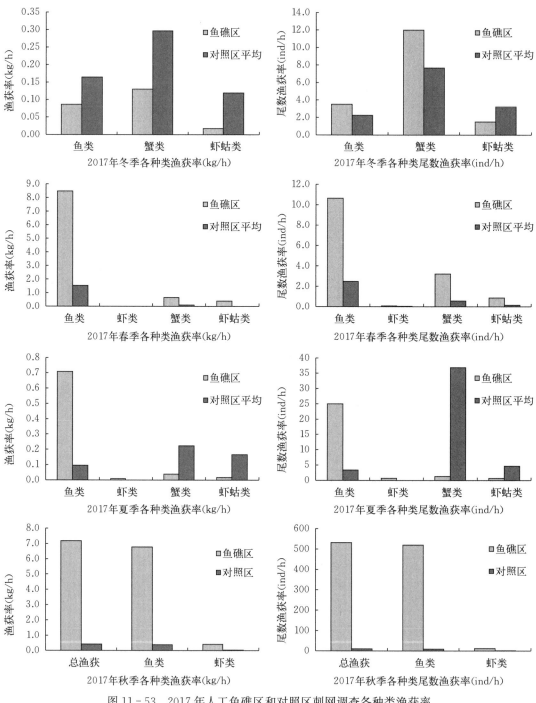

图 11-53　2017 年人工鱼礁区和对照区刺网调查各种类渔获率

　　春季刺网调查，鱼礁区渔获率和尾数渔获率分别为 9.515 kg/h 和 14.8 ind/h；对照区的分别为 1.631 kg/h 和 3.2 ind/h。鱼礁区渔获率和尾数渔获率分别是对照区的 5.83 倍和 4.63 倍（表 11-44 和表 11-45，图 11-53）。

夏季刺网调查，鱼礁区渔获率和尾数渔获率分别为 0.773 kg/h 和 27.7 ind/h；对照区的分别为 0.484 kg/h 和 44.9 ind/h。鱼礁区渔获率和尾数渔获率分别是对照区的 1.60 倍和 0.62 倍（表 11-44 和表 11-45，图 11-53）。

秋季刺网调查，鱼礁区渔获率和尾数渔获率分别为 7.183 kg/h 和 531.7 ind/h；对照区的分别为 0.411 kg/h 和 10.0 ind/h。鱼礁区渔获率和尾数渔获率分别是对照区的 17.48 倍和 53.17 倍（表 11-44 和表 11-45，图 11-53）。

（三）密度分布与比较

2017 年 4 个季度刺网调查，鱼礁区年度平均渔获密度和年度平均尾数渔获密度分别是对照区的 5.12 倍和 15.02 倍。

冬季刺网调查，鱼礁区渔获密度和尾数渔获密度分别为 9.729 kg/(hm² · h) 和 236.1 ind/(hm² · h)；对照区的分别为 8.056 kg/(hm² · h) 和 182.9 ind/(hm² · h)。鱼礁区渔获密度和尾数渔获密度分别是对照区的 1.21 倍和 1.29 倍（表 11-46 和表 11-47，图 11-54）。

表 11-46　2017 年人工鱼礁区和对照区刺网监测调查各种类资源密度

种　类	调查时间	鱼礁区 [kg/(hm² · h)]	对照区平均 [kg/(hm² · h)]	鱼礁区/对照区
总渔获	冬季	9.729	8.056	1.21
	春季	79.292	22.83	3.47
	夏季	21.481	13.435	1.60
	秋季	154.424	8.569	18.02
鱼类	冬季	2.764	2.285	1.21
	春季	70.7	19.889	3.55
	夏季	19.676	2.650	7.42
	秋季	146.007	7.868	18.56
虾类	冬季	0	0	0
	春季	0.042	0.065	0.65
	夏季	0.259	0	0.256
	秋季	8.417	0.701	12.01
蟹类	冬季	6.236	4.118	1.51
	春季	5.35	2.261	2.37
	夏季	1.074	7.713	0.14
	秋季	0	/	/
虾蛄类	冬季	0.729	1.653	0.44
	春季	3.2	0.615	5.20
	夏季	0.472	3.657	0.13
	秋季	0	/	/

注：“/”表示该站没有开展刺网调查或没有比较。

春季刺网调查，鱼礁区渔获密度和尾数渔获密度分别为 79.292 kg/(hm² · h) 和 1 725.0 ind/(hm² · h)；对照区的分别为 22.83 kg/(hm² · h) 和 374.9 ind/(hm² · h)。鱼礁区渔获密度和尾数渔获密度分别是对照区的 3.47 倍和 4.60 倍（表 11 - 46 和表 11 - 47，图 11 - 54）。

夏季刺网调查，鱼礁区渔获密度和尾数渔获密度分别为 21.481 kg/(hm² · h) 和 768.5 ind/(hm² · h)；对照区的分别为 13.435 kg/(hm² · h) 和 1 245.4 ind/(hm² · h)。鱼礁区渔获密度和尾数渔获密度分别是对照区的 1.60 倍和 0.62 倍（表 11 - 46 和表 11 - 47，图 11 - 54）。

秋季调查，鱼礁区渔获密度和尾数渔获密度分别为 154.424 kg/(hm² · h) 和 11 180.6 ind/(hm² · h)；对照区的分别为 8.569 kg/(hm² · h) 和 208.3 ind/(hm² · h)。鱼礁区渔获密度和尾数渔获密度分别是对照区的 18.02 倍和 53.68 倍（表 11 - 46 和表 11 - 47，图 11 - 54）。

表 11 - 47　2017 年人工鱼礁区和对照区刺网监测调查各种类资源尾数密度

种　　类	调查时间	鱼礁区 [ind/(hm² · h)]	对照区 [ind/(hm² · h)]	鱼礁区/对照区
总渔获	冬季	236.1	182.9	1.29
	春季	1 725	374.9	4.60
	夏季	768.5	1 245.4	0.62
	秋季	11 180.6	208.3	53.68
鱼类	冬季	48.6	31.3	1.55
	春季	1 241.7	291.5	4.26
	夏季	694.4	27.8	24.98
	秋季	10 930.6	180.6	60.52
虾类	冬季	0	0	0
	春季	8.3	4.2	1.98
	夏季	18.5	0	18.5
	秋季	250.0	/	/
蟹类	冬季	166.7	106.5	1.57
	春季	375	62.5	6.00
	夏季	37	1 305.6	0.03
	秋季	0	/	0
虾蛄类	冬季	20.8	45.1	0.46
	春季	100	16.7	5.99
	夏季	18.5	92.6	0.20
	秋季	0	/	/

注："/"表示该站没有开展刺网调查或没有比较。

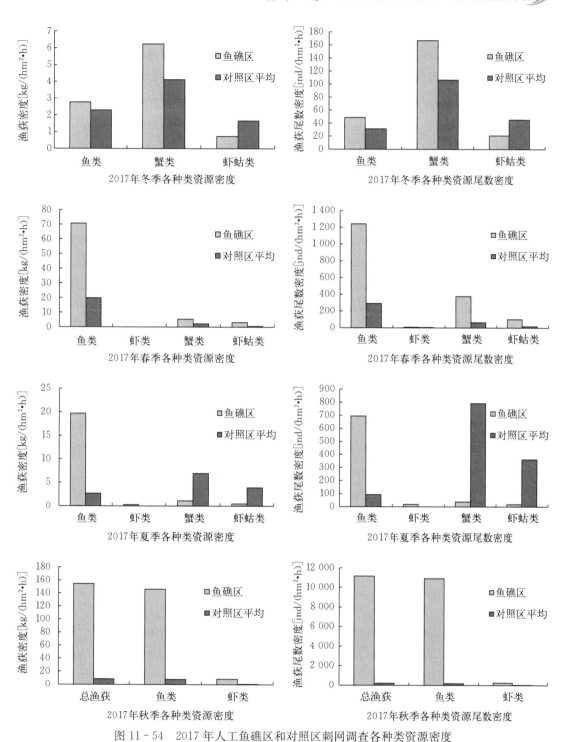

图 11-54　2017 年人工鱼礁区和对照区刺网调查各种类资源密度

（四）投礁前后渔业资源状况的比较

通过比较投礁前后刺网调查的渔获种类、渔获率、资源密度等数据，表明投礁后鱼礁区的渔业资源种类是本底调查的 1.2 倍，渔获率是本底调查的 5.8 倍，尾数渔获率是本底调查的 10.3 倍，渔获密度是本底调查的 21.6 倍，渔获尾数密度是本底调查的 60.0 倍（表 11 - 48）。由此可见，白龙珍珠湾海洋牧场人工鱼礁建成后，对该海域渔业资源的养护和增殖具有十分显著效果。

表 11 - 48　投礁前后礁区海域刺网渔业资源的比较

时　　间	种数（种）	渔获率（kg/h）	尾数渔获率（ind/h）	渔获密度[kg/(hm² · h)]	渔获尾数密度[ind/(hm² · h)]
2015 年本底调查	17	0.76	14.4	3.07	58
2017 年跟踪调查	20	4.43	147.8	66.23	3 477.5
2017 年/2015 年倍数	1.2	5.8	10.3	21.6	60.0

（五）小结

2017 年 1 月、4 月、9 月、11 月，对白龙珍珠湾海洋牧场人工鱼礁区和对照区海域进行了冬、春、夏、秋 4 个季节的渔业资源刺网调查。捕获渔业资源生物种类分别为 39 种、47 种、42 种、20 种。其中，白龙珍珠湾海洋牧场人工鱼礁区的渔获种类数平均为 20 种，对照区平均为 12 种。

2017 年白龙珍珠湾海洋牧场人工鱼礁区渔获率平均为 4.43 kg/h，对照区平均为 0.78 kg/h；鱼礁区尾数渔获率平均为 147.8 ind/h，对照区平均为 17.9 ind/h；鱼礁区资源密度平均为 66.23 kg/(hm² · h)，对照区平均为 12.90 kg/(hm² · h)；鱼礁区资源尾数密度平均为 3 477.5 ind/(hm² · h)，对照区平均为 548.1 ind/(hm² · h)。

从 2017 年刺网调查结果总体来看，白龙珍珠湾海洋牧场人工鱼礁区渔业资源种类、渔获率、尾数渔获率、资源密度、资源尾数密度均高于对照区。2017 年 4 次调查，鱼礁区平均种类数是对照区的 1.66 倍；鱼礁区平均渔获率是对照区的 6.32 倍；鱼礁区平均尾数渔获率是对照区的 14.90 倍；鱼礁区平均资源密度是对照区的 6.12 倍；鱼礁区平均资源尾数密度是对照区的 15.02 倍。

通过投礁前后刺网调查渔获种类、渔获率、资源密度等数据的比较可见，投礁后白龙珍珠湾海洋牧场人工鱼礁区渔业资源种类是本底调查的 1.2 倍，渔获率是本底调查的 5.8 倍，尾数渔获率是本底调查的 10.3 倍，资源密度是本底调查的 21.6 倍，资源尾数密度是本底调查的 60.0 倍。由此可见，白龙珍珠湾海洋牧场人工鱼礁建设对该海域渔业资源的养护和增殖效果十分明显。

五、渔业资源声学调查

（一）声学调查范围和航程

2017 年进行了 4 个季节（1 月、4 月、9 月和 11 月）渔业资源的声学探测，声学探测航迹与断面设置见图 11 - 55，航程参数见表 11 - 49。在人工鱼礁区共设置平行断面 5 条，分别为 JQ1、JQ2、JQ3、JQ4、JQ5，各航次累计航程跨度为 5～5.91 n mile，水域面积在 0.32～0.43 n mile² 之间。在鱼礁区邻近海域共设置 6 条垂直断面及 4 条水平断面，分别为 V1、V2、V3、V4、V5、V6 和 H1、H2、H3、H4，各航次累计航程区间为 18.7～66 n mile，水域面积在 20.5～109 n mile² 之间。其中，2017 年 11 月第四航次因天气因素，未能完全按原定航线实施。鱼礁区水深范围在 15.97～18.09 m 之间，鱼礁区邻近海域水深在 17.94～18.5 m 之间。各航次声学探测区域覆盖率均大于 6（11 月航次鱼礁邻近海域除外），声学探测结果能较好地反映调查范围内渔业资源现状。

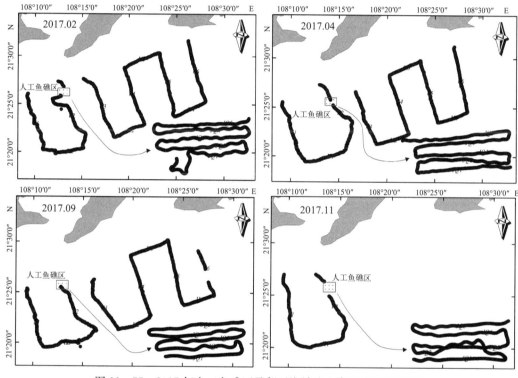

图 11-55　2017 年人工鱼礁区及邻近海域渔业资源声学探测航迹

表 11-49　人工鱼礁区及邻近海域渔业资源声学评估航程参数

时　间	区域	平均水深（m）	有效航程（n mile）	水域面积（n mile²）	覆盖率（%）
冬季	鱼礁区	16.2	5.6	0.36	9.33
	邻近海域	18.5	66	109	6.32
春季	鱼礁区	15.97	5.91	0.43	9.01
	邻近海域	17.94	63.37	106	6.16
夏季	鱼礁区	16.21	5	0.32	8.84
	邻近海域	17.99	59.5	94.2	6.13
秋季	鱼礁区	18.09	5.3	0.39	8.49
	邻近海域	18.41	18.7	20.5	4.13

（二）声学评估的种类

本次声学探测的海域，在 2017 年 4 个季节渔业资源拖网调查种分别捕获游泳生物 78、92、100、69 种。为排除海底回波信号干扰，海底之上 0.3 m 范围内均被视为声学探测的盲区，故鲆鲽类、虾虎鱼类、蛸类、鳗鲡类、虾蟹类等底栖生物均不参与声学评估。因此，各季节（航次）参与声学评估的物种数分别为 40、47、55、41 种。根据生物学拖网/刺网采样结果，声学评估种类中参与积分分配的种类主要为相对重要性指数（IRI）大于 100 的常见种和优势种。各航次参与声学积分分配种类生物学组成信息见表 11-50。2017 年冬季（第一航次）突出优势种类为多齿蛇鲻和二长棘鲷；春季（第二航次）为二长棘鲷、刺鲳与细纹鰏；夏季（第三航次）为黄带绯鲤；秋季（第四航次）为短吻鲾。各航次的优势种类存在明显差异。

表 11-50　参与声学评估渔业资源种类的生物学参数

时　间	物　种	数量百分比（%）	重量百分比（%）	优势度 IRI	个体均重（g）	平均 TS（dB）
冬季	多齿蛇鲻	33.69	3.43	3 323	8.25	−60.48
	二长棘鲷	21.11	12.12	3 711	1.46	−59.76
	花斑蛇鲻	10.52	5.83	1 635	7.96	−61.52
	棕斑腹刺鲀	3.13	17.66	1 559	81.09	−53.6
	剑尖枪乌贼	5.86	10.69	1 448	26.22	−60.86
	日本金线鱼	4.26	8.06	1 232	27.17	−48.49
	杜氏枪乌贼	6.92	2.35	695	18.59	−62.37
	花鲈	0.27	14.60	557	787.50	−42.08
	鹿斑鲾	4.59	1.64	467	5.12	−60.56
	短带鱼	0.60	1.89	155	45.22	−44.62
	中国枪乌贼	0.53	2.38	146	64.25	−59.28
	其他物种	8.52	19.36	671	32.63	−58.92
春季	刺鲳	7.57	13.29	2 087	29.73	−60.7
	二长棘鲷	16.36	16.42	3 277	17.00	−54.97
	细纹鰏	16.54	6.39	1 783	6.54	−56.41
	竹筴鱼	8.57	4.50	1 016	8.89	−56.28
	日本金线鱼	3.18	9.36	836	49.82	−47.19
	多齿蛇鲻	3.60	8.28	792	38.99	−56.56
	黄斑鲾	11.21	4.09	510	6.18	−55.18
	金线鱼	2.89	6.57	526	38.47	−48.48
	短吻鲾	8.10	5.26	445	11.00	−54.47
	杜氏枪乌贼	2.75	2.60	357	16.04	−60.32
	六带石斑鱼	2.46	3.84	350	26.49	−53.64

（续）

时　　间	物　　种	数量百分比（%）	重量百分比（%）	优势度 IRI	个体均重（g）	平均 TS（dB）
春季	田乡枪乌贼	3.61	1.12	210	5.23	−63.92
	花斑蛇鲻	1.30	2.08	188	27.08	−57.26
	银方头鱼	2.04	1.10	175	9.15	−51.31
	其他物种	9.83	15.1	605	16.94	−54.17
夏季	黄带绯鲤	24.53	6.34	2 315	2.9	−57.59
	短吻鲾	7.64	9.69	1 300	14.2	−54.65
	乳香鱼	9.49	5.05	1 272	5.96	−57.21
	细纹鲾	14.94	6.95	821	5.21	−56.42
	四线天竺鲷	10.33	4.19	726	4.54	−58.51
	黑鳃兔头鲀	4.10	13.12	646	35.86	−52.98
	海鲇	2.33	9.59	596	46.15	−39.69
	白姑鱼	5.56	3.42	561	6.89	−52.09
	丽叶鲹	2.81	4.63	558	18.41	−52.16
	二长棘鲷	1.29	5.20	324	45.28	−47.17
	青石斑鱼	0.70	3.78	280	60.17	−50.98
	截尾白姑鱼	1.48	2.24	186	16.97	−53.98
	剑尖枪乌贼	3.35	3.68	176	12.32	−61.29
	高体若鲹	1.26	2.62	146	23.31	−52.75
	其他物种	10.19	19.51	640	11.2	−57.53
秋季	短吻鲾	13.28	11.72	2 187	13.93	−54.83
	月腹刺鲀	3.06	17.99	1 053	92.79	−54.47
	静鲾	28.09	10.45	964	5.87	−57.6
	鹿斑鲾	12.84	4.82	883	5.92	−58.93
	长体蛇鲻	15.36	7.94	582	8.16	−60.67
	截尾白姑鱼	2.02	3.53	486	27.54	−47.24
	杜氏枪乌贼	3.55	4.80	418	21.34	−61.48
	黄斑篮子鱼	3.11	6.82	373	34.58	−47.71
	带鱼	1.91	2.69	345	22.17	−44.48
	黑鳃兔头鲀	1.26	6.59	294	82.74	−52.03
	二长棘鲷	0.87	3.51	274	63.38	−46.74
	丽叶鲹	1.48	1.82	247	19.48	−52.62
	黄鲫	1.04	1.66	202	25.16	−50.83
	海鳗	0.38	2.44	141	100.86	−53.07
	及达叶鲹	1.48	0.98	123	10.44	−51.37
	印度鳓	1.31	1.00	116	12.04	−53.58
	其他物种	8.96	11.24	397	15.78	−54.67

（三）渔业资源数量密度分布

2017 年渔业资源声学探测，不同断面的渔业资源声学评估结果如图 11－56 所示。整体上，各断面渔业资源密度差异较大，空间分布不均匀。具体表现为：第一航次，鱼礁中心区各断面渔业资源声学评估结果基本高于鱼礁周边区各个断面，且近鱼礁区各断面（V1、V2、V3、V4）渔业资源密度相对高于远离鱼礁区的各断面（H3、V5、H4、V6）；第二航次，鱼礁中心区各断面渔业资源密度明显低于鱼礁周边断面；第三航次鱼礁中心区断面与鱼礁周边断面渔业资源密度基本一致，但远离鱼礁区各断面（V4、H3、V5、H4、V6）渔业资源密度相对较高。第四航次鱼礁中心区各断面渔业资源密度相对较高。

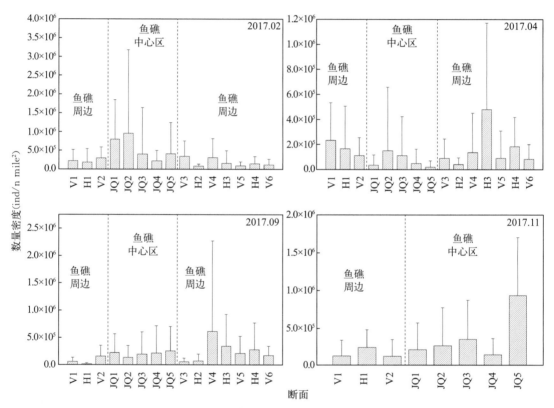

图 11－56　2017 年渔业资源声学探测不同断面的渔业资源密度

2017 年 4 个季节（航次）渔业资源空间分布状况如图 11－57 至图 11－60 所示。冬季探测，鱼礁区渔业资源分布表现出离岸越近密度越高的梯度变化趋势，鱼礁邻近海域渔业资源的分布呈现出西高东低、北高南低的分布特征。春季探测，鱼礁区及其毗邻断面渔业资源密度相对较低，其资源分布没有明显的空间差异。夏季探测，鱼礁区渔业资源密度明显高于其毗邻断面，渔业资源分布整体上表现出西高东低的趋势。秋季探测，鱼礁区渔业资源密度相对较高，且表现出北高南低的分布特征。

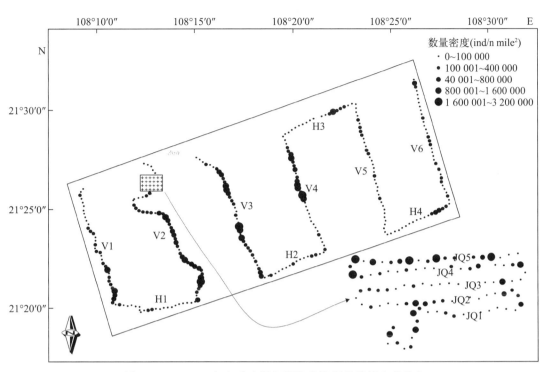

图 11-57 2017 年冬季声学探测渔业资源的数量密度分布

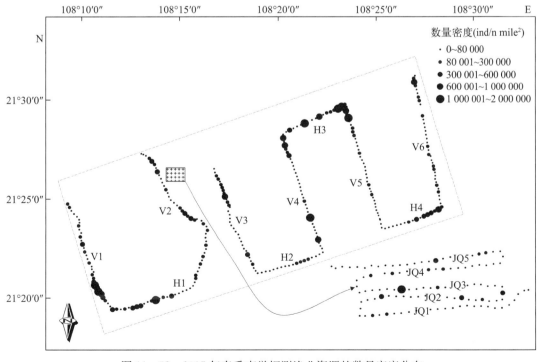

图 11-58 2017 年春季声学探测渔业资源的数量密度分布

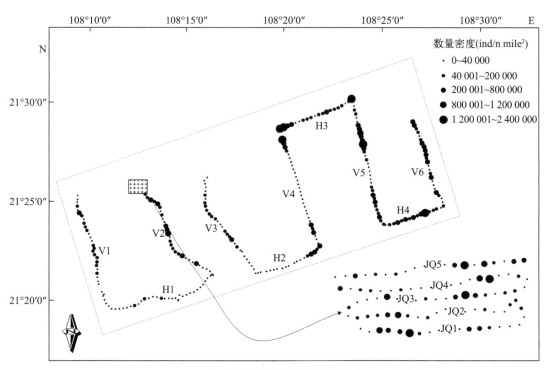

图 11-59　2017 年夏季声学探测渔业资源的数量密度分布

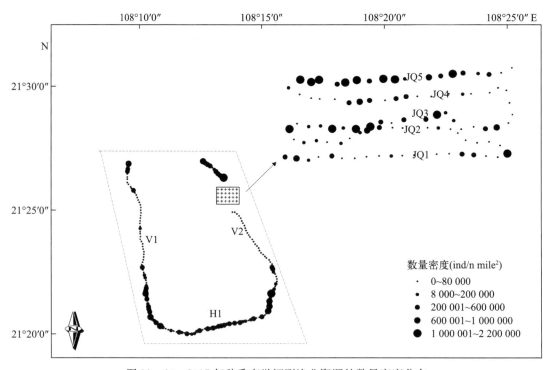

图 11-60　2017 年秋季声学探测渔业资源的数量密度分布

（四）渔业资源的生物量密度分布

2017 年渔业资源声学探测，不同断面的渔业资源生物量密度分布如图 11‑61 所示。整体上，各断面渔业资源生物量密度差异较大，空间分布不均匀。具体表现为：冬季探测，鱼礁区各断面渔业资源生物量密度明显高于鱼礁周边区各个断面，且邻近鱼礁区各断面（V1、V2、V3、V4）渔业资源生物量密度明显高于远离鱼礁区的各断面（H1、H2、H3、H4、V5、V6）。春季探测，鱼礁区各断面和邻近鱼礁区断面的渔业资源生物量密度基本一致，H3 断面的生物量密度明显较高。夏季探测，鱼礁区断面渔业资源生物量密度明显高于鱼礁周边断面（V1、V2、H1），H3 和 V4 断面也出现局部密集区。秋季探测，鱼礁区各断面渔业资源生物量密度明显较高。

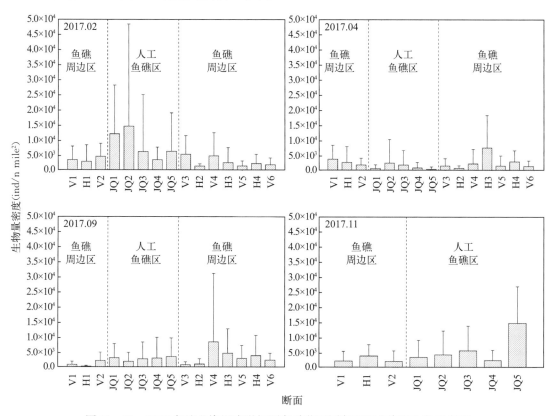

图 11‑61　2017 年渔业资源声学探测各季节不同断面渔业资源生物量密度

2017 年 4 个季节（航次）渔业资源空间分布状况如图 11‑62 至图 11‑65 所示。冬季探测，鱼礁区内渔业资源生物量分布相对均匀，鱼礁邻近海域渔业资源生物量的分布呈现出西高东低、北高南低的分布特征，随距离鱼礁区的距离增加，渔业资源生物量密度而降低。春季探测，鱼礁区及其毗邻断面渔业资源密度相对较低，除 H3 断面的渔业资源生物量密度较高外，其余断面没有明显的差异。夏季探测，鱼礁区渔业资源生物量密度明显高于其毗邻断面，渔业资源生物量分布整体上表现出东高西低的趋势。秋季探测，鱼礁区渔业资源密度相对较高，且表现出北高南低的分布特征。

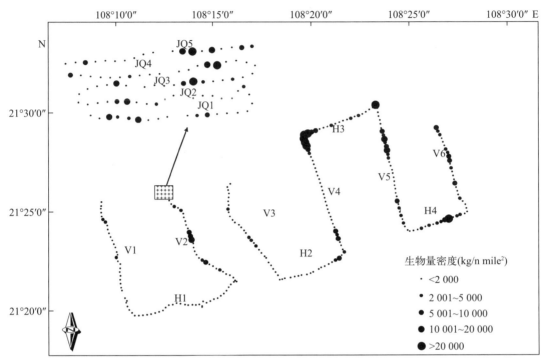

图 11 - 62　2017 年冬季声学探测渔业资源的生物量密度分布

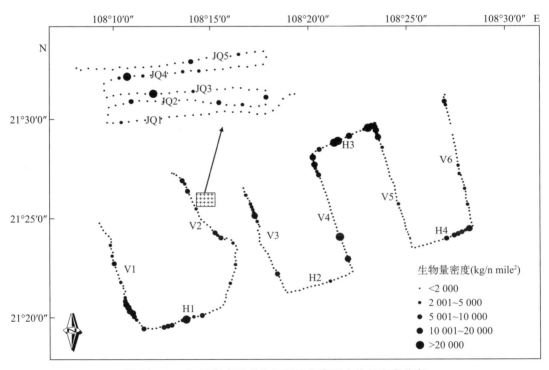

图 11 - 63　2017 年春季声学探测渔业资源生物量密度分布

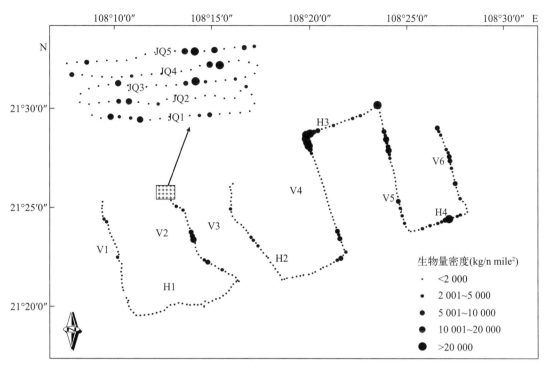

图 11 - 64 2017 年夏季声学探测渔业资源生物量密度分布

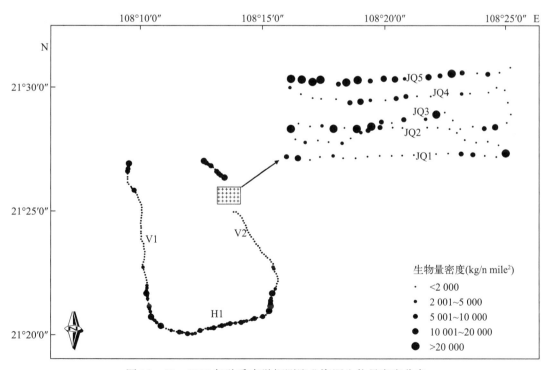

图 11 - 65 2017 年秋季声学探测渔业资源生物量密度分布

（五）探测目标单体的垂直分布

2017 年 4 个季节（航次）声学探测目标单体在海域垂直方向上的分布如图 11 - 66 所示。冬季探测，鱼礁区邻近海域平均水深为 18.5 m，回波单体主要分布于 10～22 m 水层

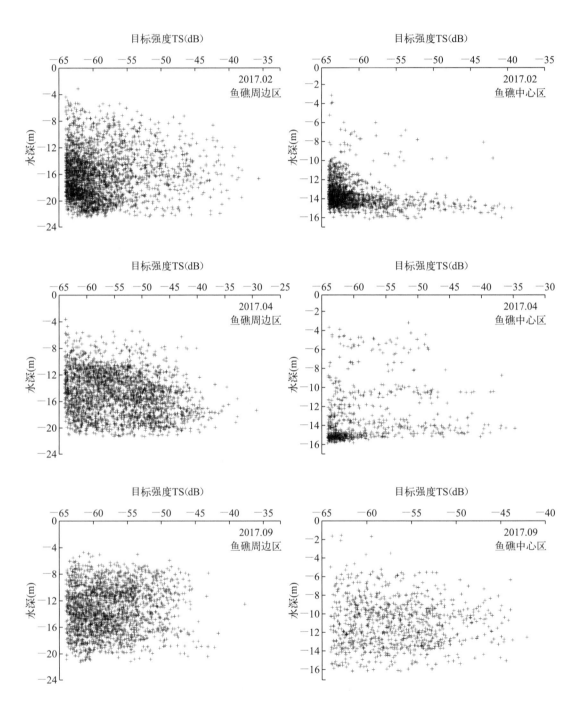

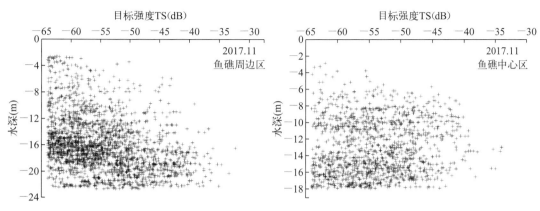

图 11-66 2017年声学探测鱼礁区及邻近海域目标单体的垂直分布

之间，其分布相对分散；而鱼礁平均水深为 16.2 m，回波单体主要分布于 12～16 m 水层之间，占回波单体总数的 90% 左右，其分布较为集中。春季探测，鱼礁区邻近海域平均水深为 17.94 m，回波单体分散分布于 10～22 m 水层之间；而鱼礁区回波单体集中分布于 9～16 m 水层，占回波单体总数的 90.7%。夏季探测，鱼礁区邻近海域平均水深为 17.99 m，回波单体分散于 6～20 m 水深范围内；鱼礁区平均水深为 16.21 m，其回波单体主要分布在 6～16 m 水层，分布较为分散。秋季探测，鱼礁区另据海域平均水深为 18.41 m，回波单体分散分布于 3～23 m 水层；鱼礁区平均水深约为 18.09 m，回波单体主要分布于 6～18 m 水层，其垂直分布亦较分散。综上所述，各航次调查声学检测回波单体主要分布于中下水层，其集中程度在时间和空间尺度上均存在较大差异，鱼礁区回波单体集中程度相对较高，有向底层聚集的现象，主要体现在冬季和春季的探测。

（六）目标个体大小组成

通过回波单体检测与目标追踪模块，获得探测海域各季节（航次）鱼礁区与鱼礁区邻近海域渔业资源平均目标强度与个体大小频率组成，结果示于图 11-67。冬季探测，鱼礁区回波单体目标强度区间为 −64～39.41 dB，平均目标强度为 −60.73 dB；鱼礁区邻近海域回波信号区间为 −64～−35.58 dB，平均目标强度为 −58.92 dB。从小到大个体频率组成呈逐级下降的变化趋势，且鱼礁区下降趋势更加明显。春季探测，鱼礁区回波单体目标强度区间为 −64～−34.69 dB，平均目标强度为 −58.28 dB，小型个体所占比重极高；鱼礁区邻近海域回波信号区间为 −64～−29.24 dB，平均目标强度为 −54.17 dB，小型鱼类占有较高比重，但 −53～−45 dB 中小型个体亦占相当比重。夏季探测，鱼礁区回波单体目标强度区间为 −64～−42 dB，平均目标强度为 −56.84 dB；鱼礁区邻近海域回波信号区间为 −64～−36.86 dB，平均目标强度为 −57.53 dB，小型个体所占比重较春季大幅上升。秋季探测，鱼礁区回波单体目标强度区间为 −64～−33.89 dB，平均目标强度为 −53.81 dB；鱼礁区邻近海域回波信号区间为 −64～−32.31 dB，平均目标强度为 −54.67 dB，中小型个体所占比重较夏季有上升趋势。

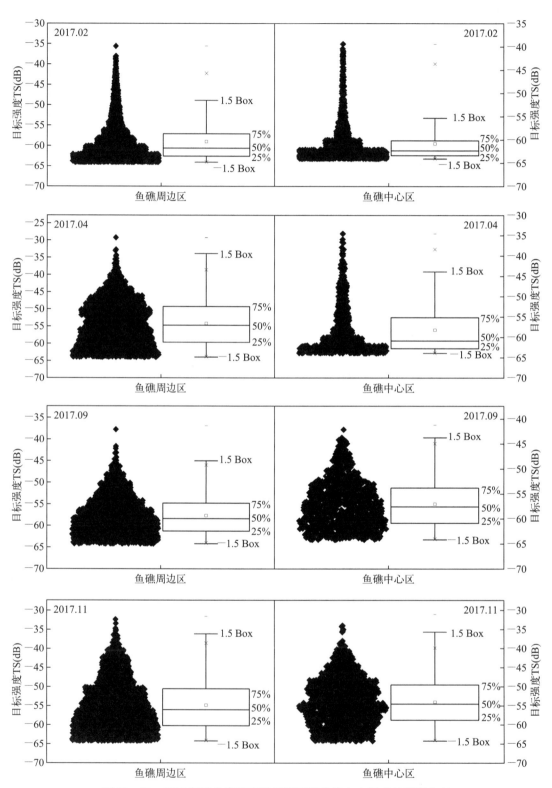

图 11-67 2017 年渔业资源声学探测回波单体大小组成与频率分布

（七）渔业资源密度

渔业资源声学评估结果列于表 11 - 51。在季节分布上，冬季鱼礁区的渔业资源密度最高（547 745 ind/n mile² 和 8 386.98 kg/n mile²），其次为秋季（371 868 ind/n mile² 和 5 868.11 kg/n mile²）和夏季（198 570 ind/n mile² 和 2 729.00 kg/n mile²），春季（70 110 ind/n mile² 和 1 094.45 kg/n mile²）渔业资源密度最低。

表 11 - 51　2017 年声学探测鱼礁区及邻近海域渔业资源密度

时间	区　域	数量密度（ind/n mile²）	生物量密度（kg/n mile²）
冬季	鱼礁区	547 745±1 297 275	8 363.98±19 809.16
	邻近海域	203 990±318 537	3 114.89±4 863.99
春季	鱼礁区	70 110±270 288	1 094.45±4 219.38
	邻近海域	145 192±292 526	2 266.54±4 566.53
夏季	鱼礁区	198 057±392 330	2 729.00±5 405.82
	邻近海域	189 250±644 110	2 607.63±8 875.04
秋季	鱼礁区	371 868±573 663	5 868.11±9 052.64
	邻近海域	158 338±228 893	2 498.59±3 611.95

鱼礁区及邻近海域渔业资源声学评估结果列于表 11 - 51。在区域分布上，冬季鱼礁区渔业资源密度相对较高，资源密度是邻近海域的 2.68 倍；秋季鱼礁区渔业资源密度为邻近海域的 2.35 倍；夏季鱼礁区渔业资源密度是邻近海域的 1.05 倍；春季鱼礁区渔业资源密度相对较低，约为邻近海域的 0.5 倍（表 11 - 51）。总体而言，鱼礁区渔业资源的密度明显高于邻近海域，表明人工鱼礁对渔业资源的修复和养护取得了良好效果。

多因素方差分析结果表明（表 11 - 52），不同季节（航次）与区域（鱼礁区与邻近海域）渔业资源密度均存在显著性差异（航次/区域：$P < 0.001$），且交互作用显著（航次×区域：$P < 0.001$）。基于 Turkey HSD[a,b,c] 同类子集间的比较（表 11 - 53），声学探测水域渔业资源生物量密度可分为三组，渔业资源数量密度可分为两组。分析结果显示，第二、三航次（春季和夏季）渔业资源生物量密度差异不显著（$P = 0.635$），第三、四航次（夏季和秋季）差异不显著（$P = 0.211$），第一、四航次（冬季和秋季）差异不显著（$P = 0.672$）；对于渔业资源数量密度，第二、三航次（春季和夏季）差异亦不显著（$P = 0.328$），第一、三、四航次（冬季、夏季、秋季）差异亦不显著（$P = 0.055$）。

表 11 - 52　2017 年声学探测渔业资源密度时空差异的多因素方差分析

	数量密度		生物量密度	
	F	P	F	P
航次	$F_{3,1\,432} = 14.44$	$P < 0.001$	$F_{3,1\,432} = 15.74$	$P < 0.001$
区域	$F_{1,1\,432} = 15.56$	$P < 0.001$	$F_{1,1\,432} = 16.63$	$P < 0.001$
航次×区域	$F_{4,1\,432} = 9.99$	$P < 0.001$	$F_{4,1\,432} = 10.67$	$P < 0.001$

表 11 - 53　调查水域渔业资源密度基于 Turkey HSD[a,b,c]同类子集间的比较

航次	数量	生物量密度子集			数量密度子集	
		1	2	3	1	2
2	407	1 926.73			123 424	
3	365	2 640.49	2 640.49		191 634	191 634
4	265		3 808.26	3 808.26		241 333
1	398			4 486.51		293 816
P		0.635	0.211	0.672	0.328	0.055

根据声学走航路径与声学评估水域面积（表 11 - 49 所示）计算，冬、春、夏、秋 4 个季节声学评估种类所占渔获生物量比重依次为 73.97%、56.97%、50.73%、82.86%；渔获物数量比重依次为 74.28%、55.47%、68.81%、82.17%。根据渔获数量和渔获物生物量的比重，计算出声学评估海域各季节（航次）渔业资源数量与资源量，数据列于表 11 - 54。鱼礁区冬季和秋季的渔业资源较为丰富，明显高于夏季和春季。鱼礁区邻近海域冬季渔业资源最为丰富，春季和秋季次之，秋季月声学评估水域面积约为其他季节的 1/5，因而其资源量最低。

表 11 - 54　2017 年声学探测渔业资源的尾数资源量和重量资源量

时　　间	声学调查区域	资源数量（尾）	资源量（t）
冬季	鱼礁中心区	1.97×10^5	3.01
	鱼礁周边区	2.22×10^7	339.52
春季	鱼礁中心区	3.01×10^4	0.47
	鱼礁周边区	1.54×10^7	240.25
夏季	鱼礁中心区	6.34×10^4	0.87
	鱼礁周边区	1.78×10^7	245.64
秋季	鱼礁中心区	1.45×10^5	2.29
	鱼礁周边区	3.24×10^6	51.22

根据多种类渔业资源声学评估积分分配原则，调查海域各航次参与声学积分分配的种类，其资源组成现状如图 11 - 68 和图 11 - 69 所示。冬季和秋季鱼礁区声学评估种类资源量明显高于春季和夏季。冬季探测，二长棘鲷和多齿蛇鲻渔业资源数量占优势地位，棕斑腹刺鲀、花鲈、剑尖枪乌贼、杜氏枪乌贼等因个体相对较大，故其生物量优势度突出。春季探测，渔业资源数量组成主要以二长棘鲷、细纹鲾、黄斑鲾等小型鱼类为主，因而整体资源量较低，渔业资源生物量优势种类主要为二长棘鲷和刺鲳。夏季探测，黄带鲱鲤渔业资源数量占绝对优势地位，其次为细纹鲾等，黑鳃兔头鲀和海䲟等渔业资源生物量所占比重相对较高。秋季探测，渔业资源数量组成以静鲾、鹿斑鲾和短吻鲾等小型鱼类为主，渔业资源生物量组成以月腹刺鲀和杜氏枪乌贼为主。受天气和海况条件的限制，该次探测的海域较小，因而其资源总量明显低于其他航次。

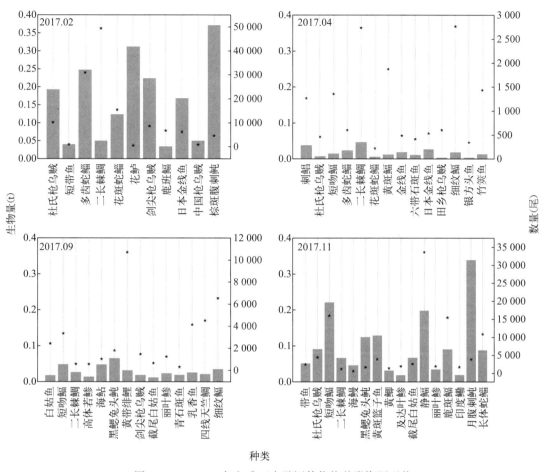

图 11-68 2017 年鱼礁区声学评估优势种类资源现状

回波映像的识别与回波积分分配是多种类海洋渔业资源声学评估的两个关键环节。渔业资源生物学组成信息，对于回波映像积分阈值的设定和回波积分分配至关重要。因此，本次探测基于海域地形地貌特征，综合采用拖网、刺网及水下摄影等多种生物学取样方法，以提高渔业资源生物学信息的完整性。在本次探测中，人工鱼礁投放海域无法进行拖网取样，因而综合采用刺网和水下摄影进行生物学取样，并通过对所有渔获站位的生物学组成信息进行综合统计分析，用于整个调查海域内积分阈值的设定与回波积分分配，以降低网具选择性和鱼类回避行为对积分分配的影响。

目标强度是将声学积分值转换为资源量的关键参数，我国在水生生物的目标强度测量工作起步较晚，基础研究薄弱，建立的目标强度值较少，给渔业资源声学评估带来较大困难。在本次探测中，声学评估种类所采用的参考目标强度 b_{20} 值均为查阅相关文献确定，仅个别种类理论目标强度值确定到种，其余种类的参考目标强度仅精确到科或属。

本次探测，为规避声学近场效应和排除海表航行噪声干扰，积分起始水层设置为 1.6 m，而且为排除海底反射信号干扰，积分终止水层设置为海底之上 0.2～0.5 m 水深，故积分水层之外水深视为声学探测的盲区，盲区之内的鱼类信号视为噪声被屏蔽，故临近表层和

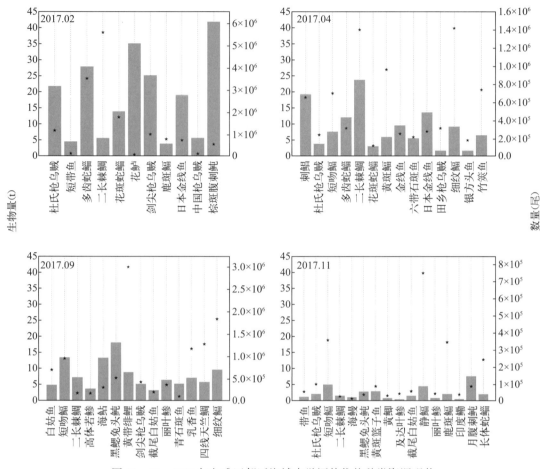

图 11-69 2017年鱼礁区邻近海域声学评估优势种类资源现状

贴底鱼类回波不在积分范围之内。因此，资源评估结果与资源现状存在一定的偏差。此外，本次调查回波映像判别结果表明，该水域鱼类集群现象明显，当鱼类集群密度达到一定水平时会产生遮蔽效应，致使渔业资源声学评估结果产生偏差。综上所述，声学方法应用于渔业资源评估仍存在许多问题亟待解决。

（八）小结

2017年对人工鱼礁区及邻近海域渔业资源进行了4个季节的声学探测和评估。在鱼礁区设置平行断面5条，鱼礁区邻近海域设置6条垂直断面及4条水平断面，4个季节参与声学评估的物种数分别为40、47、55、41种。

1. **渔业资源的空间分布。** 冬季，鱼礁区渔业资源呈离岸越近密度越高的变化趋势，邻近海域渔业资源的分布呈现出西高东低、北高南低的分布特征。春季，鱼礁区及其毗邻断面渔业资源密度相对较低。夏季，鱼礁区渔业资源密度明显高于其毗邻断面，分布上呈西高东低的趋势。秋季，鱼礁区渔业资源密度相对较高，且表现出北高南低的分布特征。

2. **回波单体的垂直分布。** 各航次声学探测回波单体主要分布于中下水层，其集中程度在时间和空间尺度上均存在较大差异，鱼礁区回波单体集中程度相对较高，有向底层聚集的现象，尤其示冬季和春季。

3. **目标强度与个体大小**。总体而言，在 4 个季节调查中小型鱼类占有较高比重，但中小型个体亦占相当比重。

4. **渔业资源密度**。冬季鱼礁区的渔业资源密度最高（547 745 ind/n mile^2 和 8 386.98 kg/n mile^2），其次为秋季（371 868 ind/n mile^2 和 5 868.11 kg/n mile^2）和夏季（198 570 ind/n mile^2 和 2 729.00 kg/n mile^2），春季（70 110 ind/n mile^2 和 1 094.45 kg/n mile^2）渔业资源密度最低。

5. **鱼礁区和邻近海域比较**。冬季和秋季，鱼礁区渔业资源密度分别是邻近海域的 2.68 倍和 2.35 倍；夏季，鱼礁区是邻近海域的 1.05 倍；春季，鱼礁区的渔业资源密度相对较低，约为邻近海域的 0.5 倍。总体而言，鱼礁区渔业资源的密度明显高于邻近海域，表明人工鱼礁对渔业资源的修复和养护取得了良好效果。

第十二章

礁区鱼类的活动行为

一、监测区域

2017 年春季（4 月 15—19 日）监测中，根据人工鱼礁区的结构，共布置 6 个无线接收机，接收范围完全覆盖人工鱼礁区，接收机的地理位置见表 12-1。将参考标志布置于接收范围中心处。2 号、3 号和 4 号接收机布置于内圈小三角范围，距参考标志小于200 m 处，接收机间距 300 m。1 号、5 号和 6 号接收机布置于外圈大三角范围，距参考标志小于 400 m 处，接收机间距 600 m。具体布置见表 12-1 和图 12-1。

表 12-1　2017 年 4 月鱼类行为监测中接收机布置的位置

接收机编号	经　　度	纬　　度
1	108°12′57.62″E	21°25′36.00″N
2	108°13′2.73″E	21°25′27.37″N
3	108°13′4.58″E	21°25′14.44″N
4	108°13′11.60″E	21°25′23.84″N
5	108°13′17.81″E	21°25′28.82″N
6	108°13′7.63″E	21°25′32.20″N

在 2017 年（夏季 7 月 7 日至 9 月 8 日）监测中，在人工鱼礁区共布置 11 个无线接收机，具体位置见表 12-2 和图 12-2。在接受机间距 200 m 时，接收数据的解析率为40%，150 m 时解析率为 85%，为保证数据的接收效率，将接收机间距设计为 150 m。

表 12-2　2017 年 7—9 月鱼类行为监测中接收机布置的位置

站位-接收机编号（同步标记编号）	纬　　度	经　　度
1-480285 （62285）	21°25′27.64″N	108°13′0.71″E
2-481284 （63284）	21°25′23.57″N	108°13′3.00″E
3-481286 （63286）	21°25′22.28″N	108°12′58.55″E
4-481287 （63287）	21°25′18.88″N	108°13′2.53″E
5-481303 （63303）	21°25′28.04″N	108°13′6.18″E
6-481304 （63304）	21°25′19.94″N	108°13′7.30″E
7-481305 （63305）	21°25′32.29″N	108°13′2.78″E
8-481306 （63306）	21°25′15.43″N	108°13′6.31″E
9-481307 （63307）	21°25′26.89″N	108°12′55.70″E
10-481308 （63308）	21°25′24.31″N	108°13′9.30″E
11-546453 （60917）	21°25′32.41″N	108°12′57.17″E

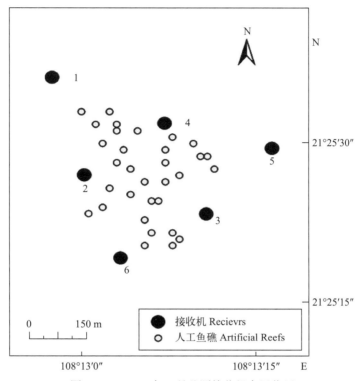

图 12-1　2017 年 4 月监测接收机布置位置

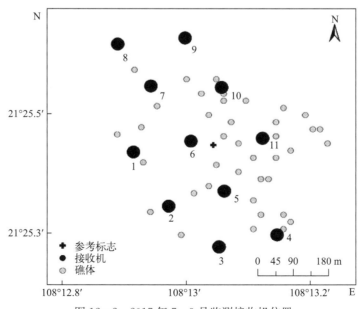

图 12-2　2017 年 7—9 月监测接收机位置

二、接收机与信标

2017年4月的监测，采用中国大连海洋大学与日本FUSION公司共同研发的FPX - 100型接收机，技术参数为：信号带宽55～70 kHz；放大器倍数70 dB；接收频率9 600 bps（bit/s）；耐压0.5 MPa（50 m水深）；供电10 mA - 3.3 V；接收网络CMCC - 2G。超声波信标采用日本FUSION公司FPX - 1030 - 60P50型标志，技术参数为：发射频率62.5 kHz；声源级155 dB/μPa；直径10 mm，长度35 mm；空气中重量4.5 g，水中重量1.8 g；最大深度100 m；标记使用寿命与发射周期见表12 - 3。

表12 - 3　标记使用寿命与发射周期

发射周期（s）	电池寿命（d）
1	2
5	10
15	30
180	360

2017年7—9月的监测，采用加拿大Vemco公司的VR2Tx型接收机，技术参数为：直径73 mm，长度308 mm；空气中重量1 190 g，水中重量50 g；供电6 V；使用寿命14个月；温度传感器（±0.5 ℃），姿态传感器；耐压500 m；接收频率69 kHz；内存16 Mb。超声波信标采用加拿大Vemco公司V9P - 2x型标志，技术参数为：直径9 mm，长度42 mm；空气中重量5.2 g，水中重量2.7 g；功率151 dB/μPa；使用寿命136 d。

三、监测鱼种选择

2017年4月的监测，选取黑鲷1尾，真鲷1尾，紫红笛鲷2尾，条纹眶棘鲈1尾。选取的鱼体处于生长阶段中期。具体参数见表12 - 4。

表12 - 4　2017年4月监测鱼类样品的参数

鱼种	信标编号	体长（cm）	体重（g）
黑鲷（*Acanthopagrus schlegelii*）	1	28.4	540
真鲷（*Pagrosomus major*）	2	21.5	315
紫红笛鲷（*Lutjanus argentimaculatus*）	3	32.5	678
紫红笛鲷（*Lutjanus argentimaculatus*）	4	29.7	537
条纹眶棘鲈（*Scolopsis taenioptera*）	5	20.3	230

标志悬挂过程在样品鱼被麻醉的情况下进行，将标志在样品鱼背脊处穿线固定，手术前后对伤口做消毒处理。标志悬挂完成后，将样品鱼放入水中暂养观察，待样品鱼生理机能恢复且活动平衡性不受影响后再进行放流。标记的样品鱼分批进行放流，信号发送周期统一设置为10 s。

2017年7—9月的监测，选取北部湾沿海常见野生鱼类5种共12尾，体长（21.7±3.8）cm，体重（314±168）g。具体参数见表12 - 5。

表 12 - 5　2017 年 7—9 月监测鱼类样品的参数

种　　类	标志编码	体长（mm）	体重（g）
黑鲷 *Acanthopagrus schlegelii*	1 011	255	305
红鳍笛鲷 *Lutjanus erythopterus*	1 012	291	470
红鳍笛鲷 *Lutjanus erythopterus*	1 013	240	280
约氏笛鲷 *Lutjanus johni*	1 014	203	250
红鳍笛鲷 *Lutjanus erythopterus*	1 015	270	500
约氏笛鲷 *Lutjanus johni*	1 019	185	215
布氏石斑鱼 *Epinephelus leekeri*	1 020	205	250
黑鲷 *Acanthopagrus schlegelii*	1 021	199	190
约氏笛鲷 *Lutjanus johni*	1 022	200	225
约氏笛鲷 *Lutjanus johni*	1 023	248	480
星斑裸颊鲷 *Lethrinus nebulosus*	1 024	195	200
布氏石斑鱼 *Epinephelus bleekeri*	1 025	204	250

四、接收机投放

接收机外部用浮球固定，根据拟投放海域的水深预留 18～20 m 长绳，一端固定接收机，另一端固定船锚。接收机与投放完成效果见图 12 - 3。每个接收机投放后，通过差分GPS 记录位置，并记录参考标志位置。

接收机内部部件

接收机外部

图 12 - 3　投放于人工礁区的接收机

五、信标投放与数据分析

对样品鱼的活动范围，通过 100% 最小凸多边形法（minimum convex polygon，MCP）及 50% 和 95% 内核利用率分布法（kernel utilization distribution，KUD）获得，100% MCP 通过连接样品鱼最外层的定位位置获得，50% 和 95% KUD 通过样品鱼活动中心区域的密度估计算法实现，KUD 的百分比反应活动期间样品鱼对该区域利用的可能性，50% KUD 用以表示样品鱼活动的核心区域，95% KUD 用以表示样品鱼的总体活动范围，通过检测到的信号分析其居住指数（residency index，RI），RI 的值通过检测到信号的天数（days detected，DD）与总检测天数（total period of detection，TP）的商获得，RI 值为 1 时表示绝对居住权，为 0 时表示没有居住权。

样品鱼活动深度的变化排除潮汐影响，为了解样品鱼距离水底活动的真实距离，将接收器记录深度与潮位对应，以零潮位为基准计算出新的深度值，在监测前使用 EY60 型科学鱼探仪对礁区进行走航，获得礁体位置、水深和礁体高度数据，得出零潮位时礁区平均水深约为 16.5 m，礁体高度约为 5 m，并通过相关性分析样品鱼活动的深度与潮位变化的关系。

六、春季监测

（一）标志鱼的水平移动位置

春季监测于 2017 年 4 月 15—26 日进行，5 尾标记鱼分批进行放流，携带 3 号和 4 号标志的 2 尾紫红笛鲷于 4 月 15 日放流，携带 1 号、2 号和 5 号标志的 3 尾鱼于 4 月 19 日放流（表 12 - 6）。信号发送周期统一设置为 10 s。对监测到有效信号的黑鲷（1 号），紫红笛鲷（3 号）和条纹眶棘鲈（5 号）的数据进行处理。标志鱼的监测范围见图 12 - 4。

表 12 - 6　标记鱼编码与放流时间

标志编码	种类	体长（mm）	体重（g）	投放时间	最后跟踪时间
1	黑鲷	284	540	2017 - 04 - 19	——
2	真鲷	215	315	2017 - 04 - 19	——
3	紫红笛鲷	325	678	2017 - 04 - 15	2017 - 04 - 25
4	紫红笛鲷	297	537	2017 - 04 - 15	——
5	条纹眶棘鲈	203	230	2017 - 04 - 19	2017 - 04 - 26

结果表明，紫红笛鲷（3 号）在放流位置附近短暂徘徊后在 1 号和 4 号接收机之间的小范围区域内栖息（图 12 - 5），随时间的推移位置点的颜色逐渐加深。放流后数小时中，紫红笛鲷（3 号）于投放地点附近活动，寻找栖息环境，于礁区北部 1 号接收机和 4 号接收机之间的区域内活动，活动范围较小。5 条纹眶棘鲈（5 号）在放流位置附近区域活动（图 12 - 6），但获取的位置数据相对较少，主要在放流位置附近 2 号和 4 号接收机之间的

较小范围内活动。黑鲷（1号）在放流后3个小时便游离跟踪范围，在2号和6号接收机之间的区域消失（图12-7）。

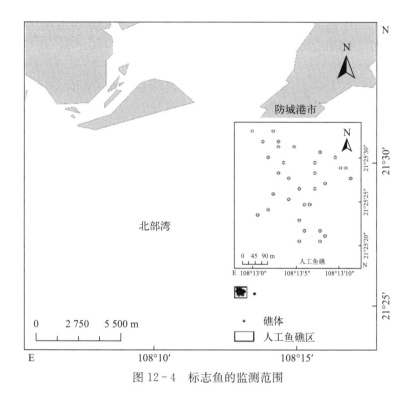

图 12-4　标志鱼的监测范围

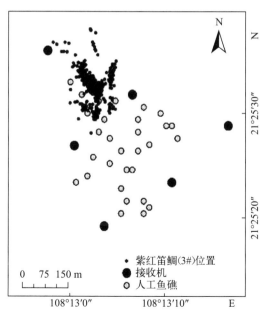

图 12-5　紫红笛鲷的移动位置和活动范围

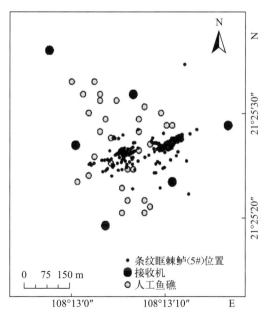

图 12-6　条纹眶棘鲈的移动位置和活动范围

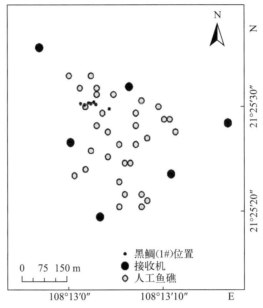

图 12 - 7 黑鲷的移动位置和活动范围

（二）标志鱼的垂直移动位置

紫红笛鲷（3号）表现出一定的昼夜变化规律，但深度的变化幅度不大，在 14.5~17.5 m 的底层水域活动，夜间活动深度较浅，日间较深见图 12 - 8。结合水平位置计算结

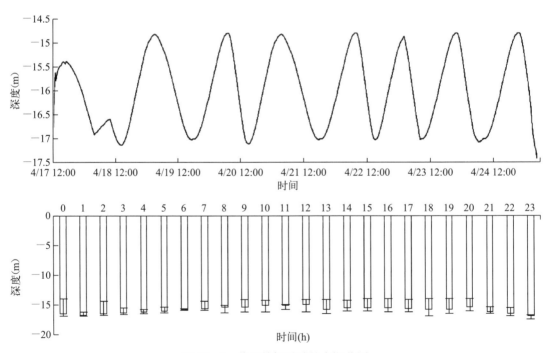

图 12 - 8 紫红笛鲷活动的水深范围

果分析，紫红笛鲷（3号）的活动范围较小且深度昼夜变化表现出一定规律，可能存在筑巢行为，日间于巢穴中躲避，夜间在栖息地周围的小范围区域内活动，进行觅食等相关行为。条纹胭棘鲈（5号）的深度规律并不明显，在放流初期较长时间内表现出无规律的活动状态。从4月21日开始，其活动的深度较为稳定，并有一定的昼夜变化规律见图12-9。

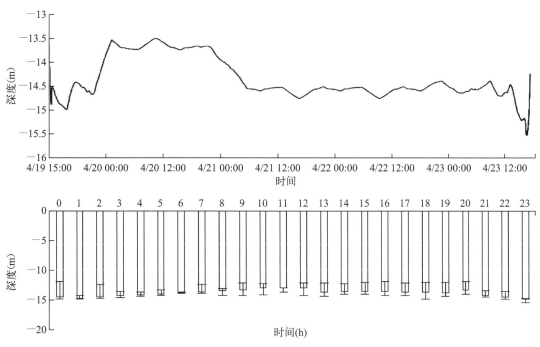

图 12-9 条纹胭棘鲈活动的水深范围

紫红笛鲷（3号）入水后恢复较快，表现的昼夜活动规律也更明显。条纹胭棘鲈（5号）放流2d后也稳定在12.5~13.5m的水层活动，但昼夜深度波动并不明显。鱼类昼夜活动规律可能与摄食、光照及温度、盐度等环境变化有关，不同鱼类表现出的规律也不同，还需进一步研究。本次监测，所选的鱼类均为增殖放流品种及岩礁性鱼类。从目前获取的数据看，紫红笛鲷（3号）和条纹胭棘鲈（5号）的结果较为完整。深度计算结果表明，两种鱼都属于典型底栖岩礁性鱼类且都存在昼深夜浅的昼夜活动规律。黑鲷（1号）在放流3h后游离跟踪范围，最后出现的位置点在礁区北方。由于监测后期数据接收效果并不理想，无法判断黑鲷（1号）是否返回跟踪范围，考虑到黑鲷（1号）不在跟踪范围内，无法确定深度相关数据是否准确，未对深度结果进行分析。

七、夏季监测

（一）跟踪监测状况

2017年7月7日放流5尾鱼，即ID1019约氏笛鲷、ID1020布氏石斑鱼、ID1021黑鲷、ID1025布氏石斑鱼。7月21日放流3尾鱼，即ID1011黑鲷、ID1012红鳍笛鲷、

ID1013 红鳍笛鲷。8 月 22 日放流 4 尾鱼，即 ID1014 约氏笛鲷，ID1015 红鳍笛鲷、ID1023 约氏笛鲷、1024 星斑裸颊鲷。

2017 年夏季声学标志跟踪监测自 7 月 7 日始至 9 月 8 日止共进行 63 d，其间于 7 月 16 日打捞接收机读取数据一次，8 月 3 日打捞接收机读取数据一次，9 月 8 日最后读取数据一次，共读取 3 次数据，于 9 月 8 日回收设备。实际数据接收时间为 7 月 7 日至 7 月 16 日，7 月 21 日至 8 月 3 日，8 月 20 日至 9 月 8 日，共计 41 d。

在 12 尾标志鱼中，有 9 尾标志鱼的信号在监测期间检测到 10～34 d，其中 3 尾标志鱼即 ID1014 约氏笛鲷、ID1015 红鳍笛鲷和 ID1019 约氏笛鲷的定位效果良好，获取定位位置分别为 9579、1740、4872 个。另外 6 尾标志鱼的定位结果较差（0～14 个结果），信号基本不能被 3 个或 3 个以上接收器同时接受。由于接收器接收距离约 200 m，有数据返回则可以表明标志鱼在礁区活动。9 尾标志鱼的跟踪效果见表 12 - 7。在标志鱼中，有 3 尾标志鱼即 ID1014 约氏笛鲷、ID1015 红鳍笛鲷和 ID1019 约氏笛鲷在监测期间有离开礁区又返回的现象。

表 12 - 7　夏季监测期间标志鱼的跟踪效果

标志编号 ID	定位点数 Total Position	总检测天数 TP	信号返回天数 DD	居住指数 RI
1011	10	10	10	1
1013	0	12	12	1
1014	9 579	18	18	1
1015	1 740	18	18	1
1019	4 872	26	26	1
1020	0	63	14	0.22
1022	6	63	11	0.17
1024	14	18	18	1
1025	14	63	34	0.53

（二）标志鱼的水平活动范围

对 ID1014 约氏笛鲷、ID1015 红鳍笛鲷和 ID1019 约氏笛鲷进行了 100% MCP、50% KUD 和 95% KUD 的计算。3 条标志鱼的 100% MCP 分别为 12 687.6 m²、17 123.2 m² 和 16 202.6 m²；50% KUD 分别为 5 788.1 m²、8 708.9 m² 和 6 958.7 m²；95% KUD 分别为 10 240.5 m²、16 463.7 m² 和 12 160.1 m²。数据显示，ID1014 约氏笛鲷主要在礁区的西北部活动；ID1015 红鳍笛鲷主要在礁区的中部偏东区域活动；而 ID1019 约氏笛鲷则主要在礁区的东南部活动。这 3 尾标志鱼均在礁区的较小范围内活动，且各自活动范围的大小基本相似（图 12 - 10）。

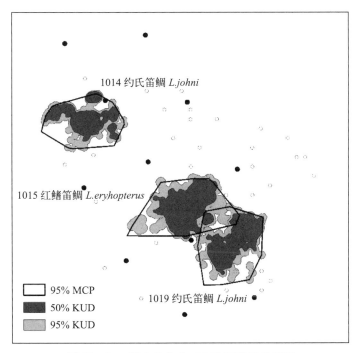

图 12 - 10　标志鱼在人工鱼礁区的活动范围

（三）标志鱼的活动深度

以零潮位水深（16.5 m）为基准，对获得水深数据较为连续的 7 尾标志鱼（ID1011、ID1013、ID1014、ID1015、ID1019、ID1024、ID1025）在活动稳定期进行活动水深计算。结果表明，标志鱼表现出一定的深度变化规律，在 15:00—22:00 时段活动深度较浅，主要集中于在礁体上方，但亦有例外。例如 ID1011 黑鲷在这个时段的深度反而较深，但依然在礁体上方。每尾标志鱼的活动深度的在每个时段的变化区间并无明显规律，较大幅度的深度波动表明标志鱼在该时段较为活跃，具体深度变化见图 12 - 11。在标志鱼中，有 7 尾鱼的数据监测量在 12:00—22:00 较其他时段明显减少，而这段时间的环境背景噪声较其他时段也更大，两组数据表现出显著完全正相关（$r=1$，$P<0.01$）。数据检测量及噪声值变化见图 12 - 12。

为确定潮汐的变化是否对鱼的活动深度产生影响，对每天的潮位高度和 7 尾标志鱼的活动深度取样进行了相关性分析，对总体样本进行样品数为 200 的随机取样。结果表明，潮汐的变化对鱼的活动有一定影响，其中 5 尾标志鱼的相关性较强（$|r|=0.493\sim0.843$，$P<0.01$），另 2 尾标志鱼的相关性较弱（$|r|=0.185\sim0.203$，$P<0.01$），7 组数据的相关性均显著，可以表明活动深度与潮汐的变化有关联且与潮汐的涨落较为一致。7 尾标志鱼的相关性分析见表 12 - 8。

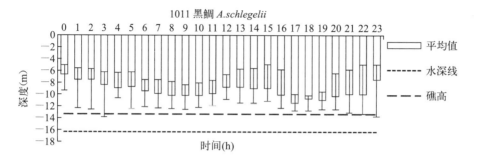

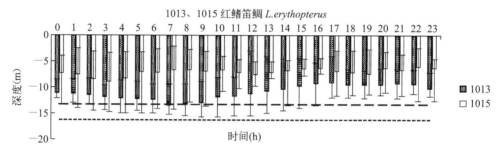

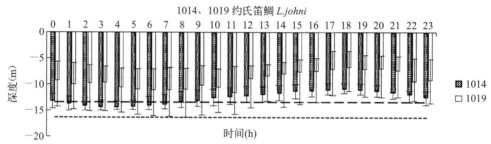

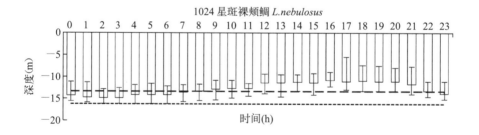

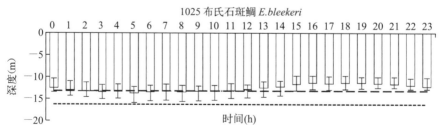

图 12-11 标志鱼的活动深度变化

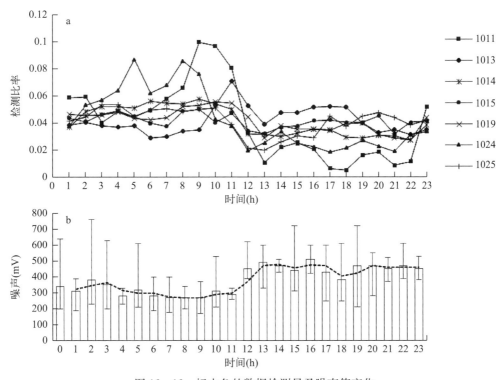

图 12 - 12　标志鱼的数据检测量及噪声值变化

a. 数据检测量　　b. 背景噪声

表 12 - 8　标志鱼的活动深度与潮位相关性

标志编码 ID	$|r|$	95%置信区间		P
		上限	下限	
1011	0.203	0.252	0.157	<0.01
1013	0.649	0.667	0.623	<0.01
1014	0.843	0.849	0.838	<0.01
1015	0.185	0.223	0.137	<0.01
1019	0.493	0.504	0.482	<0.01
1024	0.769	0.811	0.774	<0.01
1025	0.623	0.653	0.592	<0.01

八、小结

2017 年春季监测，对 3 尾标志鱼即 ID 1 号黑鲷，ID 3 号紫红笛鲷和 ID 5 号条纹睭棘鲈在人工鱼礁区的活动进行了监测。结果表明，ID 3 号紫红笛鲷在放流后数小时中，一直在放流地点附近活动，寻找栖息环境，活动范围较小。ID 5 号在放流位置附近区域活动，活动范围较小。ID 1 号黑鲷在放流后 3 h 便游离跟踪监测范围，最后出现的位置在礁区北方。ID 3 号紫红笛鲷活动表现出一定的昼夜变化规律，但变化幅度不大，夜间活动深度较浅，日间较深。ID 5 号条纹眶棘鲈在放流初期表现出无规律的活动状态，其后活动的深度较为稳定，并有一定的昼夜变化规律。上述两种鱼的活动特点表明，两种鱼都属于典型底栖岩礁性鱼类且都存在昼深夜浅的夜活动规律。

2017 年夏季监测，在 12 尾标志鱼中有 9 尾鱼的信号检测达到 10～34 d，其中 3 尾标志鱼 ID1014 约氏笛鲷、ID1015 红鳍笛鲷和 ID1019 约氏笛鲷分别获取定位位置数据 9 579 个、1 740 个和 4 872 个，3 尾标志鱼在监测期间有离开礁区又返回的现象。ID1014 约氏笛鲷、ID1015 红鳍笛鲷、ID1019 约氏笛鲷的 100% MCP 分别为 12 687.6 m^2、17 123.2 m^2 和 16 202.6 m^2；3 尾鱼的 50% KUD 分别为 5 788.1 m^2、8 708.9 m^2 和 6 958.7 m^2；3 尾鱼的 95% KUD 分别为 10 240.5 m^2、16 463.7 m^2 和 12 160.1 m^2。3 尾标志鱼均在礁区内活动的范围较小。标志鱼在 15:00—22:00 时段，其活动深度一般较浅，主要集中于在礁体上方水层。标志鱼活动深度的峰值一般出现在每天黎明时段（4:00—7:00），谷值出现在黄昏时段（16:00—19:00）。潮汐的变化对鱼的活动深度有一定影响。

第十三章

白龙珍珠湾海洋牧场生态系统
服务功能与价值评估

一、人工鱼礁生态系统服务功能与价值评估模式

（一）人工鱼礁区概况

白龙珍珠湾海洋牧场人工鱼礁海域于 2015 年完成了投礁前的本底调查，2017 年投放人工鱼礁 775 个礁体，42 288 空方，礁区面积达 0.735 km²，调控系数为 3.65，礁区核心调控面积为 2.76 km²。本章将采用生态系统服务功能和价值的评估模式，对防城港白龙珍珠湾海洋牧场人工鱼礁区构建后近期和中长期的生态系统服务价值进行预测，利用 Logistics 方程对白龙珍珠湾海洋牧场人工鱼礁区生态系统服务价值进行拟合，掌握白龙珍珠湾海洋牧场人工鱼礁对生态系统的影响过程和效果，为海洋牧场人工鱼礁区构建效益评估提供依据。

（二）主要生态系统服务类型

通过对白龙珍珠湾海洋牧场人工礁区的基本化学、生物要素调查，对防城港海域的社会经济调查分析，以及目前可能找到的文献资料等信息，可将白龙珍珠湾海洋牧场人工鱼礁区生态系统服务分为四部分，即供给、调节、文化和支持（图 13 - 1）。根据目前已有资料，和对白龙珍珠湾海洋牧场及附近海域的生态调查结果，并对其生态服务进行了价值评估，评估基准为 2015 年和 2017 年，即所有资料尽可能采用 2015 年和 2017 年数据。如果不能当年的数据，则采用折现的办法将其折算到次年。

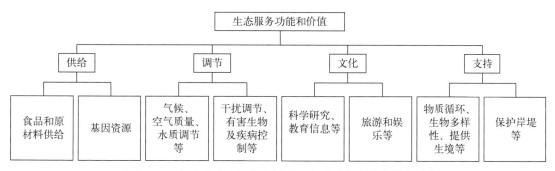

图 13 - 1 白龙珍珠湾海洋牧场人工鱼礁区生态系统服务功能

（三）生态服务价值的计算方法

白龙珍珠湾海洋牧场人工鱼礁区的海洋生态系统服务类型及价值计算方法见表 13-1。由于对于生物多样性支持功能所提供的服务价值现在还很难给予界定，因此本次计算未涉及这一方面的数据。

表 13-1　白龙珍珠湾海洋牧场人工鱼礁区生态系统服务类型及价值计算

服务类型	基本参数	分析方法	计算方法	计算依据	数据来源
供给服务	食品供给	市场价值法	$VOF = (\sum YF_i \times PF_i)$ 式中：VOF 为食品供给服务的价值；YF_i 为在海洋生态系统捕捞或养殖的第 i 类海产品数量；PF_i 为第 i 类海产品的市场价格；	白龙珍珠湾海洋牧场人工鱼礁区食品供给服务主要包括礁区内捕捞的渔业产品和水产养殖产品	白龙珍珠湾人工鱼礁区数据来自 2015 年和 2017 年防城港统计公报和调查数据（未发表）
	原材料供给	市场价值法	$VOM = \sum Q_i \times P_i - \sum Q_i \times C_i$ 式中：VOM 为原材料供给服务的价值；Q_i 为在白龙珍珠湾礁区内的第 i 类海产原材料数量 P_i 为第 i 类原材料的市场价格；C_i 为将单位数量原材料 i 带到市场的成本	原材料的供给服务价值计算即用于生产和再生产性的原材料数量与价格乘积，需扣除将此项服务带到市场上的成本	白龙珍珠湾海洋牧场人工鱼礁区数据均来源于 2015 年和 2017 年调查数据（未发表）
	基因资源		$V_G = P_G \times S$ 式中：V_G 为生物控制价值；P_G 为单位面积生物控制价值；S 为防城港人工鱼礁区面积	基因资源服务与海域内生物物种数直接相关。价值评估采用效益转移法，参照已有研究成果进行估算	
调节服务	水质净化调节	影子工程法	$VOW = \sum QW_i \times CW_i$ 式中：VOW 为水质净化调节的服务价值；QW_i 为防城港人工鱼礁区净化的第 i 类污染物质数量；CW_i 为第 i 类污染物质的处理成本	污染物质通过海洋生态系统的一系列生态过程而转化为无毒无害的物质，其作用的性质与污水处理工厂功能相似。所以，采用影子工程法来间接计算白龙珍珠湾人工鱼礁区的水质净化调节服务的价值	白龙珍珠湾人工鱼礁区数据均来源于 2015 年和 2017 年调查数据（未发表）
	气候调节	影子工程法	$VOC = \sum PP_i \times C_i$ 式中：VOC 为气候调节服务的价值；PP_i 为防城港人工鱼礁区固定第 i 类温室气体的数量；C_i 为固定单位数量 i 类温室气体的费用	对气候的调节服务来源于海洋生态系统作为碳汇对温室气体的吸收和固定，通过人工造林费用或碳税率可以确定此项服务的价值	防城港数据均来源于 2015 年和 2017 年调查数据（未发表）

（续）

服务类型	基本参数	分析方法	计算方法	计算依据	数据来源
调节服务	空气质量调节	影子工程法	$$VOA = \sum QE_i \times C_i$$ 式中：VOA 为空气质量调节服务的价值；QE_i 为防城港人工鱼礁区释放的 i 类有益气体数量；C_i 为生产单位数量 i 类气体的费用	此项服务主要包括海洋生态系统对有益气体的释放，其计量指标可采用有益气体（如氧气）的释放数量费用	白龙珍珠湾人工鱼礁区数据均来源于2015年和2017年调查数据（未发表）
	有害生物与疾病的生物调节与控制	机会成本法	$$VOH = \sum(DA_i - DL_i) + \sum(HY_i - HR_i)$$ 式中：VOH 为有害生物与疾病的生物调节与控制的服务价值；DA_i 为第 i 类灾害损失的平均值；DL_i 为防城港礁区内第 i 类灾害损失值；HY_i 为台风等灾害天气对沿岸造成的损失；HR_i 为人工鱼礁区对应范围内的灾害损失	海洋生态系统通过生物间的相互作用而减少的灾害损失，同时人工鱼礁区通过改变海流的方向与大小，从而减轻风浪对沿岸岸堤的影响，减小由于台风等对沿岸的损害，通过比较防城港礁区内的损失与防城港的平均损失差异而获得，利用机会成本法	数据来源于国家海洋局2015—2017年海洋公告（国家海洋局）
文化服务	科学研究	替代成本法	$$VOK = \frac{\sum SI_n}{N}$$ 或 $$VOK = VS \times A$$ 式中：VOK 为知识扩展服务的价值；SI_n 为 n 年内的科学研究投入费用；N 为年限数；VS 为浅海的文化科研价值基准价；A 为海域面积	此类海洋生态系统所产生和吸引的科学研究以及对人类知识的补充等贡献，可以通过对白龙珍珠湾人工鱼礁区进行的科学研究投入数量以及获得的科研成果数量来间接计量此项服务	白龙珍珠湾人工鱼礁区数据均来源于2015年和2017年调查数据（未发表）
	旅游	旅行费用法	$$VOT = TV \times \frac{SL}{TL}$$ 式中：VOT 为旅游娱乐服务的价值；TV 为防城港市的旅游产值；SL 为防城港人工鱼礁区的海岸线长度；TL 为防城港市的海岸线总长度	娱乐服务的计算方法是旅行费用法，根据旅游及娱乐的人数及费用支出数量来计量。在此根据防城港市旅游局对2015年和2017年的旅游人数及费用的统计来计算	白龙珍珠湾人工鱼礁区数据均来源于2015年和2017年统计公报

（续）

服务类型	基本参数	分析方法	计算方法	计算依据	数据来源
支持服务	物质循环		多样性指数采用 Shannon-Weaner 指数分析，其计算公式为：$$H' = -\sum_{i=1}^{S} P_i \log_2 P_i$$ 式中：H' 为种类多样性指数；S 为样品中的种类总数；P_i 为第 i 种的个体数与总个体数的比值		
	生物多样性			人工鱼礁区的浮游生物、底栖生物、鱼卵仔鱼以及游泳生物的多样性指数均高于附近海域	白龙珍珠湾人工鱼礁区和附近海域数据来源于 2015 年和 2017 年调查数据（未发表）
	提供生境			人工鱼礁的集鱼效果以及对水流的作用	
	岸堤保护			人工鱼礁对于波流的影响	

（四）人工鱼礁区中长期生态系统服务价值预测

海洋牧场人的工鱼礁生态系统的效应一般为 10～25 年的时间，本文根据白龙珍珠湾海洋牧场人工鱼礁设计寿命，假设投礁后礁区生态系统的城市、演替和服务的时间为 25 年。为了如实反映白龙珍珠湾海洋牧场人工鱼礁建设后对生态系统的贡献，根据现有数据和文献数据对人工鱼礁建设后 5 年、10 年、25 年的生态系统服务价值进行预测，主要数据和数据来源见表 13 - 2。其中，由于初级生产力、底栖生物和附着生物的生命周期一般都较短，极易达到群落的演替顶级，因此在本次估算中采用 2015 年度的实测数据。

表 13 - 2　白龙珍珠湾海洋牧场人工鱼礁区生态系统变动趋势预测

指标	数据					数据来源
	2017 年第 1 年	2021 年第 5 年	2027 年第 10 年	2042 年第 25 年	2047 年第 30 年	
初级生产力 [mg·C/(m²·d)]	102.09	102.09	102.09	102.09	102.09	人工鱼礁海域调查数据
渔业资源 (kg/km²)	326.25	354.86	385.96	539.95	539.95	人工鱼礁海域调查数据和根据 Buchary et al.（2003）进行预测的数据
旅游业收入 （万元）	434.76	470.6	519.6	699.3	787.5	防城港市旅游收入年增长率为 26%～28%，本估算中采用年度增长为 26%
贝类产量 (t)	19.08	1.85	2.12	3.49	3.51	人工鱼礁海域调查数据
大型海藻 (t)	46.55	5.25	7.31	10.5	10.8	结合海藻吊养技术
附着生物 [g/(m²·a)]	5 349	5 349	5 349	5 349	5 349	人工鱼礁区调查数据
底栖生物 [g/(m²·a)]	20.14	20.14	20.14	20.14	20.14	人工鱼礁区调查数据

白龙珍珠湾海洋牧场人工鱼礁生态系统服务价值数据曲线采用 Logistics 曲线进行拟合：

$$Y = \frac{a}{1 + e^{-k(x-x_0)}} \qquad (13-1)$$

式中，Y 为生态系统服务价值；a 为生态系统服务价值的环境负荷；x 为时间；x_0 为理论起始时间。

二、防城港人工鱼礁区生态系统服务价值

（一）供给服务

1. **食品供给。**白龙珍珠湾海洋牧场人工鱼礁构建后，礁区的游泳生物种类和数量都有了大幅的上升，经济种类所占比例显著上升，并随礁区构建时间的延长呈上升趋势。白龙珍珠湾海洋牧场的食品供给服务主要来自捕捞的海产品。2015—2017 年，白龙珍珠湾海洋牧场所能提供的食品供给服务价值从 336.23 万元/km² 增加到 395.06 万元/km²。

2. **原材料供给。**人工鱼礁区构建后，礁区的大型藻类品种和数量远高于防城港市附近的大部分海域，为保护礁区的生态环境，对于礁区的大型藻类等没有进行大面积采集，所以在大型藻类提供的原材料供给服务中礁区产生的服务价值采用在礁区小块面积采集的藻类产量进行统计的平均值。同时，附着在人工鱼礁上的大量的附着贝类等死亡后提供的游泳生物等的产卵基质也远大于附近海域（表 13-3）。2015 年白龙珍珠湾礁区海域提供的原材料供给价值为 3.12 万元/km²，2017 年白龙珍珠湾礁区海域提供的原材料供给价值为 2.92 万元/km²。

表 13-3　白龙珍珠湾海洋牧场原材料供给服务价值

项　目	产量（t）		价格（元/t）	价值（万元）	
	2015 年	2017 年		2015 年	2017 年
大型藻类	40.55	42.93	1 810	7.34	7.77
贝类苗种	63.80	14.53	200	1.28	0.29
合计	104.36	57.46		8.62	8.06

（二）调节服务

人工鱼礁投放后，礁区海域原有的平稳流态受到扰动，营养盐提升，提高了海域的基础饵料水平，形成的流场导致底质变动，海底的变化致使底栖生物栖息环境发生变化，礁体上的大量附着生物为游泳生物提供了丰富的饵料，使礁区成为鱼类丰富的饵料场；背涡流影响区域因其相对静止的环境而为某些游泳能力较弱的生物提供庇护，泥沙、大量的悬浮物等会在背涡流区域停滞，从而吸引游泳生物聚集；人工鱼礁的空间结构、阴影效果，形成了良好的栖息所和庇护所；人工鱼礁为鱼类等水生生物的栖息、生长、繁育提供安全场所，营造了适宜的生长环境，水生生物大量聚集，形成良好的人工渔场。

1. **气候调节。**白龙珍珠湾海洋牧场的气候调节服务主要来自对温室气体 CO_2 的固定，

包含了浮游藻类初级生产力、大型藻类、游泳生物、底栖生物和礁体附着物等固碳作用，数据均来源于本单位调查数据（未发表数据）。根据瑞典碳税法 150 美元/t，2015 年，白龙珍珠湾海洋牧场人工鱼礁区此项服务的价值为 39.82 万元，即 14.43 万元/km²（表 13-4）；2017 年，白龙珍珠湾海洋牧场人工鱼礁区此项服务的价值为 79.16 万元，即 33.91 万元/km²（表 13-5）。

表 13-4 2015 年白龙珍珠湾海洋牧场气候调节服务价值

项　目	产量（t）	固碳量（t）	价值（万元）
浮游藻类	92.85	340.78	30.67
大型藻类	60.83	19.83	1.78
海水鱼虾	584.99	65.87	5.93
底栖生物	153.84	15.97	1.44
合　计	892.52	442.45	39.82

表 13-5 2017 年白龙珍珠湾海洋牧场气候调节服务价值

项　目	产量（t）	固碳量（t）	价值（万元）
浮游藻类	102.85	377.44	33.97
大型藻类	64.40	20.99	1.89
海水鱼虾	638.68	71.92	6.47
底栖生物	91.04	9.45	0.85
人工鱼礁附着生物	3 899.72	404.79	36.43
合　计	4 796.6	884.59	79.61

注：瑞典政府碳税法，150 美元/t（王如松等，2004）。

　　人工鱼礁投放后所造成的流场效应和背涡流效应使人工鱼礁区内的营养盐浓度远高于其他区域的营养盐水平，使鱼礁区内的初级生产力水平提高，也导致了人工鱼礁区的气候调节作用大于其他区域（图 13-2）。

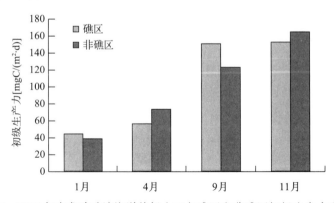

图 13-2 2017 年白龙珍珠湾海洋牧场人工鱼礁区和非礁区初级生产力季节变化

2. **空气质量调节**。白龙珍珠湾海洋牧场的空气质量调节服务主要来源于 O_2 的释放。浮游植物的年初级生产力经计算转化为 O_2 的生产量；大型藻类则根据产量，经过计算转化为 O_2 的产生量，然后计算其服务价值，依照工业制氧成本 567 元/t（夏涛等，2014）。计算表明，2015 年，白龙珍珠湾海洋牧场人工鱼礁区此项服务的价值为 14.88 万元，即 5.39 万元/km^2（表 13 - 6）；2017 年，白龙珍珠湾海洋牧场人工鱼礁区此项服务的价值为 16.44 万元，即 5.96 万元/km^2（表 13 - 7）。

表 13 - 6 2015 白龙珍珠湾海洋牧场空气质量调节服务价值

项　　目	产量（t）	固碳量（t）	价值（万元）
浮游藻类	92.85	247.92	14.06
大型藻类	60.83	14.48	0.82
合计	153.69	262.40	14.88

表 13 - 7 2017 年白龙珍珠湾海洋牧场空气质量调节服务价值

项　　目	产量（t）	固碳量（t）	价值（万元）
浮游藻类	102.85	274.60	15.57
大型藻类	64.40	15.33	0.87
合计	167.25	289.92	16.44

3. **水质调节**。除了浮游植物、大型藻类以及捕获的鱼虾等对水体中的氮磷的去除，海洋牧场人工鱼礁上的附着生物对氮磷的去除效果也比较明显，白龙珍珠湾海洋牧场人工鱼礁区附着生物量高达 5.05 kg/m^2，投放的空方量为 42 288 空方。2015 年，白龙珍珠湾海洋牧场人工鱼礁区水质调节服务价值为 11.55 万元，即 4.19 万元/km^2（表 13 - 8）；2017 年，白龙珍珠湾海洋牧场人工鱼礁区此项服务的价值为 35.96 万元，即 13.03 万元/km^2（表 13 - 9）。

表 13 - 8 2015 白龙珍珠湾海洋牧场人工鱼礁区水质调节服务

项　　目	产量（t）	移除总氮的量（t）	移除总磷的量（t）	价值（万元）
浮游藻类	92.85	51.44	3.21	8.52
大型藻类	43.97	3.00	0.19	0.50
海水鱼虾	422.85	12.56	0.00	1.88
底栖生物	111.20	4.35	0.00	0.65
合计	645.13	71.35	3.40	11.55

表 13-9 2017 白龙珍珠湾海洋牧场人工鱼礁区水质调节服务

项 目	产量（t）	移除总氮的量（t）	移除总磷的量（t）	价值（万元）
浮游藻类	74.34	56.97	3.56	9.44
大型藻类	46.55	3.17	0.20	0.53
海水鱼虾	461.65	18.07	0.00	2.17
底栖生物	65.81	2.58	0.00	0.39
礁体附着生物	3 899.72	152.68	0.00	22.90
合计	4 548.07	233.47	3.76	35.96

注：生活污水处理氮，1.50 元/t；生活污水处理磷；2.50 元/t（赵同谦等，2004）。

4. **有害生物与疾病调节控制**。海洋牧场人工鱼礁区的生物量远大于其他海域的生物量，因此人工鱼礁区相对于其他海域而言，对于降低自然灾害的贡献更大，吸收大量的营养盐类降低了赤潮的暴发概率，但由于没有充足的数据，所以在本文中人工鱼礁区的有害生物调节价值与广西海域的平均价值相同。所产生的价值为 0.01 万元，约等于 0 万元/km²。

5. **干扰调节**。海洋牧场人工鱼礁构筑物不但提供了生物的附着基和遮蔽物，增加了区域内的生物量，且由于构筑物的存在降低了风暴潮等对岸边海堤的影响，但由于这一部分价值在本研究中尚未有足够的数据进行支撑计算，所以暂时省略。

（三）文化服务

1. **知识扩展服务**。白龙珍珠湾海洋牧场人工鱼礁是广西壮族自治区海洋牧场建设的示范和推广工程，礁区从建设到跟踪调查，国家以及广西区都投入大量的科研力量，促进了我国海洋牧场和人工鱼礁基础研究的发展。白龙珍珠湾海洋牧场和人工鱼礁区的知识拓展服务价值为 31.27 万元/km²。

2. **旅游娱乐服务**。白龙珍珠湾海洋牧场人工鱼礁区诱集了大量的经济鱼类，促进了人工鱼礁区游钓业的发展，同时在人工鱼礁区开展潜水旅游、农家乐等均拉动了防城港市的旅游娱乐业的发展。2015 年，防城港人工鱼礁区旅游娱乐价值为 468.41 万元，即 169.71 万元/km²；2017 年，防城港人工鱼礁区旅游娱乐的价值为 601.48 万元，即 217.93 万元/km²。

（四）总服务价值

海洋牧场对海洋生物资源的养护效果明显，白龙珍珠湾海洋牧场人工鱼礁区的渔业资源品种和数量远远大于附近海域的渔业资源品种和数量。2015—2017 年，白龙珍珠湾海洋牧场生态系统服务价值明显上升，由 1 557.74 万元上升到 1 932.34 万元，其中食品供给服务价值和旅游收入占明显优势。单位面积生态系统服务价值由 564.40 万元/km² 上升到 700.12 万元/km²（表 13-10 和表 13-11）。

表 13-10　2015 年白龙珍珠湾海洋牧场人工鱼礁区生态系统的服务价值

项　目	服务类型	服务价值（万元）	所占比例（%）	单位面积价值（万元/km²）
供给服务	食品供给	928.00	59.57	336.23
	原材料供给	8.62	0.55	3.12
	小计	936.62	60.13	339.36
调节服务	气候调节	39.82	2.56	14.43
	空气质量调节	14.88	0.95	5.39
	水质净化调节	11.55	0.74	4.19
	有害生物与疾病生物调节控制	0.16	0.01	0.06
	小计	64.41	4.26	24.06
文化服务	知识扩展服务	86.31	5.54	31.27
	旅游服务	468.41	30.07	169.71
	小计	554.71	35.61	200.98
合计		1 557.74	100.00	564.40

表 13-11　2017 年白龙珍珠湾海洋牧场人工鱼礁区生态系统的服务价值

项　目	服务类型	服务价值（万元）	所占比例（%）	单位面积价值（万元/km²）
供给服务	食品供给	1 090.36	56.43	395.06
	原材料供给	8.06	0.42	2.92
	小计	1 098.42	56.84	397.98
调节服务	气候调节	93.58	4.84	33.91
	空气质量调节	16.44	0.85	5.96
	水质净化调节	35.96	1.86	13.03
	有害生物与疾病生物调节控制	0.16	0.01	0.06
	小计	146.14	7.56	52.95
文化服务	知识扩展服务	86.31	4.47	31.27
	旅游服务	601.48	31.13	217.93
	小计	687.78	35.59	249.20
合计		1 932.34	100.00	700.12

三、白龙珍珠湾海洋牧场人工鱼礁区生态系统服务价值中长期预测

（一）人工鱼礁构建后生态系统服务价值变化

随着白龙珍珠湾海洋牧场人工鱼礁区生态系统逐渐成熟，人工鱼礁区鱼类密度上升，

同时捕获的大型经济鱼类所占比例上升，从而也导致了白龙珍珠湾海洋牧场人工鱼礁区供给服务所提供的价值及所占比例逐渐上升见表 13-11。人工鱼礁区吸引了越来越多的人参与到潜水游和游钓中，促进了旅游收入的增加，其总价值呈上升趋势，人工鱼礁建礁后第 5 年、10 年、25 年的旅游服务服务价值分别为 470.6、519.6 和 699.3 万元，这与防城港市建设旅游城市目标相符。

（二）工鱼礁区生态系统服务价值变动趋势

白龙珍珠湾海洋牧场人工鱼礁投放后，礁区生态系统服务价值随时间变化见图 13-3。人工鱼礁投放后第一年就呈现出明显的生态系统服务价值增长，生态系统服务价值由附近海域的 564.38 万元/km² 上升至 700.19 万元/km²（表 13-10，表 13-11）；而后至第 25 年，白龙珍珠湾海洋牧场人工鱼礁生态系统服务价值一直呈上升趋势，随着生态系统的逐渐成熟，生态系统服务价值也逐渐达到最大值。白龙珍珠湾海洋牧场人工鱼礁区生态系统服务价值的年度变动可以用 Logistics 方程进行拟合，并得到很好的结果 $y = \dfrac{1\,833}{1 + e^{0.158\,1(x - 2\,020)}}$，$R^2 = 0.989\,8$。

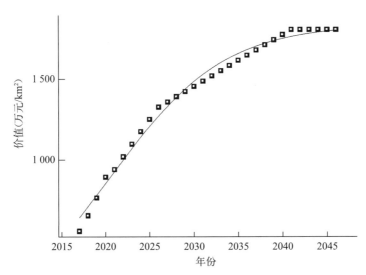

图 13-3　白龙珍珠湾海洋牧场人工鱼礁区构建后礁区生态系统服务价值变动趋势

通过拟合可知理论上白龙珍珠湾海洋牧场人工鱼礁区最大的生态系统服务价值为 1 833 万元。通过预测可知，10 年内白龙珍珠湾海洋牧场人工鱼礁区生态系统服务价值累计达 26 816 万元，30 年累计达 117 261 万元。

四、白龙珍珠湾海洋牧场人工鱼礁效益分析

（一）改变区域海洋生态系统服务价值结构

人工鱼礁投放后，礁区海域原有的平稳流态受到扰动，营养盐提升，提高了海域的初级生产力水平；流场变化导致底质变动，海底的变化致使底栖生物栖息环境发生变化，礁

体上的大量附着生物为游泳生物提供了丰富的饵料，使礁区成为鱼类丰富的饵料场；背涡流影响区域因其相对静止的环境而为某些游泳能力较弱的生物提供庇护，泥沙、大量的悬浮物等会在背涡流区域停滞，从而吸引游泳生物聚集；人工鱼礁的空间结构、阴影效果，形成了良好的栖息所和庇护所。总之，人工鱼礁为鱼类等水生生物的栖息、生长、繁育提供安全场所，营造了适宜的生长环境，水生生物大量聚集，形成良好的人工渔场。本文的结果也证明，人工鱼礁对初级生产力及附着和底栖生物的生物量影响显著，这也影响到防城港人工鱼礁区气候调节、水质净化调节、旅游服务价值等所占比例的上升。因此，人工鱼礁投放影响并改变了人工鱼礁区海洋生态系统服务功能和价值，对于修复和保护近岸海洋生态环境具有重要的意义。

（二）人工鱼礁生态系统提高了区域生态系统服务价值

根据 Costanza 等（Costanza，1998；Costanza et al.，1997）的计算，全球近海的生态系统服务价值平均为 4 052 美元/hm^2，折算后为 275.13 万元人民币/km^2（按 1 美元＝6.79 元计算）。白龙珍珠湾海洋牧场礁区单位面积服务价值由 564.40 万元/km^2 上升到 700.12 万元/km^2，明显高于张朝晖等（张朝晖，2007；张朝晖等，2007）测算的桑沟湾海洋生态系统服务价值的 424.01 万元/km^2 和南麂列岛自然保护区的 127.72 万元/km^2，也高于渤海海域的 318.32 万元/km^2（吴姗姗等，2008）。这说明通过白龙珍珠湾海洋牧场人工鱼礁的投放，形成的生态系统在促进防城港海洋生态系统的修复的同时，还可以有效提高海洋资源的开发利用效率。

（三）人工鱼礁生态系统的发展演替和成熟

白龙珍珠湾海洋牧场人工鱼礁生态系统是一个不断发展演替的生态系统。在一定区域内，群落随时间变化由一种生态类型转变为另一种生态类型的生态过程称为生态演替（Odum and Barrett，2009；沈国英等，2010），生态系统演替的最终形态是达到演替的顶级（$P＝R$ 的群落）。人工鱼礁生态系统是通过人造鱼礁，从而人为地改变和干扰海洋生态系统，形成普通海洋生物群落向人工鱼礁生态系统的演替。

渔业资源和旅游业的发展是促进人工鱼礁生态系统服务价值变化的内在驱动力。Buchary 等（2003）和 Pitcher 等（2002）认为，人工鱼礁投放后首先诱集到小型恋礁鱼类，随时间演替中型鱼类和大型鱼类增多，一般需要 10～25 年达到演替的顶级，此时大型鱼类最多（Ehrlich and Roughgarden，1987），白龙珍珠湾海洋牧场人工鱼礁建礁后的调查也呈现了相同的结果。同时，随着大型鱼类的增多，也促进了休闲渔业和游钓业的发展，礁区物种多样性的增加也会刺激潜水观光游的发展，这些都是人工鱼礁区旅游业发展的原动力。

（四）小结

白龙珍珠湾海洋牧场人工鱼礁区生态服务系统由供给、调节、文化和支持等四部分构成。以 2015 年和 2017 年为评估基准，根据目前掌握的有关资料，对其生态服务价值进行了定量评估。

　　白龙珍珠湾海洋牧场人工鱼礁构建后，提高了礁区及附近海域的生态系统服务价值，改变了局部区域的生态系统服务结构。与 2015 年本底调查比较，鱼礁构建后增加了食品供给的产出，改善了附近水域环境，促进了游钓渔业和旅游业的发展等，礁区生态系统服务价值由 2 122.14 万元上升到 2 632.47 万元，单位面积生态系统服务价值由 564.40 万元/km^2 上升到 700.12 万元/km^2。

　　人工鱼礁生态系统是一个不断发展演替的生态系统，礁区生态系统服务价值变动复合 Logistics 方程的上升趋势。随人工鱼礁生态系统的演替和成熟，白龙珍珠湾海洋牧场人工鱼礁区的生态系统服务价值呈上升趋势，生态系统服务价值在 25 年后达到最大值。利用 Logistics 曲线对人工鱼礁区生态系统服务价值进行拟合，生态系统服务价值的理论最大值为 6 786.8 万元/年，预计 10 年内白龙珍珠湾海洋牧场人工鱼礁区生态系统服务价值累计达 26 816 万元，30 年累计达 117 261 万元。

参考文献
REFERENCES

陈丕茂，2005. 广东人工鱼礁区增殖放流种类初探 [J]. 南方水产，1 (1)：11-20.

陈丕茂，郭金富，1999. 南海的头足类资源研究 [C] // 贾晓平. 海洋水产科学研究文集. 广州：广东科技出版社：75-81.

陈丕茂，秦传新，舒黎明，等，2018. 珠江口人工鱼礁场生态效应 [M]. 北京：中国农业出版社.

陈勇，于长清，张国胜，等，2002. 人工鱼礁的环境功能与集鱼效果 [J]. 大连水产学院学报，1 (1)：64-69.

崔勇，关长涛，万荣，等，2011. 布设间距对人工鱼礁流场效应影响的数值模拟 [J]. 海洋湖沼通报，11 (2)：59-65.

邓景耀，赵传絪，等，1991. 海洋渔业生物学 [M]. 北京：农业出版社.

邓维斌，唐兴艳，胡大权，等，2012. SPSS19（中文版）统计分析实用教程 [M]. 北京：电子工业出版社.

费鸿年，张诗全，1990. 水产资源学 [M]. 北京：中国科学技术出版社.

丰鉴章，李元智，孙淑敏，等，1987. 海岸工程中的海浪推算方法 [M]. 北京：海洋出版社.

黄佳兴，龚玉艳，徐姗楠，等，2019. 南海中西部渔场主要渔业生物碳氮稳定同位素特征 [J]. 热带海洋学报，38 (1)：76-84.

纪炜炜，李圣法，陈雪忠，等，2015. 基于稳定同位素方法的东海北部及其邻近水域主要游泳动物营养结构变化 [J]. 海洋渔业，37 (6)：494-500.

贾晓平，陈丕茂，蔡文贵，等，2011. 人工鱼礁关键技术研究与示范 [M]. 北京：海洋出版社.

贾晓平，李纯厚，等，2003. 北部湾渔业生态环境与渔业资源 [M]. 北京：科学出版社.

贾晓平，李纯厚，陈作志，等，2012. 南海北部近海渔业资源及其生态系统水平管理策略 [M]. 北京：科学出版社.

贾晓平，李永振，李纯厚，等，2004. 南海专属经济区和大陆架渔业生态环境与渔业资源 [M]. 北京：科学出版社.

蒋日进，章守宇，王凯，等，2014. 枸杞岛近岸海域食物网的稳定同位素分析 [J]. 生态学杂志，33 (4)：930-938.

孔令双，曹祖德，顾峰峰，等，2014. 淤泥质河床冲淤分析计算 [J]. 浙江水利科技 (5)：52-56.

赖明贤，2000. 台湾西南海域人工鱼礁礁体工程行为分析 [D]. 高雄：国立中山大学.

李冠成，2007. 人工鱼礁对渔业资源和海洋生态环境的影响及相关技术研究 [J]. 海洋学研究，100 (3)：93-102.

李磊，陈栋，彭建新，等，2018. 3 种人工鱼礁模型对黑棘鲷的诱集效果研究 [J]. 海洋渔业，40 (5)：625-631.

李少英，1991. 大亚湾的波浪 [J]. 南海研究与开发，4：25-31.

李欣雨，2016. 人工鱼礁在波浪作用下的流场效应及其局部冲刷数值模拟 [D]. 天津：天津大学.

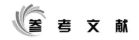

梁仁杰，张邦杰，毛大宁，等，2000. 花尾胡椒鲷 *Plectorhinchus cinctus*（Temminck et Schlegel）早期幼鱼的生长与土池培育［J］. 现代渔业信息，15（12）：26 - 29.

林军，章守宇，2006. 人工鱼礁物理稳定性及其生态效应的研究进展［J］. 海洋渔业，28（3）：257 - 262.

刘健，张硕，许柳雄，等，2012. 人工鱼礁礁体与不同粒径底质间最大静摩擦系数的试验研究［J］. 海洋科学，36（1）：59 - 64.

刘青泉，1997. 床面附近泥沙运动的力学特性［J］. 应用基础与工程科学学报，5（1）：56 - 66.

刘舜斌，汪振华，林良伟，等，2007. 嵊泗人工鱼礁建设初期效果评价［J］. 上海水产大学学报（3）：297 - 302.

刘同渝，陈勤儿，黄汝堪，等，1987. 鱼礁模型波浪水槽试验［J］. 海洋渔业（1）：9 - 12.

卢伙胜，冯波，颜云榕，等，2011. 人工鱼礁工程学［M］. 北京：海洋出版社.

卢伙胜，欧帆，颜云榕，等，2009. 应用氮稳定同位素技术对雷州湾海域主要鱼类营养级的研究［J］. 海洋学报，31（3）：167 - 174.

麻秋云，韩东燕，刘贺，等，2015. 应用稳定同位素技术构建胶州湾食物网的连续营养谱［J］. 生态学报，35（21）：7207 - 7218.

麦贤杰，黄伟健，叶富良，等，2005. 海水鱼类繁殖生物学和人工繁育［M］. 北京：海洋出版社.

农业部渔业渔政管理局，中国水产科学研究院，2017. 中国海洋牧场发展战略研究［M］. 北京：中国农业出版社.

欧荣昌，2002. 人工鱼礁工程行为与箱网锚定装置之研究［D］. 高雄：国立中山大学.

邵万骏，刘长根，聂红涛，等，2014. 人工鱼礁的水动力学特性及流场效应分析［J］. 水动力学研究与进展，A 辑，29（5）：580 - 585.

孙宁松，孙永福，宋玉鹏，2004. 海洋平台桩基冲刷及影响因素分析［J］. 海岸工程，23（4）：38 - 44.

汤连生，张鹏程，王洋，等，2004. 土体内外摩擦及摩擦强度试验研究［J］. 岩石力学与工程学报，23（6）：974 - 979.

陶峰，贾晓平，陈丕茂，等，2008. 人工鱼礁礁体设计的研究进展［J］. 南方水产，4（3）：64 - 69.

陶峰，唐振朝，陈丕茂，等，2009. 方型对角中连式礁体与方型对角板隔式礁体的稳定性［J］. 中国水产科学，16（5）：773 - 780.

佟飞，秦传新，余景，等，2016. 粤东柘林湾溜牛人工鱼礁建设选址生态基础评价［J］. 南方水产科学，12（6）：25 - 32.

童合一，1998. 海产养殖技术［M］. 北京：金盾出版社.

王丽荣，赵焕庭，2006. 珊瑚礁生态系统服务及其价值评估［J］. 生态学杂志，25（11）：1384 - 1389.

王其翔，唐学熙，2010. 海洋生态系统服务的内涵和分类［J］. 海洋环境科学，29（1）：131 - 138.

王伟定，徐汉祥，潘国良，等，2006. 浙江沿岸休闲生态型人工鱼礁初选点底质类型分析及承载力的计算方法［J］. 浙江海洋学院学报（自然科学版），25（2）：119 - 123.

王鑫，2016. 基于流场分析的人工鱼礁设计及其相关机理研究［D］. 重庆：重庆大学：53 - 54.

王玉锁，王明年，陈炜韬，等，2008. 砂土质隧道围岩内摩擦系数的试验研究［J］. 岩土力学，29（3）：741 - 746.

王振红，潘永坚，潘国富，等，2011. 舟山-岱山间西部海域第四纪海底沉积物物理力学指标统计分析［J］. 海洋通报，30（5）：557 - 561.

吴建，刘德飞，拾兵，2013. 可实现 $k - \varepsilon$ 模型在人工鱼礁流场分析中的模拟研究［J］. 中国水运，13（1）：99 - 100.

吴姗姗，刘容子，齐连明，等，2008. 渤海海域生态系统服务功能价值评估［J］. 中国人口·资源与环境，18（2）：65 - 69.

吴忠鑫，张秀梅，张磊，等，2012. 基于 Ecopath 模型的荣成俚岛人工鱼礁区生态系统结构和功能评价 [J]. 应用生态学报，23（10）：2878 - 2886.

吴子岳，孙满昌，汤威，2003. 十字型人工鱼礁礁体的水动力计算 [J]. 海洋水产研究，24（4）：32 - 35.

谢斌，李云凯，张虎，等，2017. 基于稳定同位素技术的海州湾海洋牧场食物网基础及营养结构的季节性变化 [J]. 应用生态学报，28（7）：2292 - 2298.

许柳雄，刘健，张硕，等，2010. 回字型人工鱼礁礁体设计及其稳定性计算 [J]. 武汉理工大学学报，32（12）：79 - 83.

杨宝瑞，陈勇，2014. 韩国海洋牧场建设与研究 [M]. 北京：海洋出版社.

杨国欢，侯秀琼，孙省利，等，2013. 流沙湾食物网结构的初探——基于稳定同位素方法的分析结果 [J]. 水生生物学报（1）：150 - 156.

杨红生，2017. 海洋牧场构建原理与实践 [M]. 北京：科学出版社.

杨红生，2018. 海洋牧场监测与生物承载力评估 [M]. 北京：科学出版社.

杨进，李纯厚，贾晓平，等，2011. 大亚湾杨梅坑人工鱼礁区生态系统健康评价 [J]. 生态科学，30（4）：399 - 405.

杨吝，刘同渝，黄汝堪，2005. 人工鱼礁的起源和历史 [J]. 现代渔业信息，20（12）：5 - 8.

杨吝，刘同渝，黄汝堪，2005. 中国人工鱼礁的理论与实践 [M]. 广州：广东科技出版社.

尹增强，2016. 人工鱼礁效果评价理论与方法 [M]. 北京：中国农业出版社.

尹增强，章守宇，2009. 东海区资源保护型人工鱼礁经济效果评价 [J]. 资源科学，31（12）：2183 - 2191.

尤晋闽，陈天宁，2010. 结合面静摩擦系数的统计模型 [J]. 振动与冲击，29（12）：26 - 29.

于春洁，吴非，王丽勤，2017. 水下生产设施基础冲刷模型试验与数值模拟分析 [J]. 中国海上油气，29（4）：145 - 151.

余勉余，梁超愉，李茂照，等，1990. 广东省浅海滩涂增养殖渔业环境及资源 [M]. 北京：科技出版社.

虞聪达，俞存根，严世强，2004. 人工船礁铺设模式优选方法研究 [J]. 海洋与湖沼，35（4）：299 - 305.

喻达辉，吴进锋，张汉华，等，2002. 南方海水养殖实用技术 [M]. 广州：南方日报出版社.

袁蔚文，1989. 南海北部主要经济鱼类的生长方程和临界年龄 [C] // 中国水产科学研究院南海水产研究所. 南海水产研究文集. 广州：广东科技出版社：61 - 75.

曾炳光，张进上，陈冠贤，等，1989. 南海区渔业资源调查和区划 [M]. 广州：广东科技出版社.

曾剑，陈刚，熊绍隆，2010. 钱塘江河口细颗粒泥沙起动流速研究 [J]. 水道港口，31（5）：347 - 351.

詹秉义，1995. 渔业资源评估 [M]. 北京：中国农业出版社.

张本，1999. 海水增养殖技术 [M]. 北京：中国盲文出版社.

张朝晖，2007. 桑沟湾海洋生态系统服务价值评估 [M]. 青岛：中国海洋大学.

张朝晖，叶属峰，朱明远，等，2007. 典型海洋生态系统服务及价值评估 [M]. 北京：海洋出版社.

张丛丽，喻国良，谢锦波，2009. 单向流定床床面上水平管道周围流场与切应力分布特性 [J]. 海洋科学，33（3）：27 - 30.

张存根，张怀静，2011. 粉质粘土含水量与抗剪强度参数关系的试验研究 [J]. 华北科技学院学报，8（2）：27 - 29.

张虎，朱孔文，汤建华，2005. 海州湾人工鱼礁养护资源效果初探 [J]. 海洋渔业（1）：38 - 43.

张硕，孙满昌，陈勇，2008. 不同高度混凝土模型礁背涡流特性的定量研究 [J]. 大连水产学院学报，23（4）：278 - 282.

张伟，李纯厚，贾晓平，等，2015. 大亚湾混凝土鱼礁和铁质鱼礁附着生物群落结构的季节变化 [J]. 南方水产科学，11（1）：9 - 17.

张雅芝，谢仰杰，张文生，2000. 花尾胡椒鲷早期发育阶段的摄食与生长特性. 台湾海峡，19（1）：27 - 35.

赵传絪，刘效舜，曾炳光，等，1990. 中国海洋渔业资源 ［J］. 杭州：浙江科学技术出版社.

赵静，王世澎，袁振宇，等，2013. 坐底式平台基础冲刷的模型试验研究 ［C］// 第二十五届全国水动力学研讨会暨第十二届全国水动力学学术会议集（上册）.

赵林，邓超，于振江，等，2018. 组合式金字塔型人工鱼礁水动力学分析 ［J］. 渔业现代化，45（6）：53-59.

赵同谦，欧阳志云，郑华，等，2004. 中国森林生态系统服务功能及其价值评价 ［J］. 自然资源学报，18（1）：118-126.

郑延璇，梁振林，关长涛，等，2014. 等边三角型人工鱼礁礁体结构设计及其稳定性 ［J］. 渔业科学进展，35（3）：117-125.

郑延璇，梁振林，关长涛，等，2014. 三种叠放形式的圆管型人工鱼礁流场效应数值模拟与 PIV 试验研究 ［J］. 海洋与湖沼，45（1）：11-19.

郑志昌，陈俊仁，朱照宇，2004. 南海海底土体物理力学特征及其地质环境初步研究 ［J］. 水文地质工程地质，31（4）：50-53.

中国海湾志编纂委员会，1992. 中国海湾志第九分册 ［M］. 北京：海洋出版社.

中华人民共和国交通部，1988. 港口工程技术规范（1987）上卷 ［M］. 北京：人民交通出版社.

钟术求，孙满昌，章守宇，等，2006. 钢制四方台型人工鱼礁礁体设计及稳定性研究 ［J］. 海洋渔业，28（3）：234-240.

钟振如，江纪炀，闵信爱，等，1982. 南海北部近海虾类资源调查报告 ［M］. 广州：中国水产科学研究院南海水产研究所.

朱孔文，等，2010. 海州湾海洋牧场-人工鱼礁建设 ［M］. 北京：中国农业出版社.

朱孔文，孙满昌，张硕，等，2011. 海州湾海洋牧场—人工鱼礁建设 ［M］. 北京：中国农业出版社.

Bhusshan B，2007. 摩擦学导论 ［M］. 葛世荣，译. 北京：机械工业出版社：114-118.

Ali K，Seokkoo K，Fotis S，2012. Experimental and computational investigation of local scour around bridge piers ［J］. Advances in Water Resources，37：73-85.

Baek S H，Shin B S，Kim K H，2014. Hydraulic model test for corrugated artificial reef stability ［J］. J Korea Acad-Ind Coop Soc，15（8）：5327-5332.

Baine M，2001. Artificial Reefs：a review of their design，application，management and performance ［J］. Ocean and Coastal Management，44：241-259.

Barber J S，Chosid D M，Glenn R P，et al，2009. A systematic model for artificial reef site selection ［J］. N Z J Mar Fres11hw Res，43（1）：283-297.

Bell M，Hall J W，1994. Effects of hurricane-Hugo on South-Carolinas Marine Artificial Reefs ［J］. Bulletin of Marine Science，55（2-3）：836-847.

Ben-David O，Fineber J，2011. Static friction coefficient is not a material constant ［J］. Phys Rev Lett，106（25）：254301.

Bocquet L，Charlaix E，Cilberto S，et al，1998. Moisture-induced ageing in granular media and the kinetics of capillary condensation ［J］. Nature，396（6713）：735-737.

Boeden F P，Tabor D，1942. Mechanism of metallic friction ［J］. Nature，150（3798）：197-199.

Burkow M，Griebel M，2016. A full three dimensional numerical simulation of the sediment transport and the scouring at a rectangular obstacle ［J］. Computers & Fluids，125：1-10.

Caron D A，Alexander H，Allen A E，et al，2016. Probing the Evolution，Ecology and Physiology of Marine Protists Using Transcriptomics ［J］. Nature Reviews Microbiology，15（1）.

Caron D A，Countway P D，Jones A C，et al，2012. Marine Protistan Diversity ［J］. Annual Review of Marine Science，4（1）：467.

Celissi M，Fabbro C，Bastanini M，et al，2015. Polysaccharide degradation and utilisation during a spring phytoplankton bloom in the Northwestern Adriatic Sea [J]. Hydrobiologia，757 (1)：209 - 222.

Costanza，R，1998. The value of ecosystem services [J]. Ecological Economics，25 (1)：1 - 2.

Davidson A T，Scott F J，Nash G V，et al，2010. Physical and biological control of protistan community composition，distribution and abundance in the seasonal ice zone of the Southern Ocean between 30 and 80°E [J]. Deep - Sea Research Part Ii，57 (9)：828 - 848.

Duarte P，Meneses R，Hawkins A J S，et al，2003. Mathematical modelling to assess the carrying capacity for multi - species culture within coastal waters [J]. Ecological Modelling，168：109 - 143.

Duzbastilar F O，Lor A，Ulas A，et al，2006. Metin C. Recent developments on artificial reef applications in Turkey：hydraulic experiments [J]. Bulletin of Marine Science，78 (1)：195 - 202.

Edgar R C，2010. Search and clustering orders of magnitude faster than blast [J]. Bioinformatics，26 (19)：2460.

Einbinder S，Perelberg A，Ben - Shaprut O，et al，2006. Effects of artificial reefs on fish grazing in their vicinity：Evidence from algae presentation experiments [J]. Marine Environmental Research，61 (1)：110 - 119.

Fukunaga A，Bailey - Brock J H，2008. Benthic infaunal communities around two artificial reefs in Mamala Bay，Oahu，Hawaii [J]. Marine Environmental Research，65 (3)：250 - 263.

Geminard J C，Losert W，Gollub J P，1999. Frictional mechanics of wet granular material [J]. Phys Rev E Stat Phys Plasmas Fluids Relat Interdiscip Topics，59 (5 Pt B)：5881 - 5890.

Goda Y，1985. Random seas and design of maritime structures [M]. University of Tokyo Press，323.

Gulland J A and Holt S J，1971. Estimation of growth parameters for data at unequal time intervals [J]. J. Cons. Ciem，25 (1)：9 - 47

Hardge K，Peeken I，Neuhaus S，et al，2017. The importance of sea ice for exchange of habitat - specific protist communities in the Central Arctic Ocean [J]. Journal of Marine Systems，165：124 - 138.

Jackson A L，Inger R，Parnell A C，et al，2011. Comparing isotopic niche widths among and within communities：Siber - stable isotope bayesian ellipses in R [J]. Journal of Animal Ecology，80 (3)：595 - 602.

Katano K，Nakano K，Otsuki M，et al，2014. Novel friction law for the static friction force based on local precursor slipping [J]. Sci Rep，4：6324.

Levinson O，Etsion I，Halperin G，2005. Experimental investigation of elastic plastic contact and friction of a sphere on flat [J]. J Tribol，127 (1)：47 - 50.

Lir J N，Warren A，et al，2018. Changes in community structure of active protistan assemblages from the lower Pearl River to coastal South China Sea [J]. European Journal of Protistology，63：72 - 82.

Minagawa M，Wada E，1984. Stepwise enrichment of 15N along food chains：Further evidence and the relation between δ15N and animal age [J]. Geochimica Et Cosmochimica Acta，48 (5)：1135 - 1140.

Mitra A，Flynn K J，Tillmann U，et al，2016. Defining planktonic protist functional groups on mechanisms for energy and nutrient acquisition：Incorporation of diverse mixotrophic strategies [J]. Protist，167 (2)：106 - 120.

Pasotti F，Saravia L A，De T M，et al，2015. Benthic trophic interactions in an antarctic shallow water ecosystem affected by recent glacier retreat [J]. Plos One，10 (11)：e141742.

Patil D B，Eriten M，2014. Effects of interfacial strength and roughness on the static friction coefficient [J]. Tribol Lett，56 (2)：355 - 374.

Pauly D，1980. On the interrelationships between natural mortality，growth parameters，and mean envi-

ronmental temperature in 175 fish stocks [J]. J. Cons. Int. Explor. Mer, 39 (2): 175 – 192.

Perkol – Finkel S and Benayahu Y, 2005. Recruitment of benthic organisms onto a planned artificial reef: shifts in community structure one decade post – deployment [J]. Marine Environmental Research, 59 (2): 79 – 99.

Pitcher T J, Buchary E A and Hutton T, 2002. Forecasting the benefits of no – take human – made reefs using spatial ecosystem simulation [J]. Journal of Marine Science, 59: 17 – 26.

Post D M, 2002. Using stable isotopes to estimate trophic position: Models, methods, and assumptions [J]. Ecology, 83 (3): 703 – 718.

Post D M, Pace M L, Hairston N G, 2000. Ecosystem size determines food – chain length in lakes [J]. Nature, 405 (6790): 1047 – 1049.

Sanders D, Jones C G, Thébault E, et al, 2014. Integrating ecosystem engineering and food webs [J]. Oikos, 123 (5): 513 – 524.

Shindo S, 1973. General review of the trawl fishery and the demersal fish stock of the South China Sea [J]. FAO Fish. Tech. Pap. (120): 49.

Sparre P, Ursin E and Venema S C, 1989. Introduction to tropical fish Stock assessment: Part1 – Manual [J]. FAO Fisheries Technical Paper: 1 – 332.

Sutton S G, Bushnell S L, 2007. Socio-economic aspects of artificial reefs: Considerations for the Great Barrier Reef Marine Park [J]. Ocean & Coastal Management, 50 (10): 829 – 846.

Tseng C T, Chen S C, Huang C S, et al, 2001. GIS – assisted site selection for artificial reefs [J]. Fisheries Science, 67 (6): 1015 – 1022.

Walker B K, Henderson B, Spieler R E, 2002. Fish assemblages associated with artificial reefs of concrete aggregates or quarry stone offshore Miami Beach, Florida, USA. Aquatic Living Resources, 15 (2): 95 – 105.

Whitmarsh D, Santos M N, Ramos J, et al, 2008. Marine habitat modification through artificial reefs off the Algarve (southern Portugal): An economic analysis of the fisheries and the prospects for management [J]. Ocean & Coastal Management, 51 (6): 463 – 468.

Wolanski E, Hamner W M, 1998. Topographically controlled fronts in the ocean and their biological influence [J]. Science, 241: 177 – 181.

Zheng W, Shi H, Chen S, et al, 2009. Benefit and cost analysis of mariculture based on ecosystem services [J]. Ecological Economics, 68 (6): 1626 – 1632.

附 录
APPENDIX

附录1　2017年白龙珍珠湾海洋牧场及邻近海域浮游植物名录

中文名	拉丁学文名	春季	夏季	秋季	冬季
硅藻门	**Bacillariophyta**				
优美辐杆藻	*Bacteriastrum delicatulum*	+	+	+	+
长辐杆藻	*Bacteriastrum elongatum*		+	+	+
透明辐杆藻	*Bacteriastrum hyalinum*	+	+	+	+
颗粒盒形藻	*Biddulphia granulata*	+			
活动盒形藻	*Biddulphia mobiliensis*		+	+	
高盒形藻	*Biddulphia regia*	+		+	+
中华盒形藻	*Biddulphia sinensis*	+		+	+
柏氏角管藻	*Cerataulina bergonii*				+
紧密角管藻	*Cerataulina compacta*			+	+
均等角毛藻	*Chaetoceros aequatoriale*				+
窄隙角毛藻	*Chaetoceros affinis*	+	+	+	+
北方角毛藻	*Chaetoceros borealis*		+		+
卡氏角毛藻	*Chaetoceros castracanei*	+	+		+
绕孢角毛藻	*Chaetoceros cinctus*	+	+		
密聚角毛藻	*Chaetoceros coarctatus*	+		+	
扁面角毛藻	*Chaetoceros compressus*	+	+		
中肋角毛藻	*Chaetoceros costatus*	+			+
旋链角毛藻	*Chaetoceros curvisetus*	+	+	+	+
丹麦角毛藻	*Chaetoceros danicus*		+		
柔弱角毛藻	*Chaetoceros debilis*	+	+	+	+
并基角毛藻	*Chaetoceros decipiens*	+	+	+	+

（续）

中文名	拉丁学文名	春季	夏季	秋季	冬季
密连角毛藻	*Chaetoceros densus*	＋	＋		＋
齿角毛藻	*Chaetoceros denticulatus*	＋	＋		＋
齿角毛藻狭面变种	*Chaetoceros denticulatus* v. *angusta*	＋			
双突角毛藻	*Chaetoceros didymus*	＋			
爱氏角毛藻	*Chaetoceros eibenii*	＋	＋		
平滑角毛藻	*Chaetoceros laevis*				＋
洛氏角毛藻	*Chaetoceros lorenzianus*	＋	＋	＋	＋
日本角毛藻	*Chaetoceros nipponica*		＋	＋	＋
奇异角毛藻	*Chaetoceros paradox*			＋	＋
海洋角毛藻	*Chaetoceros pelagicus*	＋			
秘鲁角毛藻	*Chaetoceros peruvianus*	＋			
嘴状角毛藻	*Chaetoceros rostratus*	＋	＋		
聚生角毛藻	*Chaetoceros socialis*				＋
冕孢角毛藻	*Chaetoceros subsecundus*	＋	＋		
圆柱角毛藻	*Chaetoceros teres*				＋
双凹梯形藻	*Climacodium biconcavum*				＋
佛朗梯形藻	*Climacodium frauenfeldianum*	＋			
蛇目圆筛藻	*Coscinodiscus argus*	＋	＋	＋	＋
星脐圆筛藻	*Coscinodiscus asteromphalus*	＋			
有翼圆筛藻	*Coscinodiscus bipartitus*		＋		
整齐圆筛藻	*Coscinodiscus concinnus*		＋	＋	
巨圆筛藻	*Coscinodiscus gigas*	＋		＋	＋
琼氏圆筛藻	*Coscinodiscus jonesianus*	＋	＋	＋	＋
虹彩圆筛藻	*Coscinodiscus oculusiridis*				＋
细弱圆筛藻	*Coscinodiscus subtilis*	＋			
威氏圆筛藻	*Coscinodiscus wailesii*	＋	＋	＋	
地中海指管藻	*Dacthliosolen mediterraneus*	＋	＋		＋
太阳双尾藻	*Ditylum sol*	＋	＋	＋	＋
长角弯角藻	*Eucampia cornuta*	＋			＋
短角弯角藻	*Eucampia zoodiacus*	＋	＋		
热带戈斯藻	*Gossleriella tropica*		＋		

（续）

中文名	拉丁学文名	春季	夏季	秋季	冬季
萎软几内亚藻	*Guinardia flaccida*		+	+	+
尖布纹藻	*Gyrosigma acuminatum*				+
霍氏半管藻	*Hemiaulus hauckii*	+			+
印度半管藻	*Hemiaulus indicus*				+
薄壁半管藻	*Hemiaulus membrnaceus*			+	+
中华半管藻	*Hemiaulus sinensis*				+
楔形半盘藻	*Hemidiscus cuneiformis*	+			+
哈德半盘藻	*Hemidiscus hardmannianus*	+		+	+
北方劳德藻	*Lauderia borealis*	+	+	+	+
丹麦细柱藻	*Leptocylindrus danicus*				+
具槽直链藻	*Melosira sulcata*	+			
膜状舟形藻	*Navicula membranacea*				+
柔弱菱形藻	*Nitzschia delicatissima*	+		+	+
长菱形藻	*Nitzschia longissima*	+			+
洛伦菱形藻	*Nitzschia lorenziana*				+
尖刺菱形藻	*Nitzschia pungens*	+			
弯菱形藻	*Nitzschia sigma*				+
太阳漂流藻	*Planktoniella sol*			+	
近缘斜纹藻	*Pleurosigma affine*	+			+
美丽斜纹藻	*Pleurosigma formosum*	+	+		+
海洋斜纹藻	*Pleurosigma pelagicum*	+			
翼根管藻	*Rhizosolenia alata*	+		+	+
翼根管藻纤细变型	*Rhizosolenia alata* f. *gracillima*	+			+
翼根管藻印度变型	*Rhizosolenia alata* f. *indica*	+			+
伯氏根管藻	*Rhizosolenia bergonii*				+
距端根管藻	*Rhizosolenia calcaravis*			+	+
卡氏根管藻	*Rhizosolenia castracanei*				+
粗刺根管藻	*Rhizosolenia crassospina*	+			+
柔弱根管藻	*Rhizosolenia delicatula*			+	
脆根管藻	*Rhizosolenia fragilissima*	+			
钝棘根管藻	*Rhizosolenia hebetata*	+			

（续）

中文名	拉丁学文名	春季	夏季	秋季	冬季
覆瓦根管藻	*Rhizosolenia imbricata*	+	+	+	+
覆瓦根管藻斯鲁变种	*Rhizosolenia imbricata* v. *shrubsolei*	+	+	+	+
粗根管藻	*Rhizosolenia robusta*				+
刚毛根管藻	*Rhizosolenia setigera*	+			+
中华根管藻	*Rhizosolenia sinensis*	+		+	+
斯氏根管藻	*Rhizosolenia stolterforthii*	+		+	+
笔尖形根管藻	*Rhizosolenia styliformis*	+	+	+	+
笔尖形根管藻粗径变种	*Rhizosolenia styliformis* v. *latissima*	+		+	+
笔尖形根管藻长棘变种	*Rhizosolenia styliformis* v. *longispina*			+	+
中肋骨条藻	*Skeletonema costatum*	+			
热带骨条藻	*Skeletonema tropicum*			+	
塔形冠盖藻	*Stephanopyxis turris*	+	+		+
扭鞘藻	*Streptothece thamesis*	+		+	+
菱形海线藻	*Thalassionema nitzschioides*	+	+		+
太平洋海链藻	*Thalassiosira pacifica*	+			+
细弱海链藻	*Thalassiosira subtilis*	+	+	+	+
伏氏海毛藻	*Thalassiothrix frauenfeldii*	+	+	+	+
长海毛藻	*Thalassiothrix longissima*				+
甲藻门	**Pyrrophyta**				
短角角藻	*Ceratium breve*	+	+	+	+
歧分角藻	*Ceratium carriense*	+			+
扭角藻	*Ceratium contortum*	+			
偏斜角藻	*Ceratium declinatum*	+		+	+
臼齿角藻	*Ceratium dens*			+	
叉角藻	*Ceratium furca*	+	+	+	+
纺锤角藻	*Ceratium fusus*	+	+	+	+
粗刺角藻	*Ceratium horridum*				+
大角角藻	*Ceratium macroceros*	+	+	+	+
大角角藻海南变种	*Ceratium macroceros* v. *hainanensis*				+

（续）

中文名	拉丁学文名	春季	夏季	秋季	冬季
马西里亚角藻	*Ceratium massiliense*			+	
马西里亚角藻具刺变种	*Ceratium massiliense* v. *armatum*			+	
对称角藻	*Ceratium symmetricum*			+	+
波状角藻	*Ceratium trichoceros*	+	+	+	+
三角角藻	*Ceratium tripos*	+	+	+	+
—	*Ceratocorys armata*			+	
具尾鳍藻	*Dinophysis caudata*	+	+	+	+
叉形鳍藻	*Dinophysis miles*			+	+
多边屋甲藻	*Goniodoma polyedricum*		+	+	
红色裸甲藻	*Gymnodinium sanguineum*		+		
夜光藻	*Noctiluca scintillans*	+	+	+	+
锯齿鸟尾藻	*Ornithocercus serratus*				+
四叶鸟尾藻	*Ornithocercus steinii*			+	
锥形多甲藻	*Peridinium conicum*		+	+	+
扁平多甲藻	*Peridinium depressum*	+	+	+	+
优美多甲藻	*Peridinium elegans*		+	+	+
里昂多甲藻	*Peridinium leonis*			+	+
海洋多甲藻	*Peridinium oceanicum*	+	+	+	+
五角多甲藻	*Peridinium pentagonum*	+			
夜光梨甲藻	*Pyrocystis noctiluca*				+
粗梨甲藻	*Pyrocystis robusta*				+
钟扁甲藻斯氏变种	*Pyrophacus horologicum* v. *steinii*			+	+
斯氏扁甲藻	*Pyrophacus steinii*			+	+
金藻门	**Chrysophyta**				
小等刺硅鞭藻	*Dictyocha fibula*			+	
蓝藻门	**Cyanophyta**				
胞内植生藻	*Richelia intracellularis*			+	
红海束毛藻	*Trichodesmium erythraeum*	+	+	+	+
汉氏束毛藻	*Trichodesmium hildebrandtii*		+		
铁氏束毛藻	*Trichodesmium thiebautii*	+	+	+	+

附录 2 2017 年白龙珍珠湾海洋牧场及邻近海域浮游动物名录

中文种名	拉丁文学名	春季	夏季	秋季	冬季
原生动物界	**Protozoa**				
双鞭毛虫门	**Dinozoa**				
夜光虫	*Noctiluca scintillans*	+		+	+
栉水母动物门	**Ctenophora**				
瓜水母	*Beroe cucumis*	+			
蝶水母	*Ocyropsis crystallina*	+	+	+	
球形侧腕水母	*Pleurobrachia globosa*	+	+	+	
腔肠动物门	**Coelentera〔Cnidaria〕**				
水螅虫纲	**Hydrozoa**				
小型多管水母	*Aequorea parva*	+			+
短腺和平水母	*Eirene brevigona*	+			
拟短柄和平水母	*Eirene brevistyloides*	+			
短柄和平水母	*Eirene brevistyla*	+			
半口壮丽水母	*Aglaura hemistoma*	+			+
两手筐水母	*Solmundella bitentaculata*	+		+	+
薮枝螅水母	*Obelia* sp.	+			+
太阳水母	*Solmaris leuocostyla*			+	
六辐和平水母	*Eirene hexanemalis*			+	+
芽枝管水母	*Proboscidactyla ornata*			+	
四叶小舌水母	*Liriope tetraphylla*	+		+	
管水母亚纲	**Siphonophorae**				
细浅室水母	*Lensia subtilis*	+	+	+	
拟细浅室水母	*Lensia subtiloides*	+		+	+
五角水母	*Muggiaea atlantica*	+			
双生水母	Diphyes chamissonis		+		+
节肢动物门	**Arostomata**				
枝角目	**Cladocera**				
鸟喙尖头溞	*Penilia avirostris*	+	+	+	
肥胖三角溞	*Evadne tergestina*	+	+	+	+
史氏圆囊溞	*Podon schmackeri*	+			

（续）

中文种名	拉丁文学名	春季	夏季	秋季	冬季
介形纲	**Ostracoda**				
齿形海萤	*Cypridina dentata*				+
针刺真浮萤	*Euconchoecia aculeata*	+	+		+
桡足亚纲	**Copepoda**				
红纺锤水蚤	*Acartia erythraea*		+	+	+
太平洋纺锤水蚤	*Acartia pacifica*	+	+	+	+
驼背隆哲水蚤	*Acrocalanus gibber*		+	+	+
中华矮隆哲水蚤	*Bestiola sinicus*			+	
椭形长足水蚤	*Calanopia elliptica*			+	+
汤氏长足水蚤	*Calanopia thompsoni*		+		
中华哲水蚤	*Calanus sinicus*	+			+
伯氏平头水蚤	*Candacia bradyi*				+
微刺哲水蚤	*Canthocalanus pauper*	+	+	+	
叉胸刺水蚤	*Centropages furcatus*		+	+	+
奥氏胸刺水蚤	*Centropages orsinii*		+	+	
瘦尾胸刺水蚤	*Centropages tenuiremis*	+			+
亮大眼剑水蚤	*Corycaeus andrewsi*			+	+
近缘大眼剑水蚤	*Corycaeus affinis*	+			+
东亚大眼剑水蚤	*Corycaeus asiatius*				+
平大眼剑水蚤	*Corycaeus dahli*		+	+	+
红大眼剑水蚤	*Corycaeus erythraeus*		+	+	
短大眼剑水蚤	*Corycaeus giesbrechti*			+	+
小型大眼剑水蚤	*Corycaeus pumilus*		+		
尖真刺水蚤	*Euchaeta acutus*	+		+	
精致真刺水蚤	*Euchaeta concinna*	+			+
尖额谐猛水蚤	*Euterpina acutifrons*		+		
小唇角水蚤	*Labidocera minuta*		+	+	
尖额唇角水蚤	*Labidocera acuta*				+
真刺唇角水蚤	*Labidocera euchaeta*				+
圆唇角水蚤	*Labidocera rotunda*		+		+
左突唇角水蚤	*Labidocera sinilobata*		+		

（续）

中文种名	拉丁文学名	春季	夏季	秋季	冬季
短角长腹剑水蚤	*Oithona brevicornis*		+		+
羽长腹剑水蚤	*Oithona plumifera*				+
拟长腹剑水蚤	*Oithona similis*				+
简长腹剑水蚤	*Oithona simplex*		+		
瘦拟哲水蚤	*Paracalanus gracilis*				+
瘦长腹剑水蚤	*Oithona tenuis*		+		
针刺拟哲水蚤	*Paracalanus aculeatus*		+		
强额拟哲水蚤	*Paracalanus crassirostris*		+		+
小拟哲水蚤	*Paracalanus parvus*	+			+
宽尾角水蚤	*Pontella latifurca*		+		
钝简角水蚤	*Pontellopsis yamadae*	+			
瘦尾简角水蚤	*Pontellopsis tenuicauda*			+	
钝简角水蚤	*Pontellopsis yamadae*			+	
长刺小厚壳水蚤	*Scolecithricella longispinosa*				+
缺刻伪镖水蚤	*Pseudodiaptomus incisus*		+		
亚强次真哲水蚤	*Subeucalanus subcrassus*	+	+	+	+
异尾宽水蚤	*Temora discaudata*	+	+	+	+
锥形宽水蚤	*Temora turbinata*		+	+	+
钳形歪水蚤	*Tortanus forcipatus*	+	+	+	+
瘦歪水蚤	*Tortanus gracilis*	+	+		
端足目	**Amphipoda**	+			
小眼端足类	Gammaridea spp.				+
孟加拉蛮蛾	*Lestrigonus bengalensis*	+			
十足目	**Decapoda**				
汉森莹虾	*Lucifer hanseni*	+	+		
中型莹虾	*Lucifer intermedius*	+	+	+	+
磷虾目	**Euphausiacea**				
宽额假磷虾	*Pseudeuphausia latifrons*	+			
软体动物门	**Mollusca**				
翼足目	**Pteropoda**				
拟海若螺	*Paraclione longicaudata*	+			

（续）

中文种名	拉丁文学名	春季	夏季	秋季	冬季
棒笔帽螺	*Creseis clava*			+	
尖笔帽螺	*Creseis acicula*	+	+	+	
毛颚动物门	**Chaetognatha**				
太平洋撬虫	*Krohnitta pacifica*			+	+
美丽箭虫	*Sagitta pulchra*	+			
凶形箭虫	*Sagitta ferox*	+	+		+
中华箭虫	*Sagitta sinica*	+			
百陶箭虫	*Sagitta bedoti*	+	+		+
弱箭虫	*Sagitta delicata*			+	
小箭虫	*Sagitta neglecta*			+	
肥胖箭虫	*Sagitta enflata*	+	+	+	+
尾索动物门	**Urochordat**				
有尾纲	**Appendiculata**				
长尾住囊虫	*Oikopleura longicauda*	+	+	+	+
异体住囊虫	*Oikopleura dioica*	+	+	+	+
樽海鞘纲	**Thaliacea**				
软拟海樽	*Dolioletta gegenbauri*	+		+	+
小齿海樽	*Doliolum denticulatum*	+	+	+	+
浮游幼体（虫）	**Larva**				
毛虾幼虫	*Acetes* larvae	+			
多管水母幼虫	*Aequorea* larvae		+		
阿利玛幼体	Alima larvae（Squilla）	+	+	+	+
歪尾类幼虫	Anomura larvae			+	
海星幼体	Asteroidea larvae			+	
被囊类长尾幼虫	Appendicularia larvae	+			
耳状幼虫（海参纲）	Auricularia larvae	+	+	+	+
短尾类溞状幼体	Brachyura zoea	+	+	+	+
蔓足类无节幼体	Cirripedia nauplius	+	+	+	+
长腕幼虫（海胆纲）	Echinopluteus larvae		+		
和平水母幼虫	*Eirene* larvae		+		
口足类伊雷奇幼虫	Erichthus larvae	+	+		

（续）

中文种名	拉丁文学名	春季	夏季	秋季	冬季
真刺水蚤幼体	*Euchaeta* larvae	+			+
仔鱼	Fish larvae	+	+	+	+
鱼卵	Fish spawns	+	+	+	+
腹足类幼虫	Gastropoda larvae	+	+		+
唇角水蚤属幼体	*Labidocera* larvae		+		
细螯虾幼体	*Leptochela* larvae		+	+	
莹虾幼体	*Lucifer* larvae	+	+	+	+
长尾类幼体	Macrura larvae	+	+	+	+
短尾类大眼幼体	Megalopa larvae	+		+	+
住囊虫幼虫	Oikopleura larvae		+		
蛇尾纲幼虫	Ophiuloidea larva		+	+	
多毛类担轮幼体	Polychaeta larvae	+	+	+	+
磁蟹溞状幼体	Porcellana zoea	+	+	+	
假磷虾幼体	*Pseudeuphausia* larvae	+			
箭虫幼体	*Sagitta* larvae	+	+	+	+
钵水母蝶状幼体	Scyphomedusae larvae		+		
被囊类蝌蚪幼虫	Tadepole larvae	+			
海蛇尾长腕幼虫	Ophiopluteus larvae			+	
双壳类幼虫	Bivalve larvae				+
蔓足类腺介幼虫	Cypris larvae（Cirripedia）				+

附录 3　2017 年白龙珍珠湾海洋牧场及邻近海域底栖生物名录

分类地位	春季	夏季	秋季	冬季
纽形动物门 Nemertea				
无针纲 Anopla				
异纽虫目 Heteronemertea				
纵沟科 Lineidae				
戴氏脑纽虫 *Cerebratulina darvelli* Gibson		+	+	
无沟科 Baseodiscidae				

（续）

分类地位	春季	夏季	秋季	冬季
无沟纽虫 *Baseodiscus* sp.	+			+
原纽虫目 Archinemertea				
细首科 Cephalathricidae				
白有头纽虫 *Cephalotrichella alba* Gibson et Sundberg				+
环节动物门 Annelida				
多毛纲 Polychaeta				
叶须虫目 Phyllodocida				
沙蚕科 Nereidae				
独齿围沙蚕 *Perinereis cultrifera* Grube				+
多齿围沙蚕 *Perinereis nuntia*（Savigny）			+	
双齿围沙蚕 *Perinereis aibuhitensis* Grube		+	+	
吻沙蚕科 Glyceridae				
白色吻沙蚕 *Glycera alba*（Muller）		+		
长吻沙蚕 *Glycere chirori* Izuka	+	+	+	
齿吻沙蚕科 Nephtyidae				
中华内卷齿蚕 *Aglaophamus sinersis* Fauvel	+	+	+	+
海稚虫目 Spionida				
海稚虫科 Spionidae				
膜质伪才女虫 *Pseudopolydora kempi*（Southern）	+	+	+	+
丝鳃虫科 Cirratulidae				
细丝鳃虫 *Cirratulus filiformis* Keferstein			+	
小头虫目 Capitellidea				
小头虫科 Capitellidae				
异蚓虫 *Heteromastus fififorms*（Claparede）			+	+
背蚓虫 *Notomastus latericeus* Sars	+	+	+	
厚鳃蚕 *Dasybranchus caducus*（Grube）		+	+	
节节虫科 Maldanidae				
持真节虫 *Euclymene annandalei* Southern	+	+	+	
仙女虫目 Amphinomida				
仙女虫科 Amphinomidae				
梯斑海毛虫 *Chloeia parva* Baird			+	+

（续）

分类地位	春季	夏季	秋季	冬季
矶沙蚕目 Eunicida				
欧努菲虫科 Onuphidae				
欧努菲虫 *Onuphis eremita* Andouin et M. Edwards				+
不倒翁虫目 Sternaspida				
不倒翁虫科 Sternaspidae				
不倒翁虫 *Sternaspis scutata*（Renier）			+	
蛰龙介虫目 Terebellida				
毛鳃虫科 Trichobrachidae				
梳鳃虫 *Terebellides stroemii* Sars	+			+
螠虫动物门 Echiura				
螠纲 Echiurida				
螠目 Echiuroinea				
螠科 Echiuridae				
短吻铲荚螠 *Listriolobus brevirostris* Chen et Yeh		+	+	+
软体动物门 Mollusca				
腹足纲 Gastropoda				
原始腹足目 Archaeogastropoda				
马蹄螺科 Trochidae				
肋蜎螺 *Umbonium coatatum*（Kiener）	+	+		
中腹足目 Mesogastropoda				
锥螺科 Turritellidae				
棒锥螺 *Turritella bacillum* Kiener	+		+	
凤螺科 Strombidae				
钻螺 *Terebellum terebellum*（Linnaeus）				+
新腹足目 Neogastropoda［狭舌目 Stenoglossa］				
骨螺科 Muricidae				
浅缝骨螺 *Murex trapa* Roding	+	+		
蛾螺科 Buccinidae				
甲虫螺 *Cantharus cecillei*（Philippi）				+
织纹螺科 Nassariidae				
西格织纹螺 *Nassarius siquinjorensis*（A. Adams）			+	

（续）

分类地位	春季	夏季	秋季	冬季
红带织纹螺 *Nassarius*（*Zeuxis*）*succinctus*（A. Adams）			+	
双壳纲 Bivalvia［瓣鳃纲 Lamellibranchia］				
蚶目 Arcoida				
蚶科 Aacidae				
毛蚶 *Scapharca subcrenata*（Lishke）	+		+	
珍珠贝目 Pterioida				
珍珠贝科 Pteriidae				
合浦珠母贝 *Pinctada martensii*（Dunker）	+			
帘蛤目 Veneroida				
鸟蛤科 Cardiidae				
韩氏薄壳鸟蛤 *Fulvia hungerfordi*（Sowerby）			+	
镶边鸟蛤 *Vepricardium coronatum*（Spengler）			+	
帘蛤科 Veneridae				
波纹巴非蛤 *Paphia*（*Paratapes*）*undulata*（Born）	+	+		+
美叶雪蛤 *Chione*（*Clausinella*）*calophylla*（Philippi）				+
粗帝汶蛤 *Timoclea scabra*（Hanle）	+		+	+
樱蛤科 Tellinidae				
美女白樱蛤 *Macoma candida*（Lamarck）			+	+
衣角樱蛤 *Angulus vestalis*（Hanley）	+			
小亮樱蛤 *Nitidotellina minuta*（Lischke）	+			
双带蛤科 Semelidae				
理蛤 *Theora lata* Hinds			+	
竹蛏科 Solenidae				
大竹蛏 *Solen grandisc* Dunker			+	
节肢动物门 Arthropoda				
甲壳纲 Crustacea				
端足目 Amphipoda				
钩虾科 Gammaridae				
钩虾 *Elasmopus* sp.				+
十足目 Order decapoda				
梭子蟹科 Portunidae				

（续）

分类地位	春季	夏季	秋季	冬季
武士蟳 *Charybdis miles* de Haan	+			
整洁短桨蟹 *Thalamita integra* Dana		+		
长脚蟹科 Goneplacidae				
毛盲蟹 *Typhlocarcinus villosus* Stimpson	+		+	+
裸盲蟹 *Typhlocarcinus mudus* Stimpson	+	+		+
隆线强蟹 *Eucrate crenata* de Haan	+			
豆蟹科 Pinnotheridae				
豆形短眼蟹 *Xenophthalmus pinnotheroides* Whiete		+		
瓷蟹科 Porcellanidae				
绒毛细足蟹 *Raphidopus ciliatus* Stimpson			+	
棘皮动物门 Echinodermata				
海胆纲 Echinoidea				
盾形目 Clypeasteroida				
饼干海胆科 Laganidae				
十角饼干海胆 *Laganum decagonale*（Blainville）	+			
海参纲 Holothuroidae				
无足目 Apoda				
锚海参科 Synaptidae				
棘刺锚参 *Protankyra bidentata*（Woodward et Barrett）				+
蛇尾纲 Ophiuroidea				
颚蛇尾目 Gnathophiurida				
阳遂足科 Amphiuridae				
光滑倍棘蛇尾 *Amphioplus laevis*（Lyman）	+	+	+	+
半索动物门 Hemichordata				
肠鳃纲 Enteropneusta				
柱头虫目 Balanoglossidae				
殖翼柱头虫科 Ptychoderidae				
短殖舌形虫 *Glossobalanus morteenseni* Horst			+	
脊索动物门 Chordata				
硬骨鱼纲 Osteichthyes				
鲱形目 Clupeiformes				
鲱科 Clupeidae				
七丝鲚 *Coilia grayi* Richardson	+			

附录 4 2017 年白龙珍珠湾海洋牧场及邻近海域附着生物名录

分类地位	春季	夏季	秋季	冬季
多孔动物门【海绵动物门】Porifera［Spongia］				
寻常海绵纲 Demospongiae				
筒骨海绵目 Haploscleridae				
美丽海绵科 Callyspongidae				
美丽海绵（未定种）*Callyspongia* sp.		+		
刺胞动物门【腔肠动物门】Cnidaria［Coelentera］				
珊瑚虫纲 Anthozoa				
海葵目 Actinaria				
海葵科 Actiniidae				
亚洲侧花海葵 *Anthopleura asiatica* Uchida et Murmatsu		+		+
太平洋侧花海葵 *Anthopleura nigrescens*（Verrill）		+		
黄侧花海葵 *Anthopleura xanthogrammia*（Brandt）		+		
环节动物门 Annelida				
多毛纲 Polychaeta				
叶须虫目 Phyllodocida				
蠕鳞虫科 Acoetidae				
小颚多齿鳞虫 *Polydontes maxillosus*（Ranzani）		+	+	+
沙蚕科 Nereidae				
背褶沙蚕 *Tambalagamia fauveli* Pillai		+		
短须角沙蚕 *Ceratonereis costae*（Grube）		+	+	+
缨鳃虫目 Sabellida				
龙介虫科 Serpulidae				
华美盘管虫 *Hydroides elegans*（Haswell）		+	+	+
星虫动物门 Sipuncula				
方格星虫纲 Sipunculidae				
方格星虫目 Sipunculiformes				
方格星虫科 Sipunculidae				
裸体方格星虫 *Sipunculus nudus* Linnaeus		+	+	+
软体动物门 Mollusca				
腹足纲 Gastropoda				
原始腹足目 Archaeogastropoda				

（续）

分类地位	春季	夏季	秋季	冬季
钥孔蝛科 Fissurellidae				
鼠眼孔蝛 *Diodora mus*（Reeve）		+	+	+
新腹足目【狭舌目】Neogastropoda				
骨螺科 Muricidae				
黄口荔枝螺 *Thais luteostoma*（Holten）			+	+
双壳纲【瓣鳃纲】Bivalvia				
蚶目 Arcoida				
蚶科 Aacidae				
棕蚶 *Barbatia fusca*（Bruguiere）				+
双纹须蚶 *Barbatia bistrigata*（Dunker）			+	+
帚形须蚶 *Barbatia cometa*（Reeve）			+	
毛蚶 *Scapharca subcrenata*（Lishke）				+
古蚶 *Anadara antiquata*（Linnaeus）		+		
贻贝目 Mytiloida				
贻贝科 Mytilidae				
翡翠贻贝 *Perna viridis*（Linnaeus）		+	+	+
毛贻贝 *Trichmya hirsuta*（Lamarck）			+	
心形肌蛤 *Musculus cumingiana*（Dunker）		+		
珍珠贝目 Pterioida				
珍珠贝科 Pteriidae				
合浦珠母贝【马氏珠母贝】*Pinctada martensii*（Dunker）	+	+	+	+
海菊蛤科 Spondylidae				
奇海菊蛤 *Spondylus spectrum* Reeve			+	
硬牡蛎科【曲蛎科】Pyconodntidae				
舌骨牡蛎【中华牡蛎】*Hyotissa hyotis*（Linnaeus）		+		+
牡蛎科 Ostridae				
猫爪牡蛎 *Talonostrea talonata* Li et Qi	+	+	+	+
长牡蛎 *Crassostrea gigas*（Thunberg）		+		
密鳞牡蛎 *Ostreadenselamellosa* Lischke				+
贻形囊牡蛎【黑缘牡蛎】*Saccostrea mytuloides*（Lamarck）				+
棘刺牡蛎 *Saccostrea echinata*（Quoy et Gaimard）			+	

（续）

分类地位	春季	夏季	秋季	冬季
帘蛤目 Veneroida				
猿头蛤科 Chamidae				
翘鳞猿头蛤 *Chama lazarus* Linnaeus				+
糙猿头蛤 *Chama asperella* Lamarck				+
敦氏猿头蛤 *Chama dunkeri* Lischke			+	
中带蛤科 Mesodesmatidae				
扁平蛤 *Davila plana* （Hanley）			+	+
棱蛤科 Trapexiidae				
纹斑棱蛤 *Trapezium*（*Neotrapezium*）*liratum*（Reeve）			+	
节肢动物门 Arthropoda				
甲壳纲 Crustacea				
围胸目 Thoracica				
藤壶科 Balanidae				
三角藤壶 *Balanus trigonus* Darwin	+	+	+	+
网纹藤壶 *Balanus reticulatue* Utinomi	+	+	+	+
纹藤壶 *Balanus amphitrite* Darwin	+	+	+	+
红巨藤壶 *Megabalanus rosa*（Pilsbry）	+	+	+	+
棘皮动物门 Echinodermata				
蛇尾纲 Ophiuroidea				
真蛇尾目 Ophiurida				
辐蛇尾科 Ophiactidae				
辐蛇尾 *Ophiactis savignyi*（Muller et Torschel）		+	+	+
刺蛇尾科 Ophiotrichidae				
棕板蛇尾 *Ophiomaza cacaotica* Lyman	+	+	+	+
海胆纲 Echinoidea				
拱齿目 Camarodonta				
刻肋海胆科 Temnopleuridae				
细雕刻肋海胆 *Temnopleurus toreumaticus*（Leske）	+	+		+
脊索动物门 Chordata				
海鞘纲 Asidiacea				

（续）

分类地位	春季	夏季	秋季	冬季
内性目 Enterogona				
玻璃海鞘科 Cionidae				
玻璃海鞘 *Ciona intestinalis* Linnaeus	+	+		+
侧性目 Pieurogona				
瘤海鞘科 Styelidae				
皱瘤海鞘 *Styela plicata*（Lesueur）		+	+	+
脓海鞘科 Pyuridae				
红贺海鞘 *Herdmania momus*（Sauigny）	+	+	+	+

附录5　2017年白龙珍珠湾海洋牧场及邻近海域鱼卵仔鱼名录

种　名	拉丁名	春季	夏季	秋季	冬季
1. 小沙丁鱼	*Sardinella* sp.	+		+	+
2. 小公鱼	*Stolephorus* sp.		+	+	+
3. 鲻科	Mugilidae	+	+	+	+
4. 眶棘双边鱼	*Ambassis gymnocephalus*			+	
5. 多鳞鱚	*Sillago sihama*		+	+	+
6. 鲹科	Carangidae	+			
7. 鲾属	*Leiognathus* sp.		+	+	+
8. 石首鱼科	Sciaenidae			+	+
9. 鲷科	Sparidae	+	+		
10. 蜊	*Therapon theraps*			+	+
11. 绯鲤属	*Upeneus* sp.	+	+		
12. 带鱼	*Trichiurus haumela*		+		
13. 李氏鮨	*Callionymus richardsoni*	+			
14. 虾虎鱼科	Gobiidae	+	+	+	+
15. 鮻	*Platycephalus indicus*	+			
16. 舌鳎科	Cynoglossidae	+	+	+	+

附录6　2017年白龙珍珠湾海洋牧场及邻近海域拖网调查游泳生物名录

种类名称	调查出现季节			
	春季	夏季	秋季	冬季
软骨鱼纲 Chondrichthyes				
真鲨目 Carcharhiniformes				
真鲨科 Carcharhinidae				
斜齿鲨属 *Scoliodon*				
尖头斜齿鲨 *Scoliodon sorrakowah*（Cuvier）	+	+		+
硬骨鱼纲 Osteichthyes				
灯笼鱼目 Myctophiformes				
狗母鱼科 Synodidae				
蛇鲻属 *Saurida*				
多齿蛇鲻 *Saurida tumbil*（Bloch et Shneider）	+	+		
花斑蛇鲻 *Saurida undosquamis*（Richardson）	+	+		
长蛇鲻 *Saurida elongata*（Temminck et Schlegel）				+
长体蛇鲻 *Saurida filamentosa* Ogiby				+
龙头鱼科 Harpodontidae				
龙头鱼属 *Harpodon*				
龙头鱼 *Harpodon nehereus*（Hamilton）			+	
鲽形目 Pleuronectiforme				
鲆科 Bothidae				
羊舌鲆属 *Arnoglossus*				
纤羊舌鲆 *Arnoglossus tenuis* Gunther		+		
缨鲆属 *Crossorhombus*				
青缨鲆 *Crossorhombus azureus*（Alcock）	+			
左鲆属 *Laeops*				
小头左鲆 *Laeops parviceps* Gunther	+			
舌鳎科 Cynoglossidae				
舌鳎属 *Cynoglossus*				
半滑舌鳎 *Cynoglossus semilaevis* Gunther				+
大鳞舌鳎 *Cynoglossus macrolepidotus*（Bleeker）				+
印度舌鳎 *Cynoglossus arel*（Scheider）		+		

（续）

种类名称	调查出现季节			
	春季	夏季	秋季	冬季
长吻舌鳎 *Cynoglossus lighti* Norman		+		
鲱形目 Clupeiformes				
鲱科 Clupeidae				
鳓属 *Clupanodon*				
斑鰶 *Clupanodon punctatus*（Temminck et Schlegel）		+		
鳓属 *Ilisha*				
鳓 *Ilisha elongata*（Bennett）		+	+	
印度鳓 *Ilisha indica*（Swainson）			+	+
无齿鰶属 *Anodontostoma*				
无齿鰶 *Anodontostoma chacunda*（Hamilton）		+		
鳀科 Engraulidae				
黄鲫属 *Setipinna*				
黄鲫 *Setipinna taty*（Valeinciennes）			+	+
棱鳀属 *Thryssa*				
赤鼻棱鳀 *Thryssa kammalensis*（Bleeker）			+	+
杜氏棱鳀 *Thryssa dussumieri*（Valenciennes）		+		
黄吻棱鳀 *Thryssa vitirostris*（Gilchrist et Thompson）				+
小公鱼属 *Stolephorus*				
印度小公鱼 *Stolephorus indicus*（van Hasselt）			+	+
中华小公鱼 *Stolephorus chinensis*（Gunther）			+	+
鲈形目 Perciformes				
鲾科 Leiognathidae				
鲾属 *Leiognathus*				
粗纹鲾 *Leiognathus lineolatus*（Cuvier et Valenciennes）	+			
短吻鲾 *Leiognathus brevirostris*（Cuvier et Valenciennes）	+	+	+	+
黄斑鲾 *Leiognathus bindus*（Cuvier et Valenciennes）		+		
静鲾 *Leiognathus insidiator*（Bloch）			+	+
鹿斑鲾 *Leiognathus ruconius*（Hamilton‐Buchanan）	+	+	+	+
细纹鲾 *Leiognathus berbis*（Cuvier et Valenciennes）		+	+	+
赤刀鱼科 Cepolidae				

（续）

种类名称	调查出现季节			
	春季	夏季	秋季	冬季
赤刀鱼属 *Cepola*				
赤刀鱼 *Cepola schlegeli*（Day）		+		
棘赤刀鱼属 *Acanthocepola*				
克氏棘赤刀鱼 *Acanthocepola krusensterni*（Temminck et Schlegel）		+		
带鱼科 Trichiuridae				
带鱼属 *Trichiurus*				
带鱼 *Trichiurus haumela*（Forskal）	+	+	+	+
短带鱼 *Trichiurus brevis* Wang et You	+	+		
窄颅带鱼属 *Tentoriceps*				
窄颅带鱼 *Tentoriceps cristatus*（Klunzinger）			+	
笛鲷科 Lutjanidae				
笛鲷属 *Lutjanus*				
焦黄笛鲷 *Lutjanus fulvus*（Forster）			+	
梅鲷属 *Caesio*				
金带梅鲷 *Caesio chrysozona* Cuvier et Valenciennes			+	
鲷科 Sparidae				
鲷属 *Sparus*				
黑鲷 *Sparus macrocephalus*（Basilewsky）	+	+		
黄鳍鲷 *Sparus latus* Houttuyn				+
二长棘鲷属 *Parargyrops*				
二长棘鲷 *Parargyrops edita* Tanaka	+	+	+	+
平鲷属 *Rhabdosargus*				
平鲷 *Rhabdosargus sarba*（Forskal）				+
真鲷属 *Pagrosomus*				
真鲷 *Pagrosomus major*（Temminck et Schlegel）	+	+	+	
鳄齿鱼科 Champsodontidae				
鳄齿鱼属 *Champsodon*				
弓背鳄齿鱼 *Champsodon atridorsalis* Ohiai et Nakamura	+			
方头鱼科 Branchiostegidae				
方头鱼属 *Branchiostegus*				

（续）

种类名称	调查出现季节			
	春季	夏季	秋季	冬季
日本方头鱼 *Branchiostegus japonicus*（Houttuyn）		+		
银方头鱼 *Branchiostegus argentatus*（Cuvier et Valenciennes）		+	+	
尖吻鲈科 Latidae				
尖吻鲈属 *Lates*				
尖吻鲈 *Lates calcarifer*（Bloch）		+		
金线鱼科 Nemirteridae				
金线鱼属 *Nemipterus*				
金线鱼 *Nemipterus virgatus*（Houttuyn）		+	+	
日本金线鱼 *Nemipterus japonicus* Bloch，1970	+	+	+	+
鯻科 Theraponidae				
鯻属 *Therapon*				
尖吻鯻 *Therapon oxyrhynchus* Temminck et Schlegel				+
鯻 *Therapon thraps*（Cuvier et Valenciennes）	+			
蓝子鱼科 Siganidae				
蓝子鱼属 *Siganus*				
黄斑篮子鱼 *Siganus oramin*（Bloch et Valenciennes）	+		+	+
鳗虾虎鱼科 Taenioididae				
孔虾虎鱼属 *Trypauchen*				
孔虾虎鱼 *Trypauchen vagina*（Bloch et Schneider）			+	
狼牙虾虎鱼属 *Odontamblyopus*				
红狼牙虾虎鱼 *Odontamblyopus rubicundus*（Hamilton-Buchanan）			+	
拟鲈科 Parapercidae				
拟鲈属 *Parapercis*				
六带拟鲈 *Parapercis sexfasciata*（Temminck et Schlegel）			+	
鮨科 Serranidae				
九棘鲈属 *Cephalopholis*				
红九棘鲈 *Cephalopholis sonnerati*（Cuvier et Valanciennes）			+	
鲈属 *Lateolabrax*				
花鲈 *Lateolabrax japonicus*（Cuvier et Valanciennes）	+			
石斑鱼属 *Epinephelus*				

（续）

种类名称	调查出现季节			
	春季	夏季	秋季	冬季
橙点石斑鱼 *Epinephelus bleekeri*（Vaillant et Bocourt）			+	
鲑点石斑鱼 *Epinephelus fario*（Thunberg）	+			
六带石斑鱼 *Epinephelus sexfasciatus*（Cuvier et Valanciennes）		+		
青石斑鱼 *Epinephelus awoara*（Temminck et Schlegel）	+		+	
双棘石斑鱼 *Epinephelus diacanthus*（Cuvier et Valanciennes）			+	
镶点石斑鱼 *Epinephelus amblycephalus*（Bleeker）			+	
鲭科 Scombridae				
鲐属 *Pneumatophorus*				
鲐鱼 *Pneumatophorus japonicus*（Houttuyn）			+	
乳香鱼科 Lactariidae				
乳香鱼属 *Lactarius*				
乳香鱼 *Lactarius lactarius*（Bloch et Schneider）	+	+	+	+
鲹科 Carangidae				
沟鲹属 *Atropus*				
沟鲹 *Atropus atropus*（Bloch et Schneider）			+	+
鲹属 *Caranx*				
高体若鲹 *Caranx*（*Carangoides*）*equula* Temminck et Schlegel			+	
叶鲹属 *Atule*				
及达叶鲹 *Carangoides*（*A.*）*djeddaba*（Firsjak）		+	+	+
丽叶鲹 *Carangoides*（*Atule*）*kalla* Cuvier et Valenciennes	+	+	+	+
竹筴鱼属 *Trachurus*				
竹筴鱼 *Trachurus japonicus*（Temminck et Schlegel）	+	+		+
石鲈科 Pomadasyidae				
石鲈属 *Pomadasys*				
大斑石鲈 *Pomadasys maculatus*（Bloch）			+	
断斑石鲈 *Pomadasys hasta*（Bloch）			+	+
石首鱼科 Sciaenidae				
白姑鱼属 *Argyrosomus*				
白姑鱼 *Argyrosomus argentatus*（Houttuyn）			+	
斑鳍白姑鱼 *Argyrosomus pawak* Lin	+	+		

（续）

种类名称	调查出现季节			
	春季	夏季	秋季	冬季
大头白姑鱼 *Argyrosomus macrocephalus*（Tang）			+	+
截尾白姑鱼 *Argyrosomus aneus*（Bloch）	+		+	+
短须石首鱼属 *Umbrina*				
勒氏短须石首鱼 *Umbrina russelli* Cuvier et Valenciennes			+	
黄姑鱼属 *Nibea*				
浅色黄姑鱼 *Nibea chui* Trewavas				+
叫姑鱼属 *Johnius*				
杜氏叫姑鱼 *Johnius dussumieri*（Cuvier et Valenciennes）			+	
皮氏叫姑鱼 *Johnius belengeri*（Cuvier et Valenciennes）		+		
牙䱛属 *Otolithes*				
红牙䱛 *Otolithes ruber*			+	
银牙䱛 *Otolithes argenteus*			+	+
天竺鲷科 Apogonidae				
天竺鲷属 *Apogon*				
侧身天竺鲷 *Apogon lateralis* Valenciennes		+		
四线天竺鲷 *Apogon quadrifasciatus* Cuvier et Valenciennes		+	+	
中线天竺鲷 *Apogon kiensis* Jordan et Snyder		+		
天竺鱼属 *Apogonichthys*				
斑鳍天竺鱼 *Apogonichthys carinatus*（Cuvier et Valenciennes）			+	
黑边天竺鱼 *Apogonichthys ellioti*（Day）	+	+		
宽条天竺鱼 *Apogonichthys striatus*（Smith et Radcliffe）	+			
细条天竺鱼 *Apogonichthys lineatus*（Temminck et Schlegel）				+
鱚科 Sillaginidae				
鱚属 *Sillago*				
多鳞鱚 *Sillago sihama*（Forskal）		+		+
虾虎鱼科 Gobiidae				
沟虾虎鱼属 *Oxyurichthys*				
巴布亚沟虾虎鱼 *Oxyurichthys papuensis*（Cuvier et Valencienner）			+	+
触角沟虾虎鱼 *Oxyurichthys tentacularis*（Cuvier et Valenciennes）		+		
眼瓣沟虾虎鱼 *Oxyurichthys ophthalmonema*（Bleeker）		+		

（续）

种类名称	调查出现季节			
	春季	夏季	秋季	冬季
矛尾虾虎鱼属 *Chaeturichthys*				
矛尾虾虎鱼 *Chaeturichthys stigmatias* Richardson			+	
拟矛尾虾虎鱼属 *Parachaeturichthys*				
拟矛尾虾虎鱼 *Parachaeturichthys polynema*（Bleeker）	+	+	+	+
拟平牙虾虎鱼属 *Pseudapocryptes*				
矛状拟平牙虾虎鱼 *Pseudapocryptes lanceolatus*（Bloch et Schneider）	+	+		
舌虾虎鱼属 *Glossogobius*				
舌虾虎鱼 *Glossogobius giuris*（Hamilton）		+		
丝虾虎鱼属 *Cryptocentrus*				
长丝虾虎鱼 *Cryptocentrus filifer*（Cuvier et Valenciennes）			+	+
细棘虾虎属 *Acentrogobius*				
绿斑细棘虾虎鱼 *Acentrogobius chlorostigmatoides*（Bleeker）	+		+	+
鰧科 Callionymidae				
鰧属 *Callionymus*				
李氏鰧 *Callionymus richardsoni* Bleeker	+	+		
羊鱼科 Myllidae				
绯鲤属 *Upeneus*				
黄带绯鲤 *Upeneus sulphureus*			+	+
长鲳科 Centrolophidae				
刺鲳属 *Psenopsis*				
刺鲳 *Psenopsis anomala*（Temminck et Schlegel）	+	+		
鳗鲡目 Anguilliformes				
海鳗科 Muraenesocidae				
海鳗属 *Muraenesox*				
海鳗 *Muraenesox cinereus*（Forskal）	+	+	+	+
鹤海鳗 *Muraenesox talabonoides*（Bleeker）		+		
蛇鳗科 Ophichthyidae				
蛇鳗属 *Ophichthus*				
艾氏蛇鳗 *Ophichthus evermanni* Jordan et Richardson			+	

（续）

种类名称	调查出现季节			
	春季	夏季	秋季	冬季
鲇形目 Siluriformes				
海鲇科 Ariidae				
海鲇属 *Arius*				
海鲇 *Arius thalassinus*（Ruppell）			+	+
中华海鲇 *Arius sinensis*（Lacepede）		+		
鲀形目 Tetraodontiforme				
鲀科 Tetraodontidae				
东方鲀属 *Fugu*				
星点东方鲀 *Fugu niphobles*（Jordan et Snyder）	+			
腹刺鲀属 *Gastrophysus*				
月腹刺鲀 *Gastrophysus lunaris*（Bloch et Schneider）				+
棕腹刺鲀 *Gastrophysus spadiceus*（Richardson）	+	+		
兔头鲀属 *Lagocephalus*				
黑鳃兔头鲀 *Lagocephalus inermis*（Temminck et Schlegel）			+	+
鳕形目 Gadiformes				
犀鳕科 Bregmacerotidae				
犀鳕属 *Bregmaceros*				
麦氏犀鳕 *Bregmaceros macclellandi* Thompson	+			
硬骨鱼纲 Osteichthyes				
鲈形目 Perciformes				
羊鱼科 Myllidae				
印度绯鲤 *Parupeneus indicus*（Shaw）				+
鲉形目 Scorpaeniformes				
毒鲉科 Synanceiidae				
鬼鲉属 *Inimicus*				
居氏鬼鲉 *Inimicus cuvieri*（Gray）		+		
日本鬼鲉 *Inimicus japonicus*（Cuvier et Valenciennes）			+	
虎鲉属 *Minous*				
无备虎鲉 *Minous inermis* Alcock	+			
膝头鲉属 *Polycaulus*				

（续）

种类名称	调查出现季节			
	春季	夏季	秋季	冬季
腾头鲉 *Polycaulus uranoscopa*（Bloch et Schneider）				＋
鲂鮄科 Trigidae				
红娘鱼属 *Lepidotrigla*				
日本红娘鱼 *Lepidotrigla japonica* Gunther	＋	＋		
翼红娘鱼 *Lepidotrigla alata*（Houttuyn）	＋			
鲬科 Platycephalidae				
凹鳍鲬属 *Kumococius*				
凹鳍鲬 *Kumococius detrusus*（Jordan et Scale）	＋	＋		
鳞鲬属 *Onigocia*				
大鳞鳞鲬 *Onigocia macrolepis*（Bleeker）		＋		
鲬属 *Platycephalus*				
鲬 *Platycephalus indicus*（Linnaeus）			＋	＋
鲉科 Scorpaenidae				
锯蓑鲉属 *Brachypterois*				
锯蓑鲉 *Brachypterois serrulatus*（Richardson）			＋	
鳞头鲉属 *Sebastapistes*				
大鳞鳞头鲉 *Sebastapistes megalepis*（Fowler）		＋		
蓑鲉属 *Pterois*				
环纹蓑鲉 *Pterois lunulata* Temminck et Schlegel	＋			
鲻形目 Mugiliformes				
马鲅科 Polynemidae				
马鲅属 *Polynemus*				
六指马鲅 *Polynemus sextarius* Bloch et Schneider	＋	＋		
四指马鲅属 *Eleutheronema*				
四指马鲅 *Eleutheronema tetradactylus*（Shaw）		＋		
舒科 Sphyraenidae				
舒属 *Sphyraena*				
斑条舒 *Sphyraena jello* Cuvier et Valenciennes			＋	
尖鳍舒 *Sphyraena acutipinnis* Day			＋	

（续）

种类名称	调查出现季节			
	春季	夏季	秋季	冬季
甲壳纲 Crustacea				
口足目 Stomatopoda				
猛虾蛄科 Harpiosquillidae				
猛虾蛄属 Harpiosquilla				
棘突猛虾蛄 Harpiosquilla raphidea（Fabricius）			+	
猛虾蛄 Harpiosquilla harpax（de Haan）	+	+	+	+
虾蛄科 Squillidae				
糙虾蛄属 Kempina				
尖刺糙虾蛄 Kempina mikado（Kemp et Chopra）			+	
近虾蛄属 Anchisquilla				
条尾近虾蛄 Anchisquilla fasciata（de Haan）	+			
绿虾蛄属 Clorida				
拉氏绿虾蛄 Clorida latreillei（Eydoux et Souleyet）				+
饰尾绿虾蛄 Clorida decorata（Wood‑Mason）	+		+	
虾蛄属 Oratosquilla				
断脊口虾蛄 Oratosquilla interrupta（Kemp）			+	+
黑斑口虾蛄 Oratosquilla kempi（Schmitt）	+	+	+	
口虾蛄 Oratosquilla oratoria（de Haan）	+	+	+	+
长叉口虾蛄 Oratosquilla nepa（Latreille）	+	+	+	+
褶虾蛄属 Lophosquilla				
脊条褶虾蛄 Lophosquilla costata（de Haan）		+	+	
十足目 Decapoda				
对虾科 Penaeida				
赤虾属 Metapenaeopsis				
宽突赤虾 Metapenaeopsis palmensis（Haswell）	+	+		+
对虾属 Penaeus				
斑节对虾 Penaeus monodon Fabricius			+	
宽沟对虾 Penaeus（Melicertus）latisulcatus Kishinouye	+			
墨吉对虾 Penaeus（Fenneropenaeus）merguiensis de Man	+			+
长毛对虾 Penaeus（Fenneropenaeus）penicillatus Alcock	+		+	+

（续）

种类名称	调查出现季节			
	春季	夏季	秋季	冬季
中国对虾 *Penaeus*（*Fenneropenaeus*）*chinensis*（Osbeck）		＋		
仿对虾属 *Parapenaeopsis*				
哈氏仿对虾 *Parapenaeopsis hardwickii*		＋		
细巧仿对虾 *Parapenaeopsis tenella*（Bate）			＋	
享氏仿对虾 *Parapenaeopsis hungerfordi* Alcock			＋	
新对虾属 *Metapenaeus*				
刀额新对虾 *Metapenaeus ensis*（de Haan）			＋	＋
近缘新对虾 *Metapenaeus affinis* H. Milne‐Edwards	＋	＋	＋	＋
周氏新对虾 *Metapenaeus joyneri*（Miers）		＋		
鹰爪虾属 *Trachypenaeus*				
马来鹰爪虾 *Trachypenaeus malaiana* Balss	＋			
鹰爪虾 *Trachypenaeus curvirostris*（Stimpson）			＋	＋
鼓虾科 Alpheidae				
鼓虾属 *Alpheus*				
短脊鼓虾 *Alpheus brevicristatus* de Haan		＋		
日本鼓虾 *Alpheus japonicus* Miers		＋		
贪食鼓虾 *Alpheus avarus* Fabricius	＋	＋	＋	
鲜明鼓虾 *Alpheus distinguendus* de Man	＋		＋	＋
关公蟹科 Dorippidae				
关公蟹属 *Dorippe*				
伪装关公蟹 *Dorippe*（*Dorippides*）*facchino*（Herbst）	＋	＋		
细足关公蟹 *Dorippe tenuipes* Chen			＋	
疣面关公蟹 *Dorippe frascone*（Herbst）	＋			
沙蟹科 Ocypodidae				
招潮蟹属 *Uca*				
清白招潮蟹 *Uca*（*Celuca*）lactea（de Haan）		＋		
梭子蟹科 Portunidae				
梭子蟹属 *Portunus*				
红星梭子蟹 *Portunus sanguinolentus*（Herbst）			＋	
丽纹梭子蟹 *Portunus pulchricristatus* Gorden				＋

（续）

种类名称	调查出现季节			
	春季	夏季	秋季	冬季
矛形梭子蟹 *Portunus hastatoides*（Fabricius）	+	+		+
三疣梭子蟹 *Portunus trituberculatus*（Micrs）			+	
纤手梭子蟹 *Portunus gracilimanus*（Stimpson）			+	
银光梭子蟹 *Portunus argentatus*（White）	+	+		
拥剑梭子蟹 *Portunus haanii*		+		
远海梭子蟹 *Portunus pelagicus*（Linnaeus）		+	+	
蟳属 *Charybdis*				
变态蟳 *Charybdis variegata*（Fabricius）		+		
东方蟳 *Charybdis orientalis* Dana		+		
疾进蟳 *Charybdis vadorum* Alcock	+			
晶莹蟳 *Charybdis lucifera*（Fabricius）			+	
美人蟳 *Charybdis callianassa*（Herbst）		+		
日本蟳 *Charybdis japonica*（A. Milne‐Edwards）	+	+	+	
锐齿蟳 *Charybdis acuta* A. Milne‐Edwards			+	+
善泳蟳 *Charybdis natator*（Herbst）				+
武士蟳 *Charybdis miles*（de Haaan）		+		
香港蟳 *Charybdis hongkongensis* Shen		+	+	
锈斑蟳 *Charybdis feriatus*（Linnaeus）	+	+	+	+
直额蟳 *Charybdis truncata*（Fabricius）	+	+	+	+
樱虾科 Sergestidae				
毛虾属 *Acetes*				
中国毛虾 *Acetes chinensis* Hansen	+			
藻虾科 Hippolytidae				
深额虾属 *Latreutes*				
水母深额虾 *Latreutes anoplonyx* Kemp	+		+	
长脚蟹科 Goneplacidae				
掘沙蟹属 *Scalopidia*				
刺足掘沙蟹 *Scalopidia spinosipes* Stimpsom	+	+		
隆背蟹属 *Carcinoplax*				
紫隆背蟹 *Carcinoplax pururea* Rathbun		+		

（续）

种类名称	调查出现季节			
	春季	夏季	秋季	冬季
强蟹属 *Eucrate*				
阿氏强蟹 *Eucrate alcocki* Serene	＋	＋		
哈氏强蟹 *Eucrate haswelli* Campbell		＋		
隆线强蟹 *Eucrate crenata* de Haan	＋	＋	＋	＋
太阳强蟹 *Eucrate solaris* Yang et Sun	＋		＋	
蜘蛛蟹科 Majidae				
互敬蟹属 *Hyastenus*				
双角互敬蟹 *Hyastenus diacanthus*（de Haan）	＋			
绒球蟹属 *Doclea*				
四翼绒球蟹 *Doclea tetraptera* Walker			＋	
头足纲 Cephalopoda				
八腕目 Octopoda				
蛸科/章鱼科 Octopodidae				
蛸属 *Octopus*				
短蛸 *Octopus ocellatus* Gray	＋		＋	
卵蛸 *Octopus ovulum*（Sasaki）		＋		
条纹蛸 *Octopus striolatus* Dong		＋		
枪形目 Teuthoidea				
枪乌贼科 Loliginidae				
枪乌贼属 *Loligo*				
杜氏枪乌贼 *Loligo duvaucelii* Orbigny	＋	＋		＋
火枪乌贼 *Loligo beka* Sasaki			＋	＋
剑尖枪乌贼 *Loligo edulis* Hoyle	＋	＋	＋	
田乡枪乌贼 *Loligo tagoi* Sasaki	＋	＋		
中国枪乌贼 *Loligo chinensis* Gray	＋		＋	
乌贼目 Sepioidea				
耳乌贼科 Depiolidae				
四盘耳乌贼属 *Euprymna*				
柏氏四盘耳乌贼 *Euprymna berryi* Sasaki	＋			
乌贼科 Sepiidae				

（续）

种类名称	调查出现季节			
	春季	夏季	秋季	冬季
后乌贼属 *Metasepia*				
图氏后乌贼 *Metasepia tullbergi*（Appellof）	+			
乌贼属 *Sepia*				
金乌贼 *Sepia esculenta* Hoyle				+
无针乌贼属 *Sepiella*				
曼氏无针乌贼 *Sepiella maindroni* de Rochebrune	+			+

附录 7　2017 年白龙珍珠湾海洋牧场邻近海域刺网调查游泳生物名录

种类名称	春季	夏季	秋季	冬季
刀额新对虾	+			
墨吉对虾			+	
长毛对虾		+	+	
美丽瓷蟹		+		
绵蟹	+			
伪装关公蟹			+	
中华虎头蟹				+
红点黎明蟹	+			
远海梭子蟹	+			+
变态蟳	+			
日本蟳	+	+		+
锐齿蟳	+			
锈斑蟳				+
直额蟳	+			+
双刺静蟹		+		
阿氏强蟹				+
隆线强蟹				+
太阳强蟹		+		+
口虾蛄	+	+		+
长叉口虾蛄	+			

（续）

种类名称	春季	夏季	秋季	冬季
猛虾蛄		+		+
尖头斜齿鲨			+	
斑鲦	+			
圆吻海鰶	+			
印度鳓			+	
印度小公鱼	+			
赤鼻棱鳀			+	
多齿蛇鲻	+			
长蛇鲻	+			
龙头鱼				+
海鳗	+	+		
鳗鲇	+			
海鲇			+	
斑条鲾		+		
油鲹		+		
前鳞骨鲻	+			
六带石斑鱼	+			
青石斑鱼		+		+
中线天竺鲷		+		
多鳞鱚	+			
及达叶鲹			+	
丽叶鲹		+		
杜氏叫姑鱼	+			
皮氏叫姑鱼	+			+
银牙鱼或		+		
勒氏短须石首鱼			+	
白姑鱼		+	+	
斑鳍白姑鱼	+			+
大头白姑鱼			+	
截尾白姑鱼	+			+
短吻鲾	+	+	+	

（续）

种类名称	春季	夏季	秋季	冬季
静鳂		+		
鹿斑鳂		+	+	
金带笛鲷		+		
短棘银鲈	+			
真鲷	+	+	+	
二长棘鲷	+	+	+	+
平鲷	+			
黑鲷	+			
金线鱼	+	+		
日本金线鱼		+		+
黄带绯鲤		+		
条尾绯鲤	+			
斑点鸡笼鲳	+			
李氏鮗	+			+
褐斑蓝子鱼	+			
黄斑蓝子鱼	+			
带鱼		+		
长丝虾虎鱼		+		
绿斑细棘虾虎鱼				+
拟矛尾虾虎鱼		+		
矛尾虾虎鱼				+
鳗虾虎鱼	+			
褐菖鲉	+	+		
大鳞鳞鲬	+	+		
鲬		+		+
卵鳎	+			
日本钩嘴鳎		+		
斑头舌鳎	+			
半滑舌鳎	+	+		
大鳞舌鳎	+	+		
东亚单孔舌鳎	+			

（续）

种类名称	春季	夏季	秋季	冬季
中华单角鲀		＋		
绿鳍马面鲀	＋			
棕斑腹刺鲀				＋
黑鳃兔头鲀		＋		

附录 8　白龙珍珠湾海洋牧场人工鱼礁区生物食性划分及参考依据

种名	拉丁名	食性	参考文献（资料）
尖头斜齿鲨	*Scoliodon sorrakowah*	肉食性	http://www.fishbase.org
带鱼	*Trichiurus haumela*	肉食性	（张其永等，1981）
短带鱼	*Trichiurus brevis*	肉食性	参照带鱼食性
赤刀鱼	*Cepola schlegeli*	杂食性	http://www.fishbase.org
六带石斑鱼	*Epinephelus sexfasciatus*	肉食性	http://www.fishbase.org
赤点石斑鱼	*Epinephelus akaara*	肉食性	参照六带石斑鱼食性
银方头鱼	*Branchiostegus argentatus*	杂食性	http://baike.baidu.com
棘头梅童鱼	*Collichthys lucidus*	肉食性	（胡成业等，2016）
白姑鱼	*Argyrosomus argentatus*	肉食性	（张其永等，1981）
斑鳍白姑鱼	*Argyrosomus pawak*	肉食性	参照其他白姑鱼食性
日本白姑鱼	*Argyrosomus japonicus*	肉食性	参照其他白姑鱼食性
皮氏叫姑鱼	*Johnius belengeri*	肉食性	（张其永等，1981）
日本金线鱼	*Nemipterus japonicus*	肉食性	http://www.fishbase.org
竹筴鱼	*Trachurus japonicus*	杂食性	（张其永等，1981）
眼瓣沟虾虎鱼	*Oxyurichthys ophthalmonema*	肉食性	参照其他虾虎鱼食性
巴布亚沟虾虎鱼	*Oxyurichthys papuensis*	肉食性	http://www.fishbase.org
拟矛尾虾虎鱼	*Parachaeturichthys polynema*	肉食性	http://www.fishbase.org
绿斑细棘虾虎鱼	*Acentrogobius chlorostigmatoides*	肉食性	参照其他虾虎鱼食性
长丝虾虎鱼	*Cryptocentrus filifer*	肉食性	参照其他虾虎鱼食性
红狼牙虾虎鱼	*Odontamblyopus rubicundus*	肉食性	（胡成业等，2016）
黄斑篮子鱼	*Siganus oramin*	杂食性	（冯广朋等，2005）
细纹鲾	*Leiognathus berbis*	杂食性	http://www.fishbase.org
短吻鲾	*Leiognathus brevirostris*	杂食性	http://www.fishbase.org

（续）

种名	拉丁名	食性	参考文献（资料）
鹿斑鲾	*Leiognathus ruconius*	杂食性	http://www.fishbase.org
刺鲳	*Psenopsis anomala*	肉食性	（张其永等，1981）
黑鲷	*Sparus macrocephalus*	肉食性	http://www.fishbase.org
真鲷	*Pagrosomus major*	肉食性	（张其永等，1981）
平鲷	*Rhabdosargus sarba*	肉食性	http://www.fishbase.org
二长棘鲷	*Parargyrops edita*	肉食性	（张其永等，1981）
四线天竺鲷	*Apogon quadrifasciatus*	肉食性	http://www.fishbase.org
巨牙天竺鲷	*Cheilodipterus macrodon*	肉食性	http://www.fishbase.org
李氏鲼	*Callionymus richardsoni*	肉食性	http://www.fishbase.org
丽叶鲹	*Caranx kalla*	肉食性	http://www.fishbase.org
蓝圆鲹	*Decapterus maruadsi*	肉食性	（张其永等，1981）
沟鲹	*Atropus atropus*	肉食性	（张其永等，1981）
细鳞鯻	*Therapon jarbua*	杂食性	http://www.fishbase.org
尖吻鯻	*Therapon oxyrhynchus*	肉食性	http://www.fishbase.org
黄带绯鲤	*Upeneus sulphureus*	肉食性	（张其永等，1981）
环纹蓑鲉	*Pterois lunulata*	肉食性	http://www.fishbase.org
褐菖鲉	*Sebastiscus marmoratus*	肉食性	参照其他鲉类食性
大鳞鳞鲬	*Onigocia macrolepis*	肉食性	http://www.fishbase.org
鲬	*Platycephalus indicus*	肉食性	http://www.fishbase.org
赤鼻棱鳀	*Thrissa kammalensis*	肉食性	http://www.fishbase.org
黄吻棱鳀	*Thrissa vitirostris*	肉食性	参照赤鼻棱鳀食性
印度鳓	*Ilisha indica*	杂食性	http://www.fishbase.org
黄鲫	*Setipinna taty*	肉食性	（郭爱等，2010）
花斑蛇鲻	*Saurida undosquamis*	肉食性	（张其永等，1981）
多齿蛇鲻	*Saurida tumbil*	肉食性	（张其永等，1981）
长条蛇鲻	*Saurida filamentosa*	肉食性	参照多齿蛇鲻食性（张其永等，1981）
海鳗	*Muraenesox cinereus*	肉食性	http://www.fishbase.org
黑鳃兔头鲀	*Lagocephalus laevigatus*	肉食性	http://www.fishbase.org
斑条舒	*Sphyraena jello*	肉食性	参照油舒食性（张其永等，1981）

（续）

种名	拉丁名	食性	参考文献（资料）
半滑舌鳎	*Cynoglossus semilaevis*	肉食性	http://www.fishbase.org
中华海鲇	*Arius sinensis*	肉食性	http://www.fishbase.org
田乡枪乌贼	*Loligo tagoi*	肉食性	参照杜氏枪乌贼食性
剑尖枪乌贼	*Loligo edulis*	肉食性	参照杜氏枪乌贼食性
杜氏枪乌贼	*Loligo duvaucelii*	肉食性	（黄美珍等，2004）
曼氏无针乌贼	*Sepiella maindroni*	肉食性	（郭新，1986）
短蛸	*Octopus ocellatus*	杂食性	（黄美珍等，2004）
宽突赤虾	*Metapenaeopsis palmensis*	杂食性	参照其他虾类食性
贪食鼓虾	*Alpheus rapacide*	杂食性	参照其他虾类食性
鹰爪虾	*Trachypenaeus curvirostris*	杂食性	参照其他虾类食性
脊尾白虾	*Exopalaemon carinicauda*	杂食性	参照其他虾类食性
长毛对虾	*Penaeus penicillatus*	杂食性	参照其他虾类食性
墨吉对虾	*Penaeus merguiensis*	杂食性	参照其他虾类食性
刀额新对虾	*Metapenaeus ensis*	杂食性	（余景等，2016）
近缘新对虾	*Metapenaeus affinis*	杂食性	参照其他虾类食性
细巧仿对虾	*Parapenaeopsis tenella*	杂食性	（黄美珍等，2004）
口虾蛄	*Oratosquilla oratoria*	肉食性	（徐善良等，1996）
断脊口虾蛄	*Oratosquilla interrupa*	肉食性	参照口虾蛄食性
长叉口虾蛄	*Oratosquilla nepa*	肉食性	参照口虾蛄食性
猛虾蛄	*Harpiosquilla harpax*	肉食性	参照口虾蛄食性
锈斑蟳	*Charybdis feriatus*	杂食性	（黄美珍等，2004）
日本蟳	*Charybdis japonica*	肉食性	（赵静等，2012）
晶莹蟳	*Charybdis lucifera*	杂食性	参照锈斑蟳、双斑蟳食性
善泳蟳	*Charybdis natator*	杂食性	参照锈斑蟳、双斑蟳食性
锐齿蟳	*Charybdis hellerii*	杂食性	参照锈斑蟳、双斑蟳食性
隆线强蟹	*Eucrate crenata*	杂食性	参照其他蟹类食性
太阳强蟹	*Eucrate solaris*	杂食性	参照其他蟹类食性
伪装关公蟹	*Dorippe facchino*	杂食性	参照其他蟹类食性
银光梭子蟹	*Portunus argentatus*	杂食性	参照其他蟹类食性
红星梭子蟹	*Portunus sanguinolentus*	杂食性	（黄美珍等，2004）

附录9　白龙珍珠湾海洋牧场人工鱼礁区生物样品碳氮稳定同位素

种类	夏季			秋季			冬季		
	样品数量	$\delta^{13}C$ (‰)	$\delta^{15}N$ (‰)	样品数量	$\delta^{13}C$ (‰)	$\delta^{15}N$ (‰)	样品数量	$\delta^{13}C$ (‰)	$\delta^{15}N$ (‰)
尖头斜齿鲨	—	—	—	2	−14.47±0.57	16.50±0.26	2	−14.80±0.01	15.69±0.05
带鱼	2	−16.24±0.07	12.45±0.09	2	−15.45±0.14	16.56±0.02	2	−16.24±0.28	16.87±0.23
短带鱼	2	−12.60±0.10	12.76±0.24	2	−16.01±0.03	15.84±0.03	—	—	—
赤刀鱼	2	−16.41±0.25	15.34±0.02	—	—	—	—	—	—
六带石斑鱼	2	−16.30±0.16	13.30±0.08	2	−15.59±0.12	16.73±0.05	—	—	—
赤点石斑鱼	—	—	—	2	−15.31±0.06	16.56±0.07	—	—	—
银方头鱼	2	−16.05±0.18	14.33±0.29	2	−15.46±0.02	16.36±0.11	—	—	—
棘头梅童鱼	—	—	—	2	−15.57±0.30	15.79±0.25	—	—	—
白姑鱼	—	—	—	2	−15.91±0.00	15.80±0.27	—	—	—
斑鳍白姑鱼	2	−15.80±0.34	13.36±0.12	2	−16.05±0.46	16.52±0.15	2	−15.88±0.74	16.16±0.38
日本白姑鱼	—	—	—	2	−17.46±0.32	16.16±0.07	—	—	—
皮氏叫姑鱼	—	—	—	—	—	—	2	−17.84±0.64	14.94±0.17
日本金线鱼	2	−17.12±0.52	14.40±0.07	2	−15.38±0.11	16.41±0.02	—	—	—
竹筴鱼	2	−16.68±0.12	15.23±0.22	2	−16.81±0.63	15.57±0.84	2	−16.39±0.01	14.91±0.03
眼瓣沟虾虎鱼	2	−15.24±0.11	14.39±0.03	2	−16.18±0.02	15.23±0.01	—	—	—
巴布亚沟虾虎鱼	2	−16.89±0.13	15.62±0.06	2	−15.62±0.01	16.54±0.06	2	−16.39±0.27	14.62±0.66
拟牙尾虾虎鱼	2	−16.12±0.35	13.79±0.81	—	—	—	—	—	—

（续）

种　　类	夏季			秋季			冬季		
	样品数量	$\delta^{13}C$（‰）	$\delta^{15}N$（‰）	样品数量	$\delta^{13}C$（‰）	$\delta^{15}N$（‰）	样品数量	$\delta^{13}C$（‰）	$\delta^{15}N$（‰）
绿斑细棘虾虎鱼	—	—	—	—	—	—	2	−15.78±0.14	15.72±0.13
长丝虾虎鱼	—	—	—	—	—	—	2	−15.78±0.25	14.09±0.48
红狼牙虾虎鱼	—	—	—	2	−15.46±0.08	15.32±0.10	—	—	—
黄斑篮子鱼	—	—	—	2	−16.70±0.14	14.19±0.35	2	−15.48±0.10	15.66±0.09
细纹鲾	2	−17.29±0.05	13.44±0.32	—	—	—	2	−16.45±0.09	14.78±0.19
短吻鲾	2	−17.45±0.34	15.10±0.07	2	−16.90±0.05	16.01±0.02	2	−18.13±0.00	15.96±0.03
鹿斑鲾	2	−16.94±0.17	14.81±0.02	2	−15.79±0.17	15.93±0.09	2	−16.02±0.18	15.32±0.47
刺鲳	2	−17.66±0.07	14.78±0.04	—	—	—	—	—	—
黑鲷	2	−17.60±0.10	14.68±0.19	—	—	—	—	—	—
真鲷	2	−17.52±0.19	15.81±0.24	—	—	—	2	−15.29±0.10	16.10±0.10
平鲷	—	—	—	—	—	—	2	−16.25±0.05	13.90±0.40
二长棘鲷	2	−16.05±0.14	15.79±0.22	2	−16.59±0.35	15.43±0.67	2	−16.53±0.04	15.17±0.04
四线天竺鲷	2	−17.49±0.18	16.29±0.16	—	—	—	—	—	—
巨牙天竺鲷	2	−17.40±0.29	15.69±0.13	—	—	—	—	—	—
李氏䲗	2	−15.91±0.00	15.41±0.25	—	—	—	—	—	—
丽叶鲹	2	−16.12±0.30	15.63±0.22	2	−15.30±0.06	15.74±0.36	2	−16.08±0.21	15.76±0.16
蓝圆鲹	—	—	—	2	−16.38±0.75	15.37±0.07	2	−16.64±0.06	14.87±0.16

（续）

种类	夏季 样品数量	夏季 δ¹³C (‰)	夏季 δ¹⁵N (‰)	秋季 样品数量	秋季 δ¹³C (‰)	秋季 δ¹⁵N (‰)	冬季 样品数量	冬季 δ¹³C (‰)	冬季 δ¹⁵N (‰)
沟鲹	—	—	—	—	—	—	2	-16.34 ± 0.04	14.53 ± 0.21
细鳞鲥	—	—	—	2	-15.29 ± 0.20	15.08 ± 0.04	—	—	—
尖吻鲗	—	—	—	—	—	—	2	-15.76 ± 0.01	15.03 ± 0.25
黄带绯鲤	—	—	—	—	—	—	2	-16.22 ± 0.20	15.06 ± 0.82
环纹蓑鲉	2	-15.92 ± 0.02	14.35 ± 0.20	—	—	—	—	—	—
褐菖鲉	2	-17.50 ± 0.02	14.52 ± 0.05	—	—	—	—	—	—
大鳞鲬	—	—	—	2	-16.97 ± 1.48	15.74 ± 0.30	—	—	—
鲬	—	—	—	—	—	—	2	-15.99 ± 0.16	15.41 ± 0.20
赤鼻棱鳀	2	-15.86 ± 0.08	14.71 ± 0.19	—	—	—	—	—	—
黄吻棱鳀	—	—	—	2	-15.69 ± 1.28	13.63 ± 0.69	2	-16.57 ± 0.03	16.07 ± 0.13
印度鳓	2	-17.57 ± 0.17	14.28 ± 0.09	2	-16.86 ± 0.44	15.71 ± 0.30	2	-15.87 ± 0.14	15.38 ± 0.23
黄鲫	—	—	—	—	—	—	2	-16.40 ± 0.05	16.42 ± 0.08
花斑蛇鲻	2	-16.73 ± 0.15	14.71 ± 0.06	—	—	—	—	—	—
多齿蛇鲻	2	-16.00 ± 0.09	15.74 ± 0.32	—	—	—	—	—	—
长体蛇鲻	—	—	—	—	—	—	2	-15.96 ± 0.08	15.64 ± 0.17
海鳗	2	-17.19 ± 0.11	14.92 ± 0.20	2	-17.46 ± 0.27	15.80 ± 0.03	2	-15.89 ± 0.37	15.71 ± 0.12
黑鳃兔头鲀	2	-17.88 ± 0.08	16.18 ± 0.16	2	-16.14 ± 1.07	15.33 ± 0.70	2	-14.77 ± 0.37	15.47 ± 0.01

（续）

种　类	夏季			秋季			冬季		
	样品数量	$\delta^{13}C$ (‰)	$\delta^{15}N$ (‰)	样品数量	$\delta^{13}C$ (‰)	$\delta^{15}N$ (‰)	样品数量	$\delta^{13}C$ (‰)	$\delta^{15}N$ (‰)
斑鲦	—	—	—	2	−15.37±0.01	16.16±0.00	2	−15.75±0.06	16.16±0.03
半滑舌鳎	2	−15.45±0.09	14.90±0.05	—	—	—	2	−15.61±0.19	13.88±0.75
中华海鲇	—	—	—	2	−16.87±1.62	15.83±0.01	2	−15.80±0.16	15.29±0.18
田乡枪乌贼	2	−17.61±0.08	15.58±0.12	2	−15.27±0.11	16.85±0.04	—	—	—
剑尖枪乌贼	2	−18.31±0.18	14.69±0.30	—	—	—	2	−15.54±0.03	15.95±0.06
杜氏枪乌贼	2	−16.61±0.46	14.47±0.09	2	−15.25±0.41	16.09±0.83	2	−15.55±0.07	15.98±0.13
曼氏无针乌贼	—	—	—	—	—	—	2	−14.64±0.06	14.60±0.10
短蛸	—	—	—	2	−15.13±0.03	15.54±0.11	—	—	—
宽条赤虾	2	−16.20±0.08	15.47±0.13	—	—	—	—	—	—
贪食鼓虾	2	−19.88±0.19	14.77±0.08	—	—	—	—	—	—
鹰爪虾	—	—	—	2	−15.4±0.50	14.49±0.30	—	—	—
脊尾白虾	—	—	—	—	—	—	2	−16.04±0.52	15.50±0.47
长毛对虾	—	—	—	2	−14.84±0.25	13.64±0.19	2	−14.86±0.58	13.20±0.45
墨吉对虾	—	—	—	—	—	—	2	−16.10±0.41	13.13±0.01
刀额新对虾	2	−17.05±0.03	15.35±0.13	2	−16.09±1.38	12.98±1.17	2	−16.17±0.21	12.38±0.33
近缘新对虾	2	−16.04±0.20	13.38±0.15	—	—	—	—	—	—
细巧仿对虾	2	−15.76±0.15	15.79±0.05	—	—	—	—	—	—

（续）

种类	夏季			秋季			冬季		
	样品数量	δ13C（‰）	δ15N（‰）	样品数量	δ13C（‰）	δ15N（‰）	样品数量	δ13C（‰）	δ15N（‰）
口虾蛄	2	−17.87±0.16	14.36±0.22	—	—	—	2	−15.58±0.23	13.81±0.13
断脊口虾蛄	2	−17.47±0.22	14.47±0.00	2	−18.56±0.50	16.04±0.14	2	−15.58±C.04	11.87±0.09
长叉口虾蛄	2	−17.09±0.11	13.69±0.19	—	—	—	2	−15.47±0.11	14.54±1.00
猛虾蛄	2	−16.02±0.19	15.91±0.05	2	−16.77±2.09	16.91±0.57	2	−15.12±0.18	12.74±0.08
锈斑蟳	2	−18.69±0.40	15.71±0.07	—	—	—	—	—	—
日本蟳	2	−18.00±0.10	14.68±0.07	—	—	—	—	—	—
香港蟳	2	−18.13±0.17	13.81±0.06	—	—	—	—	—	—
晶莹蟳	—	—	—	2	−14.86±0.01	14.30±0.08	—	—	—
善泳蟳	—	—	—	—	—	—	2	−15.82±1.53	12.42±0.00
锐齿蟳	—	—	—	—	—	—	2	−16.28±0.21	12.34±0.25
隆线强蟹	2	−15.51±0.20	16.04±0.05	—	—	—	2	−14.88±0.06	12.53±0.07
太阳强蟹	2	−15.53±0.17	14.70±0.15	—	—	—	—	—	—
伪装关公蟹	2	−16.09±0.03	15.55±0.21	—	—	—	—	—	—
银光梭子蟹	2	−17.23±0.20	14.77±0.08	—	—	—	—	—	—
红星梭子蟹	—	—	—	2	−15.37±1.33	13.84±0.13	—	—	—
翡翠贻贝	2	−19.75±0.13	10.82±0.13	1	−15.96	11.56	2	−16.19±0.05	11.19±0.05
合浦珠母贝	2	−18.84±0.07	10.27±0.19	1	−16.35	11.68	2	−16.80±0.13	10.91±0.02

（续）

种　　类	夏季			秋季			冬季		
	样品数量	δ^{13}C（‰）	δ^{15}N（‰）	样品数量	δ^{13}C（‰）	δ^{15}N（‰）	样品数量	δ^{13}C（‰）	δ^{15}N（‰）
毛蚶贝	—	—	—	1	−16.45	10.94	—	—	—
扁平蛤	—	—	—	1	−16.44	11.46	2	−17.80±0.01	11.06±0.06
纹斑棱蛤	—	—	—	1	−15.72	11.44	—	—	—
翘鳞猿头蛤	—	—	—	—	—	—	2	−16.86±0.18	11.55±0.04
糙猿头蛤	—	—	—	—	—	—	2	−17.62±0.17	10.73±0.09
心形肌蛤	2	−20.07±0.26	10.48±0.25	—	—	—	—	—	—
密鳞牡蛎	—	—	—	—	—	—	2	−17.09±0.11	11.19±0.04
舌骨牡蛎	2	−20.33±0.23	10.96±0.27	—	—	—	2	−17.12±0.07	11.23±0.04
长牡蛎	2	−20.60±0.33	13.52±0.17	—	—	—	—	—	—
贻形囊牡蛎	—	—	—	—	—	—	2	−16.63±0.04	10.97±0.08
猫爪牡蛎	2	−19.43±0.27	10.68±0.20	—	—	—	2	−17.29±0.08	10.47±0.01
双纹须蚶	—	—	—	2	−16.60±0.40	11.56±0.00	—	—	—
毛蚶	—	—	—	—	—	—	2	−17.60±0.20	10.85±0.05
棕蚶	—	—	—	—	—	—	2	−16.57±0.16	11.27±0.01
古蚶	2	−20.13±0.18	10.54±0.17	—	—	—	—	—	—
鼠眼孔蝛	2	−20.32±0.12	9.98±0.15	1	−17.01	11.82	—	—	—
黄口荔枝螺	—	—	—	2	−15.67±0.41	14.89±0.54	2	−15.65±0.07	14.44±0.20

（续）

种类	夏季			秋季			冬季		
	样品数量	δ13C（‰）	δ15N（‰）	样品数量	δ13C（‰）	δ15N（‰）	样品数量	δ13C（‰）	δ15N（‰）
网纹藤壶	2	−19.81±0.32	12.70±0.06	1	−15.79	12.25	2	−16.88±0.05	11.83±0.05
红巨藤壶	2	−19.68±0.27	12.49±0.24	1	−16.96	13.79	2	−17.74±0.02	12.10±0.11
纹藤壶	2	−18.93±0.01	12.99±0.07	1	−16.65	13.33	2	−15.91±0.06	11.81±0.10
红贺海鞘	2	−19.19±0.13	8.72±0.12	—	—	—	2	−19.72±0.04	9.22±0.07
玻璃海鞘	2	−19.33±0.02	9.15±0.18	1	−19.57	12.26	2	−17.99±0.02	8.94±0.02
皱瘤海鞘	2	−20.79±0.04	10.77±0.03	1	−16.96	9.74	2	−17.27±0.06	11.88±0.11
小颚多齿鳞虫	2	−18.39±0.16	13.83±0.23	1	−17.23	14.28	2	−16.62±0.06	13.88±0.15
华美盘管虫	2	−22.15±0.03	8.15±0.12	1	−15.78	12.33	2	−20.68±0.06	11.78±0.04
青褶沙蚕	2	−19.39±0.08	13.36±0.21	—	—	—	—	—	—
短须角沙蚕	2	−19.61±0.07	13.98±0.11	—	—	—	—	—	—
辐蛇尾	2	−9.26±0.20	12.33±0.04	1	−7.34	11.85	2	−9.61±0.08	11.30±0.06
棕板蛇尾	2	−9.28±0.25	11.66±0.18	1	−7.81	11.81	2	−18.56±0.15	11.60±0.10
细雕刻肋海胆	2	−20.60±0.33	13.52±0.17	—	—	—	2	−17.29±0.06	11.28±0.03
黄侧花海葵	2	−17.17±0.06	12.59±0.33	—	—	—	—	—	—
太平洋侧花海葵	2	−19.66±0.38	12.50±0.04	—	—	—	—	—	—
亚洲侧花海葵	2	−19.80±0.18	11.78±0.03	—	—	—	—	—	—
裸体方格星虫	2	−20.47±0.13	13.35±0.10	1	−14.22	13.75	2	−15.54±0.04	11.96±0.14
SOM	6	−19.38±0.26	5.16±0.64	3	−20.05±0.02	11.47±1.03	6	−10.14±0.44	5.75±0.38
POM	6	−23.12±0.75	9.75±0.45	3	−18.27±0.38	10.58±0.84	6	−20.13±0.32	11.69±0.11

注：—表示未采集到该生物。

附录10　2017年白龙珍珠湾海洋牧场及邻近海域声学评估渔业 生物资源种类的生物学参数

时间	种类	数量百分比（％）	重量百分比（％）	优势度 IRI	个体均重（g）	平均 TS（dB）
冬季	多齿蛇鲻	33.69	3.43	3 323	8.25	−60.48
	二长棘鲷	21.11	12.12	3 711	1.46	−59.76
	花斑蛇鲻	10.52	5.83	1 635	7.96	−61.52
	棕斑腹刺鲀	3.13	17.66	1 559	81.09	−53.6
	剑尖枪乌贼	5.86	10.69	1 448	26.22	−60.86
	日本金线鱼	4.26	8.06	1 232	27.17	−48.49
	杜氏枪乌贼	6.92	2.35	695	18.59	−62.37
	花鲈	0.27	14.60	557	787.50	−42.08
	鹿斑鲾	4.59	1.64	467	5.12	−60.56
	短带鱼	0.60	1.89	155	45.22	−44.62
	中国枪乌贼	0.53	2.38	146	64.25	−59.28
	其他物种	8.52	19.36	671	32.63	−58.92
春季	刺鲳	7.57	13.29	2087	29.73	−60.7
	二长棘鲷	16.36	16.42	3 277	17.00	−54.97
	细纹鲾	16.54	6.39	1 783	6.54	−56.41
	竹筴鱼	8.57	4.50	1 016	8.89	−56.28
	日本金线鱼	3.18	9.36	836	49.82	−47.19
	多齿蛇鲻	3.60	8.28	792	38.99	−56.56
	黄斑鲾	11.21	4.09	510	6.18	−55.18
	金线鱼	2.89	6.57	526	38.47	−48.48
	短吻鲾	8.10	5.26	445	11.00	−54.47
	杜氏枪乌贼	2.75	2.60	357	16.04	−60.32
	六带石斑鱼	2.46	3.84	350	26.49	−53.64
	田乡枪乌贼	3.61	1.12	210	5.23	−63.92
	花斑蛇鲻	1.30	2.08	188	27.08	−57.26
	银方头鱼	2.04	1.10	175	9.15	−51.31
	其他物种	9.83	15.1	605	16.94	−54.17

（续）

时间	种类	数量百分比（%）	重量百分比（%）	优势度 IRI	个体均重（g）	平均 TS（dB）
夏季	黄带绯鲤	24.53	6.34	2 315	2.9	−57.59
	短吻鲾	7.64	9.69	1 300	14.2	−54.65
	乳香鱼	9.49	5.05	1 272	5.96	−57.21
	细纹鲾	14.94	6.95	821	5.21	−56.42
	四线天竺鲷	10.33	4.19	726	4.54	−58.51
	黑鳃兔头鲀	4.10	13.12	646	35.86	−52.98
	海鲇	2.33	9.59	596	46.15	−39.69
	白姑鱼	5.56	3.42	561	6.89	−52.09
	丽叶鲹	2.81	4.63	558	18.41	−52.16
	二长棘鲷	1.29	5.20	324	45.28	−47.17
	青石斑鱼	0.70	3.78	280	60.17	−50.98
	截尾白姑鱼	1.48	2.24	186	16.97	−53.98
	剑尖枪乌贼	3.35	3.68	176	12.32	−61.29
	高体若鲹	1.26	2.62	146	23.31	−52.75
	其他物种	10.19	19.51	640	11.2	−57.53
秋季	短吻鲾	13.28	11.72	2 187	13.93	−54.83
	月腹刺鲀	3.06	17.99	1 053	92.79	−54.47
	静鲾	28.09	10.45	964	5.87	−57.6
	鹿斑鲾	12.84	4.82	883	5.92	−58.93
	长体蛇鲻	15.36	7.94	582	8.16	−60.67
	截尾白姑鱼	2.02	3.53	486	27.54	−47.24
	杜氏枪乌贼	3.55	4.80	418	21.34	−61.48
	黄斑篮子鱼	3.11	6.82	373	34.58	−47.71
	带鱼	1.91	2.69	345	22.17	−44.48
	黑鳃兔头鲀	1.26	6.59	294	82.74	−52.03
	二长棘鲷	0.87	3.51	274	63.38	−46.74
	丽叶鲹	1.48	1.82	247	19.48	−52.62
	黄鲫	1.04	1.66	202	25.16	−50.83
	海鳗	0.38	2.44	141	100.86	−53.07
	及达叶鲹	1.48	0.98	123	10.44	−51.37
	印度鳓	1.31	1.00	116	12.04	−53.58
	其他物种	8.96	11.24	397	15.78	−54.67

附录 11　声学评估种类参考 b_{20} 值

种类	b_{20}（dB）	种类	b_{20}（dB）	种类	b_{20}（dB）
鲾类	−72.5	鳗类	−76	石斑鱼类	−72.5
白姑鱼类	−68.0	竹筴鱼	−72.5	鲳类	−80.0
革鲀科	−72.5	蓝子鱼类	−68.0	方头鱼科	−68.0
鲹科	−72.5	金线鱼科	−68.0	小公鱼类	−72.5
鲈类	−72.5	天竺鲷科	−72.5	绯鲤类	−72.5
沙丁鱼类	−72.5	带鱼	−66.1	二长棘鲷	−68.0
枪乌贼类	−78.0	海鲇	−66.1	蛇鲻类	−80
黄鲫	−72.5	刺鲀类	−76	其他种类	−71.9

图书在版编目（CIP）数据

亚热带海域投礁型海洋牧场构建与示范：以防城港白龙珍珠湾海洋牧场为例 / 贾晓平等著 . —北京：中国农业出版社，2021.12
ISBN 978 - 7 - 109 - 27946 - 9

Ⅰ.①亚…　Ⅱ.①贾…　Ⅲ.①海洋农牧场—研究—中国　Ⅳ.①S953.2

中国版本图书馆 CIP 数据核字（2021）第 027837 号

中国农业出版社出版
地址：北京市朝阳区麦子店街 18 号楼
邮编：100125
责任编辑：杨晓改　郑　珂　文字编辑：陈睿赜
版式设计：王　晨　责任校对：吴丽婷
印刷：北京通州皇家印刷厂
版次：2021 年 12 月第 1 版
印次：2021 年 12 月北京第 1 次印刷
发行：新华书店北京发行所
开本：787mm×1092mm　1/16
印张：26.25
字数：650 千字
定价：198.00 元